主编 吴国林 / 副主编 肖峰 陶建文

自然辩证法概论

修订版

DIALECTICS OF NATURE

(REV. ED.)

清华大学出版社
北京

内容简介

本书为自然辩证法概论，主要用于研究生相关课程的教学。自然辩证法是马克思主义的重要组成部分，其研究对象是自然界发展和科学技术发展的一般规律、人类认识和改造自然的一般方法以及科学技术在社会发展中的作用。自然辩证法的创立与发展同哲学与科学技术的进步密切相关，是马克思主义关于科学、技术及其与社会的关系的已有成果的概括和总结。

本书主要作为研究生自然辩证法课程的教程，同时也可供相关人员参考。

图书在版编目(CIP)数据

自然辩证法概论/吴国林主编.—修订版.—北京：清华大学出版社，2018（2023.9重印）
ISBN 978-7-302-49554-3

Ⅰ.①自… Ⅱ.①吴… Ⅲ.①自然辩证法—概论 Ⅳ.①N031

中国版本图书馆CIP数据核字(2018)第026462号

责任编辑：冯 昕
封面设计：常雪影
责任校对：刘玉霞
责任印制：杨 艳

出版发行：清华大学出版社
网 址：http://www.tup.com.cn，http://www.wqbook.com
地 址：北京清华大学学研大厦A座 邮 编：100084
社 总 机：010-83470000 邮 购：010-62786544
投稿与读者服务：010-62776969，c-service@tup.tsinghua.edu.cn
质量反馈：010-62772015，zhiliang@tup.tsinghua.edu.cn
印 装 者：三河市科茂嘉荣印务有限公司
经 销：全国新华书店
开 本：185mm×260mm 印 张：21 字 数：508千字
版 次：2014年4月第1版 2018年2月第2版 印 次：2023年9月第6次印刷
定 价：59.00元

产品编号：070493-03

本著作修订版受以下基金项目资助：

1. 教育部哲学社会科学研究重大课题攻关项目：当代技术哲学的发展趋势研究（11JZD007）

2. 广东教育教学成果奖（高等教育）培育项目：基于发现逻辑的工科类学术研究生自然辩证法课程的改革与实践（2014—2017）（x2sx—Y2150160）

3. 广东省研究生示范课程建设项目：自然辩证法概论（2015SFKC04）

PREFACE

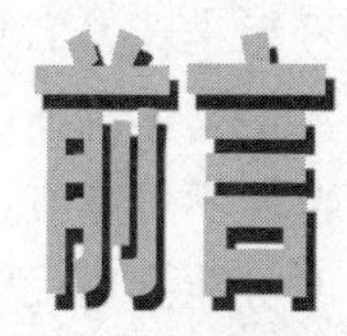

前言

自然辩证法是马克思主义自然辩证法，是马克思主义的重要组成部分。自然辩证法是一门自然科学、人文社会科学相交叉的哲学性质的马克思主义理论学科。自然辩证法不同于各门具体的自然科学和社会科学，它是联系马克思主义与科学、技术、工程的重要纽带。

自近代科学革命以来，在科学技术的推动下，人类的生活方式和生产方式发生了翻天覆地的变化。科学技术不仅改变了天然自然，而且创造了人工自然。人类不仅认识宏观世界，而且不断向微观世界探索；不仅认识物理世界，而且探索人的意识本身。新中国成立以来，特别是改革开放以来，我国取得了举世瞩目的伟大成就，我国的综合国力和竞争优势居于世界先进民族之列，中华民族正在实现伟大的复兴。与此同时，我国在发展的道路也遇到了一些不能回避的问题。

自然辩证法这一门硕士生课程，力图面对新时代，探讨当代新问题，寻找或启示新思维，为中华民族实现伟大的中国梦贡献自己的力量。正如恩格斯指出的："一个民族想要站在科学的最高峰，就一刻也不能没有理论思维。"[①]为此，本教材有以下突出的特点：

(1) 理论深度。本教材有一个显著的特点，那就是注重理论深度。没有理论深度的思考，是无用的思考。如果一本教材，一位学生拿着就能读懂，而且很简单，那么，这本教材的意义就不大。如果一本教材的内容，在任何一本同样的教材中都能找到，内容没有多大变化，那么这样的教材也没有必要出版。一本教材，只有当有自己的研究，并有自己的特色，并能给读者以启发时，那么这样的教材才是有意义的。

一本用于硕士生的教材，不是一本小人书，它使人读后能提升理论思维。一个勤于理论思维，并将理论思维与实践相联系的民族就一定会成为一个伟大的民族。如果一位硕士生，还不能进行有深度的哲学思维，这样的民族也不能有多大的前途。一位硕士生，除了应当懂得本国的有关知识，继承优秀文化之外，还应当理解当代世界的优秀文化成果，特别是当代的哲学方法、科学方法和技术方法等。

事实上，自然辩证法(科学技术哲学)是一门学科，这门学科在国外被称为科学哲学、技术哲学、科学技术与社会(STS)等，都有非常专业的研究，就像物理学、化学、经济学等自然科学或社会科学一样。也就是说，必须经过一定的专业训练，才能理解这门学科，掌握其思想内核和方法论。为什么要专业训练？因为现代科学技术都需要专业训练。没有专业训练，不可能一代一代地推进现代科学技术，带给人类更加灿烂的未来。

本教材还适当采取了一些符号，以使表达更清楚和严格。哲学并不是要将问题说糊涂，而是要把问题搞清楚，探索出常人所不能想象的东西。因此，一定的符号思维是必需的，符

---

① 马克思恩格斯选集：第3卷[M]. 北京：人民出版社，1972：467.

号思维让人们能够脱离形象思维,而关注推理或逻辑本身。试想一想,没有符号思维,现代数学是不可能的,也不可能有微积分,也不可能有现代物理学,也就不可能有人造卫星,当然也就不可能有卫星定位系统(如GPS或中国的北斗定位系统等),没有这一卫星定位系统,不可能有现代汽车自由行进在任何一个从来没有去过的地方。因此,我们在科学解释与技术解释中,适当应用了逻辑符号来表达,使问题更清楚明白。我们以为,作为硕士研究生,基本的逻辑推理是需要掌握的,因为现代科学技术都需要建立在逻辑推理的基础之上,比如,没有逻辑符号的推理,能将电子计算机创造出来吗?符号思维是理性思维最基础的东西。

(2)学科前沿。华南理工大学哲学与科技高等研究所、科技哲学研究中心的相关教师致力于科学技术哲学研究,均有一定的研究特色。本教材除了借鉴国内外科学技术哲学的相关前沿成果之外,还有自己的独特研究。本教材的特点包括:当代自然观部分,突出当代的系统自然观和生态自然观,其中包括量子信息;科学观与科学方法论更多地介绍了现代科学哲学的理论,包括科学解释;技术观与技术方法论详细介绍了国内外关于技术本质、技术方法、技术演化、技术解释的观点;科学技术与社会部分,着重探讨了科学的社会运行、科学对文化的影响等问题。

(3)明辨真知,坚持真理,批判不正确的世界观和价值观。伴随中国经济腾飞和科技的发展,中华民族正在进行伟大的民族复兴,与此同时,也有人对中国传统文化的糟粕大肆鼓吹,将"糟粕"吹成"精华","大师"盛行。试想一想,如果中国过去有那么多的"精华""大师",中国科技为什么在近代落后了?中国近代以来,为什么被外敌入侵?老是被打?是否我们的科技思想在近代之前就已经落后了?为什么新中国成立之后,特别是在改革开放之后,新中国的科学技术取得了巨大的成就?比如"两弹一星"、核潜艇、航空母舰、神舟飞船、高铁、"天宫"、"蛟龙"、"天眼"、"悟空"、"墨子"、量子卫星、大飞机等重大科技成果相继问世,南海岛礁建设积极推进。当然,还要问,为什么美国是当今"唯一超级大国"?它靠什么?

在问这些问题的时候,我们还要问:中国的思维方式、文化传统等,有没有与当代科技主流相一致的东西?我们是否需要反思,阻碍中国掌握和创造核心技术的因素中,有没有思维方式这一因素?等等。

当前,也有一些不正确的看法,面对当代科技的迅猛发展,不认真研究,对科学的意义进行牵强附会、肆意歪曲。有人说,"量子力学可能崩塌你的'科学'世界观:人类的主观意识是客观物质世界的基础——客观世界很有可能并不存在!""科学家千辛万苦爬到山顶时,佛学大师已经在此等候多时了!"等等。显然,这是对量子力学等现代科学理论的歪曲理解。试想一下,如果佛学大师都解决科学问题了,还需要科学家和技术家吗?人的寿命的延长,正是在现代科技的帮助下实现的。

当然,本书不是对所有这些问题给予直接回答,可能会从一个侧面给予启示。通过本课程的学习,树立正确的世界观和价值观,对科学和技术及其意义有一个基本的正确判断,才不至于在科技的发展过程中走了歧路。

本教材共分五篇,并分为绪论、十五章和附录,主要内容如下。

第一章论述自然界的物质性和自然界物质的系统性与层次性。理解"物质"概念必须把握"实在"这一重要而基本的哲学范畴,对"实在"的认识又随着人认识的发展而不断发展。测量就是待测对象、仪器与观察者之间所构成一个相互作用过程。没有测量,就没有自然科学。量子力学的测量不同于经典测量,量子测量也没有"主观介入"。时间、空间与物质之间紧密联系。量子态就是一种新资源,展示了微观物质存在的新形式。人工自然是人类利用科学技术创造出来的自然界,它促进了自然界的新发展。系统的组成、结构、环境、功能和边界是完整规定和描述系统的五个基本因素。自然物质系统呈现出层次结构。

第二章论述自然界的系统演化。自然界不仅存在,而且演化。演化是不可逆变化,可导致有序结构的破坏,也会导致更加有序结构的产生。整个自然界是一个从无序到有序演化的过程,这一过程伴随着物质、能量、信息的交换。信息可以分为经典信息和量子信息。信息用以消除事物不确定性。一个系统中的信息量越大,信息熵减少越多,系统就越有序,组织化程度就越高。一个系统从无序走向有序的基本条件是:系统必须是开放的,系统处于非平衡态,系统具有非线性相互作用,系统具有随机涨落因素。自然界的演化具有复杂性的特点。混沌是非线性系统中存在的一种普遍现象,是自然界演化复杂性的表现。复杂性表现为非线性、内在随机性和开放性等形相,每一形相都反映了复杂性在某一方面的本质性质,这些形相的整合就是复杂性。马克思主义的自然观吸收了历史上多种自然观的积极因素,形成了辩证唯物主义自然观,它将指导我国走可持续发展之路,走生态文明的发展道路。

第三章论述马克思主义科学观。科学具有经验、理性和实践的基本特征。现代西方科学哲学家对科学本质特征从多维视角展开了研究,为我们认知马克思主义的科学观提供了基本素养。逻辑实证主义主张,一切未能受到可观察经验验证或不合乎逻辑的分析命题的其他知识都是空洞无意义的。整体主义主张被检验对象以理论体系为单位,理论体系是由各种彼此间有某种约束关系的单个陈述所组成,另一方面它又包括了知识整体中的不同成分而相对独立于知识整体。证伪主义认为,如果一个假说要成为科学的一部分,它必须是可证伪的。历史主义则主张科学的发展就是新旧范式的转换或新纲领替代旧纲领的过程。建构主义认为,科学知识的获得是科学家根据现有的理论(原有知识)来建构科学知识。

第四章论述技术观。技术表现为作为客体的技术、作为知识的技术、作为活动的技术等多个方面。技术是人类为了满足自身的需要,在实践活动中根据实践经验或科学原理所创造发明的各种手段和方式方法的总和。技术是人的本质力量的对象化。技术的演化发展从其动力机制来看可分为社会需要导向型、科学理论导向型、现象发现导向型和日常改进型。技术演化的直接动力来自技术体系的内在矛盾。现代技术发展并不是线性发展的,而是体现出技术与科学的协同进化。

第五章论述工程观。工程是现代文明、社会经济运行和社会发展的重要组成部分。工程是指与生产实践密切联系、运用有关的科学知识和技术手段得以实现的活动。工程活动具有系统性、复杂性、特定的实现目标,工程是与环境相互影响的,工程是一个动态的过程,包含不确定性与风险性。科学、技术与工程,既相互区别,又密切相关、相互渗透。

第六章论述马克思主义科学方法论。演绎与归纳是人类认识事物的两种基本的认知方法。归纳是由个别到一般的推理方法。演绎是由一般到个别的推理方法。二者既相区别又相联系,既对立又统一。唯物辩证法认为,为了正确地实现由感性认识上升到理性认识、由经验上升到理论,然后再由理性回到感性、由理论回到实践,达到正确认识世界和改造世界的目的,就必须自觉地掌握并运用唯物辩证的思维方法和工作方法。科学研究的一个重要目的,就是科学解释和预见。科学解释与预见,从本质上讲,两者是一致的,仅仅差别一个时间因素。科学哲学家亨普尔提出了著名的 D-N 解释模型(演绎-律则解释模型)与 I-S 解释模型(归纳-统计解释模型)。本章还论述了问题猜想的创新思维方法。科学实践的方法则包括科学观察与科学实验。观察和实验涉及观察的理论负荷,以及观察的客观性等。

第七章论述技术方法论。本章讨论了技术方法的一般研究,即技术认识的方法论基础及技术研究的一般过程;讨论技术思维及其特点和技术活动的一般方法。人们在设计、制造各种人工物及其论证过程中,都贯穿了一系列技术解释问题,技术解释是理解技术及其认识论的一个基本问题。本章讨论了技术规则的解释与技术客体的解释。

第八章论述工程方法论。工程方法就是为工程目标的实现提供相关"如何做"的技术,可分成特殊方法和一般方法。工程活动具有物理性和意向性双重属性。工程作为人类活动的产物,是由多个环节相互作用而建构成的一个系统。层次分析法、工程环境分析法、工程评估方法等是主要的工程系统方法。

第九章论述科学、技术与工程的社会关联。本章论述了作为社会建制的科学、技术与工程,考察了科学共同体、技术共同体和工程共同体。科学、技术和工程既对社会产生了重大的影响,也对自身产生了深刻的作用,三者之间形成了内在的关联,成为有机统一的社会性运作过程或系统。科学、技术和工程又在研究与发展(R&D)活动中强化了它们之间的一体化运行。

第十章论述科技进步与社会发展。科学技术成为决定现代社会特点和走向的决定性力量,成为人类社会变迁的重要根源,也成为国家和民族兴盛的关键。社会推动科技发展,社会评价塑造着科技发展,社会也制约着科技的发展。科技与社会的良性互动与协调发展,反映在国家与科技的关系上,就是科技兴国与国兴科技的统一。

第十一章论述科技与人文。科学技术是人猿揖别的标志,是人的社会进化的手段,是提高人的能力的基础,是人的生存条件改善的依托。科学技术的发展关涉人的善与恶、人的尊严与人的自由。从文化形态上看,科学技术与人文之间形成了"两种文化"的关系。在两种文化的对话和讨论中广泛地达成了这样一个共识,那就是反对将科学与人文完全分离和绝对对立起来,倡导两种文化之间更加广泛的对话、更加宽容的理解、更加融洽的合作,走向科学与人文的融通,其最高境界就是科学精神与人文精神的融合。

第十二章论述工程的社会人文向度。工程的社会性一方面体现为工程所具有的强大的社会功能,另一方面体现为它是在社会中形成的。在当代工程中,科学与工程更为紧密地整合,工程与科技的关系也呈现出一个历史的发展过程。工程作为人的社会性建造活动,也是为人而进行的建造活动,工程的价值和意义就在于满足人的需要、为人服务,工程从多方面、多维度成为人的一种存在方式,由此形成了工程的人文指向,产生了工程的伦理和人文教育问题。

第十三章论述中国马克思主义的科学技术思想。毛泽东号召向科学进军、开展群众性的技术革新和技术革命运动,倡导自力更生与学习西方先进科学技术,建立宏大的工人阶级科学技术队伍。邓小平明确提出科学技术是第一生产力,尊重知识、尊重人才,发展高科技,实现产业化;推进科技体制改革。江泽民提出科学技术是先进生产力的集中体现和主要标志;重视和关心科学技术人才;关注科学技术伦理问题。胡锦涛着力提高自主创新能力,建设创新型国家;加强科学技术人才队伍建设,实施人才强国战略;重视科学技术和环境的和谐发展;选择重点领域实现跨越式发展;大力发展民生科学技术。

第十四章论述中国马克思主义科学技术观的内容与特征。毛泽东、邓小平、江泽民、胡锦涛、习近平的科学技术思想是在各自不同的时代背景下进行社会建设和发展科学技术的实践中形成和发展起来的。毛泽东开创了马克思主义科学技术观中国化的理论先河；邓小平为中国马克思主义科学技术观奠定了坚实的理论基础；江泽民、胡锦涛、习近平推进和丰富了中国马克思主义科学技术观，并对哲学社会科学有了更深入的认识。中国马克思主义科学技术观具有时代性、实践性、科学性、创新性、自主性、人本性等基本特征。

第十五章论述创新型国家建设。创新型国家是指把科技创新作为国家发展基本战略，大幅度提高自主创新能力，形成日益强大的竞争优势，从而在国际社会中保持强大竞争力的国家。创新型国家有四个基本特征：一是科技进步贡献率较高；二是创新投入高；三是自主创新能力强；四是创新产出高。产业创新是获得竞争性产业优势的基础。产业创新需要以技术为基础，在产业发展中起关键作用的是核心技术。建设创新型国家的根本目标是提高我国的自主创新能力。建设创新型国家的总体战略方针是自主创新、重点跨越、支撑发展、引领未来。建设创新型国家的战略对策是建设科学、合理的制度和政策体系；深化科学技术体制改革；培养造就富有创新精神的人才队伍；发展创新文化，培育全社会的创新精神。

每一章都有阅读文献和相应的思考题。

最后在附录中，给出常见的逻辑符号、真值表与推理。这也是考虑到我国的大部分学校中，不重视现代逻辑教育。逻辑思维不仅是自然科学工作者需要的，而且也是人文社会科学工作者所必需的，作为一位硕士研究生，掌握基本的逻辑思维，也是极为必要的。事实上，现代西方科学之所以能够兴起，有一个重要的逻辑因素。

我们希望这本教材有特点，真正能成为一本硕士研究生使用的教材或参考资料，有助于研究生提高哲学理论水平，改进思维方式，塑造科学精神与人文精神。我们知道，尽管做了许多努力，但还会有许多不成熟之处，恳请各位同仁和研究生批评指正，以便我们对本书不断修订和完善。

吴国林

2017 年 10 月

CONTENTS

第二篇 马克思主义科学、技术、工程观

第四篇　马克思主义科学、技术、工程与社会论

第五篇　中国马克思主义科学技术观与创新型国家

绪　论

自然辩证法是马克思主义的重要组成部分。自然辩证法研究自然界和科学技术演化，以及科学技术与社会相互作用的一般规律。在恩格斯《自然辩证法》基础上，在中国化马克思主义的指导下，我国的自然辩证法取得了新的发展，已发展成为一个学科群。

一、恩格斯的《自然辩证法》的创立及其在中国的传播

1873年至1883年间，恩格斯写了一部未完成的书稿。1873年5月30日，恩格斯在写给马克思的信中说："今天早晨躺在床上，我脑子里出现了下面这些关于自然科学的辩证思想。""自然科学的对象是运动着的物质，物体。物体和运动是不可分的，各种物体的形式和种类只有在运动中才能认识。"这封信反映了恩格斯关于自然辩证法的第一个全面构想。1873年5月到1876年5月，恩格斯全力投入到自然辩证法的写作之中。1876年5月，应德国民主党领袖李卜克内西的请求，恩格斯投入到《反杜林论》的写作中，直到1878年8月，恩格斯才又回到《自然辩证法》全书的写作中。然而，1883年3月14日马克思辞世，恩格斯又转向整体出版《资本论》，这次中断就再没有回到《自然辩证法》了，直到1895年8月5日逝世。我们现在读到的恩格斯《自然辩证法》，是由181篇论文、札记和片段组成。

虽然恩格斯没有完成《自然辩证法》全书，但是，它的理论体系实际上建立起来了。

恩格斯的《自然辩证法》这部著作，主要是论述自然界的客观辩证规律和自然科学中的辩证思维方法问题，它"表明辩证法的规律是自然界的实在的发展规律，因而对于理论自然科学也是有效的"。[①] 1925年，恩格斯的《自然辩证法》以德文原文和俄文译文对照的形式在苏联第一次出版。1929年日文版、中文版出版，1939年英文版《自然辩证法》出版，于是《自然辩证法》有关思想在世界各地传播开来。

早在20世纪的三四十年代，上海、延安等地进步知识分子已积极开展宣传、学习自然辩证法的活动。新中国成立后，我国越来越多的干部和知识分子学习和掌握恩格斯的自然辩证法思想。

1956年，国务院组织科学规划委员会制定了全国十二年(1956—1967年)科学发展远景规划，规划包括自然科学和社会科学。自然辩证法研究规划是作为哲学社会科学研究规划的组成部分制定的。规划草案指出："在哲学和自然科学之间是存在着这样一门科学，正像在哲学和社会科学之间存在着一门历史唯物主义一样。这门科学，我们暂定名为'自然辩证

---

① 马克思恩格斯选集：第3卷[M]. 北京：人民出版社，1972：485.

法’,因为它是直接继承着恩格斯在《自然辩证法》一书中曾经进行过的研究。”[①]

规划草案拟定的研究内容包括九类:“一、数学和自然科学的基本概念与辩证唯物主义的范畴;二、科学方法论;三、自然界各种运动形态与科学分类问题;四、数学和自然科学思想的发展;五、对唯心主义在数学和自然科学中的歪曲的批判;六、数学中的哲学问题;七、物理学、化学、天文学中的哲学问题;八、生物学、心理学中的哲学问题;九、作为社会现象的自然科学。”规划草案表明,当时中国自然辩证法研究有两个特点:一是在继承恩格斯《自然辩证法》研究的基础上,拓展研究范围;二是哲学与自然科学结盟。

1956年到1966年期间,我国自然辩证法的研究取得不少进展。研究主要表现在自然科学在社会中的发展规律问题,自然界的辩证发展和各门自然科学的哲学问题的研究,等等。20世纪70年代后期,随着文化大革命的结束,中国的自然辩证法发展进入了一个新时期。1981年10月,中国自然辩证法研究会成立大会暨首届年会在北京召开,这表明自然辩证法的学科建制成立起来了。20世纪八九十年代以来,我国的自然辩证法走向全面繁荣,研究在深度和广度两方面都取得了很大的进展,并逐渐发展成为学科群。

1997年6月,国务院学位委员会与原国家教委联合颁布了新修订的《授予博士硕士学位和培养研究生的学科专业目录》,在专业目录中,自然辩证法学科以“科学技术哲学(自然辩证法)”的名称出现,成为哲学一级学科下面的一个二级学科。应当说,这两个名称各有所长。用“科学技术哲学”这一名称,有利于与国际接轨,也使它在科学技术体系中的定位和定性更加明确。但是,很明显,科学技术哲学的范围没有自然辩证法的包容性大。因为在1956年规划草案所说,自然辩证法是在哲学和自然科学之间的一门科学。

自然辩证法既属于思想政治课程领域,又属于哲学领域。对于哲学来说,严格的思维应是这样:可接受的前提+合理的论证→结论。

你获得的结论是否正确,我们可以通过审查你的“前提”和“论证或推理”的方式,从而推断你的“结论”是否正确。如果你告诉我们“结论”如何,而不告诉你是如何从前提用何种论证方式推出来的,那么,你的结论就是可疑的。

二、自然辩证法与马克思主义的关系

1956年由国务院组织制定中国第一个科学技术发展规划即“十二年规划”(1956—1967年),其中包括了哲学社会科学规划。当时把“自然辩证法”这门学科置于哲学与自然科学之间,具有桥梁性质。

改革开放以来,教育部组织了三次自然辩证法教材的编写,出版了三个版本的具有指导意义的教材:第一版,由孙小礼教授主持编写的《自然辩证法讲义(初稿)》(1979年);第二版,由吴延涪教授等召集编写的《自然辩证法概论》(修订版)(1991年);第三版,由黄顺基教授担任主编的《自然辩证法概论》(2004年)。

我们仅根据这三本教材对自然辩证法的界定,就能够发现自然辩证法与马克思主义之

① 中国自然辩证法研究会自然辩证法研究资料编辑组.中国自然辩证法研究历史与现状[M].北京:知识出版社,1983:202.

间的关系。

第一版《自然辩证法讲义》教材中，自然辩证法是这样定义的："自然辩证法是关于自然界和自然科学发展的普遍规律的科学。它是马克思主义的自然观和科学观，又是认识自然和改造自然的方法论。"①

第二版《自然辩证法概论》教材关于自然辩证法的定义是："自然辩证法是马克思主义哲学的重要组成部分，是关于自然界和科学技术发展的一般规律以及人类认识和改造自然的一般方法的科学。"②

第三版《自然辩证法概论》教材对自然辩证法的定义是："自然辩证法是马克思主义的重要组成部分，其研究对象是自然界发展和科学技术发展的一般规律、人类认识和改造自然的一般方法以及科学技术在社会中的作用。"③

在2012年教育部马克思主义理论研究和建设工程重点教材，硕士生思想政治理论课教学大纲《自然辩证法概论》对"自然辩证"的认识是："自然辩证法是马克思主义自然辩证法，是马克思主义理论的重要组成部分。"④

从上述三本典型的教材和最新的教学大纲关于自然辩证法的定义来看，我国对自然辩证法的认识更加深入，把**"自然辩证法"**作为**"马克思主义的重要组成部分"**，这是一个非常合理的定义，展示出自然辩证法在马克思主义中国化进程中具有重要的意义。这也充分说明，自然辩证法是马克思主义中国化研究的重要组成部分。换言之，在马克思主义中国化进程中，自然辩证法本身也必须与时俱进，为和谐社会建设和中华民族的伟大复兴作出自己的贡献。

三、自然辩证法的研究内容

在当代中国，自然辩证法在原有恩格斯研究的基础上，有了新的拓展和深入。在马克思主义指导下，当代自然辩证法的主要研究内容包括：自然哲学、科学哲学、技术哲学、工程哲学、科学技术与社会等。

(1) **自然哲学**。自然哲学是对自然界本身的哲学反思。它主要研究自然界的存在与演化，即自然界万物由什么构成？如何存在？存在和联系方式是什么？如何演化发展？时间与空间是什么？世界的实在性如何表达？宏观存在与微观存在是否一样？经过测量，微观客体如何显现出来？量子测量是否干扰微观客体的性质？自然哲学包括对各门具体自然科学进行各具特点的哲学研究。

(2) **科学哲学**。科学哲学是对科学的哲学反思。科学哲学的研究相对成熟，有许多有影响的学派，各有不同的研究侧重点。科学哲学研究的主要内容包括：科学的性质与本质，科学与非科学的划界，科学命题的特点，科学事实，科学假说的形成和检验，科学测量在科学发展中的作用，科学发展的逻辑，科学推理与科学解释，科学方法论，科学演化的规律，科学革命的特点，科学实在论与反实在论，因果性，等等。

(3) **技术哲学**。技术哲学是对技术的哲学反思。技术哲学的发展相当不成熟，对技术

---

① 自然辩证法讲义编写组. 自然辩证法讲义(初稿)[M]. 北京：人民教育出版社，1979：绪言.

② 国家教委社会科学研究与艺术教育司组. 自然辩证法概论[M]. 修订版. 北京：高等教育出版社，1991：1.

③ 教育部社会科学研究与思想政治工作司组. 自然辩证法概论[M]. 北京：高等教育出版社，2004：1.

④ 《自然辩证法概论》编写组. 自然辩证法概论[M]. 北京：高等教育出版社，2012：1.

哲学的核心问题还有争论。技术哲学研究的主要内容包括：技术的定义与本质，技术的实在论，技术的认识论，技术理论的结构，技术价值论与技术伦理学等。

100多年来，技术哲学并没有像科学哲学那样“哲学”起来，这些所谓的“技术哲学”都比较“散”，缺乏会聚性，更没有在一个研究纲领下进行更细致的推进和深挖研究，形成一个研究纲领或研究范式。在我们看来，在当代技术哲学的发展趋势下，必须打开技术“黑箱”，认识技术本身、技术实在、技术的本质、技术的结构、技术推理和技术解释等问题，这就要走向分析的技术哲学。①

(4) **工程哲学**。工程哲学是对工程的哲学反思。工程是现实的改造世界的物质实践活动，工程在于建造(making)。工程哲学是近年来才兴起的，还很不成熟，它主要研究：工程的含义与本质，工程的存在论，工程的认识论，工程价值论和工程方法论等。

(5) **科学、技术与社会**。科学、技术与社会(Science, Technology and Society, STS)研究科学、技术和社会的相互关系与演化规律。研究内容包括科学社会学、技术社会学等，如科学共同体的行为规范、科学界的社会分层和科学奖励系统等问题，科学技术与公共政策问题，科学技术与环境、生态、能源等问题。在科学技术与社会研究中，还要研究科学精神与人文精神以及它们之间的关系。

与自然哲学、科学哲学、技术哲学相关的还有产业哲学。近几年，我国产业哲学的研究有了新的进展。产业哲学是对产业及其演化过程中的最基本问题进行系统的哲学思考。产业是人类借助科学、技术和工程手段，直接或间接面对天然自然或人工自然，生产出各种产品或提供各种服务来满足人类物质生产、精神生产、生活需要的社会实践活动。产业的发展将反作用于科学、技术与工程的发展。②

科学哲学家拉卡托斯曾说过，没有科学哲学的科学史是盲目的，而没有科学史的科学哲学是空洞的。自然辩证法的研究离不开科学技术史的研究。科学技术史研究科学技术的历史演进及其规律。自然辩证法中的科学技术史研究，重点不是作为史实考证，而更多的是作为案例或证据，以支持对科学技术的哲学分析。通过科学技术史来检验自然辩证法(科学技术哲学)的有关理论的正确性。

四、学习自然辩证法的意义

在科学技术飞速发展的21世纪，我国的硕士研究生承担着实现中华民族伟大复兴的历史重任。自然辩证法这部教材是在马克思主义的指导下写成的。硕士研究生学习和研究自然辩证法具有理论和现实意义，主要表现在以下三个方面。

1. 提高哲学素养，培养哲学思维能力

一个民族要站在世界民族的高峰，就一刻也离不开哲学思维。一个民族产生不了伟大的哲学家，则是那个民族的悲哀。不论是学习自然科学、工科，还是人文社会科学，都需要有正确的哲学思维。学习自然辩证法，有利于读者了解人类当今对自然界发展的一般规律的最新认识，了解关于自然的认识规律的新成果。科学的自然观与方法论，是科学地进行思维的前提与基础。正确的自然观能引导人们按照自然界的规律去观察世界，去分析问题。科

① 吴国林. 论技术哲学的研究纲领[J]. 自然辩证法研究，2013(6)：40-45.

② 吴国林，等. 产业哲学导论[M]. 北京：人民出版社，2014.

学的方法论是人类长期以来探索自然的方法和规律的总结与升华。哲学在于培养一种反思的能力。自然辩证法是对自然界、科学技术的一般规律和根本问题的思考，能够启示人们从事相关研究。物理学家玻恩曾经说过："每一个现代科学家，特别是理论物理学家，都应该深刻地意识到自己的工作是同哲学思维错综地交织在一起的，要是对哲学文献没有充分的认识，他们的工作是无效的。"[①]

一个民族轻视哲学，是没有出路的。同样，一个从事科学研究或有志于事业有所成就的人，轻视哲学也是不可能的。著名科学家和思想家爱因斯坦指出："如果把哲学理解为最普遍和最广泛的形式中对知识的追求，那么显然，哲学就可以被认为是全部科学研究之母。"[②]量子力学的创始人、奥地利物理学家薛定谔说："当我们在知识的道路上向前迈进的时候，我们必须让形而上的无形之手从迷雾中伸出手来指引我们。……在探求知识的道路向前迈进的大军中，形而上组成一支先遣队。……我们甚至可以这样说，形而上在其发展过程中可以转变为物理学。"[③]

2. 拓宽视野，树立科学精神与人文精神

世界本身是一个整体，然而人们拥有的知识是片面的，因此，更加需要提倡科学文化与人文文化相结合，使学生成为文理相通的复合型人才。自然辩证法学科的交叉性、综合性使它成为联结自然科学和人文社会科学的纽带，沟通科学文化和人文文化的桥梁。自然辩证法课程的这一特点，可以大大拓宽学生的视野，培养学生的科学精神与人文精神，提升学生的创新能力。

自然辩证法从整体上把握自然界、把握科学与技术，把握科学技术与社会的相互作用，这有利于培养学生树立整体观，用全局的眼光去观察问题、分析问题的能力。同时，自然辩证法也主张用分析的方法去看待事物，即对事物进行不断深挖，追求其越来越小的构成部分以及这些构成部分之间的关系。没有这一分析精神，就不可能对事物进行精益求精的研究。将整体与部分统一起来，这才是更加完整地看待事物的方法。

自然辩证法具有重要的方法论功能。科学发现与技术发明，都是人类创造的美丽乐章。科学发现与技术发明，都不是人类对已存在的东西的发掘，而是人与自然（或自然物、人工自然）的相互作用和相互启发，使人的心智能够创造出更加美丽的人类未来。

3. 哲学让人获得思想解放

在科学技术史上，有许多科学发现和技术发明，它们都不是靠经验积累完成的，特别是那些重大的科学发现和技术发明。这些伟大的科学家、技术发明家和工程师，都受到了哲学的启示，打开了他们思想的空间，让新的思想的火花在心中迸发。

有的学者从小就对哲学和科学怀有浓厚的兴趣，一生喜欢沉思一些带有根本性的科学中的哲学问题，并最终将这个哲学的沉思变成科学的结论，对科学的进一步发展产生了巨大的影响。比如，瓦特发明蒸汽机，他是在原有的纽可门蒸汽机的基础之上进行创造性推进，他同样受到了哲学思想的启发。爱因斯坦很早就接触哲学，13 岁开始读康德的《纯粹理性批判》，大学期间读马赫的《力学发展史》。在 1902—1905 年，狭义相对论创立前夕，爱因斯

① 玻恩. 我的一生和我的观点[M]. 北京：商务印书馆，1979：26.

② 爱因斯坦. 爱因斯坦文集：第 1 卷[M]. 北京：商务印书馆，1976：519.

③ 赵鑫珊. 普朗克之魂[M]. 成都：四川人民出版社，1992：590.

坦与好友索洛文、哈比希特三人组成“奥林匹克科学院”，以极大的兴趣和热情研读柏拉图、斯宾诺莎、休谟、马赫、彭加莱等人的哲学著作。为此，爱因斯坦一再强调：“与其说我是物理学家，倒不如说我是哲学家。”①其著名的 EPR 论证，其科学论证的前提都是从哲学出发的。②原先把 EPR 论证，看成为佯谬，现在 EPR 论证引发了量子纠缠和量子信息的研究。③

当代科学技术前沿研究者与哲学家总在不断进行对话。但在我国为什么没有发生？就在于这两方面的研究水平都还不够高，无法展开有效的对话，也不能相互启发。《物理与哲学相遇在普朗克标度》一书显示了哲学与量子引力论之间的沟通。

阅读文献

[1] 恩格斯. 自然辩证法[M]. 北京：人民出版社，1972.

[2] 马克思. 资本论：1—3 卷[M]. 中共中央马克思恩格斯列宁斯大林著作编译局，译. 北京：人民出版社，2004.

[3] 北京大学科技与社会研究中心. 马克思主义与自然科学[M]. 北京：北京大学出版社，1991.

[4] 特里·伊格尔顿. 马克思为什么是对的？[M]. 北京：新星出版社，2011.

[5] 克雷格·卡伦德，尼克·赫盖特. 物理与哲学相遇在普朗克标度[M]. 李红杰，译. 长沙：湖南科学技术出版社，2013.

思考题

1. 简述自然辩证法的研究内容。
2. 学习自然辩证法有何意义？
3. 自然是什么？
4. 人是什么？
5. 人与自然是什么关系？

---

① 爱因斯坦文集：第 1 卷[M]. 北京：商务印书馆，1976：10.

② EINSTEIN A，PODOLSKY B，ROSEN N. Can quantum-mechanical description of physical reality be considered complete? [J]. Phys. Rev.，1935，47：777-780.

③ 吴国林. 量子信息哲学[M]. 北京：中国社会科学出版社，2011.

第一篇

马克思主义自然观

马克思主义自然观是自然辩证法的基础,是科学技术的认识论、方法论和价值论的基础。自然观是对自然科学研究成果的哲学概括和反思。不同的历史时期有不同的自然观,经历了古代朴素唯物主义自然观、近代机械唯物主义自然观,还包括数学自然观,其后在19世纪自然科学的伟大发现的基础上,诞生了马克思和恩格斯创立的辩证唯物主义自然观。

19世纪末20世纪初以来,发生了以相对论、量子力学为代表的第三次科学革命,这次科学革命还包括20世纪下半叶产生的混沌理论。混沌理论与系统论、信息论、控制论、自组织理论等共同构成了系统科学。在此期间还涌现出分子生物学、生态学等,形成了生态自然观。上述各学科共同形成了当代自然观,丰富和发展了辩证唯物主义自然观。

本篇特别关注了实在、时间、空间、量子态、人工自然、量子信息、熵增原理、混沌与复杂性、生态自然观,它们反映了当代科学的最新进展。

第一章 自然界的存在方式

人活在世上，除了吃穿之外，总得进行思考。不同于动物的简单的信息交流，人的思考在于概念思考和符号思考，人能够进行概念推理。人总要与自然打交道，就必然对自然(界)提出问题。自然是什么？自然是怎么来的？又到哪里去？自然的本原是什么？是物质的，精神的，还是其他什么的？你的依据是什么？你的理由是否经得起他人的反驳？物质又是什么？物质还有没有更基本的来源？微观世界的物质又有什么特点？人工自然是人创造的，人工自然的规律与自然规律又有什么不同？

自然界是人类发展的基础与环境。人来自于自然界，又与自然界高度结合在一起。广义上讲，自然界是指包括组成社会的人类在内的整个宇宙；狭义上讲，自然界是指与社会相区别的自然，是人类社会生活的一切自然环境。自然界或简称自然，还可以分为天然自然与人工自然。没有人类作用的自然，属于天然自然，如火星、地球的深层内部等；经过全人类作用之后的自然，属于人工自然，如水坝、计算机等。在本章，我们将揭示自然界的存在方式和演化发展规律。本章主要是从相对静态角度来考察自然界，回答“自然界是什么？”“自然界是以何种方式存在的？”等问题，包括时间、空间与物质的关系，新的物质类——量子态等，阐明自然界的物质性、系统性和层次性。

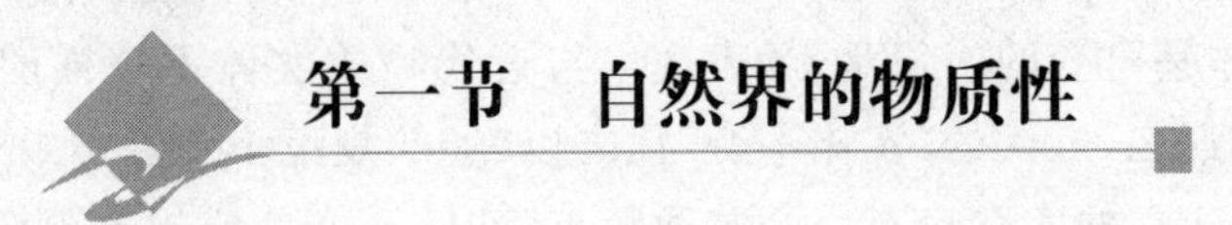

第一节 自然界的物质性

一、实在的含义

“实在”(reality)是一个非常基本而且重要的哲学范畴，也是理解“物质”(matter)概念所必需的。“实在”最质朴的含义就是真实的，不是假的，与人的主观意识无关的，人的意识不能把它想怎样就怎样。在《不列颠百科全书》(第 15 版)的“本体论”(ontology)词条中就解释道，本体论是“关于一切实在的基本性质的理论或研究。……同亚里士多德界定的‘第一哲学’或‘形而上学’是同义的”。古希腊哲学关于“实在”的基本观点是，实在是不变的，比如“水”“原子”“火”“理念”和“数”等，并且讨论万物是用什么实在来构成的以及万物的生成与变化。

在中世纪，唯名论主张个别事物在先，是唯一实在的，共相不具有实在性；实在论则主张共相是最实在的，它作为精神实体存在于个别之先，并决定个别事物。

近代科学革命以来,"实在"是通过物质实体概念来表达的。17世纪化学家玻意耳提出了元素概念,他认为物质是由微小的、不连续的粒子或称之为原子组成的,物质的物理性质和化学性质可以用组成的粒子的大小、形状和运动来解释;基于力学,著名科学家牛顿提出了物质的原子理论;1799年道尔顿提出了原子论,1811年阿伏伽德罗提出分子概念,形成了科学的原子-分子学说,于是形成了近代的物质实体观。

(1) 物质,是由具有广延、质量、形状等不变属性,且具有不可入、不可再分属性的原子构成的。

(2) 一切自然过程都按照力学定律变化,物质运动服从严格的决定论规律。力是超距作用的。

(3) 时间与空间是绝对的无限的,独立于物质与物质运动。

物理学家法拉第反对原子论,反对力的超距作用观念,提出了"场"概念。法拉第把场称为"力线",场是一种充满空间媒质的应力状态。麦克斯韦创造性地发展了法拉第"场"的思想,引入科学假设,用连续的场表示这种新的物理实在,用偏微分方程描述场,建立了电磁场理论,实现电与磁的统一,完成了物理学理论的第一次伟大统一。

麦克斯韦"场"概念的提出改变了牛顿关于物理实在的观念,否定了对场的机械论的解释,给场赋予了新的内容和更普遍的意义。爱因斯坦对此给予了很高的评价:"法拉第和麦克斯韦的电场理论摆脱了这种不能令人满意的状况,这大概是牛顿时代以来的物理学的基础所经历的最深刻的变化。……在这理论中,场最后取得了根本的地位,这个位置在牛顿力学中是被质点占据着的。"[①]"场"的思想影响整个未来物理学的发展。20世纪以来,形成了较为完整的"场"理论。场是物质存在的一种基本形式,它的基本特征是:场是弥散于全空间的,其物理性质可以用一些定义在全空间的量来描述。在场论中,场与粒子是统一的,粒子是场的激发态,真空是场的基态。迄今为止,描述相互作用的场理论只有三种,即电磁场、引力场和非阿贝尔场。正如诺贝尔物理学奖获得者杨振宁指出:"由于理论和实验的进展,人们现已清楚地认识到,对称性、李群和规范不变性在确定物理世界的基本力时起着决定性的作用。我已把这个原则称为对称性支配相互作用。"[②]

近代的物质实体观有许多缺陷。比如,在狭义相对论中,长度、时间与质量是可变的。这就是说,物质实体是可变的。但是,场表现出与近代物质实体不一样的特点,场仍然满足(规范)不变性。换言之,近代的"实体不变"代之以"场的规范不变性","不变性"仍然得到保留。以"场"为观念建立的实在论有一个共通特点,变换不变性或规范不变性是其基础,即原来近代的"实体"代之以"变换不变性"。

在20世纪,出现了多种形式的科学实在论,如本体实在论、认识实在论、方法实在论、语义实在论等。科学实在论有一些共同的特点:科学理论给我们一个关于世界为真的理论,它能够真实描述客观实在。科学的经验的成功提供了对实在论的更严格的辩护。

与科学实在论相对应,反实在论也颇为流行,如工具主义、约定主义、实用主义等。反实在论大都否认或怀疑科学理论能够真实地描述客观实在;有的反实在论对于原则上的可观察的实体承认其本体论地位;"强"反实在论绝对排斥科学实在论;"弱"反实在论一般并不

---

① 爱因斯坦文集:第1卷[M].北京:商务印书馆,1976:355-356.

② 杨振宁演讲集[M].天津:南开大学出版社,1989:465-466.

反对科学实在论的主张，承认外在世界的实在性和理论实体的存在，但是反对人类经验之外关于某些实在的论述。

科学实在论与反实在论之争是当代科学哲学的前沿。科学实在论有观察与理论二分、最佳说明推论、无奇迹论证等论据；而反实在论有非充分决定论旨(under-determination)、本体论不连续性等论据。有多种的科学实在论，归结而言，我们认为，什么事物实在，就是说该事物能够同时满足以下三个标准：一是可观察性标准，二是因果效应标准，三是语义标准，这三个标准是相互协调、相互统一的，构成一个完整的系统。[①]所谓可观察性标准，是指原则上的可观察性，一个理论实体或理论术语是实在的，要依据外在世界来判断，它所表征的客观对象具有直接或间接可观察性。所谓因果效应标准，是说某种实体是可观察现象的原因；如果没有这一实体，就不可能有相应的观察现象。如果不可直接观察实体本身，而能直接观察到该实体的理论的因果性预见，我们就可以断言相应的实体是存在的。所谓语义标准，是指科学理论与科学概念之间没有逻辑矛盾，科学理论或科学概念都有直接或间接的观测意义，理论或概念必然逻辑地包含了"实在的"或"存在的"实体。比如，我们说鬼是不实在的，那是因为它不满足我们提出的三个标准，鬼既不可观察，又不具有因果效应，更不具有一个关于鬼的自洽的理论。如果鬼是实在的，即使它是不可见的，但是可以因果地推论出它具有可观察特征，并且有关于鬼的理论与概念的合逻辑的说明。

> 一般来说，什么东西存在不依赖于人们对语言或理论的使用，但是，人们说什么东西存在则依赖于语言或理论的使用。

综上所述，历史上出现过种类繁多的实在论形式。"实在"的含义表现为以下几点：

(1)"实在"是不依赖于人类认识活动的客观对象，无论是物理的对象还是概念的对象，无论是科学的对象还是常识的对象。在不同的实在论形态中，实在概念至少在两种意义上使用，一是在本体论意义上，实在是一种独立于意识的客观存在；另一种是在认识论意义上，实在是认识的基础。

(2)"实在"是某种外在对象或属性的存在，不仅独立于我们的认识活动，而且独立于一切心灵。这样的对象或属性包括了外在世界、数学对象、理论实体、因果关系以及他人的心，等等。正是由于对"实在"概念的不同理解，才形成了各种不同形式的实在论。

(3)"实在"涉及对语言的使用和理解问题，即"实在"与"语境"和"语义"有关。由于对语言描述与事态存在之间的关系有着不同的理解，于是产生了对实在及其与语言表达关系的不同观点。当代实在论具有明显的语言分析哲学特征，分析哲学中有一个语义三角：语言、心灵与实在构成一个三角关系。

(4)"实在"离不开经验世界。无论对"实在"作何种理解，"实在"总是直接或间接与我们所感知的经验世界发生逻辑关联。哲学家所持有的不同实在论是对世界的不同描述。

量子力学早在20世纪初就诞生了，20世纪90年代诞生了量子信息理论，它们提出了尖锐的问题，描述量子世界的实在，即量子实在，是定域的，还是非定域的？

简言之，从相互作用来看，定域是指事物的相互作用的发生就在事物自身的附近，不超

---

① 吴国林.波函数的实在性分析[J].哲学研究，2012(7)：114-116.

过光速到达的范围。爱因斯坦等提出定域性假设:"由于在测量时两个体系不再相互作用,那么,对第一个体系所能做的无论什么事,其结果都不会使第二个体系发生任何真实的变化(no real change)。这当然只不过是两个体系之间不存在相互作用这个意义的一种表述而已。"[①]然而,量子力学与量子信息理论表明,实在不是定域的,而是非定域的,即量子实在是非定域实在。非定域性(即量子非定域性)可以定义为:一个微观系统的性质,不仅与所在局域的时空性质有关,而且也与另一处于类空间隔的微观系统的性质或时空的性质有关。这意味着,如果两个微观系统之间具有量子非定域性,那么这两个微观系统之间可能有相互作用,也可能没有相互作用,但一定有某种相互关联。

进一步讲,非定域性是微观世界的一种基本性质,它反映的是微观事物之间的关联的一种性质。微观事物以非定域方式存在。非定域性是分离性与非分离性的统一,它可能意味着存在某种新的微观关联方式。非定域性深刻揭示了事物之间具有普遍联系。量子理论的非定域性有多种表现:量子测量的非定域性,量子理论的空间非定域性,空间拓扑的非平凡性质导致的量子非定域性,与自旋相联系的空间的非定域性,空间波函数的扁缩,非定域的相互作用等。[②]

二、量子力学的测量问题

测量是人们用自己的感官或借助仪器对客观事物进行一种有目的、有计划的活动。没有测量,就没有自然科学。测量就是待测对象、仪器与观察者之间所构成的一个相互作用过程,如图1.1所示。

图1.1　测量三要素之间的关系

在经典物理学的大多数情况下,忽略测量仪器与待测量对象的作用,或至少在原则上是可以消除的;忽略测量装置和观察者R之间的相互作用。经典物理学对测量过程的解释是:当使用仪器来测量待测对象的某种物理特性时,如果不可能通过直接测量方式得到被测对象的某种物理特性,那么,我们可以借助测量仪器的某些宏观物理特性的量值,通过间接测量方式来实现测量。

在量子力学形成之前,测量的概念并没有引起人们的重视。但是,量子力学建立之后,测量问题受到了广泛关注。1932年,著名科学家冯·诺依曼(J. Von Neumann)在《量子力学的数学基础》中给出了量子力学测量定理的一个严格证明[③]。他假设测量仪器是一个微观系统,服从量子力学规律。于是可以把被测量的量子系统S与测量仪器A看做一个复合系统S+A,仍然是一个微观系统。量子系统与适当的宏观测量系统相互作用,仅能导致仪器与量子系统的量子纠缠,即复合系统处于量子纠缠态(就像EPR关联那样的态),而不是

---

① EINSTEIN A, PODOLSKY B, ROSEN N. Can quantum-mechanical description of physical reality be considered complete? [J]. Phys. Rev., 1935, 47: 779.

② 吴国林. 量子非定域性及其哲学意义[J]. 哲学研究, 2006(9): 91-94.

③ Von NEUMANN J. Mathematical foundation of quantum mechanics[M]. Princeton, N J: Princeton University Press, 1955.

经典关联。虽然量子系统 S 没有量子相干性，但是复合系统 S+A 仍然存在量子相干性。

为什么必须消除复合系统 S+A 的量子相干性呢？因为当 S+A 处于纠缠态时，它可以在新的波函数基矢作用下重新表述纠缠态，即它同时表述了对不同力学量的量子测量，显然，这种量子测量具有不确定性，然而，有效的经典测量必须排除这种不确定性。要使测量仪器经典地读出量子系统 S 的态，复合系统 S+A 就不能是相干态。

为消除复合系统 S+A 的量子相干性，就必须引入第二个测量仪器 B，形成更大的纠缠态，同样，第二个测量仪器 B 与量子系统 S 和第一个测量仪器 A 就构成一个更大的复合系统 S+A+B，仍然有量子相干性，就需要引进第三个仪器 C，以此类推，还要引进仪器 D，E，F，G，…，形成一个无限的仪器链——冯·诺依曼链。为使理论自洽，必须中断冯·诺依曼链。那么又如何中断呢？冯·诺依曼提出，测量末端的观察者经典的“一瞥”，产生波包扁缩，就得到量子测量的经典结果。

按照冯·诺依曼的观点，为使量子测量获得经典结果，就必须有观察者的“主观介入”，微观世界不再具有客观性，这种说法显然与经典测量有很大的不同。

量子力学的测量过程有主观的介入，主体与客体之间无法区分。

按照观察者的“一瞥”的说法，冯·诺依曼进一步提出了物理-心理平行论，即微观粒子和仪器以及仪器和“物理的自我”之间的分界线可以随意移动。量子力学的创始人之一玻恩认为：“随着量子纪元的到来，关于主客体两极性的问题出现了一种新态度，它既不像古代和中世纪的学说那样，本质上是一种主观态度，也不像牛顿以后的哲学那样完全是客观的态度。”“量子力学取消了主客体之间的区分。”[①]于是，有的论者认为，认识起源于主体与客体相互作用。“客观实在是人的客观实在。”“客观性具有属人性质。”有学者提出“月亮在没有人看它时确定不存在”，还有学者说“量子力学可能崩塌你的‘科学’世界观：人类的主观意识是客观物质世界的基础——客观世界很有可能并不存在！”

我们应当如何看待这一“主观介入”呢？主观是否真的成为物质世界的基础？

冯·诺依曼得出“主观介入”的观点有一个重要的前提假设：测量仪器是一个微观系统，服从量子力学规律；能够单纯从量子力学逻辑地“推导”出“测量假说”，而不需要其他要求（如仪器的经典性）。然而他的这一假定是有问题的，因为在量子力学中，如果测量仪器仅是一个微观系统，那么如何让宏观的人来获得测量的数据呢？事实上，量子测量仪器一定包括了微观与宏观相统一的过程，它必然包括从微观向宏观转化的过程。一个测量仪器还必须能够区分测量仪器与被测微观系统，否则，测量仪器就无法判断将测量哪一个系统的物理性质。冯·诺依曼的前提假设就是把人本身作为量子测量仪器的一部分，让人实现量子系统从微观向宏观的转变，实现不可逆过程。因此，冯·诺依曼的假设实质上有哲学前提：人的意识会干预微观系统的过程，导致微观系统的波包扁缩。而相信冯·诺依曼的证明是合理合情的学者，则有一个哲学共识——意识会干扰微观物质的运动。

玻尔、玻恩、冯·诺依曼等大科学家得出了有关“主观介入”的观点，在于当时量子力学的进展不大，从当时量子力学的有关“证明”来看，还是可以理解的！但是，随着量子力学有关理论与实验的推进，仍然还引用量子论创始人的有关“主观介入”观点来为自己找借口，那么，我们只能说，它根本无视量子力学的最新研究成果，因而其结论必然值得怀疑，其用心是

① 玻恩. 我这一代的物理学[M]. 北京：商务印书馆，1964：150，193.

可疑的。

人要认识事物(特别是微观事物)，必须要有测量，而测量总要对事物进行干扰。这种干扰是否会影响人们认识事物的本来面貌？这种干扰能否忽略？按照量子力学原理，在尚未被观察时，微观粒子的状态处于多个量子态的叠加态，这与人们是否知道它没有关系。只有当微观粒子被测量之后，它的叠加状态被破坏，这时微观粒子才处于一个固定的经典状态。而且人们不能通过测量后的经典状态推知测量之前微观粒子的量子状态。

事实上，量子力学测量问题经过20世纪50年代以来格林(H. S. Green)、丹尼耳(A. Daneri)、朗格(A. Loinger)和珀罗斯佩里(G. M. Prosperi)的初步研究[①]，20世纪70年代黑勃(J. Hepp)等人取得了实质性进展，特别是量子力学的退相干诠释(decoherence interpretation)。

之所以会"证明"出需要观察者经典的"一瞥"，才能得到经典的量子测量结果，关键在于证明的前提，因为前提假设是错误的，那么，它只能得到错误的结论。

量子力学的退相干诠释是当代量子力学测量理论的重要进展。它的关键是把环境引入了量子力学的测量过程中。朱雷克(W. Zurek)在仪器与量子系统之外，还引入了环境。环境与测量仪器通过相互作用，产生理想纠缠，使量子系统出现退相干。[②]

所谓退相干现象，是指一个量子物理系统，由于与其环境不可避免地相互作用，使得系统所处的、由某个观察量的多个本征态相干叠加而成的状态，不可逆地消去了各个干涉项，使系统的行为表现得就像经典物理系统一样。目前有多种具体的量子力学的退相干模型，对于量子力学的新诠释，物理学家奥尼斯(R. Omnes)评价说："目前在一些地方研究着量子力学的一种新近的诠释，它有几种不同的名称：一致性历史诠释，退相干历史诠释或逻辑诠释，并且已经使得量子力学的诠释成为一种标准的演绎性理论。这种新诠释同哥本哈根诠释不同的关键之处在于，如今经典物理学的事态在动力学和逻辑学的两个方面，都完全由量子原理推导出来。……新的诠释在认识论方面的结论，与哥本哈根诠释相距甚远……"[③]

朱雷克的量子测量理论如图1.2所示。

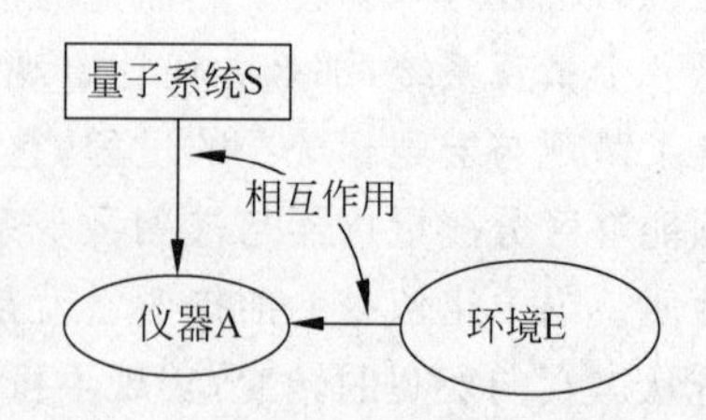

图1.2　朱雷克的量子测量理论

总之，量子力学的退相干诠释深刻揭示了量子系统与测量仪器有区别，量子测量过程不需要观察者经典的"一瞥"，因而量子力学测量过程并没有"主观介入"，因而也不能得到"量子客体有主体的渗透""量子客体具有属人性质"等这样的哲学概括。以量子力学的三个粒子的纠缠态——GHZ态为例，说GHZ态是预先确定的，这是指在量子力学的层次上，而不是在经典力学的意义上。在GHZ态中，从经典层次来看，不可能有任何意义的经典物理实在的设定。**在没有进行测量之前，不能把每个粒子的经典力学量的测量值预先固定在某一个值**。而正确地讲，经过测

① DANERI A, LOINGER A, PROSPERI G M. Quantum theory of measurement and ergodicity conditions[J]. Nucl. Phys., 1962(33): 297.

② ZUREK W H. Decoherence and transition from quantum to classical[J]. Phys. Today, 1991 (10): 36.

③ 关洪. 消相干效应和量子力学新年解释的意义[J]. 物理, 2002(3): 182-183.

量仪器(包括经典仪器)作用后,当量子态发生了不可逆的转变过程之后,才会出现经典的结果,即经典测量值。简言之,微观客体与仪器、测量物理环境一起共同创造了经典测量值。①

三、时间、空间与物质

时间、空间和物质是人们认识自然界的最基本的范畴。那么,时间、空间与物质有没有联系呢?

宇宙概念力图反映物质的整体存在。西方公认宇宙概念源于中国。《简明不列颠百科全书》的"宇宙"条目上写道:"宇宙。中国哲学术语。天地万物的总称。"宇宙概念最早始于管子(?—前625年),他提出了"宙合"的概念,天地为万物之口袋,宙合又是天地的口袋。宇宙概念的明确定义是战国时期的尸子:"上下四方曰宇,往古来今曰宙。"

西方明确提出宇宙(cosmos,意思为和谐)概念的是毕达哥拉斯学派。牛顿提出的时空观是绝对时空观,时间与空间相互独立,时空具有无限性,时空与物质没有关系。在牛顿的《自然哲学之数学原理》中,并没有定义时间和空间,而是在《定义》部分的《附注》中作了说明。他说:"绝对的、真实的和数学的时间,由其特性决定,自身均匀地流逝,与一切外在事物无关,又名延续;相对的、表象的和普通的时间是可感知和外在的(不论是精确的或是不均匀的)对运动之延续的量度,它常被用以代替真实时间。""绝对空间:其自身特性与一切外在事物无关,处处均匀,永不移动。相对空间是一些可以在绝对空间中运动的结构,或是对绝对空间的量度。"②

爱因斯坦的狭义相对论和广义相对论,确立了相对论时空观,这是人类认识时空的伟大进步。

依据光速不变原理和狭义相对性原理(物理规律在所有的惯性参考系中都是等价的),爱因斯坦于1905年建立了狭义相对论。当我们把一个惯性系 $S(x,y,z,t)$ 的时间与空间变换到另一个惯性系 $S'(x',y',z',t')$ 时,则它们之间遵从洛伦兹变换式

$$\begin{cases} x' = \dfrac{x - vt}{\sqrt{1 - \dfrac{v^2}{c^2}}} \\ y' = y \\ z' = z \\ t' = \dfrac{t - xv/c^2}{\sqrt{1 - \dfrac{v^2}{c^2}}} \end{cases}$$

在狭义相对论中,时间与空间不再是分离的,而是构成四维时空。由于狭义相对论效应,呈现出牛顿时空所不具有的新特点:

(1) 运动的杆,其长度缩短。运动惯性参照系的长度是静止坐标系的长度的 $\sqrt{1-\dfrac{v^2}{c^2}}$ 倍,其中 v 为两个惯性参照系之间的相对速度,c 为光速。当运动速度越接近光速,长度缩短越厉害。

---

① 吴国林.量子信息哲学[M].北京:中国社会科学出版社,2011:260-261.

② 牛顿.自然哲学之数学原理[M].西安:陕西人民出版社,2001:10-11.

(2) 运动的时钟,其时间延缓。运动惯性参照系的时间是静止坐标系的时间除以 $\sqrt{1-\frac{v^2}{c^2}}$。当运动速度越接近光速,时间延缓越厉害。

(3) 运动的物体,其质量会增加。运动惯性参照系的质量是静止坐标系的质量除以 $\sqrt{1-\frac{v^2}{c^2}}$。当运动速度越接近光速,质量增加越厉害。

(4) 同一时间具有相对性。在一个参照系中同时的两件事,由于运动的相对性,而在另一个运动参照系中这两件事可能不同时。但是,既同时又同地的两事件,一定是同时的,与参照系之间的相对速度 v 无关。

(5) 两事件之间具有因果关系,需要满足信号的传递速度不能超过光速。

运动的杆的长度、运动的时间、运动的物质的质量等,由于狭义相对论效应,现在发生变化了,而这些量在牛顿力学中都被当成固有的量。这给我们提出了一个十分尖锐的哲学问题,事物究竟有没有固有的、不变的性质?如果没有,事物又如何称其为自身?

虽然狭义相对论将时间与空间统一起来了,但是它没有阐明时空与物质之间的关系。基于等效原理和广义相对性原理(在所有参照系中,物理定律都是等价的),1915 年爱因斯坦创立了广义相对论,得到了广义相对论的场方程:

$$R_{\mu\nu}-\frac{1}{2}Rg_{\mu\nu}=-\kappa T_{\mu\nu}$$

其中,$T_{\mu\nu}$ 为能量动量张量,描述物质的性质;$g_{\mu\nu}$ 为度规张量,描述时间与空间的性质;μ,$\nu=0,1,2,3$。需要说明的是,在广义相对论中,能量与动量并不是孤立的量,而是以张量的形式结合在一起,这就意味着经典力学中的能量守恒定律不一定成立了。在广义相对论场方程中,左边描述的是时空性质,而右边描述的是物质的性质,因此,广义相对论把时空与物质统一起来了,没有物质就没有时空,没有时空就没有物质。时空就是物质的广延。

对于一个受引力场影响的非惯性系,它的时空性质不再是平直的欧几里得空间,而是弯曲时空。不同引力场的性质决定了处于这个引力场中的物质的不同的运动方式。引力场将影响时空属性。按照广义相对性原理,非欧几里得几何与欧几里得几何是同等真实的。

辩证唯物主义指出,时间和空间是运动着的物质的存在形式。列宁说:“世界上除了运动着的物质,什么也没有,而运动着的物质只有在空间和时间之内才能运动。”①时间反映了物质运动的持续性、顺序性和阶段性。任何物质运动都是一个过程,表现出一定的先后次序。空间反映了物质运动的广延性和伸张性,同时还反映了不同物体之间的并存关系。时间和空间不可能脱离物质运动而独立存在,时空是物质的存在形式。恩格斯说:“物质的这两种存在形式离开了物质,当然都是无,都是只在我们头脑中存在的空洞的观念,抽象。”②列宁进一步指出:“唯物主义既然承认客观实在即运动着的物质不依赖于我们的意识而存在,也就必然要承认时间和空间的客观实在性。”③现代科学支持了辩证唯物主义的时空观。可见,狭义相对论与广义相对论支持了辩证唯物主义的物质观、时空观和运动观。

如果说牛顿的绝对时空论、爱因斯坦的相对时空论属于宏观或宇观层次,那么,属于微

---

① 列宁选集:第 2 卷[M]. 北京:人民出版社,1972:177.

② 恩格斯. 自然辩证法[M]. 北京:人民出版社,1971:213.

③ 列宁选集:第 2 卷[M]. 北京:人民出版社,1972:176.

观层次的量子时空的性质又如何呢？研究量子时空的性质需要将量子力学与广义相对论统一起来，即意味着要建立量子的相对论性引力理论，即量子引力理论。建立量子引力是20世纪以来基础物理学的核心问题，超弦（super-string）理论的探索具有代表性。

超弦理论抛弃了点粒子模型，认为构成我们世界最基本的组元不是没有空间大小的点粒子，而是具有超对称性的一维物质线段——弦，这种具有超对称的弦，称为超弦。超弦有开弦和闭弦两种，其特征长度是普朗克长度 $l_p = 10^{-32}$ 厘米，粒子被看做是弦振动的激发，弦的每种振动模式对应于一种粒子。

在超弦理论的基础上，发展出了M理论。M理论是由10维超弦理论发展而来的。有的学者说，M是取membrane（膜）、mother等的第一个字母而来。目前，超弦（M）理论还不成熟，但是，已表明了量子时空的一些特点。如空间具有高维性和时间仍然是一维的。已知M理论的时空是11维的，其中空间是10维的，这就是说空间具有高维性（维数>3），时间是1维的。

超弦理论具有对偶性。所谓对偶性，是指表面上不同的物理体系的等价性。五种不同超弦理论的对偶性及其在不同真空中的关联，正是11维M理论中单一真空在不同情况下的特殊状态。于是，用M理论统一了五种不同超弦理论和低能下的11维超引力，使弱、电、强和引力四种作用的规律成为单一作用规律的不同侧面，其单一规律的不同表现。可见，M理论中相互作用基本规律的统一性，显现了物质结构、相互作用和时空性质的密切联系和高度综合，揭示了物质、运动和时间、空间是相互联系和统一的。

四、量子态：一种新的资源

资源是能够为人类所利用的东西。一般而言，资源可分为广义的资源和狭义的资源。广义的资源是指为人类生存、发展、享受所需要的一切物质和非物质的要素。狭义的资源是指自然资源，它是指在一定的时间、地点的条件下能够产生经济价值的、以提高人类当前和将来福利的自然环境因素的总和。量子态就是一种新资源，展示了微观物质形成的新形式。

量子态是量子系统所处的物理状态。按照量子力学公设，量子态可以用波函数完全描述。量子态不仅具有实在性，而且是一种重要的资源，开辟了人类利用新资源的途径。量子态可以存储（如量子位与量子存储器）和操控，量子态也可以超空间传递（如量子隐形传态等）。量子态可以处于不同的物理状态。量子态是不同于经典物理资源的新型资源。基于量子态或波函数，形成量子纠缠、量子超密编码、量子隐形传态、量子计算、量子密钥等，它们成为新资源、关键性资源和控制性资源，这意味着一个新的量子时代正在出场。

资源必定能够被控制。量子态作为一种资源，它具有量子可控性。量子态在一定条件下表现为量子信息。物质、能量与信息为三大基本资源，它们之间是一种三位一体的关系。同物质与能量相比，经典信息建立在经典信息理论和经典物理世界的基础之上。经典信息理论是20世纪第三次科学革命的成果，它引发了一场以信息化、智能化为特征的信息革命。而量子信息建立在量子力学的基础之上，以量子态（波函数）作为自己的基本存在方式。量子态既具有实在性，又具有量子信息特点，它是量子实在与量子信息的统一。

量子态可以表达为量子信息，它具备信息资源所拥有的基本特性，还具备经典信息所不存在的功能，比如，量子信息具有相干性、叠加性、不可克隆性等性质。而经典信息不具有叠加性，如两篇有意义的文字无规则地叠加在一起，将成为一篇没有意义的文字。但是，两个相干的量子信息叠加在一起将产生新的物理性质。

基于量子态的量子资源,不仅将深刻地变革人类的原有资源结构,而且其携带的奇异特质将拓展人类驾驭自然的能力,有利于协调人与自然的关系。量子纠缠反映的是微观粒子之间的量子特征,它在量子信息领域起着关键的作用。“一个纯量子态中各叠加成分的系数模值、内部相因子和纠缠模式都可以荷载人们设定的信息”[①],而一对纠缠量子态更能产生众多奇特的信息功能。

量子态作为一种量子资源,可引发拓展资源的新思路。从经典信息来看,经典信息资源需要借助经典信道,这种信道不管是有线还是无线,信息在该信道中的传输都需要耗费大量的材料和能源,而基于量子纠缠的量子信息资源则可以大大降低这些材料和能源的消耗,从而节约地球上的资源。量子信息本身作为一种新资源,将为人类提供一种新的驾驭自然的手段,尤其是其超越传统信息的奇异性质,使得之前不可能的事情变成一种可能,从而极大地拓展了人的能力。量子态不仅具有实在性,而且是一种重要的资源,它展现了微观物质存在的新形式。

五、人工自然观

人工自然是人类利用科学技术创造出来的属于自己的自然界,它使自然界出现了新的分化,也促进了自然界的新发展。科学地认识人工自然,有助于我们深刻地认识人与自然的关系,丰富和发展辩证唯物主义自然观。

1. 人工自然的含义

人工自然的概念最早可以追溯到古代。古希腊时期的柏拉图在他的《理想国》中,论述了“床”的概念(包括理念上的床、工匠制造的床和画家画的床)。[②]亚里士多德在他的《物理学》一书中,把床、衣服或其他技术制品称为“人工产物”或“人工客体”,并论述了它们与其他自然事物的区别。[③]

古代中国,把自然界本身的作用称为“天工”,如“天工开物”,把使用天然自然材料制作各种器具的工匠们称为“百工”。《考工记》《天工开物》等古典技术论著作大都记述了当时人们创造人工自然的技术规范和制造工艺。

马克思和恩格斯没有直接创立和使用“人工自然”的概念,但是,他们都在其著作中阐述了与人工自然相关的思想。马克思把“在人类历史中即在人类社会的产生过程中形成的自然界”,称为“人的现实的自然界”“人类学的自然界”[④]。马克思还在其《1844 年经济学哲学手稿》一书中提出了“人化的自然”或“人化自然”概念。

人工自然就是人类为了满足自己的价值或目的需要,运用科学技术创造的相对独立存在的一种特殊的自然。人工自然具有目的性,对科学技术的依赖性,改造过的客观物质性,满足主体需要的价值性,对象化了的人类意识性,凝结着的社会实践性和人与自然相互转化、协调发展的中介性等本质性的特征。[⑤] 人工自然主要包括:

---

① 张永德,等. 量子信息论[M]. 武汉:华中师范大学出版社,2002:33.

② 柏拉图. 理想国[M]. 北京:商务印书馆,2002:388.

③ 亚里士多德. 物理学[M]. 北京:商务印书馆,1997:44.

④ 马克思恩格斯全集:第 42 卷[M]. 北京:人民出版社,1979:128.

⑤ 巨乃岐. 试论人工自然的本质特征[J]. 科学技术与辩证法,1995(12):11-14.

(1) 人工获取的自然。它是指人类通过采集、捕捉等手段获取的农、林、渔等地球表面的天然自然资源和通过采掘、开采等方法获取的煤、石油等地下天然自然资源。

(2) 人工控制的自然。它是指人类通过对天然自然的控制而使其具有人工意义的自然。比如，各种类型的自然保护区(如野生动植物保护区等)，但自然保护区里面的内容仍属于天然自然。

(3) 人工改造的自然。它是指人类通过改变天然自然的形态使其具有人工意义的自然。比如，人类把牛、马等野生动物驯化成家养动物，把天然牧场改造成人工牧场等。

(4) 人工创造的自然。它是指人类通过各种科学技术手段创建出的从未有过的自然，它体现出人类创造力。比如，金字塔、万里长城、京杭大运河、都江堰水利工程等；还有人类制造出的各种技术人工自然物，如机器、人造卫星、计算机等；人类居住的村落，特别是城市等。

2. 人工自然的基本特点与规律

人工自然与天然自然有联系，实现人与自然和谐，在很大程度需要依赖于人工自然。人工自然具有以下几方面的特点：

(1) 先有天然自然，后有人工自然，前者是后者存在与发展的根基。人工自然是依赖于人类而存在的自然界，是人类通过一定的手段创建形成的自然，人工自然打上了人类的印迹。而天然自然是不依赖于人类而存在的自然界。比如，电子计算机这种人工物，即使人类不存在了，它仍然属于人工自然，因为仅靠天然自然自身的演化是不可能产生的。

(2) 人工自然既具有自然属性又具有社会属性，而天然自然仅具有自然属性。人工自然的发展既遵守自然规律又遵守社会规律，而天然自然的产生和演化只遵守自然规律。人工自然是依靠人的主观能动作用，积极主动地应用自然规律的结果。人工自然的建造还要受到各种社会因素的影响和制约。有的人工自然，如教堂，反映了宗教文化的特点。在不违反自然规律的前提下，人工自然的结构和功能都取决于人类的主体意识。

(3) 从演化的速度上看，宏观和宇观物质的演化速度一般较慢(如恒星的生成、地层的积淀、元素的蜕变和物种的形成等)，微观物质的演化速度较快(如在宇宙大爆炸初始，基本粒子的生成与湮灭等)；人工自然绝大部分领域中的物质的演化速度都比较快，但农业育种、建筑物的变化、社会的演化等人工自然的演化速度较慢。

由于人工自然既有自然属性又有社会属性，人工自然的创造与发展既遵循天然自然的规律，又遵循其自身的特殊规律。人工自然的创造与发展是有规律可循的。

(1) 人类的自然规律与生物学规律在人工自然的创造与发展过程中始终存在并自发地起作用。它要求人工自然的发展必须遵循天然自然规律。人类是为了满足其自身的基本的自然属性的要求来创造人工自然的，人们在创造人工自然时，不能违背天然自然的规律。人首先是动物，人类与其他动物一样，按照生存竞争、自然选择等生物学规律而生存和进化。人类的自然属性及其进化规律是人类创造人工自然的目的和动力。现代人创造的农业、食品工业、医药、纺织业、建筑业、家电业、互联网等人工自然物，它首先是满足人类的自然要求，其次才是满足其他的文化需要。

人类创造人工自然必须使用天然自然的物质、能量和信息，这些物质本身的运动(如机械运动、物理运动、化学运动、生物运动等)各自遵循其相应的规律，这些规律在人类创造人工自然的过程中仍然发挥作用。比如，热力学定律在人类研制蒸汽机和内燃机等人工物中存在并自发地起作用。当然,一个具体的人工物是多种天然自然规律的结合。发射人造卫星上天,既要利用牛顿力学,还要利用原子物理学、化学等多种学科。

(2) 人类能够积极主动适应天然自然规律,按照人类发展的需要,有选择地应用天然自然规律,创造人工自然。人是高级动物,但又远远超越一般生物意义上的动物,人类具有理性思维,具有超出动物个体记忆的社会记忆能力和认知能力,能够使用和创造工具,具有自觉的目的性,能够创造出原来所不能想象的人工物。任何一位建筑师,在他建造房屋之前,总在他的头脑中先有一个房屋的观念,这个观念正是人的目的性和主动性。人工自然的创造,正是人的本质的显现。马克思早在《1844年经济学哲学手稿》中就对产业与人的关系作出了分析:"工业的历史和工业的已经生成的对象性的存在,是一本打开了的关于人的本质力量的书,是感性地摆在我们面前的心理学。"[①]

(3) 人工自然的创造与发展不仅应用天然自然规律,而且还要应用社会规律。人是社会的人,人具有社会性,人是一种类存在,即人以类的方式存在,因此,人类的生产与创造必然要满足社会规律。创造人工自然不仅需要利用社会规律,比如,生产关系要适合于生产力的规律、劳动心理的规律等,还必须要有足够的社会文化支持,比如适宜的社会经济体制、资金、法律保证和文化支撑。人类创造人工自然,还要按照美的规律来创造。正如马克思说:"人懂得按照任何一个种的尺度来进行生产,并且懂得处处都把内在的尺度运用于对象;因此,人也按照美的规律来构造。"[②]在走向生态文明的进程中,人工自然的创造还要用生态标准与规范来要求。

(4) 人工自然的创造与演化必须遵循人工自然自身的规律。尽管现代技术依赖于现代科学,但现代技术有自身的规律,现代工程与现代产业也有自身的规律。比如,内燃机的四冲程、发动机的增压与非增压、特种合金的各种化学元素的组合、人工育种的"三系"等,都有人工自然的客观规律,这是不能在天然自然中找到的规律。即使发动机使用同样的原理,但制造发动机的材料与装配工艺不一样,也会影响发动机的性能。飞机的飞行都必须克服万有引力的作用,但是,不同的飞机设计,获得的是不同的飞行性能、安全性和稳定性。正是人工自然有自身特有的规律,因此,人工自然也形成相应的知识和学科。比如,水工学、热工学、冶金学、压力加工原理、机器制造工艺学、育种学、作物栽培学等。在自然科学中,我们往往可以使用具有必然性的演绎推理,即结论包括在前提之中。但是,在技术创造与发展中,我们只能使用不具有逻辑必然性的实践推理,即结论与前提不具有必然联系,但有一定程度和可靠性的联系。比如,同样是修建铁路,在中国内地修建铁路与在青藏高原修建铁路,其科学原理是一致的,甚至其技术原理也是一致的,但是,如何面对高寒环境,路基与铁轨等都必须重新研究具体的技术,包括路基的修建、铁轨的物理性质等。

六、马克思主义的物质观

辩证唯物主义自然观认为,自然界是无限多样的,它不依赖于人的意识并且可以为人的意识所反映,自然界具有物质性。自然界的统一性在于它的物质性。自然界的物质统一性包含如下几个方面:

---

① 马克思.1844经济学哲学手稿[M].3版.北京:人民出版社,2000:88.

② 马克思.1844经济学哲学手稿[M].3版.北京:人民出版社,2000:58.

(1) 自然界除了物质的各种状态、属性、表现、关系、过程之外,没有也不可能有任何其他的东西。物质运动的各种状态、属性、表现、关系和过程都有相应的物质承担者。

(2) 自然界的一切事物、现象和过程都有统一的物质基础,即具有基本成分和结构上的统一性。从原子到星系,从生物大分子到人,其化学组成都是107种化学元素的原子,这些原子都是以电磁相互作用、构成一个相对稳定的系统。在原子层次以下,原子核和强子层次,它们分别由三种基本量子场构成。

(3) 自然界的一切事物、现象和过程,都有统一的物质起源和发生学上的联系,即无限多样性的事物可以纳入统一的物质世界的进化链之中。

就我们观察所及的宇宙(总星系)而言,其中的一切事物、现象和过程都产生于原初宇宙的大爆炸及其后100多亿年的进化。在这个进化过程中,天与地,有机与无机、非生命与生命、自然与社会、物质与意识等之间的一切不可逾越的鸿沟都消失了。正如恩格斯指出的:"世界的真正的统一性是在于它的物质性,而这种物质性不是魔术师的两三句话所能证明的,而是由哲学和自然科学的长期、持续的发展来证明的。"[①]事实上,自然界的物质统一性正在不断地得到哲学和自然科学的论证。

从认识论的角度,自然界的一切存在物是不依赖于人的意识而为人的意识所反映的客观实在,具有物质的共同特性——客观实在性。这是辩证唯物主义自然观的首要的、最基本的观点,也是一切自然科学的基础和出发点。正如爱因斯坦指出:"相信有一个离开知觉主体而独立的外在世界,是一切自然科学的基础。"[②]

关于什么是哲学意义上的物质和物质的根本特性的问题,列宁曾给予了明确的回答,深刻理解列宁的物质概念对于我们把握自然界的物质性原理有重要意义。

在20世纪初,物理学革命动摇了机械论的自然观,即把物质归结为绝对不变的实体和基质。列宁为了回答唯心主义关于"物质消失了"的论断,从哲学上概括了当代自然科学革命开始时期的最新成就,抛弃了单纯从本体论的立场寻找一切存在物共同不变属性或最终基质,而从规定物质范畴的思路,从认识论的角度,从对于意识的根源性的角度,给物质范畴下了一个合理的、具有启发性的定义:物质是"不依赖于人的意识并且为人的意识所反映的客观实在"。列宁还针对主观唯心主义把物质归结为"感觉的复合"的论点,指出:"物质是标志客观实在的哲学范畴。这种客观实在是人通过感觉感知的,它不依赖于我们的感觉而存在,为我们的感觉所复写、摄影、反映。"[③]这两段话被公认为是对辩证唯物主义物质范畴的经典表达,它具有深刻的内涵和重要的意义,物质定义的这一哲学概括到现在仍然没有过时,具体表现在:

第一,从物质与意识谁是第一性这一根本问题上去把握物质本性,强调客观实在性是物质最根本的属性,物质是不依赖于意识而独立存在的。于是,同唯心主义和二元论划清了界线。

第二,强调了物质是可知的,是可以通过人的感觉、知觉和思维被认识的,说明了物质是与人们的生活连接在一起的。这同各种形式的不可知论划清了界线,也同机械唯物主义划清了界线。

---

① 恩格斯. 反杜林论[M].北京:人民出版社,1970:41.

② 爱因斯坦文集:第1卷[M]. 北京:商务印书馆,1976:292.

③ 列宁选集:第2卷[M].北京:人民出版社,1972:128.

第三，它高度概括了物质的共同本质，指出物质的唯一"特性"就是它是客观实在，使得物质范畴外延极为广泛，内涵极其丰富，它不仅包括已被现代科学所认识的物质现象，还包括一切将来可能被认识的物质现象。这一物质定义区分了哲学上的物质概念和自然科学关于物质的组成和结构的学说，经受住了现代科学发展的考验。

列宁关于物质的定义，既从物质与意识相对立的角度，又从物质与意识相统一的角度来展开，将本体论与认识论统一起来了。深刻理解和把握列宁的物质概念在今天仍然具有重要的本体论、认识论和方法论意义。

对客观实在的进一步追问：何为客观？何为实在？有没有离开主观的客观？有没有离开人的认识概念的客观？实在与实体是什么关系？实在的东西具有因果关系吗？实在可被实践改变吗？

第二节　自然界物质的系统性与层次性

一、系统的含义与描述

辩证唯物主义的自然观认为，自然界以及自然界中的一切物质客体都是以系统的方式存在的。不同的学科常常给出不同的系统的定义。一般系统论的创始人贝塔朗菲认为："系统可以定义为相互关联的元素的集。"[①]后来他又将系统定义为："系统的定义可以确定为处于一定的相互关系中并与环境发生关系的各组成部分（要素）的总体（集）。"[②]著名科学家钱学森认为："所谓系统，是由相互制约的各个部分组成的具有一定功能的整体。"[③]为此，理解系统的定义应把握以下几点：

（1）一切系统均由多个元素（至少是两个元素）组成。

（2）同一系统的不同元素之间相互关联、相互作用，而且联系具有某种稳定性，形成一定的结构。

（3）系统是一个整体，具有整体的结构、整体的形态和整体的边界，并以整体的方式与环境相互作用，表现出整体的功能。

据此，我们可以将系统定义为：系统是由若干组成要素经相互作用而构成的具有特定的结构和功能的整体。

按照系统的定义，要完整地描述系统，必须包括如下五个基本因素。

（1）系统的组成。所谓系统的组成是指系统的所有组成元素的集合。任一系统都是由若干组成元素组成的整体，单一元素不是系统，必须有两个或两个以上元素才能组成系统。组成元素是构成系统的基本单元，在该系统中，这些基本单元具有不可再划分的性质。但是，离开这种系统，元素本身又可以成为由更小组元构成的系统。

（2）系统的结构。系统各组成元素必须处于一定的相互关系之中，这些元素相互联系、

① 贝塔朗菲．一般系统论[M]．北京：社会科学文献出版社，1987：46．

② 贝塔朗菲．普通系统论的历史和现状[M]//系统论控制论信息论经典文献选编．北京：求实出版社，1989：143．

③ 钱学森．工程控制论[M]．北京：科学出版社，1980：xiii．

相互作用形成相对稳定的结合方式，才构成系统。所谓系统的结构就是指系统各组成元素之间相互关系和相互作用的总和，是系统各组成元素的稳定的联系方式。系统的结构是决定系统的基本因素之一。自然物质系统具有十分丰富的结构。自然物质系统的组成元素是系统结构赖以形成的基础和物质承担者，组成元素的性质、种类和数量基本规定了它们之间相互作用的性质，从而决定着系统的结构。结构不能离开元素而单独存在，只有通过元素间相互作用才能体现其客观实在性。不应当把结构看做独立于元素而单独存在的东西，但是结构对元素又具有相对的独立性。系统是元素和结构的统一，元素和结构既相独立又相依存的关系组成系统的内在本质。

（3）系统的环境。所谓系统的环境是指与系统发生相互作用又不属于这个系统的所有事物的总和。环境对系统的存在和发展有极大影响和作用；环境提供系统生存条件，环境对系统进行选择，控制着系统的发展，加速或延缓着系统演化的过程。环境意识或环境观念是系统思想的重要内容，环境分析是系统分析的不可或缺的一环。

（4）系统的功能。功能就是起什么作用，有什么用途。系统的功能是描述系统整体的性状，描述系统作为一个整体同环境相互关系的范畴。系统的功能可以理解为系统在与环境相互联系中表现出来的系统对环境产生某种作用的能力或系统对环境变化和作用作出响应或反应的能力。控制论中把系统的功能定义为系统将一定的输入变换为一定输出的能力。计算机有对输入信息、数据进行存储，处理运算，逻辑判断，输出有用信息的功能。系统的功能是系统整体的性质，功能是在系统与环境的相互联系中，通过系统的一系列的行为表现出来的。

（5）系统的边界。系统与环境之间存在着边界，子系统与整体系统之间存在着边界，一个子系统与其他子系统之间也存在着边界。边界的存在是客观的，凡系统都有边界。把系统与环境分开来的东西，称为系统的边界（boundary）。系统边界在系统与环境之间扮演着一个双重角色：一方面将系统的质与环境的质区分开来，另一方面它又将系统和环境通过系统的输入输出方式联系起来，形成了系统与环境之间各种各样的相互关系。系统与环境之间的相互影响和相互作用的性质与程度是由边界的性质决定的。有些系统具有明确的边界，有些系统不具有明确的边界。

因此，系统的组成、结构、功能、环境和边界共同完整地规定和描述了系统。

在现实的自然界中，系统是普遍的。没有一个现实的事物完全不可被看做系统。自然界中的一切物质客体都以系统方式存在，都可用系统方法研究，这是系统科学的基本信念。恩格斯曾指出：“我们所面对着的整个自然界形成一个系统，即各种物体相互联系的总体，而我们这里说的物体，是指所有的物体存在，从星球到原子，甚至直到以太粒子，如果我们承认以太粒子存在的话。”现代科学技术揭示出，不仅整个自然界形成一个系统，而且自然界中的所有物质客体也都自成系统或处于系统之中。系统性是自然界和自然界的一切物质客体的基本属性。总之，在自然界中，万物皆系统，系统无所不在。比如一盘散沙，看似毫无联系的堆积物，但是，在一个具有某种形状的底盘上堆沙子时，开始时沙子会越堆越高，随后会稳定在一定形状上，具有复杂的形态，沙堆模型被认为是“自组织的临界态”（SOC）的一个最典型的模型。

二、部分、整体与突现

“整体”（whole）是指自然系统的有机整体，“部分”（parts）是指自然系统的组成元素。

整体与部分是系统中的一对矛盾。自然系统的整体(W)与组成部分(P_i，$i=1,2,\cdots$)之间的关系可以表达为三种情况。

1. 整体大于部分之和

$$W > \sum P_i$$

“三个臭皮匠，赛过一个诸葛亮”“倾国宜通体，谁来独赏眉”，说的就是这种情形。整体的各组成部分之间的相互作用会产生相互增强的效应，使组成部分自身性质得到提升和创造，即创造出原来所没有的新性质。

2. 整体小于部分之和

$$W < \sum P_i$$

俗话所说“一个和尚挑水喝，两个和尚抬水喝，三个和尚没水喝”就属此类情形。整体的各组成部分之间的相互作用也会产生相互制约的效应，导致组成部分自身性质的丧失，这是产生整体新质的必要代价。氢核聚变成氦时质量的亏损、强子的质量远小于其组成部分——夸克的质量，都是“整体小于部分之和”的例证。

3. 整体等于部分之和

$$W = \sum P_i$$

“各自打扫门前雪，休管他人瓦上霜”说的就是这种情形。系统的各个组成要素没有相互作用，成为组成要素的垒集。

第1、2两种情形表示整体不等于部分之和，属于非加和性，系统具有突现性或涌现性(properties of emergence)。在阐述骑兵连与单个骑兵分期之间的关系时，马克思曾指出：“一个骑兵连的进攻力量或一个步兵团的抵抗力量，与单个骑兵分散展开的进攻力量的总和或单个步兵分散展开的抵抗力量的总和有本质的差别。”[①]只有部分对整体存在着某种非加和性关系时，这个整体才能称之为系统。突现性(或涌现性、非加和性)才是系统的根本特性。对于“整体小于部分之和”这一情形，也不能说是系统的性质得到劣化。比如当质子与中子构成原子核时，就要产生质量亏损，显然，原子核是构成原子的重要构件。从宇宙大爆炸来看，随着宇宙的温度降低，质子与中子结合为原子核，并进而形成原子时，这是一种非常重要的宇宙进化。

第3种情况表明系统具有加和性。如果组成部分之间相互作用不改变各组分的某种属性，那么在这种属性上，部分对整体是可加和的。系统中存在着某些加和性的关系，但加和性不是系统的根本特性，如果整体和组成部分之间，一切方面都存在加和性关系，那么这个整体就是非系统的堆积物。

所谓用系统观点看问题，中心之点是考察系统的突现性。有些人在日常生活中常犯如经济学家萨缪尔森所说的“合成推理谬误”，以为“对于部分来说是对的事情，对于整体来说也是对的”，而不知道“总体不总是等于部分之和”这一非加和特性。

整体与部分之间是相互作用和相互依赖的。系统整体是由部分组成的，整体不能脱离部分而独立存在。整体对于部分来说，在性质上有得、有失、有保留。整体与部分之间，在某些方面，存在着“整体等于部分之和”的加和性关系；在另一些方面，又存在着“整体大于或

---

① 马克思恩格斯全集：第23卷[M]. 北京：人民出版社，1972：326.

小于部分之和”的非加和性关系。加和性关系反映了整体与部分之间、系统与所有组成的元素之间在质上的承续性和量的守恒性。比如，量子系统的电荷数、重子数、轻子数等均是其构成部分相应量的加和。自然科学中各种守恒定律表明，自然界中的各种物质系统，在整体与组成部分之间，总会存在着某种共同属性，对于这些属性来说，如果可以量度的话，整体等于部分之和。非加和性关系则反映系统与所有组成的前身之间质的间断性和量的不守恒性。因此，把系统整体与部分之间关系原理（或称系统的整体性原理）简单地表述为“整体大于部分之和”是不适当的。

部分有赖于整体，整体也有赖于部分。没有部分就没有整体。在人类认识史上有一种整体论，认为整体先于其组成部分而出现，可以超越于其组成部分，整体中存在着其组成部分所没有的神秘的实体，整体是不可解释的。这种神秘的整体论，完全割裂了整体与部分的关系，完全否定了部分对整体的制约作用，是应该摒弃的。在科学实在论中，有一种结构实在论，认为是先有结构，后有组成元素，显然这也是有问题的，因为没有离开元素的结构，结构总是元素构成的结构。

我们不要轻视加和性关系。在系统中，由于在某些属性方面，整体和部分存在着加和性关系，使得我们在对有些问题的研究中，可以将系统与其组成部分仅仅作为量上相区别的对象加以处理，通过量的分解和组合而实现从部分到整体的过渡。同样，我们也可以从加和性关系对系统展开分析，这就是一种还原论方法，在自然科学的研究中，还原论方法还十分有效。当然不能将这种方法绝对化。

由部分构成系统整体时，有新质的突然出现，整体不等于部分之和，这就是系统的突现性原理，又称整体性原理或非加和性原理。

系统整体与部分之总和之间是有差别的。整体具有部分或部分总和所没有的性质，是普遍存在的现象。单个物质分子没有温度、压强，一旦大量的分子形成热力学系统，就形成原单个分子所没有的整体的新质，就有了温度、压强等宏观物理性质。汽车的构件并没有运动的功能，但是当它们适当地装备起来后，就突现了运动的功能。在量子力学中，微观粒子只能用波函数（复数）来描述，但是，当微观粒子经过量子测量转化为经典粒子时，经典粒子就可以用经典物理量（实数）进行描述。

系统整体突现的性质，一般地说，仅从其组成部分上是不能理解的，也不可能从部分角度去发现。从逻辑上，系统整体涌现出来的新质，也不能从部分逻辑“推导”出来，这就是说，整体具有部分所不具有的新的运动规律。系统整体的突现性是系统的组成部分之间相互作用、相互激发而产生的整体效应，即所谓结构效应。“突现”对应的英文是“emergence”，也有人翻译为涌现。哥德斯坦（Jeffrey Goldstein）认为，突现是指在复杂系统的自组织过程中产生出来的新奇的和相干的结构、模式和性质。[①]霍兰不同意把新奇性作为突现的本质特点。他认为，科学对象的重要特点是可重复性和可识别性。可识别的特征和模式是研究突现的关键。

我们认为，所谓突现，就是指由系统的各个要素（或主体）相互作用所生成的单个要素（或主体）所不具有的性质、行为、功能和结构。它是高层次事物具有而其要素不具有且事先不能加以预测的性质。突现具有以下基本特点：

---

① GOLDSTEIN J. Emergence as a constract: history and issues[J]. Emergence, 1999 (1): 49.

（1）突现是生成的。霍兰说："突现现象出现在生成系统之中"[1]。从整体与部分的关系来看，突现性是系统的整体具有而部分不具有的性质，它包括特征、行为和功能等。突现性表明高层次的性质不能还原为低层次的性质。不同结构的转换也会导致整体突现性的发生。从生成演化的角度来看，突现性是生成的，而不是构成的，反映的是一种新型的关联。突现是自组织的，而不是他组织的。突现要通过涨落、分叉而达到更为有序的状态。

（2）突现是一个由各组成要素经局域（local）相互作用发展到全域（global）相互作用的自组织过程。贝纳德对流花样、激光的形成，其有序结构的生成，都有一个从局域到全域的过程。相对于各要素的局域的无序状态，通过突现生成的全域的有序状态，具有不同的结构、功能和规律。全域有序不同于局域有序，全域有序显示出不同于局域的更高层次的规律。

（3）突现出来的稳定模式的功能是由其所处的环境所决定的。[2]由于非线性作用，系统的功能是通过环境（context）来体现的。无论是生物体、神经元还是公司，任何单个主体的存在都依赖于其他主体提供的环境。在生物系统中，随着环境的变化，许多系统的行为将变得不适应环境，于是，通过环境来决定哪些行为是最适合的，其代价是使那些具有某些不适应行为的系统有毁灭的危险。国际上有不同的名酒（如茅台酒）生产区域，这些名酒是由当地的酿造工艺、基本原料、土壤和生态环境决定的，同时也是由这些因素所突现出来的名酒文化所决定的。

（4）有一种典型的突现现象：系统的组成部分不断变化，而不改变系统的稳定模式。在突现现象中，系统的要素是可以变化的，但其稳定模式不变。如在有机体中，所有组成成分的原子都会更新，但器官整体从外形到功能一般都不会有大的变化。虽然每一大年或每一小年的果子的产量并不相同，但是，果树有大年与小年这一稳定的模式。开放系统与外界发生物质、能量、信息等因素的交换，外界环境及外界的随机因素将对系统产生不同程度的影响。系统开放才可能使系统处于非平衡状态，才可能使原有的系统失稳，通过突现产生新的状态。

（5）突现具有整体性与微观性。突现不仅在整体上具有突现性，而且在微观上也存在突现性。突现包括整体突现与微观突现。所谓整体突现，是指所有部分都会带有整体突现出来的性质。比如，原子的稳定性质将反馈给其内部的不稳定的粒子。自由的中子的寿命很短，但是它处于原子核中就获得了很长的寿命。所谓微观突现，是指整体之中的部分也会在整体的作用下不等于部分，即在整体的作用下，部分大于部分，或者部分小于部分。突现后的整体中的部分不等于突现前的部分。

三、结构与功能的关系

系统的组成、结构、环境、功能和边界是完整规定和描述系统的五个基本因素。系统的功能 F 是由组成元素 C、结构 S、边界 B 与环境 E 共同决定的。设计或组建具有特定功能的人工自然系统（如技术人工物），必须选择具有必要性能的元素，选择最佳的结构方案，还要选择或创造适当的边界条件和环境条件。于是可以写出如下函数：

---

① 霍兰．突现：从混沌到有序[M]．陈禹，等，译．上海：上海科学技术出版社，2001：246．

② 霍兰．突现：从混沌到有序[M]．陈禹，等，译．上海：上海科学技术出版社，2001：247．

$$F = f(C, S, B, E)$$

辩证唯物主义自然观认为，系统具有整体突现性，这种整体突现性是一种结构效应，因此系统结构是决定系统功能的根本因素。这个规律可以称为自然系统的结构——功能规律。

1. 结构决定功能

相对于系统的环境、组成元素、边界，系统的结构从根本上决定系统的功能。

(1) 系统的环境和边界是系统功能存在和得以实现的条件，不是决定系统功能的内在根据。系统的环境制约着系统功能的发挥。比如，鱼要在水中才能生存；在真空中，小鸟不能展翅高飞；DNA 大分子要发挥它的生命复制的功能，需要环境中提供充足的核苷酸。系统的边界一方面将系统的质与环境的质区分开来，另一方面它又是联系系统和环境的输入输出方式的桥梁。边界的性质将会影响系统的功能的发挥，而不影响系统的结构。比如在发动机中，润滑油提供各工件之间的物理界面，润滑油的质量的好坏将影响发动机性能的发挥，而不影响发动机的结构与功能。不同的物质系统之所以具有千差万别的功能，只能从系统内部的组成元素和结构去分析，系统的组成元素和组成元素的相互作用的结构才是决定系统整体功能的内在根据。

(2) 系统的组成元素是系统具有某种功能的物质基础和物质载体，但它不直接决定系统的功能。组成元素的性质、种类和数量都决定着系统的性状和功能。比如，材料科学表明，材料的性能或功能首先与组成元素种类、数量有关。如半导体材料单晶硅、锗，要求极高的纯度，如果掺入 1%的杂质，其导电的性能会增加百万倍。由两个氧原子组成的氧分子与由 3 个氧原子组成的臭氧，其性质完全不同。

但进一步的分析就会发现，同组成元素相比，系统的结构对系统性状、功能的决定作用更为直接。这是因为：

(1) 系统的功能是系统整体所具有的，它是其组成元素本身不具有的，单从组成元素本身无法说明系统为什么会有这一功能。系统整体的性质，只能是组成元素之间相互协同作用的结果，而这些组成元素之间的相互作用就是结构。具有同样的结构，如果要素的性能不一样，也会影响系统整体的功能的发挥。如汽车发动机的组件的材料不好，那么，在高温或低温条件下，汽车的性能就会受到影响。但是，没有构成汽车的那种结构，那么，再好的元器件也不能变成汽车。

(2) 在自然界中，从无生命的自然界到复杂的生命界，到处都可以看到同素异构的现象，也说明结构对于系统性质和功能的决定作用更为直接和根本。比如金刚石和石墨，都是由碳元素组成的，只是由于结构不同，性能迥异。金刚石是一种无色透明晶体，硬度大，不导电，导热性能差。石墨硬度差，能导电，导热性能良好，它的根源在于石墨是层状分子结构。1985 年发现的 C_{60}，是碳单质的第三种稳定的存在形式，它在光、电、磁及催化等方面具有许多奇异的性质。C_{60} 及以 C_{60} 为代表的富勒烯分子，具有奇特的空间和电子结构。已证明 C_{60} 是由 60 个碳原子所构成的球形 32 面体，即由 12 个五边形和 20 个六边形组成。其他的富勒烯分子的结构与 C_{60} 相似，都是由 12 个五边形和不同数目的六边形所组成的封闭的笼形结构。正是其奇特的结构决定了其特异的性质。在有机化学物质中，淀粉与纤维的性状完全不同，它们都是由同一元素——葡萄糖单元所组成，设每个单元形式为 u，则淀粉的组合方式形如 u u u u …，而纤维的结构形如 u n u n u n…，两者性状差异来源于其结构的差异。

在生命世界中，无数的生命有机体具有千差万别的性状与功能，究其有机组成不过是20种氨基酸和4种核苷酸而已。上述分析表明，系统组成元素之间相互作用形成的结构是决定系统整体功能的内在依据，而系统的功能则是一定结构的外在表现。

系统的结构-功能规律具有重要的方法论意义，它是技术哲学中的结构解释方法和结构模拟方法的本体论依据。对于某一特定的结构，总有确定的功能与之相对应。割草机之所以能够割草，在于它有其结构。在认识上，往往从研究系统的内在结构入手，来寻求对系统功能的解释，这就是结构解释模型。从系统结构规律和一定的条件出发，逻辑地说明系统的功能，从而使系统的功能得到解释。但是，这里的解释并不是必然性的演绎逻辑。比如，以技术人工物的结构与功能来看，结构与功能之间是一种实践性推理，而不是逻辑必然的推理。在技术上，为了获取某种需要的功能，而模拟具有这种功能的物体的结构，或者说利用某种技术装置来模拟某一系统的结构，从而再现该系统的特有功能，这就是所谓结构模拟方法。

2. 结构与功能之间的多种相关关系

（1）在不同的环境和边界条件下，同一结构可以产生不同的功能。

任何系统总离不开环境和边界。一定的系统，受一定边界的制约，在不同的环境中将与外界发生着不同的相互作用，同一结构就会发挥多种功能。一般来说，在一定环境和边界条件下，一个系统的结构上具有一种起主导作用的功能。结构与功能之间并不是一一对应的关系。由系统的结构推不出功能，同样，由系统的功能也推不出结构。我们要注意到同一结构在不同环境中产生不同功能的特点，要分析不同边界和环境对系统功能的影响，这里需要确立系统的结构与其主要功能之间的关系。比如，一台电视机的主要功能是呈现电视图像与声音，但在一定条件下可以用来把门挡住。一定的组成要素与结构是决定系统功能的主要因素。

（2）同一功能可以通过不同的系统的结构去实现。

大量经验表明：实现同一功能，完全可以由不同要素和不同的结构来实现。不同的组成要素与不同的结构方式，可以形成相同的功能，这种现象在自然界或社会中是很多的。比如，杜里舒的海胆实验表明，不论一个海胆分割为两个，或两个海胆压合为一个，都最后发育为正常海胆。在系统论看来，相同的要素，在要素之间不同的作用方式下，形成不同的组合方式；不同的组合方式可能产生不同的结构，但不同的结构却可以产生相同的功能。

同一功能可以由不同的结构来实现。对于某一特定功能而言，可以有多种结构与之相对应，结构与功能是多一对应关系，即存在所谓“异构同功”的现象。鸟和飞机在结构上不同，但具有飞翔这一相似的功能。在人类历史上，计算方法进行过多次改革，十进制、二进制等，这些都是能得到相同运算功能的不同运算结构。运算工具也从算盘、计算器转变为现代计算机等，也具有不同的结构。运算规律也正在由经典物理规律向量子力学规律转变。通用的电子计算机与人脑在组成元素和结构上完全不同，但却有相似的存储、加工处理信息的功能。这种功能对结构的独立性，即“异构同功”的存在，正是功能模拟方法的基础。

所谓功能模拟方法就是在没有弄清或不必弄清原型的内部结构的条件下，仅仅以功能相似为基础建立模型来再现原型功能的一种模拟方法。功能模拟把着重点放在达到同样的功能而不着重于结构是否一致或类似。飞机模拟鸟的飞行功能，计算机模拟人脑的某些功能，都是采取功能模拟方法。应该指出，功能对结构的独立性只有相对的意义。即使是鸟的飞行或者飞机的飞行，显然，这两种飞行有很大的区别。在飞机中，我们还可以区分一般的空中飞机和航天飞行，这就对飞机有不同结构要求。因为航天飞行（如航天飞机）基本上在真空中飞行，而一般的民航飞机是在有空气的情况下进行飞行的。同样是飞行，但在不同的环境条件下，对飞机的结构必须有不同的要求。要使两个系统的功能在一切方面都完全相同，就只有完全同构。每种结构的改进，都将带来更多的优点，发挥出更大的功能。现代系统工程的最佳化设计，通过设计多种结构模型以模拟同一的功能，并从中选择最优结构。

系统功能在实现和发挥的过程中，对系统的结构还具有反作用，促进结构的改变。比如一台汽车需要发动机的推动，显然，随着生态文明建设的推进，要求汽车发动机更加节油，汽车发动机排出的尾气更加环保，于是，这就要求在原有汽车发动机结构的基础上，改进发动机的结构，以实现环保功能。系统功能的发挥，不仅与环境、边界有关，而且还与系统自身所处的发展状态有关。任何一个系统都有一个成长、发育、成熟与衰老的过程，处于不同发展阶段的系统，其功能的发挥也不同。

总之，系统的结构与功能的关系是辩证的。结构是功能的内在基础，功能是结构的外在表现；结构决定功能，而功能又有相对的独立性，甚至功能的发挥还会反作用于结构。这也是结构与功能之间的基本规律。

四、层次的含义与层次的基本规律

1. 层次结构的含义

自然物质系统呈现出层次结构。“层次”是系统科学中的一个重要范畴。“层次”有两个含义，具体的、个别的层次(level)，或者完整的层次结构(hierarchy)。越是复杂的系统，层次就越多，层次之间的关系就越复杂。我们在这里主要讨论层次结构。

由组成元素经相干关系构成的系统，再经过新的相干关系而构成新的系统的逐级构成结构关系，这就是层次结构。对于某一特定层次系统来说，参与构成该系统的系统，我们称为该系统的低层系统；由该系统构成的新系统，我们称为该系统的高层系统。简言之，层次结构包括多个层次，这些层次构成为一个系统。

美国科学家赫伯特·A.西蒙认为：“层级系统，或层级结构，所指的是由相互联系的子系统组成的系统，每个子系统在结构上又是层级式的，直到我们达到某个基本子系统的最低层次。”“层次结构——由子系统构成的复杂系统，这些子系统又有它们的子系统，如此等等。”可见他把所有由子系统逐级构成的复杂系统或者“所有可逐次分解为子系统的集合的复杂系统”称为层级结构或层级系统。他指出：“层级结构是复杂事物的建筑师使用的主要结构方式之一。”①

从系统的突现性来看，系统的整体质是由要素相互作用而产生的新质，这是质的飞跃。可见，层次表现为不同的阶梯，它是从要素质到系统质的过程中呈现出来的各个阶梯。如果把系统的演化看做是纵向序列，那么层次就是系统演化中的横向结构。层次就是性质相近或互补的各个要素之间形成的横向系统。比如，在物质系统或生命系统中，同一层次的物质具有相同的结合能量级。

按照上述的层次结构的含义，层次结构有两个主要特点：

第一，低层系统对高层系统有构成性关系，低层系统必定是包含在高层系统中为高层系统的构成部分。因此，层次结构并不是指一种结构内的分层排布现象。如原子核外电子壳

---

① 西蒙.人工科学[M].北京：商务印书馆，1987：168.

层属于分层排布现象。原子核与核外电子构成一个层次系统,它们共同构成更高的层次——原子层次。

第二,同一层次的系统间存在着相干关系。同一层次系统之间只有通过相干作用,彼此约束、选择、协同和放大,才能构成具有特定功能的高一层次的系统。比如,原子核与核外电子具有电磁相互作用,从而使原子非常稳定。

2. 自然界物质系统的基本层次

自然界的任一物质系统都具有层次结构。整个自然界也是一个具有多级层次结构的复杂系统。

自然系统的层次分析有两种方式:

其一是下向层次分析。对于任一特定层次的物质系统 x,向下作层次分析,可以发现它是由子系统 a 构成;对子系统 a 再作层次分析,又有它的组成部分 b,b 是 a 的子系统。如此逐级分解,形成下向层次系列:

$$\cdots \subset b \subset a \subset x$$

其二是上向层次分析。从选定的特定层系统 x 向上作层次分析,可发现处于这一特定层次的各种系统经相互作用,形成新的层次系统 y,依此,系统 y 经相互作用形成更高的层次系统 z,如此逐级构成,形成 x 的上向层次系列:

$$x \subset y \subset z \subset \cdots$$

这就是自然物质系统的等级层次性原理。这一层次分析方法,与科学研究中的还原论、分析哲学的分析方法有相似之处。

根据当代科学的最新进展,对自然界物质系统的基本层次,我们从非生命世界与生命世界进行简要的考察。

在非生命世界中,夸克和轻子是目前有实验证据的最基本的物质层次——基本粒子。但夸克可能由亚夸克组成,但目前还没有实验证据。共有六种夸克,每一种夸克有红、绿、蓝三种颜色。若干夸克结合在一起构成质子、中子,这是新的物质层次。轻子有电子 e、τ 子、μ 子三种。理论上发现夸克与轻子之间有某种联系,轻子、夸克与相应中微子构成为三代,这表明最基本的粒子层次表现出"代"结构。若干质子和中子通过强相互作用而构成原子核,原子核和电子通过电磁相互作用结合成为原子,若干原子通过电磁相互作用而构成分子。分子结合起来形成分子体系、凝聚态物体以及卫星、行星等,这是再高一些的物质层次,属宏观层次领域。由基本粒子、原子、分子构成的恒星,以及恒星与行星、卫星构成的恒星-行星系是一些更高的物质层次。恒星通过引力相互作用构成星系、星系团、总星系。星系团及其以上层次统称为宇观领域。

最基本的物质层次的结构如表 1.1 所示。

表 1.1 最基本的物质层次结构

	第一代	第二代	第三代
轻子	电子 e 电子中微子 ν_e	τ 子 τ 子中微子 ν_τ	μ 子 μ 子中微子 ν_μ
夸克	上夸克 u 下夸克 d	粲夸克 c 奇异夸克 s	顶夸克 t 底夸克 b

在生命世界，最简单的生命现象出现在由蛋白质和核酸结合成的分子体系水平上。细胞是有生命的，它是由细胞核、线粒体、高尔基体、核糖体、细胞质等组成的。核糖体在于合成蛋白质。细胞核里有DNA，它是细胞的指挥塔，也有RNA。基因的本体就是DNA。基因是DNA分子的一个特定的片段，基因是一个单位(遗传的功能单位)或遗传单位。基因是DNA上有意义的碱基序列。蛋白质是由一个一个的氨基酸连接而成的，DNA是由核苷酸这种物质连接而成的。DNA中有A、G、C、T碱基，而RNA中有A、G、C、U碱基。DNA上有DNA特有的语言文字——密码，它们决定了氨基酸的顺序。生物大分子构成的细胞是生命体形态结构和生命活动的基本单位；细胞逐渐分化形成组织，组织合成器官，器官合成系统，不同系统又组合成生物个体，这些是更高的生命层次；生物个体联合成种群；生活在一定区域的不同生物种群形成生物群落；生物群落及其生活的环境形成生态系统；地球上所有生物和它们的生活环境组合成生物圈，这是生物界的最高层次。

3. *高层次物质系统与低层次物质系统的相互关系规律*

这一规律可概括为如下三个方面：

(1) 低层对高层的上向因果关系。高层系统是由低层系统经相互作用产生的，于是，低层子系统及其相互作用作为原因，高层系统成为该原因的结果。这种低层次系统对高层次系统起到的根源作用、原因作用，称为物质层次结构的上向因果关系。例如，原子核、核外电子与原子构成上向因果关系。因为上向因果关系，在科学解释中常使用上向层次解释模型或还原解释模型。所谓还原解释模型，就是用低层次系统的规律，加上这些规律在高层次系统中起作用的条件，来解释高层次现象。还原解释模型是科学研究中非常有用的方法。

(2) 高层对低层的下向因果关系。虽然高层系统是由低层子系统构成的，但是，低层子系统会受到高层次系统及其规律的影响、制约和支配。如人的本质是社会关系的总和。这种高层系统对低层系统的支配和限制作用，称为下向因果关系。下向因果关系决定了科学解释中常使用下向层次解释模型。为了解释说明某种低层次现象，需要引用高层次系统的规律以及这些规律在低层系统中发生作用的条件。要论证某个工程是否合理，不仅是就工程谈工程，人们要引用生态学规律来审视工程，否则水利工程就会破坏了该地区的生态平衡。

(3) 高层次的相对独立性。高层系统是从低层系统中产生的，但是，高层系统一旦产生，就与低层系统有本质区别，并具有自身的独立性。从低层次到高层次，由于相互作用形成了新的结构，出现了新质，引起了新的属性。如从非生命的原子、分子层次产生出有生命层次——蛋白质与核酸的多分子体系，再进而出现细胞，这是涌现出来的，生命层次不同于非生命的低层次。不能简单将高层次物质系统归结为低层次物质系统的总和。高层次系统有自己特殊的结构、特殊的规律、特殊的属性和功能。要解释高层次的现象，除了要用低层次规律外，还必须加上这些规律在高层次事物中起作用的条件。

总之，高层次与低层次物质系统之间是相互作用，具有双向的因果关系(因果链)，同时我们还要注意到高层次有自身的独立性。在历史上，凡否认高层次与低层次之间的本质区别，否认高层次对低层次有下向因果关系的观点叫做“绝对还原论”。绝对还原论也是错误的。从上向因果关系和下向因果关系上进行分析和综合，这就是层次分析和层次综合的方法。

阅读文献

[1] 派依斯. 上帝难以捉摸[M]. 方在庆，李勇，译. 广州：广东教育出版社，1998.
[2] 杜石然，等. 中国科学技术史稿[M]. 修订版. 北京：北京大学出版社，2012.
[3] 吴国林，孙显曜. 物理学哲学导论[M]. 北京：人民出版社，2007.
[4] 吴国林. 量子技术哲学[M]. 广州：华南理工大学出版社，1996.

思考题

1. 如何理解"客观实在"？什么叫做实在？"实在"是客观的？

2. 对于量子世界来说，当它没有被测量时，量子世界就固有地存在着某种不变的力学量的值吗？相类似，在宏观世界，一般认为一个物体的长度是固有的，不论你是否测量它，它就是那么长。

3. 现代自然观有什么特点？

4. 系统的含义是什么？如何描述一个系统？

5. 如何理解系统中整体与部分的关系？

6. 电子可以被看做一个系统吗？

7. 系统的结构在何种意义上决定功能？

8. 试述人工自然的基本特点以及人工自然与天然自然的关系。

9. 试述人工自然的发展规律。

第二章　自然界的系统演化

自然界是客观存在的，它也在演化。自然界的演化是否有规律？人们能否认识这些规律？自然是什么？人与自然是什么关系？人制造出来技术产品或技术人工物，或人工自然，它们是否属于自然物？人工自然是否有必然的规律？人们的意识对人工自然起什么作用？人与自然能否形成一个和谐的关系？为什么？

自然界不仅存在，而且进行着演化。本章将讨论自然界演化的一些基本概念，如可逆与不可逆、有序与无序、信息、熵与自组织的概念，讨论熵增原理、自组织进化的条件与机制、自然界演化的混沌性与复杂性，认识历史上的自然观，树立辩证唯物主义的生态自然观，推进生态文明建设，构建美丽中国。

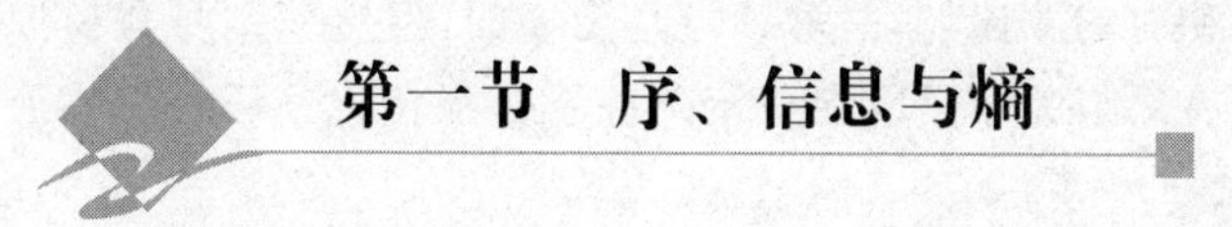

第一节　序、信息与熵

一、演化的基本概念

1. 可逆与不可逆

自然界一切物质系统都处于永恒的运动变化之中。通常把运动变化区分为两种，一种是可逆变化，另一种是不可逆变化。可逆过程与不可逆过程就是两种对应的过程。可逆变化是指其过程可以反转、状态可以回归、系统与环境可以复原的变化，或者说，可逆变化是指系统的状态复原，而且没有对外界产生任何影响的变化。例如，热力学中理想的卡诺循环可看做是可逆变化。

牛顿力学具有可逆过程的特征。比如，牛顿第二定律具有时间反演不变性。

$$F = m\frac{\mathrm{d}^2 r}{\mathrm{d}t^2}$$

在上述方程中，将 t 变换为 $-t$，其方程不改变形式。相对论、量子力学等都以可逆变化为研究对象，其基本方程具有时间反演的对称性。

所谓不可逆变化，是指其过程不能反转、状态不能回归、系统和环境不能同时复原的变化。严格讲，自然界中根本没有绝对的、真正的可逆过程，可逆过程仅是理想化的抽象。现实的自然过程都是不可逆过程，例如，热量不会自发地从低温物体流向高温物体。一块玻璃在地上被摔碎之后，它不能自发地从碎片变为一块整块的玻璃。化学反应、生命发育和物种进化等都是不可逆的过程。对于不可逆过程而言，过去与未来是不对称的。不可逆变化过程是不能完全复原的过程，具有时间对称性破缺的特征，这才会有质的多样性，才会有真正的演化、真正的历史。所谓演化，是指不可逆的变化。现代科学成果表明，不可逆变化过程具有两重作用：一是不可逆性导致有序结构的破坏；二是可以导致更加有序结构的产生。正如普里戈金指出："不可逆性远不是个幻影，而是在自然界中起着根本性作用。"①

2. 有序与无序

序是描述客观事物或系统内部组成元素之间相互关系的范畴。有序是指客观事物之间或系统内部组成元素之间有规则的联系。比如，晶体空间点阵的有规则排列，行星绕着恒星有规则地运动等，这些事物按着一定的次序进行有规则的排列、组合或运动，它们就是有序的。无序是指客观事物或系统内各组成部分之间联系、组合或运动的无规则性和不确定性。如果事物的排列、组合或运动没有规则可循，它就是无序的。例如，一堆垃圾、原子分子的热运动等。在空间、时间、结构或功能等方面显示出一定的顺序、规则，具有某种确定性或规律性，就是一种有序。

序可以分为三类：空间序、时间序、时空序。空间序是指事物在空间分布的规则，如晶体按一定顺序结为点阵等。时间序是指事物发展变化过程中，时间上先后或同时的秩序，如月圆月缺等。时空序是时间序和空间序的统一，如树木的年轮就是时空序，它是有规则、按时间和空间顺序排列的。空间序、时间序、时空序统称为结构序。与结构序相对应，事物还有功能序。功能序是指事物在发挥动能时所呈现出来的一定顺序和规则。

有序与无序是相对的。比如，一堆沙粒是无序的，但沙粒本身具有原子或分子结构，又是有序的。事物的有序与无序可以在一定条件下相互转化。任何事物或过程，都是有序和无序的辩证统一。

3. 对称与对称破缺

所谓对称，是指事物或运动进行某种变换时出现的不变性。所谓对称破缺（symmetry breaking），是指事物或运动进行某种变换时出现变异性、差异性，或不具有不变性。雪花六角是形象对称。人从外观来看，一般具有左右对称。

形象对称和结构对称统称为空间对称。形象对称表现为图形经过某种变换而保持其不变性，即图形复原；如果图形经过变换而不能复原，则出现对称破缺。

事物的结构决定功能，功能反映结构。与结构对称相联系，事物还有功能对称。例如，有机化合物的结构对称性决定其性质具有对称性。化合物苯有 1 个环状六重轴对称结构，围绕中心轴旋转 60°结构不变，其化学性质也表现出对称性。反映事物运动变化前后所具有的相似性，是时间对称。例如，冬去春来，历史惊人地相似，这都表现了事物的时间对称性。牛顿运动方程，用 $-t$ 代替 t 之后，方程形式不变，这说明时间牛顿运动具有对称性。

事物内部的对称比外部的对称更深一层次。事物的内部对称性主要表现为事物内部结构的对称性，又称为结构对称。著名物理学家海森堡说，科学概念的"对称性，已不是像在柏拉图的物体中那样，简单地用图形和画像来说明"②。在科学中，对称和非对称反映了事物

---

① 湛垦华，等. 普里戈金与耗散结构理论[M]. 西安：陕西科学技术出版社，1982：209.

② 海森堡. 严密的自然科学基础近年来的变化[M]. 上海：上海译文出版社，1978：109.

本质的对称和非对称,比如现代科学中的概念:电和磁、正粒子和反粒子等。

对称与守恒有密切的联系。对称是变换中的不变性,守恒也是一种不变性。对称破缺是在变换中不具有不变性。可见,对称对应着守恒,对称破缺对应着不守恒。守恒定律都是某种对称性的表现。物理学中的内特尔定理指出:如果运动规律在某一变换下具有不变性,必然存在着一个守恒定律。比如,空间间隔的平移的不变性,说明物理规律不因空间位置的移动而变化,这里引出了动量守恒定律。不变性或对称性的根源在于自然界存在着某些不可测量性,或不可分辨性。例如,空间没有绝对原点,即空间的绝对位置不可测量,空间的这种性质导致了动量守恒定律。粒子物理学中的规范场论就是以规范变换群下的不变性(对称性)为特征。电磁作用与弱相互作用是对称的,可以统一为一个弱电统一理论,这为1983年 $W^{\pm}$ 和 Z^{0} 粒子的发现所确证。对称与对称破缺总是在相互联系、相互依赖的。从哲学上讲,对称是指事物在变化过程中表现出来的同一性,这种同一是包含差异的同一;对称破缺是事物在变化时出现的差异性,这种差异也不是绝对的差异,是包含同一的差异。

对称性、守恒定律与不可测量的关系如表2.1所示。

表2.1 对称性、守恒定律与不可测量的关系

不可测量性	对 称 性	守 恒 定 律	适 用 范 围
空间绝对位置	时间平移不变	能量守恒定律	完全
绝对时间	空间平移不变	动量守恒定律	完全
空间绝对方向	空间旋转不变	角动量守恒定律	完全
左右的不可分辨性	空间反演不变	宇称(π)守恒定律	完全
带电和中性粒子间的相对相角	电荷规范不变	电荷守恒定律	完全
正负粒子的不可区分性	电子共轭(C)	C宇称守恒定律	弱作用中部分破坏
……	……	……	……

有序和对称有着内在联系。通常,人们会把对称性看做有序,而把非对称看做无序。但是,在系统科学中。有序和无序的程度,可以用"对称操作"和"对称元素"的多少来度量,对称操作和对称元素逐渐增多,说明系统从有序走向无序或有序程度减少;对称操作和对称元素减少,说明系统从无序走向有序或有序程度增加。简言之,对称对应无序状态,对称破缺对应有序状态。完全无序的状态对称性最多,随着有序性的增加,伴之以对称性的破缺,于是形成了各种结构和状态。比如,在热力学的相变过程中,低温相(如结晶态),是相对有序的,而高温相(如液体),则是相对无序的。现代科学成果揭示出整个自然界,包括无生命自然界和生命自然界,其演化发展过程是对称性不断丧失、不断破缺的过程,是一个从无序到有序演化的过程。

二、经典信息、量子信息与实在

1. 经典信息

信息概念具有丰富的内涵。信息作为一个科学概念,最早出现在通信领域。在20世纪20年代,在探讨信息传输问题时,哈特莱认为,信息是包含在消息中的抽象量,而消息是具体的,消息负载着信息。1948年,申农在《通信的数学理论》中提出了经典信息论,信息被认为是"不确定性的减少"。1950年，维纳已认识到信息与物质、能量等概念框架不相同，将信息界定为："信息就是信息，不是物质也不是能量。"①

到目前为止，人们还没有给出一个为大家所接受的信息定义。学者们表达了对信息的多种看法，比如：

(1) 信息是人们对事物了解的不定性的度量，从而把信息看做是不定性的减少或消除。

(2) 信息是控制系统进行调节活动时，与外界相互作用、相互交换的内容。

(3) 信息作为事物的联系、变化、差异的表现。艾什比提出，信息是变异度。

(4) 信息表现了物质和能量在时间、空间上的不均匀的分布。

(5) 信息是系统的组织程度、有序程度。

(6) 信息是由物理载体与语义载体构成的统一体。②

有的生物学家曾把基因描述为"信息的集合"(a package of information)，还明确指出："DNA是基因的载体，而不是基因本身。"③

但并不是说，信息就没有共同点。协同论的创始人哈肯认为："生物系统最惊人的特点之一在于各部分之间的高度协调。""所有这些高度协调、密切相关的过程只有通过交换信息才可能实现。""信息还具有'媒介'的作用，系统的各部分对此媒介的存在作出贡献，又从它那里得到怎样以相干的、合作的方式来行动的信息。"④他认为，"系统的各部分达成了特定的一致，或者说发生了自组织。同时，发生了信息压缩。"⑤这里表达了信息是要素之间的关联方式。我们认为，在生物、物理、化学等领域中，信息表现为系统的一种结构、元素（要素）的关联方式（如排列方式或组合方式）。也要将信息与它的载体相区分。一般而言，载体具有物质形式，或转化为某种信号(signal)。信号总是物理的，是可以被接收器接收作用于感官引起感知或认知的东西。信号是信源发生的一个物理事件。信息的意义是独立于物质或能量的，但信息的存在方式又不能独立于物质或能量而存在。

总之，信息反映的是系统要素之间的某种关联方式，如结构、排列、组合等。即使通信中的发送者和一个接收者也可以看做是一个系统中的两个要素之间的关联方式。

本部分涉及的信息根源于经典科学（如经典物理学），此信息属于经典信息，下一部分的信息以量子力学为基础，属于量子信息。

2. 量子信息

量子信息的概念与量子力学和计算机技术的发展有关。20世纪后半期，量子计算、量子密钥分配算法和量子纠错编码3种基本思想的出现，标志着以量子力学为基础的量子信息论基本形成。量子信息理论的兴起，将信息从经典领域引入到量子领域。

从纯客观的通信理论来看，现有的经典信息以比特(bit)作为信息单元，经典比特只有一个或0或1的状态。一个比特是给出经典二值系统一个取值的信息量。从物理角度讲，比特是一个两态系统，它可以制备为两个可识别状态中的一个，例如，是或非，0或1等。经典信息可以用经典物理学进行描述，不需要用量子力学描述。

---

① 维纳.控制论[M].郝季仁，译.北京：科学出版社，1963：133.

② 王雨田.控制论、信息论、系统科学与哲学[M].2版.北京：中国人民大学出版社，1988：336-342.

③ 陈禹.复杂系统中的信息——概念、视角与特征[J].首都师范大学学报(社科版)，2003(2)：101.

④ 哈肯.信息与自组织[M].成都：四川教育出版社，1988：49-50.

⑤ 哈肯.信息与自组织[M].成都：四川教育出版社，1988：58.

如果一个二值系统(0,1),若取二者之一的几率 p 为 1/2,则给出这个系统的信息量就是 1 比特(bit):

$$I = -\log_2 p = -\log_2 \frac{1}{2} = 1(\text{bit})$$

量子信息以量子态为信息载体。在量子通信理论中,量子信息的单元称为量子比特(qubit),有的国内学者称之为量子位。一个量子比特是一个双态系统,且是两个线性独立的态,比如 ψ_0 和 ψ_1。量子比特是两态量子系统的任意叠加态。比如,$|\psi \geqslant C_0\psi_0 + C_1\psi_1$,且 $|C_0|^2 + |C_1|^2 = 1$,其中 C_0 与 C_1 为复数。当量子比特被观测,只能得到非"0"即"1"的测量结果,每个结果有一定的概率 $|C_0|^2$ 或 $|C_1|^2$。一旦用量子态来表示信息,便实现了信息的"量子化",于是信息的过程必须遵从量子物理原理。经典比特可以看成量子比特的特例。在实验中常见的两态量子系统有:光子的正交偏振态、电子或原子核的自旋等。

用量子态来表示信息是研究量子信息的出发点,量子信息必须采用量子力学理论来处理,量子信息的演化遵从薛定谔方程,量子信息传输就是量子态在量子通道中的传送,量子信息处理(计算)是量子态的幺正变换,量子信息提取便是对量子系统实行量子测量。

我们认为,量子信息的产生要以微观物质的运动作为前提。任何微观物质的量子运动都会有量子信息产生。所谓量子信息,是指在量子相干长度之内所展示的事物运动的量子状态与关联方式。量子信息是作为量子实在的状态、关联、变化的表现。

量子信息与经典信息的主要联系在于:两者都需要有物质作为载体才能进行传递;从信息的传送通道来看,经典信息与量子信息都必须有经典信道才能完成经典或量子信息的传递。但是,量子信息与经典信息之间有着本质的区别,比如:

(1) 经典信息不具有相干性和纠缠性,而量子信息具有相干性和纠缠性。

(2) 经典信息可以完全克隆,而量子信息不可克隆(no-cloning)。量子克隆是指原来的量子态不改变,而在另一个系统中产生一个完全相同的量子态。克隆不同于量子态的传输。量子传输是指量子态从原来的系统中消失,而在另一系统中出现。量子不可克隆定理是指两个不同的非正交量子态,不存在一个物理过程将这两个量子态完全复制。

(3) 经典信息可以完全删除,而量子信息不可以完全删除。

(4) 经典信息在四维时空中进行,速度不超过光速;而量子信息则在内部空间中进行,量子信息的传递可大大快于经典信息,甚至是超光速的。内部空间是指微观粒子所具有的内禀变量或内部变量(如自旋)所形成的空间。内部空间与普通的三维空间是没有关系的,或者脱离了普通的三维空间。比如,量子信息已成功在自旋空间传递,量子信息的处理速度远高于经典信息。①

信息(information)的概念有很大的争论。至今没有一个被普遍认可的定义。而且信息是否可以分为本体论信息和认识论信息也是有争论的。经典信息与量子信息又有很大的不同。

① 吴国林.量子信息的本质探究[J].科学技术与辩证法,2005(6):32-35.

三、熵与熵增原理

根据热力学，可以得到熵函数满足以下表达式：

$$S_B - S_A \geqslant \int_A^B \frac{\mathrm{d}Q}{T}$$

或

$$\Delta S \geqslant \int_A^B \frac{\mathrm{d}Q}{T}$$

其中，S 表示熵；Q 表示热量；等号适用于可逆过程；不等号适用于不可逆过程。可见，当系统经历一个绝热过程($\mathrm{d}Q=0$)之后，$S_B-S_A\geqslant 0$，或 $\Delta S\geqslant 0$。即经绝热过程后，系统的熵永不减少。

系统经绝热过程由初态变到终态，它的熵永不减少，熵在可逆绝热过程中不变，在不可逆绝热过程后增加，这就是熵增加原理。这里的初态和终态，可以是平衡态，也可以是非平衡态。熵增原理的一个重要应用是对孤立系统发生的过程。由于孤立系统与其他物质完全隔绝，因此，孤立系统的熵永不减少。

1872 年，奥地利物理学家玻耳兹曼提出了熵的统计解释，指出了系统的熵同系统微观状态数的对数之间存在一定比例关系：

$$S = k\ln W$$

其中，k 为玻耳兹曼常数；W 为热力学几率。

熵描述了微观粒子运动的无序程度。维纳说："一个系统的熵就是它的无组织程度的度量。"[①]熵越大，表示微观粒子运动的无序程度越大；反之，熵越小，表示微观粒子运动的无序程度越小。熵作为无序与混乱的量度的观点逐渐成为主流，成为后来许多理论的基础。

1948 年香农(C. E. Shannon)和维纳提出的信息熵概念是对熵概念的一次最深刻的发展。香农认为，信息是用来消除事物不确定性的东西。

设系统可能状态为 $x_1, x_2, \cdots, x_n$，每个可能状态 x_i 出现的概率为 $P(x_i)$，且 $\sum_{i=1}^{n} P(x_i) = 1$，那么该事物所具有的不确定性数量 $H(x)$ 为

$$H(x) = -\sum_{i=1}^{n} P(x_i)\lg P(x_i)$$

当对数的底数取为 2 时，$H(x)$的单位为比特。信息论把 $H(x)$称为信息熵。克劳修斯的熵表示的是微观粒子运动的无序程度，而信息熵表示的是不确定性的大小，可见，两者的意义有相通之处。既然熵函数 $H(x)$表征了事物不确定性的数量，因此，可以用它来表示信息的数量——信息量。

在通信情况下，如果在通信之前，收信者对某事物存在的不确定性数量——信息熵为 $H(x)$，经过通信收到信息之后，这个不确定性就被完全消除了。即是说，收信者收到的信息(记为 I)等于 $H(x)$，

$$I = H(x) - 0 = H(x)$$

但是，若收到信息后，不确定性并没有完全消除，只是减少到 $H(x|y)$。$H(x|y)$表示收信者收到信息 y 之后，对该事物 x 仍然存在的不确定性数量(熵)，则收信者收到的信息

---

① 庞元正，等. 系统论、控制论、信息论经典文献选编[M]. 北京：求实出版社，1989：157.

量为

$$I = H(x) - H(x \mid y)$$

这就是说，信息量等于被消除的不确定性的数量。或者说，信息量等于熵的减少量。维纳认为："信息量是一个可以看做几率的量的对数的负数，它实质上是负熵。"法国物理学家布里渊也认为："信息意味着负熵。"[①]著名物理学家薛定谔在《生命是什么》这一名著中提出，生命以负熵为生，他说："一个生命有机体在不断地产生熵——或者可以说是在增加正熵——并逐渐趋近于最大熵的危险状态，即死亡。要摆脱死亡，要活着，唯一的办法就是从环境里不断地汲取负熵……有机体就是靠负熵为生的。或者更明白地说，新陈代谢的本质就在于使有机体成功地消除当它活着时不得不产生的全部的熵。"[②]系统论创始人贝塔朗菲在《一般系统论》中指出："熵是无规律程度的测量，因此负熵或信息是有序性或组织的测度。"[③]

在信息论中，信息用以消除事物不确定性。一个系统中的信息量越大，信息熵减少越多，系统就越有序，组织化程度就越高。但还要指出的是，我们这里的信息基于形式化和不确定性这两个基本概念，而没有考虑信息的语义、语用与语境等问题。

第二节　自然界的自组织演化的条件

一、贝纳德对流

自组织是系统演化中的一个基本概念。事物从无结构、无组织进化到有结构、有组织的过程，从较低有序的组织进化到更为有序的组织，这就是一个自组织的过程。自组织是与他组织相对而言的。自组织就是指一个系统的要素按彼此的相干性、协同性形成特定结构和功能的过程。哈肯指出："如果系统在获得空间的、时间的或功能的结构过程中，没有外界的特定干预，我们便说系统是自组织的。这里'特定'一词是指，那种结构和功能并非外界强加给系统的，而且外界是以非特定的方式作用于系统的。"[④]他组织是指一个系统的要素按照特定指令而形成特定结构和功能的过程。"他组织"的实质在于执行指令，而"自组织"的实质在于相干协同。贝纳德对流、激光等都是自组织的典型例子。

1900 年法国学者贝纳德在其博士论文中阐明了如下的贝纳德对流实验。取一薄层流体（如樟脑油），上、下各放置一块金属平板以使其温度在水平方向上无差异。从下金属平板对流体加热，上、下两层平板的温度分别记为 T_2，T_1（$T_1 > T_2$）。未加热时，系统处于平衡态。刚加热时，上、下金属平板的温差不大，系统内分子作无规则运动。此时系统呈现出高度对称的无序状态。继续加热，流体在竖直方向上温度梯度加大，系统逐渐远离平衡态，成为非线性系统。当温度梯度达到某一阈值 $\Delta T_c = T_1 - T_2$ 时，系统发生突变，呈现出规则的运动花样，产生有规律的定向运动，这就是贝纳德花样，此时系统从无序状态转变为有序

---

① 庞元正，等. 系统论、控制论、信息论经典文献选编[M]. 北京：求实出版社，1989：640.

② 薛定谔. 生命是什么[M]. 长沙：湖南科学技术出版社，2003：70.

③ 贝塔朗菲. 一般系统论[M]. 北京：社会科学文献出版社，1987：35.

④ 哈肯. 信息与自组织[M]. 成都：四川教育出版社，1988：29.

状态。

从侧面看，贝纳德花样形成一个个圆环。从顶面向下看，贝纳德花样呈现为互相挨在一起的正六边形，流体从六边形中心流上来，又从六个边流下去。依靠流体的流动将更多的热量从下带上来，完成能量传递的任务。不同厚度、不同宏观边界条件下出现的花样形式略有不同，可能是六角形，也可能是方形或其他形状。

从顶向下看，贝纳德花样示意如图 2.1 所示：

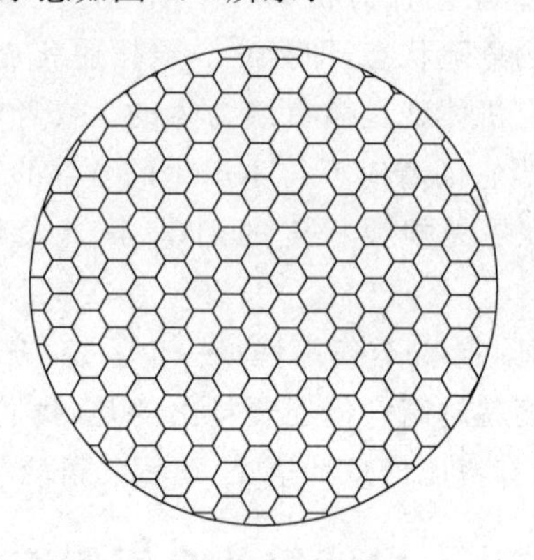

图 2.1　贝纳德花样示意图

贝纳德花样具有以下特点：

(1) 花样是一种有序结构。流体原来水平方向上平移任何距离的对称性消失了，仅保留了平移一个花样长度的水平方向对称性，这是空间有序结构，且是一种周期性结构。

(2) 它是一种“活结构”或耗散结构。贝纳德花样的维持依赖于外界能量持续的供给，还要保持上、下确定的温度梯度 ΔT_c。一旦取消加热，花样也就消失。

(3) 它是自组织的。因为加热在水平方向上是均匀的，无法解释流体有的地方向上运动，有的地方向下运动，而且运动在水平方向上呈现出规律性。不能用一般控制论或外力解释贝纳德花样的形成，而必须从自组织角度加以认识。对系统加热是使系统远离平衡态，使系统发生突变的条件，真正的转变则是系统内各个流体微团自组织的结果。

(4) 系统存在一个临界点。流体的上、下确定的温度梯度为 ΔT_c，流体就失去稳定性。当上、下表面的温差 T_1-T_2 大于某一阈值 ΔT_c 时，贝纳德花样将消失。

二、自组织演化的条件

耗散结构理论、协同学、超循环理论、突变论等各种非平衡自组织理论，它们都试图解决一个普遍性的问题，即从无序走向有序的条件和机制问题：一个混乱无序的系统，在什么条件下，通过什么方式，会形成有序的状态。例如，无序运动的液体如何会出现贝纳德花纹，无序的自然光如何能转化成激光等。普里戈金认识到这些远离平衡态的热力学性质可能与平衡态、近平衡态的热力学性质有重大的原则区别，他把通过热力学分支失稳而形成的有序结构，称为耗散结构。自组织理论从不同侧面揭示了在远离平衡条件下的开放系统形成有序结构的可能性，从原则上解决了达尔文生物进化论同克劳修斯热力学第二定律在科学思想上的矛盾。

1. 开放是系统进化的先决条件

我们首先考察系统和环境之间的关系及其对系统动态行为的影响。按照热力学，孤立系统是指和环境完全隔离，既没有能量交换又没有物质交换的系统。根据熵增加原理，孤立系统的熵永不减少，即 $dS \geqslant 0$，系统将最终达到热力学平衡态，由于熵表示系统的无序程度，于是，孤立系统不可能产生有序，只能是越来越无序。

因此，为使系统向有序演化，系统必须是开放的。

为此，普里戈金指出："对于与外界有能量和物质交换的开放系统而言，必须考虑系统与外界熵的流通以及系统内部由不可逆过程造成的熵产生，即

$$dS = dS_e + dS_i$$

式中，dS 为系统熵的增量；dS_e 为外界对系统的熵流；dS_i 为系统内部的熵产生。"①

系统的熵流变化示意如图 2.2 所示。

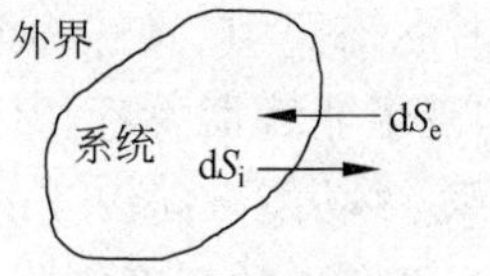

根据热力学定律，$dS_i \geqslant 0$，而 dS_e 是系统在与外界交换物质、能量、信息时所引起的熵的变化，它可能正也可能负。

(1) 当 $dS_e > 0$ 时，$dS > 0$，系统熵增加，系统趋向于无序。

(2) 当 $dS_e < 0$，且 $dS_i = -dS_e$ 时，$dS = 0$，外部负熵的流入抵消内部产生的熵，从而使系统保持在一种稳定的状态。

外界
系统
dS_e
dS_i

图 2.2　系统的熵流变化示意图

(3) 如果 $dS_e < 0$，且 $|dS_e| > dS_i$ 时，则 $dS < 0$，此时系统的总熵下降，系统从无序到有序进化。可见，系统开放得到的负熵流要大于系统的熵产生，系统才可能向耗散结构转化。

贝纳德对流是开放系统，地球物质系统、生态系统和生物系统也是开放系统，如果离开了与环境的物质、能量、信息的交换，这些有序结构就无法产生和维持。所有自然现象和很多社会现象以及人类历史的发展进程都表明这一原理对许多系统是成立的。保持对外部环境的开放性，与外界交换物质和能量是系统进化的先决条件。还需要指出的是，开放只是系统进化的必要条件，而不是充分条件。只有当系统开放到使外部的负熵流要大于系统的熵产生（或者说，系统必须开放到一定程度），系统才可能从无序走向有序。

2. 非平衡是有序之源

从系统演化的角度看，完全稳定的状态，不会产生新结构。只有那些可以失稳的状态，才有可能孕育新结构。下面讨论系统的 3 类状态。

(1) 平衡态，是指与系统状态有关的各种宏观参量均无差别的状态。一个热力学平衡态需要满足如下条件：密度无差异（力学平衡），温度无差异（热平衡），电磁属性无差异（电磁平衡），粒子数和产生率无差异（化学平衡）。比如，温度无差异，将导致宏观的热传导不能进行。简言之，平衡态是体系内部不再有任何宏观过程的状态，它不可能有新的有序结构的产生。

(2) 近平衡态，又称为线性非平衡态，是指系统中的状态参量仅有微小差异的状态。在近平衡状态下，体系内部进行着宏观的不可逆过程，但不可逆过程的"流"（如热流、电流、扩散等）与引起这种过程的"广义力"（如温差、电势差、密度差等）之间存在着可用线性方程描述的关系。例如，傅里叶热传导定律可以表示为

$$J_q = -\lambda \nabla T$$

① 庞元正，等. 系统论、控制论、信息论经典文献选编[M]. 北京：求实出版社，1989：157.

其中，J_q为热流密度；λ为热传导系数；T为温度。

广义流J与广义力X之间的关系可共同表示为

$$J=\tau X$$

其中，τ为唯象系数。普里戈金已证明在近平衡态，“系统朝着某个定态转变，这个定态的特征是具有和系统的外加约束相容的最小熵产生”①。最小熵产生所决定的定态，是线性非平衡区的“吸引中心”。在这定态中，来自外界的负熵流恰好被系统内部自发过程所产生的熵所抵消，即有 $dS=dS_e+dS_i=0$，于是，系统的有序程度不变化，因而，系统不可能从无序向有序进化。

(3) 远离平衡态，是指系统中的状态参量有最大的差异从而距离平衡态很远的状态。在这种状态下，广义热力学力与广义热力学流之间关系相当复杂，不能用线性方程加以刻画，出现了非线性关系，因而又称为非线性非平衡态。保证系统远离平衡是系统向有秩序、有组织、多功能方向演变的另一个必要条件。正如普里戈金所言：“非平衡是有序之源。”系统远离平衡态的程度实际上是与其开放程度相关的，系统越开放，环境对系统的约束越强，系统离平衡态的距离越远，系统向有序演化的动力越大。

3. 非线性是系统进化的内在根据

非线性相互作用，是系统进化的基础和根本机制。普里戈金指出：“对于耗散结构所必需的另一个基本特征是在系统的各个元素之间的相互作用中存在着一种非线性的机制。”②哈肯也指出：“控制自组织的方程本质上是非线性的。”③艾根认为：“只有非线性系统才能提供开始自组织所需要的全部性质，并允许系统继续向高水平进化。”④

什么是线性和非线性？在数学方程中，未知数次数为1的方程称为线性方程；所有的未知数的次数有高于1次的方程称为非线性方程。

非线性相互作用和线性相互作用有明显的区别。

(1) 线性系统具有独立性。各作用因素相互独立，如果作用在同一对象，则总结果为各因素单独作用结果的简单叠加，即遵从叠加原理，整体等于部分之和。非线性相互作用则具有相干性，相干的结果使叠加失效，整体不等于部分之和。

(2) 线性系统具有均匀性和确定性。线性现象一般表现为时空中均匀平滑的运动，一定原因总是导致唯一确定的结果。非线性现象表现出明显的不规则性和非均匀性。从数学的观点来看，非线性系统演化的方程是非线性方程，一般都有多重解，既有不稳定特解，亦有一个或多个稳定的特解，这就是所谓的分岔效应。在临界分支点上，不仅使系统演化面临着多种可能的选择，而且在系统对外界影响和系统内参数变化的响应上极其敏感，参数的微小变化会引起系统状态的突然改变，即发生所谓临界效应。系统的非线性作用产生的相干效应、分岔效应和临界效应是系统存在和进化的重要前提与基本机制。非线性作用规定了系统失稳后有哪几种有序结构可能出现，并稳定存在成为系统演化的吸引中心；规定了系统演化的可能方向和路线。

---

① 普里戈金.从混沌到有序[M].上海：上海译文出版社，1987：182.

② 湛垦华.普里戈金与耗散结构理论[M].西安：陕西科学技术出版社，1982：156.

③ 哈肯.协同学[M].北京：原子能出版社，1984：18.

④ 艾根.超循环论[M].上海：上海译文出版社，1990：321.

4. 随机涨落导致有序

涨落,是指在某时刻对系统状态统计平均值的偏离。比如,流体中液滴的随机运动、原子的受激跃迁和自发辐射等。这种涨落可由系统内部不规则运动引起,也可由环境不可控的因素引起。任何系统都有涨落。

(1) 当系统处于平衡态时,涨落对系统的影响服从大数规律。对于数量级为 N 的系统的广延量来说,其相对涨落的数量级为 $1/\sqrt{N}$,如果 N 足够大,对统计平均值的偏离趋近于零,即可以把涨落略去。

(2) 当系统处于近平衡态时,在系统的负反馈机制作用下,随机涨落会被抵消或衰减,涨落可以忽略不计。

(3) 当系统处于远离平衡的非线性区域时,大数定律被打破,一个微小的随机涨落就被非线性机制放大而成为巨涨落,导致系统失稳。系统处于临界点时,系统究竟走向哪个分支,涨落起着重要的选择作用。一旦涨落选择了某个分支,在系统本身与环境等作用下,将形成新的有序结构。涨落是非平衡系统失稳的"导火线",是非平衡系统进化的"诱因",这就是"通过涨落达到有序"的原理。普里戈金指出:"远离平衡条件下的自组织过程相当于偶然性与必然性之间、涨落与决定论法则之间的一个微妙的相互作用。"①

以上 4 个方面说明了自组织理论关于系统进化的条件和机制。系统开放到一定程度、非平衡、非线性和随机涨落这 4 个方面是相互联系的,它们共同促进了系统从无序向有序的演化。缺乏其中任何一个条件和机制,开放系统都不可能走向有序。开放到一定程度的非平衡、非线性系统,吸收到足够的负熵流,系统可能向更有序的状态演化。

> 在不同的哲学和文化中,对"世界演化的动力是什么"有不同的看法。有决定论的,有随机论的,有机械论的,也有神创论的,等等。自组织理论在于揭示出世界演化在于自身,自身是其根本原因,外因仅是一个条件。

第三节 自然界演化的复杂性

一、混沌及其基本性质

混沌是非线性系统中存在的一种普遍现象。非线性科学研究向人们展现了在宏观和微观两个层次上,由确定性方程描述的简单系统可以出现一种极为复杂的、貌似无规则的运动——混沌。"混沌"一词来自于英文 chaos,又译为"浑沌""混乱"等。一般认为,1975 年李天岩与约克(Yorke)在其论文"周期 3 则混沌(chaos)",首次在学术论文中引进 chaos 一词。早在 20 世纪初,著名数学家彭加勒在《科学与方法》一书中写道:初始条件中微小差别会在最后现象中产生非常大的差别。1963 年,美国气象学家洛伦兹在研究大气湍流、预测天气的问题时发现,气象非周期性变化的轨道十分不稳定,大气状况"初始值"的细微变化,都足以使其轨道全然改观。20 世纪 70 年代以后,数学家、物理学家、生物学家、化学家等寻找不

① 普里戈金. 从混沌到有序[M]. 上海:上海译文出版社,1987:223.

同形式的无规则性之间的联系。有的学者认为，混沌学已成为继相对论、量子力学之后的第三次物理学革命。

混沌并不等于混乱，是看起来杂乱无章的“有序”状态，或者说混沌是装扮成无序的有序。为研究混沌，我们考察虫口模型（该方程又称为逻辑斯蒂方程）：

$$x_{n+1} = ax_n(1 - x_n)$$

其中，a 为控制参量，$a \in [0,4]$，$x \in (0,1)$，随着控制参量 a 由小变大，系统的演化（通过迭代过程表征）会出现一系列的值 $x_0, x_1, x_2, \cdots$，具有极其复杂的结构。研究表明：

$0 < a < a_\infty$，系统为周期运动区；$a_\infty < a < 4$，系统进入混沌区。其中，$a_\infty = 3.569945\cdots$，这是一个普适的自然常数，反映了自然界某一性质。

研究表明，混沌具有以下性质。

1. 对初值的敏感依赖性

动力学系统的长期行为取决于系统的动力学规律（由系统的数学方程表述）和初始状态。对于给定的数学方程，如果运动轨道由初值决定，则称为轨道对初值具有依赖性；如果初值相差不大，轨道的差别也不大，则表明轨道对初值不具有敏感的依赖性，或具有不敏感的依赖性；如果初值相差不大，初值的微小差别在后来的运动中被不断放大，则轨道对初值具有敏感的依赖性。

当控制参量 a 处于混沌区 $a_\infty < a < 4$ 时，虫口模型就具有对初始条件的敏感依赖性，如表 2.2 所示。

表 2.2　虫口模型的迭代结果（控制参量 a=3.8）

初值 x_0	终值 x_n			
	迭代次数 n=3	迭代次数 n=50	迭代次数 n=300	迭代次数 n=500
0.199999	0.324614	0.467972	0.916446	0.198852
0.200000	0.324620	0.500267	0.650405	0.859210
0.200001	0.324626	0.935998	0.905248	0.373697

表中给出了 3 个不同初值计算的状态数值，初值之差在 10^{-6} 数量级。经过 50 次、300 次、500 次等迭代，可见其巨大差异。对于混沌系统，只要初值之差不为 0，在其长时间的演化过程中，不同轨道将按指数式相互分离。洛伦兹在一次演讲中以夸张的口吻谈到，南美洲亚马逊河流域热带雨林中一只蝴蝶偶尔扇动了几次翅膀，所引起的微弱气流对地球大气的影响可能随时间增长而不是减弱，甚至可能两周后在美国得克萨斯州引起一场龙卷风。后人称其为“蝴蝶效应”（butterfly effect）。它表明了在混沌运动中，运动轨道对初始条件的细小变化极其敏感。

2. 长期行为的不可预测性

科学理论的一个重要功能就是要作出科学预测，预测一个系统未来的演化过程。依据在于经典科学的特点：其一，对于确定性系统，如牛顿力学系统，这类系统有确定论的描述方法。对于确定性系统，其动力学规律是完全确定的，给定初始条件后，可以精确地预见它的未来。其二，对于随机性系统，如热力学系统，这类系统有概率论描述方法，系统可以进行概率性预见。

然而在混沌系统中，迭代次数越多就表示混沌系统的长期演化行为，可见，无法通过初始条件和动力学方程对混沌系统作出长期预测。非线性机制造成系统对初值的敏感依赖性，混沌系统的长期行为是不可预测的。任何实际系统的初始条件都有误差，通过非线性的放大和积累，当系统演化的过程足够长，那么初始信息将完全损失，计算结果完全不能反映系统的真实状态，预测结果也将完全不可靠。

3. 短期行为具有可预测性

混沌系统无法对系统的长期行为作出预测，但是短期预测是可能的，且是有意义的。迭代次数较少(如本例中的3次)就表示混沌系统的短期演化行为，可见，通过初始条件可以对混沌系统作出短期预测。

4. 非周期定态

现在考虑耗散系统的演化。耗散系统，是指与外界有物质、能量交换的开放和远离平衡态的系统。在耗散系统的演化过程中，各种各样的运动模式在演化中逐渐衰亡，最后只剩下少数自由度决定系统的长时间行为，即耗散系统的运动最终趋向维数比原始相空间低的极限集合，这个极限集合称为吸引子(attractor)。比如，系统的稳定平衡点就是一种吸引子。零维不动点、一维极限环和二维环面等属于平庸吸引子(trivial attractor)。所谓极限环，是指如果系统的演化时间 t 趋于∞时，系统剩下的一个周期振动。一维吸引子是极限环或环面，代表周期或准周期运动。

另一类吸引子是奇怪吸引子(strange attractor)，它代表的是混沌运动。平庸吸引子具有整数维，奇怪吸引子具有分数维。奇怪吸引子的运动在整体上表现为一种稳定的定态行为。但是，奇怪吸引子不是周期轨道(或周期运动)，也不是多个周期轨道的叠加(准周期轨道)，而是不能分解为周期轨道之和的分形点集。与周期运动相同，在奇怪吸引子上的运动具有回归性，每个状态都会一再地重复到原先状态的附近。混沌运动的回归性是不严格的，不具有周期性，一是不要求完全重复该状态；二是不能按确定的周期回归，而是在不规则的时间上重复自身。可见，奇怪吸引子具有非周期性。洛伦兹第一个承认非周期运动也可能是一种定态行为，提出了"确定性非周期流"的概念。非周期性是混沌运动的重要特征。

5. 确定性的内在随机性

在经典力学中，随机性是通过在运动方程中加入随机外作用力、随机系数或随机初始条件3种方式表现出来的，可称为外在随机性。

然而，混沌系统的动力学方程是确定的，既没有随机外力，也没有随机系数或随机初值，随机性完全是在混沌系统自身演化的动力学过程中产生的。这就是说，混沌的方程(如逻辑斯蒂方程)本身是确定性和决定性的，当控制参数进入混沌区后，系统状态在相空间的演化表现出不规则性和不确定性，这种随机性不是来自外部，而是来自系统自身，于是混沌将原来经典力学中相互矛盾的确定性与内在随机性统一起来，因此，混沌是确定性系统的内在随机性。混沌被当作一种随机现象，也表现出一定的统计规律。有关研究表明，混沌运动都表示出某种统计确定性，比如，混沌可以作频谱分析，计算李雅普诺夫指数和分数维等。

至此，我们可以给"混沌"下一个定义：混沌就是确定性系统内在产生的随机性，或者说，混沌是确定性的内在随机性。混沌看似混乱，但混沌并不等于混乱，混沌存在着复杂的结构和规律，是一种貌似无序的复杂有序。正如著名学者郝柏林指出："混沌不是简单的无序,而更像是不具备周期性和其他明显对称特征的有序态。”[①]

二、复杂性的基本特点

复杂性是认识物质系统、把握当代科学技术的一个重要概念。不同学者从不同学科或领域给出了许多定义,如语法复杂性、算法复杂法、生物复杂性、经济复杂性、演化复杂性、管理复杂性等。钱学森认为:“所谓‘复杂性’实际是开放的复杂巨系统的动力学。”[②]苗东升教授认为,规模巨大、组分差异显著、层次众多、对环境开放的系统的动力学特性,就是复杂性。[③]一般来说,复杂性包括了若干基本属性,如突变、组织、约束、非线性、混沌、分形、随机性、开放性等。但这些属性中哪些又是最为基本的呢?为此,我们有必要首先区分几个与复杂性有关的概念。

1. 简单性与复杂性

简单性是自然科学的基本原则之一,爱因斯坦特别推崇逻辑简单性原则在科学发现中的作用。但是,重复使用简单的规则,可生成极为复杂的行为或性状。一维非线性函数的逻辑斯蒂方程,当控制参量处于混沌区,多次迭代可导致混沌。从物理学来看,把物理过程从高维空间投影到低维空间,就会变复杂;反过来,如果对物理过程增加新的参数或变量,可使复杂变简单。认识方法的不当使用也会使简单事物变得复杂。简单性规则受一定的限制可以突现出复杂性。复杂的非线性系统也可以生成简单性。简单性与复杂性是统一的。正如盖尔曼所说:“极度复杂的非线性系统的行为通常也确实会显示出简单性,但这种简单性是典型生成型的,而非一开始就会显现出来。”[④]黑箱方法表明,人们通过对系统功能的研究,可以推测或模仿它的结构,尽管模拟的结构与事物的真实结构有一定差别,但这是一种有效的探索开放的复杂系统的方法。

2. 非线性与复杂性

从系统论来看,线性系统的整体等于各部分之和,非线性系统的整体不等于部分之和,非线性系统的各要素之间的相互作用具有相干性、协同性和长程性。线性系统具有均匀性和确定性,而非线性具有非均匀性和不确定性。系统具有非线性,其性态可能变得复杂,也可能十分简单。在虫口模型中,只有当控制参量使得系统处于混沌时,虫子的数量才难以预测,表现出复杂性,但是它的规律却是简单的,只不过是非线性的简单规律。非线性是系统产生复杂性状的重要原因。

3. 内在随机性与复杂性

原以为牛顿力学是决定论的典范,但是20世纪50年代的KAM定理表明:可积系统测度几乎为零,而不可积系统的测度几乎为无限。这就是说,牛顿力学绝大多数本身具有内在随机性。混沌理论表明混沌是确定论系统的内在随机性。从量子力学与分子生物学来看,不确定性原理与分子中性进化学说表明,在物质或生命的最基础层次,内在随机性与偶然性起重要作用。内在随机性是系统产生复杂性的重要因素。复杂性是客观存在的,而不

---

① 郝柏林.自然界中的有序和混沌[J].百科知识,1984(1):71.

② 王寿云.开放的复杂巨系统[M].杭州:浙江科技出版社,1996:286.

③ 苗东升.系统科学精要[M].北京:中国人民大学出版社,1998:229.

④ 盖尔曼.夸克与美洲豹——简单性与复杂性的奇遇[M].长沙:湖南科学技术出版社,1999:360.

是简单性的表现结果。

因此，我们认为，如果仅仅用某一种性质来表征复杂性，那么我们就无法认识复杂性，复杂性表现为许多形相，每一形相都反映了复杂性在某一方面的本质性质，复杂性就是这些形相的整合，复杂性的具体形相表现在3个方面：

(1) 非线性。非线性是复杂性的核心表现。但非线性不等于是复杂性。各因素之间的非线性相互作用将产生非常复杂的性状。仅有非线性还不是复杂性。因为非线性系统存在一系列的关节点，只有当非线性系统越过某个关节点，才成为具有复杂性的系统。

(2) 内在随机性。如果确定性的系统具有确定性，其性状不复杂，而确定系统具有内在随机性将产生复杂的性状。

(3) 开放性。开放系统与外界发生物质、能量和信息等因素进行交换，外界环境及外界的随机因素将对系统产生不同程度的影响。而封闭系统比开放系统要简单得多。系统开放才可能使系统处于非平衡状态，才可能使原有的系统失稳，向新的状态演化。

由于复杂性科学的兴起，决定论、确定论、线性的简单的自然观将转向不确定性、非线性、复杂性的自然观，形成新的世界图景。

第四节　历史上的自然观

一、朴素唯物主义自然观

朴素唯物主义又称为自发的唯物主义，产生发展于古代的奴隶社会和封建社会，在其萌芽时期就十分自然地把自然现象看做无限多样性的统一，并且在某种具有固定形体的东西中，在某种特殊的东西中去寻找这个统一。在古希腊，其代表学派为米利都学派。

米利都学派的第一位代表人物是古希腊哲学家泰勒斯(泰勒斯博学多艺，被称为希腊七贤之一)，泰勒斯首先摆脱用神创说去解释万物的产生，提出并探讨了水是万物的本原，其思想被视为西方哲学的开端。据亚里士多德的记载，泰勒斯之所以把水当作万物的本原，也许是由于观察到万物都以湿的东西为养料，生命所需的许多因素都含有水分；热本身是从湿气中产生，并且靠湿气来保持的；万物的种子就其本性来说是潮湿的。也许因为古希腊神话中把海神当作创造万物的祖先，而泰勒斯将神话改造成哲学。他从具体事物中寻找自然万物的统一性，具有朴素唯物主义观点。但又认为万物都有灵魂，具有物活论思想。

后来，阿那克西曼德(约公元前610—前546年，是泰勒斯的朋友和学生)从泰勒斯的前提出发，对本原问题作了另外的回答。阿那克西曼德觉得，如果水转变为土，土转变为水；如果水转变为气，气转变为水，等等，那就意味着任何事物都转变为任何事物，我们同样可以说土或气，或者别的东西是始基，这就成为逻辑上任意的事情了。据此，他主张始基是apeiron，意思是“无定”，没有任何规定性的东西。它既没有具体的性质，也没有任何具体的形状，还没有固定的大小。他认为，世界万事万物就是由这个“无定”产生出来的。“无定”本身包含有冷和热这两种对立物，永恒的运动把它们分离出来，热形成了一个火圈，火圈破裂后就产生出太阳、月亮和其他星辰，大地和环绕它的空气是冷产生的。地上的第一批生物是在潮湿中产生的。人是由鱼变来的，因为人在胚胎时很像鱼。阿那克西曼德认为，万物是“无定”产生的，万物消灭后又要回到“无定”中去，这是命运规定的。根据时间的安排，万物都要为对他物的损害而进行补偿，得到报应。可以看出，阿那克西曼德的思想比泰勒斯的思想前进了一大步。他用“无定”这种原始的混沌物质说明万物的产生比用水说明要合理得多。在他的哲学中最先有了对立和规律的思想。在他看来，冷和热这两种对立物是统一在“无定”之中的。他说的“命运”实际上就是必然性或自然规律。世界上的一切变化，不管是由“无定”产生万物，万物消灭回到“无定”，还是水、火、土、气在数量上的增减，都是遵循必然性或自然规律进行的。这种主张避免了泰勒斯观点中的逻辑困难，但他用非感性的东西来说明感性的现象，从实验科学的角度来说是一个损失。

米利都学派的第三位哲学家是阿那克西美尼（约公元前588—前526年）。他是阿那克西曼德的朋友和学生。据说，他最先区分开行星和恒星，认识到冰雹是由雨冻成的，虹是由太阳光投射到极浓厚的云层上产生的。阿那克西美尼大概觉得“无定”是一种很难把握的东西，所以他认为本原应是有定的东西，就是气。气并不是神创造的，相反，神却是来自气。世界上一切事物都是由气的凝聚和疏散而形成的。当气疏散时，它就变成火；当它凝聚时，先是变成云，进而变成水，然后形成大地、石头。灵魂也不是别的东西，而是使我们成为一体并主宰我们的气。十分明显，阿那克西美尼为米利都学派的哲学增加了非常可贵的思想。他用气的凝聚和疏散的运动比阿那克西曼德用冷和热两种对立的性质说明具体事物的产生有更深刻的哲学意义。在西方哲学史，他开创了用事物量的变化来说明事物在性质上的区别的历史。还有，他认为灵魂是气的思想，也开了西方用唯物主义观点解释精神现象的先河。

二、数学自然观

在古希腊，数学自然观的代表人物是毕达哥拉斯，他认为无论是解说外在物质世界，还是描写内在精神世界，都不能没有数学。“数”充满了毕达哥拉斯的大脑。有一天，毕达哥拉斯经过一个铁匠铺，铁匠打铁发出的和谐之声启发了他，他通过比较不同重量铁锤发出的不同声音测定各种音调的数学关系。之后，毕达哥拉斯又继续在琴弦上进行试验，找出了八度、五度、四度音程的关系。这样，毕达哥拉斯得出结论：和谐的音乐关系乃是一种数的关系。

对数学的潜心钻研使毕达哥拉斯认识到数的本原便是万物的本原。在他看来，万物并不仅仅是水、火等实际存在的事物，正义、理性、灵魂等也应归属其列，本原当然也应能对之作出说明。而水、火等显然是不能解释正义、理性、灵魂等东西的，只有数才能既解释诸如水、火等类具体事物，又能解释诸如正义、理性等抽象的东西。因此，万物与数更为相似。可见，以泰勒斯为代表的米利都学派与毕达哥拉斯学派，虽然都在寻求万物的本原，但他们对万物所应涵盖的范围却有着不同的理解。毕达哥拉斯提出的“数是万物的本原”，表明人们已经从更为广泛的意义上去思考统一性的问题。这是人类认识史上的一种进步。

毕达哥拉斯认为，数虽然是抽象的一种单位，但它占有一定的空间，是有形的。数的开端是“1”。“1”形成点，“2”则是两个小点，而两点便会连成一条线。同理，“3”则形成面，“4”则形成体，体便形成万物。如三面体形成土，四面体形成火，八面体形成气，二十四面体形成水，如此等等。毕达哥拉斯进一步推论说，一切抽象的东西或社会现象同样也是由数构成的。如“1”表示理性，因为它是万物不变的本原；“2”表示意见，因为它包含了对立与否定；“4”和“9”是正义与公平，因为它是相等的数对相等的数，即 $2\times2=4$ 或 $3\times3=9$；“7”是死亡，因为它既无因数，又非倍数；“8”是爱情，因为八度音最和谐；“10”则是一个极为玄妙、神圣、完满的数，因为它是点、线、形、体的总和，即 1+2+3+4=10。“数”不仅构成万物，同时它又是一种量，因此一切事物间还存在着一定的数量比例关系，所以世界上的事物才会呈现出秩序与规律。而不同的数量又会形成一定的比例，一定的比例就是事物间的和谐关系。和谐也就是美。“美德乃是一种和谐”。

后来柏拉图继承毕达哥拉斯的数学自然观的思想，企图使天文学成为数学的一个部门。他认为：“天文学和几何学一样，可以靠提出问题和解决问题来研究，而不去管天上的星界。”依照柏拉图的说法，宇宙由混沌变得秩序井然，其最重要的特征就是造物主为世界制定了一个理性方案。因此，柏拉图的宇宙观基本上是一种数学的宇宙观。他设想宇宙开头有两种直角三角形，一种是正方形的一半，另一种是等边三角形的一半。从这些三角形就合理地产生出 4 种正多面体，这就组成 4 种元素的微粒。火微粒是正四面体，气微粒是正八面体，水微粒是正二十面体，土微粒是立方体。第五种正多面体是由正五边形形成的十二面体，这是组成天上物质的第五种元素，叫做以太。整个宇宙是一个圆球，因为圆球是对称和完善的，球面上的任何一点都是一样。宇宙也是活的，运动的，有一个灵魂充溢全部空间。宇宙的运动是一种环行运动，因为圆周运动是最完善的，不需要手或脚来推动。四大元素中每一种元素在宇宙内的数量是这样的：火对气的比例等于气对水的比例和水对土的比例。万物都可以用一个数目来定名，这个数目就是表现它们所含元素的比例。

数学自然观的发扬光大是在 17 世纪。近代自然哲学家转向毕达哥拉斯，特别是柏拉图，引用柏拉图的格言“世界是上帝写给人类的书信”，并且“它是用数学字母写成的”，来赋予世界数学处理的合法性。伽利略指出因为自然的结构是数学的，所以自然哲学应在形式上数学化。近代自然哲学家，不仅是那些机械论和微粒论类型的自然哲学家，都普遍赞同数学是知识最确定的形式，因此它也是最有价值的事物之一。然而对于那些关注物理性质的研究者来说，最重要的问题是，用什么方式、在什么程度上适合应用数学方法来解释真实自然物体和真实物理过程。无疑地数学化研究自然是可能的，但这样做实际吗？在哲学上正确吗？对于这一点，16 世纪和 17 世纪实践者的观点分歧巨大。一些具有影响的哲学家肯定，科学的目的是，并且应该是对必须遵守的自然规律的数学表述；而另外一些哲学家则怀疑数学化的表述能否把握住真实自然过程的偶然性和复杂性。贯穿整个 17 世纪，一直存在很有影响的声音，怀疑在解释物理自然时数学“理想化”是否真的具有合法性。诸如培根和玻意耳等实践者说，当自然被抽象地考虑时，数学解释用得很好，当考虑具体的细节时，它就表现欠佳了。伽利略的数学落体定律适用于在无摩擦环境中运动的理想物体，可是没有，或者很少有真实物体曾经在运动时严格遵守这样的定律。伽利略宣称“运动遵从数的定律”，但所讨论的运动事物只是与实际的中等大小物体非常近似，而这种物体的运动是日常经验的对象。现在的问题是，自然哲学是完全用于数学的理想领域，还是用于具体的特定的真实领域，还是能有一些折中方案。

最正统的数学柏拉图主义者之一，是开普勒。他在 1596 年的《神秘的宇宙图景》一书中宣布了修正的哥白尼体系中关于行星与太阳距离的一个伟大发现。开普勒发现，那时所知的 6 个行星的轨道与用如下方法所得到的距日距离惊人地接近，即将它们所在的“天球”内切于，也外接于柏拉图几何学的 5 个规则立体：正方体、正四面、正十二面体、正二十面体和正八面体，如图 2.3 所示。

在一个巨大的立方体中内切一个球来表现最外面的行星——土星的轨道，叠放于其内

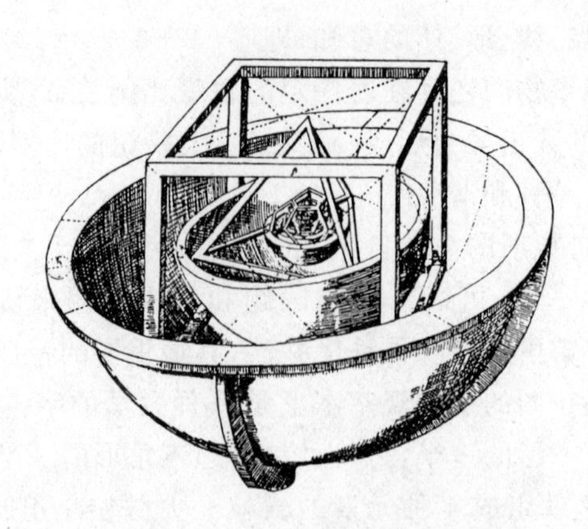

图 2.3　开普勒天体测距模型

的是土星，木星的天球内切于一个四面体，火星天球又内切于其内，等等。开普勒发现行星系统的结构遵循着一个几何秩序。他提出了一个为何如此的理由："上帝在创造宇宙并调节宇宙秩序之时，把自毕达哥拉斯和柏拉图时代起就已经知道的 5 个规则几何体放在眼前……按照它们的大小，上帝确定了天球的数目、属性和运动关系。"一个具有数学倾向的天文学家已发现造物主是一位数学家：造物主曾使用了几何原理来设置行星的距离。天球在数学上的和谐是世界如何被创造、什么原理决定其运动的一个本质特征。因为上帝创造自然时使用了数学规律，所以自然遵守数学规律。

伽利略同样认为，数学方法以无与伦比的方式提供了安排和理解物理世界的技术。伽利略的研究工作也和开普勒一样，是基于古老的毕达哥拉斯主义的信念，即自然界是依照数学定律运转的，而且只当发现与观测结果相符合的数学定律时，观测结果才能得到说明。两者的区别仅在于，开普勒着力研究天上物体即行星运行的数学定律，而伽利略却着力研究地面上运动物体的数学定律。伽利略说："哲学写在这部宏伟的书（我指的是宇宙）中，这部书始终对我们开放着，但它很费解，除非人们首先学会理解这部书所用的文字。它是用数学语言写的，它的文字是三角形、圆以及其他几何图形，没有这些图形，人们甚至根本不可能理解这部书中的一个词。"[①]伽利略的这一句话历来被看做数学自然观的最好的概括。

牛顿在他的划时代著作《自然哲学的数学原理》的序言中提出，他的目标是"力图以数学定律说明自然现象"。他认为自然哲学或物理学的全部任务"看来就在于从各种运动现象来研究各种自然力，而后用这些力去论证其他现象"。这就是牛顿"用数学表述自然力"的研究纲领。他的纲领从性质上看，是机械论自然观与数学自然观相结合的产物。这个纲领在以后几个世纪内，在近代科学各个领域都显示了巨大威力。

数学自然观日后在各门科学中都发挥了非常重要的作用，生物学中的孟德尔遗传规律的发现得益于数学自然观在生物学中的应用，化学中的元素周期律的发现也是数学自然观在化学中的应用的体现。

三、机械自然观

机械论自然观之前是亚里士多德的目的论自然观，自然科学家们广泛用一种泛灵论的

① 洛西. 科学哲学历史导论[M]. 武汉：华中工学院出版社，1982：18.

理论来解释各种自然现象，最为著名的例子是吉尔伯特对磁现象的解释。吉尔伯特在《论磁》中不是将磁看做自然界所展示的众多现象之一，而是将其作为理解整个自然的钥匙。按照他的理解，整个自然同他仔细检验的所谓磁石在传说中所具有的力量一样玄妙而神秘。电吸引是通过不可见的无声放电所产生的一种有形作用，而磁吸引在吉尔伯特的哲学中则是一种无形的力量。物体不能阻挡它，如一块磁铁隔着玻璃、木头或者纸都能吸引铁。即使铁能使一个物体免受吸引，它也不是通过阻挡而是通过转移这种力而达到的。一块天然磁石具有能激发铁的磁性而本身的磁性又没有任何损失的能力，这对他来说是很能说明问题的。铁（或天然磁石，因为依他的观点这两者实际上是相同的）是真正的地球物质。磁是铁天生的品质，是一种很难失去而又容易重新获得的力量。利用亚里士多德形而上学的分类，吉尔伯特争辩说，如果电是物质作用，那么磁则是形式作用。磁是原始地球物质中的活性要素。在另一个地方他曾说过："真正的地球物质具有一种原始的有活力的形式。"也许用更明白的话说，他认为磁就是地球的灵魂。磁运动表示自愿的联合和一致。吉尔伯特说两极意味着两种性别，天然磁石拥抱了铁并使其中孕生了磁。对吉尔伯特来说，其他的磁行为比所谓的"吸引"似乎更重要。磁方向、磁差、磁倾角这些运动（或转动）表示着组织宇宙的潜在智力。吉尔伯特认为南和北才是宇宙中的真正方向，而地球的磁的灵魂存在于对地球的组织和排列活动之中。罗盘是"上帝的手指"，失去了磁的铁被视为迷失了方向。磁针的磁倾角可以测量纬度，也许磁差能用作测定经度。吉尔伯特在论述其第五种运动即磁旋转时，将地球的磁的灵魂认作理智本身。地球每天绕其轴转动，他认为这种运动由磁引起，同样地他认为当地球绕太阳转时地极方向保持不变是由磁引起的。吉尔伯特断言，当地球接近太阳时，地的灵魂感悟了太阳的磁场，这样就可以推断出，如果地球不动，地球的一边将燃烧而另一边则会结冰，所以地球选择围绕着它的轴转动。为了引起季节性的变化，地球甚至选择让它的轴倾斜一定角度。

因为磁体以自愿联合的方式结合在一起，所以通过同性相斥异性相吸；爱与憎把所有的物体一个一个联系起来。的确，磁吸引是充斥于文艺复兴时期自然主义泛灵论宇宙中的各种隐秘效力的最好例子。正如"爱"与"憎"这两个词所提出的那样，也正如吉尔伯特的磁的灵魂清楚地揭示的，自然界的各种难以理解的力可用灵魂术语表达出来。文艺复兴时期的自然主义是人类灵魂映射对自然的投射，而且整个自然界被描述成是灵魂之力的一个巨大的幻影。

吉尔伯特的思想影响塑造了17世纪早期帕拉塞尔苏斯派化学论者特有的概念。赫尔蒙特将水看做形成万物的质料。在一个著名的实验中，他在经过仔细称量的泥土中栽了一棵小树，精心地加以浇灌，在小树长到相当大以后，将泥土与树根分离并再次称重。泥土的重量几乎没有减少，因此树所增加的所有重量必定来源于水，水现在变成了实心的木头。在赫尔蒙特的脑海中，小树实验完全适合于一种活力论的自然哲学。水——亦即质料——代表着雌性要素，它的受孕与增殖则需要有雄性要素或生命要素。他说，无须特指，我们今天所说的有机界，"除了通过使胚胎获得水"，自然界中没有任何事物能产生。当然，生命要素或雄性要素组成了每一种存在物的终极本质，即任一存在物赖以存在并有别于他物的根源。他赋予生命要素以一种创造者的形象，一种活的，对于它所要做的事拥有"充足知识"的，同时有能力完善它自身的形象。生命要素"为它自已迅速穿上了一套得体的衣衫"；它赋予质料以形象，并创造了它赋予其生命的物体。磁吸引，在赫尔蒙特眼中就如同在吉尔伯特眼中一样，绝非什么异常现象，它恰恰代表着一个有生气的世界里的行为模式。所有的事物都具备一种觉察力，凭借这种觉察力，它们可以觉察出哪些是它们的同类，哪些是异类——这就是他所说的爱和憎。赫尔蒙特最喜爱的论题之一是感应药膏，用这种膏药治伤时，不是直接用于伤口，而是用在使人受伤的武器上。类似的原理可解释为什么当凶手接近被谋杀的人时，被害人的血会往外流，这是因为血液中的精神察觉了不共戴天的敌人的出现，于是怒不可遏，血也就随之流出。赫尔蒙特断言物质世界“到处都被无形的看不见的力量支配着和制约着”。

不是某一个人创造了机械论哲学。纵观17世纪前半叶西欧科学界，我们能观察到的是一场指向机械论的自然概念、反对文艺复兴时期自然主义的自发运动。在论述伽利略和开普勒时已指出，在梅森纳(Mersenne)、伽桑狄(Gassendi)和霍布斯(Hobbes)以及那些不太著名的哲学家们的著作中，机械论哲学占了全部篇幅。然而，笛卡儿机械论自然哲学产生了比任何其他人都大的影响，尽管他过于苛求，但他赋予了机械论哲学论述以一定程度的哲学严密性，这是在其他地方所没有的，而这种严密性正是机械论哲学迫切需要的。

笛卡儿的机械论建立在他的普遍怀疑所推理得到的二元论哲学基础之上。在著名的笛卡儿二元论中，他争辩说，一切实在都是由两种实体构成的。我们所说的精神是一种实体，其特征就通过思维行动来表征；物质王国也是一种实体，其本质就是广延。笛卡儿在无广延的精神和有广延的物质这两者之间划出了一道截然分明的界限。思维可以包括精神活动所允许的各种各样的方式，是主动的，可以自我驱使的。从自然科学的观点来看，二元论更重要的结果就在于，它将随便什么的精神特性都划一地摒弃于物质世界之外。吉尔伯特的世界的磁的灵魂在笛卡儿的物理世界中不可能有一席之地。赫尔蒙特的活的要素也一样没有席位，笛卡儿以精神概括精神王国的特征，并以之作为活的要素，同时，他选择精神的反面——物体，作为被动要素，以强调物体本性是惰性的，且缺乏它自身的活力根源。这样，笛卡儿从物质本性中剔除精神的每一丝痕迹，留下一片由惰性的物质碎片杂乱堆积而成的、没有生命的疆域。这是一个苍白得出奇的自然概念——但是令人赞叹的是，它为近代科学的目的而设计。17世纪后半叶每一个重要的科学家实际上都毫无异议地接受了笛卡儿的二元论，近代科学由此得以诞生。

牛顿力学既是数学自然观的代表，也是机械论的代表。牛顿力学正确地反映了宏观物体的机械运动规律，这主要表现在下述6个方面：

第一，惯性是物质的本质属性，物质自身没有改变状态的能力，物质要改变状态，只有依靠外力。“只有当力作用于运动物体之上时，真正的运动才能发生或者有所改变。”机械论者据此认为所有的运动变化的原因都在物质外部，提出了外因论。

第二，“哲学的全部任务看来就在于从各种运动现象来研究各种自然之力，而后用这些力去论证其他的现象。”由于牛顿未给出力学的应用范围，这就导致人们只局限于机械运动形式，而对那些高级的运动形式则虚构出某种力来解释，这实际上就是把各种复杂的、高级的运动形式还原为受力学定律支配的机械运动。

第三，物体的运动只能改变物体的速度与位置，而不能改变其质量。因而机械论者就用位置移动来说明一切变化，用量的差异来说明一切质的差异，认为自然界只有量变而没有质变。

第四，存在“绝对空间”和“绝对时间”。牛顿说：“绝对的空间，就其本性而言，是与外界任何事物无关而永远是相同的和不动的。”“绝对的、真正的和数学的时间自身在流逝着，而且由于其本性面在均匀地、与任何其他外界事物无关地流逝着，它又可以名之为‘延续性……’”这样，空间和时间就成了脱离物质的独立实体。

第五，可以用严格的数学方程式来表示机械因果性公式，人们根据它可以精确预言运动的结果。这就是牛顿所说的：“能用同样的推理方法从力学原理中推导出自然界的其他许多现象。”机械论者据此认为这种机械的单义决定论是决定论的唯一形式。

第六，物质微粒“可以无限地分割，而且是可以方便地把它分离开来的”。机械论者也就把自然界分解得尽可能小，尽可能简单；把自然界还原为物质实体的暗合，把物质实体还原为基元粒子的集合，为一系列或多或少理想化的问题寻求解答。

总之，机械论自然观是唯物主义自然观认为世界是一部机器，由惰性物体组成，与思维存在物——人无关，物体运动是由于外力的推动，遵循严格的机械决定的因果关系。机器的自然图景和严格的机械决定论，是机械论自然观的基本命题。

机械论自然观摒弃了古代朴素辩证法自然观的直观性、思辨性和猜测性，是巨大的进步，对于近代自然科学和唯物主义哲学的发展有着历史性的贡献。它强调自然的外在独立性，是对“上帝创世说”的否定，这对自然科学冲破神学唯心主义的羁绊具有积极的意义。机械论自然观反对抽象的思辨，强调经验的和实证的方法，主张用分析还原的方法去研究对象，把对象分析、还原为它的终极组成因素，然后在思想中把这些因素重建为一个整体。这种研究方法对自然科学的发展是完全必要的，正如恩格斯所指出的：“把自然界分解为各个部分，把各种自然过程和自然对象分成一定的门类，对有机体的内部按其多种多样的解剖形态进行研究，这是最近400年来在认识自然界方面获得巨大进展的基本条件。”[①]然而，机械论自然观还是具有它固有的局限性，总结起来有如下几点。

(1) 机械性。机械论自然观，是以机械的观点看待自然界和人的。它承认自然界是物质的，物质是按规律运动着的，但它用纯粹力学的观点来考察和解释自然界的一切现象，认为自然界是一部机器，把自然界的各种运动形式都归结为机械运动形式。这种观点否认了有机界与无机界、人类社会与自然界之间的性质上的差别；抹杀了物质运动形式的多样性和各种运动形式之间性质上的差别；它不把自然界理解为一个过程，而把自然界看做按某种必然规定的机械的构成，认为自然界的运动只是永远绕着一个圆圈旋转，具有严整的秩序，不存在偶然性，而运动只有数量的增减和场所的变更，其变化的原因在于物质的外部即外力的推动。这种观点与古代朴素辩证法自然观的观点相比，显然是一种倒退。古代朴素辩证法自然观把自然界看成是相互联系和相互作用的整体，是一个活生生的生命有机体，虽然是原始的、素朴的，然而在本质上却是正确的。所以恩格斯指出：“18世纪上半叶的自然科学在知识上，甚至在材料的整理上大大超过了希腊古代，但是在观念地掌握这些材料时，在一般的自然观上却大大低于希腊古代。”[②]

(2) 片面性。机械论自然观的片面性，是与当时经验自然科学所运用的还原分析的方法密切相关的。所谓还原分析方法，就是把复杂的事物和复杂的关系，还原为简单的事物(要素)和简单的关系，即把一个统一的整体分割为若干孤立的部分(要素)，分别研究各个部

① 马克思恩格斯选集：第3卷[M]. 北京：人民出版社，1995：359-360.

② 马克思恩格斯选集：第4卷[M]. 北京：人民出版社，1995：265.

分（要素）的属性、特征、结构和功能，然后再把这些部分合为一体。但是，这样所得到的一般只是各个部分的共同属性，而不是原来对象的整体性。它对于当时的自然科学的发展是必要的，然而，也给人们留下了一种习惯，即孤立地考察自然界的事物和过程，撇开它广泛的总的联系；不是把自然界看做运动的，而是静止的；不是看做本质上变化着的，而是永恒不变的；不是看做活的，而是死的。“这种考察方法被培根和洛克从自然科学中移植到哲学中以后，就造成了最近几个世纪所特有的局限性。即形而上学的思维方式。”[①]随着自然科学的发展，尤其是理论自然科学的出现，这种形而上学的思维方法便显得越来越不适用了。

(3) 不彻底性。机械论自然观割裂了自然界与人类社会历史发展的关系，认为自然界是孤立于人的实践领域之外的原始的自然存在物。这种观点必然导致自然观与历史观的割裂，最终陷入唯心主义和神学目的论。因为机器的自然图景是同机器的制造者相关联的，也就是说，自然界的产生与发展是同有神论者信仰的超验的上帝相联系的。比如，对于地球围绕太阳的运动是如何形成的？地球上无限多样的动物和植物的种类是如何产生的？人类最初又是怎样产生出来的？这些带根本性的问题，机械论者最终不得不用超自然的原因来说明。这就不难理解，牛顿用神的“第一推动力”来说明行星最初的运动；瑞典生物学家林耐(Linnaeus，1707—1778)用上帝的安排来解释动物和植物物种的产生；至于人类的产生问题，也只好用上帝创造人类来回答。因此，“这一时期的自然科学所达到的最高的普遍的思想，是关于自然界安排的合目的性的思想，是浅薄的沃尔弗式的目的论，根据这种理论，猫被创造出来是为了吃老鼠，老鼠被创造出来是为了给猫吃，而整个自然界被创造出来是为了证明造物主的智慧”。这种目的论实际上根本否定了科学，使科学又回到了神学的怀抱之中。

第五节　马克思主义的自然观及其发展

一、辩证唯物主义自然观

近代自然科学从18世纪下半叶，特别是19世纪起出现了全面的繁荣。在科学技术的发展史上，19世纪被称为“科学世纪”。在这一世纪里，各主要的学科领域中都取得了一系列的综合性理论成果。这些成果都在不同程度上、不同范围内揭示和展现了自然界运动发展的辩证本性，强烈地冲击着人们业已形成的机械自然观。在天文学领域，1755年，康德发表《宇宙发展史概论》一书，提出了太阳系起源的星云假说。在地质学领域，1830年，赖尔出版了他的《地质学原理》一书，以丰富的材料论证了地球地层渐变的理论，对达尔文生物进化论的提出有很大影响。在物理学领域，19世纪的许多学者如德国的迈尔和英国的焦耳等都在研究机械能向热能的转化，以及机械能、热能、电能、化学能的相互关系，并几乎同时独立地发现了能量守恒和转化定律。麦克斯韦发表《电学和磁学通论》一书，以严格的数学论证建立了电磁理论，并预言光就是电磁波。在化学领域，1828年，德国化学家维勒用无机化合物氯化铵溶液和氰酸银反应，制成了有机化合物尿素，并发表了《论尿素的人工合成》一文，在无机界和有机界之间架起了桥梁。在生物学领域，基于新的生物学发现特别是显微镜的研制和运用，施莱登和施旺指出，动植物都是由类似的细胞组成的，这些细胞都按同样的规

① 马克思恩格斯选集：第3卷[M]．北京：人民出版社，1995：360.

律形成和生长,生命的共性单元是细胞,提出了细胞学说。达尔文在长期的科学考察和养殖实验的基础上系统地论证了生物进化论。

19世纪的自然科学在各个领域中的成就冲击着旧的思维方式。物质普遍联系和运动发展的观念、历史过程的观念已经进入自然科学。“在自然科学中,由于它本身的发展,形而上学的观点已经成为不可能的了。”[①]基于自然科学的成就,在德国古典哲学中出现了辩证思维的观点。康德、谢林用引力和斥力的对立统一来说明整个自然界。黑格尔用唯心主义概括了当时的科学成果,论证了辩证法的一系列范畴,提出了对立面的渗透和统一、由量变到质变、否定之否定3个辩证规律。马克思和恩格斯不仅深入地研究了整个人类历史发展的实际状况,批判地继承了以往的哲学的合理成分,而且在《资本论》《反杜林论》《自然辩证法》《费尔巴哈与德国古典哲学的终结》等著作中论证了辩证唯物主义的自然观、方法论和科学技术观,创建了自然辩证法。

自然辩证法基本观点和原理主要表现在:自然界是物质的,物质是万物的本原和基础,自然界除了运动着的物质及其表现形式之外,什么也没有;运动无论在量上还是质上都是不灭的;意识和思维是物质高度发展的产物,即人脑的属性和机能;时间和空间是物质的固有属性和存在方式;自然界的一切事物和现象都是矛盾的统一体,它们既是对立的,又是统一的,并且在一定条件下相互转化,由此推动着自然界的运动和发展;自然界的一切事物都处于普遍联系和相互作用之中,处于永恒的产生和消亡之中,处于不断的运动和转化过程之中;在自然的发展过程中,在自然的特定领域发展的特定阶段上,产生了人类和人类社会;随着人类的社会实践活动的深入展开,使原有的自然部分领域不断得到认识和改造,于是出现了一个与外在于人的活动的“纯自然”所不同的具有新质的“人化自然”,这种人化自然也就是进入人类文化或文明的自然界,是人的现实的自然界。

辩证唯物主义自然观区别于以往各种自然观的基本特点是:

第一,唯物论与辩证法的统一。辩证唯物主义自然观体现了唯物论与辩证法的有机结合。辩证唯物主义自然观克服了机械唯物主义的机械性、静态性和不完备性。对机械唯物主义自然观不完备性的克服并不是说辩证唯物主义自然观就是一个绝对真理,而是说在它是一个开放的理论体系,随着实践的和理论的发展它自身也有充实和发展的可能性。

第二,自然史与人类史的统一。辩证唯物主义自然观认为,“历史可以从两方面来考察,可以把它划分为自然史和人类史,但这两方面是不可分割的;只要有人存在,自然史和人类史就相互制约。”[②]它将自然界、人类和社会历史统一起来,看成是一个统一的自然历史过程,遵循着统一的辩证法规律。这就突破了以往把人同自然界绝对对立起来,把人类社会与自然界绝对对立起来的自然观念。

第三,天然自然与人化自然的统一。从前的自然观都是对纯粹的、天然的自然界的看法。辩证唯物主义自然观所揭示的自然界还包括人参与其中的人化了的自然界,是人创造、占有和“再生产”的自然界。马克思指出:“在人类历史中即在人类社会的形成过程中生成的自然界,是人的现实的自然界;因此,通过工业——尽管以异化的形式——形成的自然

① 马克思恩格斯选集:第4卷[M]. 北京:人民出版社,1995:259.

② 马克思恩格斯选集:第1卷[M]. 北京:人民出版社,1995:66.

界，是真正的、人本学的自然界。"[①]

第四，人与自然的对象性关系是能动性和受动性的统一。与机械论自然观不同，辩证唯物主义自然观认为：人作为自然存在物，"一方面具有自然力、生命力，是能动的自然存在物；这些力量作为天赋、才能和欲望存在于人身上；另一方面，人作为自然的、肉体的、感性的、对象性的存在物，和动植物一样，是受动的、受制约的和受限制的存在物。"[②]在任何时候，人的能动性的发挥都不是不受制约的，不是无限的、绝对的，"外部自然界的优先地位"并不因为人的活动而消失；人类只能顺应自然界的规律性而不能违背自然的规律性；人在自然界里能获得多大的自由，并不单纯取决于人的能动性的发挥程度，同时也取决于对人的受动性的认识程度和控制能力，自然规律为人类能动性的发挥设定了边界。

辩证唯物主义自然观诞生的意义是重大的。实现了自然观发展史上的革命性变革。辩证唯物主义自然观克服了古代朴素辩证自然观由于缺乏科学认识基础所造成的直观、思辨的局限性，而又吸取了古代自然哲学关于自然界运动、发展和整体联系的思想，以近代自然科学对自然界认识的最新成就为依据，批判了机械论，深刻地揭示了自然界自身发展的辩证法。不仅充分论证了在主观的层面上存在辩证法，同样严谨地、证据确凿地论证了在自然界的物质层面上也存在辩证法，较之前人的思想更为深入地理解辩证法的普遍性，是自然观历史上的一种革命性的变革。

二、生态自然观

（一）环境恶化及其根源

1. 人类所面临的全球性问题

随着经济增长、科学技术进步、工业化、城市化过程和社会发展，人类的各种活动正对大自然的生态平衡带来严重的破坏。人类活动已影响到整个地球生物圈，导致了一系列的全球性生态问题的出现。

1）人口问题

在当今人类面临的各种生态问题中，最大的挑战来自人类自身，威胁人类改善生活条件的粮食不足、资源短缺和环境恶化等问题，都与人口的迅速增长有着十分密切的关系。因此，人口问题是最基本的全球问题。据历史资料统计，世界人口呈指数增长之势。公元元年，人口只有2.5亿，到1650年增至5亿，1800年达到10亿，1930年增加到20亿，1975年达40亿，1999年10月已突破60亿。真正的人口高速增长，发生在第二次世界大战之后。第二、三、四、五、六个10亿分别用了100年、30年、15年、12年、12年。目前，世界人口正以每年增加8000多万人的速度增长，预计到21世纪中期将达到100亿。目前人口的过快增长，使得它不能同社会生产和生态环境相适应，造成了严重社会关系的失调和不良的生态后果。

2）社会正义危机

除了世界人口的数量剧增之外，人口的贫富分布也是一个十分严重的问题，导致了社会正义危机。世界人口增长的很大一部分集中在低收入国家、生态环境不利的地区和贫穷的

---

① 马克思．1844年经济学哲学手稿[M]．3版．北京：人民出版社，2000：89.

② 马克思恩格斯全集：第42卷[M]．北京：人民出版社，1979：167.

家庭。这样，人口数量与资源之间存在的差距就变得愈加突出，其结果是贫富差距越来越大。社会正义危机集中表现在城市中的贫民窟。贫民窟是城市贫困的极端代表。贫民窟的居民和社区面临着基本生活需求的严重短缺，而且在很多情况下，贫民窟的条件是危及生命的，贫民窟非常容易受到洪水、滑坡、疾病、接触有毒工业废弃物、室内污染以及火灾等严重影响。城市人口的增长必须要与城市的产业发展相协调，否则就没有足够的资源去维持农村—城市转变所需的资源，城市化将伴随着自然资源史无前例地消耗和流失。

3）资源问题

自然资源，是自然界中能为人类所利用的一切物质和能量的总称，构成了人类生产过程中必不可少的物质基础。资源危机主要表现为：非再生性资源，如煤、石油等矿物资源的枯竭和短缺；可再生性资源，如水资源、生物资源等的锐减、退化、污染和濒危。庞大的人口和生产规模对自然资源的需求急剧增加，资源的开发利用现已成为决定经济增长、社会发展和人类未来的尖锐的全球性问题之一。

全球性的资源问题主要表现为：

第一，世界淡水资源不足、消耗惊人，对人类的生存构成了严重威胁。目前，全世界有28个国家被列为缺水国或严重缺水国，大约20亿人口居住在缺水地区——占全球陆地面积的60%。

第二，煤和石油等矿物性燃料消耗剧增，处于危急之中。在当代的科技条件下，人类开发矿藏的速度远远大于它们形成的速度。不断地、越来越大量地开采使矿产储量日渐减少，人类很可能在相当短时间内消耗尽矿物资源。

第三，耕地减少十分严重。在人类已利用的土地中，可耕地只占10.8%，但人类所需食物能量的88%却是靠耕地上生长的农作物供应的。过度的经济活动，使土壤肥力衰退，土壤侵蚀问题日趋严重。另外，土壤沙化已成为一种趋势。全世界每年有600万公顷耕地完全变为沙漠。土地沙漠化的主要原因是人类对植被的破坏。

第四，生物资源破坏严重。生物资源包括动物资源和植物资源。人口急剧增加和不合理利用生物资源，导致地球上生物种类和数量的大量且迅速减少，这不但破坏了由物种的自然集合所形成的完整的生态系统的调节功能，最终可能导致整个生态系统的崩溃，同时也严重破坏了遗传多样性，使人类失去了各种直接和潜在有用的基因储备。

4）环境问题

环境问题是指由于人类活动使环境产生了危害人类及其他生物生存及生态系统稳定的现象。环境问题主要表现在以下方面：

第一，大气污染。随着工业化、城市化和交通运输现代化的进程，化石能源的大量消耗，使大气中各类有害气体的含量激增。这些物质再随雨、雪、雾下降到地表时，受其影响的范围可扩散至几百里至几千里之远。

第二，水污染。全世界每年有大量工业废水和城市生活污水排入水体，污染了河流、湖泊和近海，加剧了水资源的短缺。污染的水通过水生生物和农作物进入人体，成为一个重要的致病因素。

第三，气候危机。工业化进行大量自然资源的开发和消耗，燃烧了大量的化石燃料，又由于工业的废气和污染物质，森林的砍伐使木材中所含的碳，最后通过各种途径释放到大气中。二氧化碳、氮化物等气体增加了，导致了地球的温室效应，使地球升温，造成全球气候反常。

2005年,习近平在浙江省安吉县余村考察时,首次提出了"绿水青山就是金山银山"的重要论断。目前,我们还没有充分认识到这一论断的意义。这是否意味着:"金山银山"具有价值,"绿水青山"本身也具有价值呢?应如何实现两者的统一?

2. 生态环境恶化的根源

产生生态环境恶化的根源,在于人类没有正确地处理好人与自然的关系和人与人的关系,主要表现为以下几个方面:

第一,生态环境恶化的直接根源是传统的工业生产方式。人类发展到工业文明,人类的生产方式和生活方式发生了巨大变化。但是,20世纪所发生的一系列全球性生态危机使人们认识到,传统工业生产方式所带来的不仅仅是物质的繁荣,而且也造成了对人类生存环境的直接危害。传统的工业生产方式无限度地向自然索取,严重地破坏了人类赖以生存和发展的生态系统。

第二,生态环境恶化的思想根源,在于不正确的人与自然的关系,这实质上是和人类在人与自然关系问题上传统的价值观分不开的。工业化生产方式单方面强调人的改造、征服和战胜自然的能力,没有考虑到人与自然的和谐相处。这种传统的价值观的理论形态是以人统治自然为指导思想,一切以人、人的价值为中心,以人为根本尺度去评价和安排整个世界,这就是人类中心主义。

第三,生态环境恶化由于不正确、片面的传统发展观,将经济发展等同于经济增长。把经济发展理解为国内生产总值(GDP)的增长,这一指标既没有反映自然资源的消耗,也没有反映环境质量这一重要价值尺度。

第四,生态环境恶化是社会异化的产物。人与自然的关系,从根本上讲,是人与人的关系问题。当代出现的环境问题,其根本原因在于不合理的国际政治关系。发达资本主义国家置全人类的长远利益和国际公法于不顾,将垃圾、化学废料、公害型企业等转移到发展中国家,忽视发展中国家的发展权利和正义要求。

(二)生态自然观的基本思想

1. 生态学的基本内容

生态学是生态自然观的自然科学基础。"生态学"一词由希腊文 oikos 衍生而来,oikos 的含义是"住所"或"生活所在地"。1866年,赫克尔(E. Haeckel)首先对生态学进行界定:生态学是"研究(任何一种)有机体彼此之间,以及与其整体环境是如何相互影响的学问"。1935年,英国生态学家坦斯利(A. G. Tansley)认为,生物与环境形成一个自然系统,正是这种系统构成了地球表面上各种大小和类型的基本单元,这就是生态系统。

生态学的基本内容主要包括:

(1) 多样性与整体性相统一的原理。生态系统是由许多子系统或组分形成的,各组分之间的相互作用、协同形成有序结构。系统发展的目标是整体功能的完善。生物的整体性离不开生物多样性,整体性与多样性是统一的。生物多样性包括生态系统的结构和类型的多样性、物种的多样性与遗传的多样性。多样性是整体性存在和发展的前提和条件。整体性对多样性的主导和限制体现在生态系统的总体目标对子目标多样性的主导作用上。生态系统内部各组分之间经过长期作用，形成了相互促进和制约的关系，它们构成了生态系统复杂的关系网络。

(2) 生态演替原理。生态演替(succession)是指随时间演化，生态系统的结构和功能由一种类型转变为另一种类型的生态过程。生态系统要经过先锋期、发展期、顶级期等阶段，最终形成一个稳定的顶级生态系统。导致生态演替的原因是生态系统内部的自我协调和外部环境的相互作用。物种对周围环境变化的适应、再适应，是生态演替的直接动力。生态系统是由许多物种形成的复杂的物质、能量和信息的复杂网络结构，以增加生态系统的自我调节、自我修复和自我发展的能力，避免单一物种的脆弱性和不稳定性，以达到演替和发展的目的。

(3) 循环和再生原理。生态系统能长期生存并不断发展，就在于物质、能量和信息多重利用和循环再生。生态系统内部长期演化形成了复杂的食物网和生态工艺流程，使系统内每一组分既是下一组分的“源”，也是上一组分的“汇”，没有“因”和“果”及“废物”之分。

(4) 生态平衡原理。生态平衡是指一个生态系统在特定时间内通过内部和外部的物质、能量和信息的交换，使系统的内部与生物之间、生物与环境之间达到相互适应、协调的状态。一个相对稳定的生态系统，无论是生物、环境，还是生态系统，物质的输入与输出是相对平衡的。如果输入不足或过多超过一定的阈值，都会影响或破坏原来的生态系统。

(5) 最小因子原理。在生态系统中，有许多影响生态系统的演化，但是处于临界量的因子对系统功能的发挥具有最大的影响。改善和提高该因子的量值，就会大大增强系统的功能。犹如由多块木板做成的水桶，当其中一块木板特别低时，它决定了水桶的容量。

(6) 资源有限性原理。生态平衡过程就是对生态资源的摄取、分配、利用、加工、储存、再生和保护过程。自然界中任何生态资源都是有限的，都具有促进和抑制系统发展的双重作用。

2. 生态自然观的基本内容

生态自然观是对机械自然观的超越，它主张人与自然的和谐统一，主张事实与价值的统一。生态自然观的基本内容可以概括为：

(1) 确立了生态概念。近代科学革命形成了实体(如原子、分子、基本粒子等)概念，有力地推动了技术革命和工业革命。19世纪的第二次科学革命和20世纪的第三次科学革命，确证了场的概念，形成了开放实在观，即实在是开放的、整体的和相互联系的，并且确立了生态概念。“生态”是生物有机体与周围外部世界的关系，其主体是生物有机体。深层生态学认为世界根本不能分为各自独立的主体与客体，把一切实在看做动态的、易变的、整体的、相互关联的和相互依赖的。20世纪六七十年代以来，人类的全球性环境问题进一步深化了生态概念。生态概念从生物之间，扩展到生物与非生物之间的和谐，再扩展到政治、经济、社会、文化等与自然环境之间的和谐以及它们彼此之间关系的和谐。这就是说，生态不仅仅是一个生物本身的问题，而且涉及人类社会的多种因素。生态的核心在于系统的自适应性、自组织性与协调性。

(2) 自然界是一个生态系统。要抛弃把自然界看做没有生命的无机界的看法，整个地球就是一个完整的生态系统。生态系统，包括生产者、消费者、分解者和非生物环境，以及它们之间所形成的相互联系、相互制约的营养结构，即食物链和食物网。我国民谚所说“大鱼吃小鱼，小鱼吃虾米”就是食物链的生动写照。

(3) 人与自然构成一个有机的整体。自然形成了人,人也适应和改造自然。人既不在自然之上,也不在自然之外,而在自然之中。自然是人参与其中、生死在一起的自然。如果自然遭受巨大的破坏,自然反过来将会惩罚人类。人类不能脱离对生态系统的普遍联系与协同一体的依赖。早在1923年,现代生态伦理学的奠基人和创立者利奥波德就认为,自然是由不同的生命器官组成的机能性整体。在利奥波德看来,伦理观念应由处理人与人之间的关系、处理个人与社会之间的关系进一步扩展到处理人与大地以及人与在大地上生长的动物和植物之间的关系。他指出:“大地伦理学的任务就是扩展道德共同体的界限,使之包括土壤、水、植物和动物,或由它们所组成的整体——大地。”①

(4) 生态系统是一个动态的、开放的、非线性、非平衡的自组织系统。生态系统本身是非线性、非平衡的,它与环境具有物质、能量和信息的交换,具有自我调控、自我适应、自我稳定的能力;在一定条件下,生态系统通过自组织方式向更有序的生态系统进化。生态系统的演化是决定论与随机性的统一、偶然性与必然性的统一、进化与退化的统一。生物圈是宇宙在几十亿年的历史中进化出来的有机系统,各种生命物种的适应和进化、相互适应和竞争构成了一个自我调节的有机整体。没有任何一个物种能够单独生存和发展,它们只能在共同维持系统存在、促进生物圈稳定的前提下实现自己的生存和进化。生态系统演化的动力在于系统内部的作用及其与环境的共同作用。生态系统是一个复杂适应系统,其环境对形成生态系统的稳定模式有决定性影响。

3. 马克思、恩格斯的生态思想

马克思、恩格斯具有丰富而深刻的生态思想,主要思想如下:

(1) 自然界是人类生存与发展的前提和基础,人是自然界发展的产物,人是自然界的一部分,人类的生存与发展依赖于自然界。恩格斯指出:“人本身是自然界的产物,是在自己所处的环境中并且和这个环境一起发展起来的。”②人不能凌驾于自然之上。恩格斯指出:“我们统治自然界,决不像征服者统治异民族一样,决不像站在自然界以外的人一样,相反地,我们连同我们的肉、血和头脑都是属于自然界,存在于自然界的……”③

(2) 自然环境创造人,人也创造着自然,人并不是被动地为自然所奴役。马克思和恩格斯明确提出,人类在改造自然界的生产劳动中,人类能够认识、运用自然规律和美的规律,积极主动地创造人工自然和改善自然。“动物只是按照它所属的那个种的尺度的需要来建造,而人却懂得按照任何一个种的尺度来进行生产,并且懂得怎样处处都把内在的尺度运用到对象上去;因此,人类也按照美的规律来建造。”④在论述人的本质与产业的关系时,马克思揭示了产业是人的本质力量的外在的、公开的显现,他说:“工业是自然界对人,因而也是自然科学对人的现实的历史关系。因此,如果把工业看成是人的本质力量的公开的展示,那么自然界的人的本质,或者人的自然的本质,也就可以理解了。”⑤

(3) 人要与自然和谐相处,自然环境与社会环境相统一。早在自然环境遭到的破坏还没有引起人们重视的时候,马克思、恩格斯就提出了关于人与自然和谐相处的思想。人要按

① 利奥波德.沙乡年鉴[M].侯文蕙,译.长春:吉林人民出版社,1999:193.
② 马克思恩格斯选集:第3卷[M].北京:人民出版社,1995:374-375.
③ 恩格斯.自然辩证法[M].北京:人民出版社,1971:159.
④ 马克思恩格斯全集:第42卷[M].北京:人民出版社,1979:97.
⑤ 马克思.1844年经济学哲学手稿[M].3版.北京:人民出版社,2000:89.

自然规律办事，否则，人类就会遭到自然的报复。马克思说："不以伟大的自然规律为依据的人类计划，只会带来灾难。"[①]人是不可能征服自然的，恩格斯警告人类："我们不要过分陶醉于我们人类对自然界的胜利。对于每一次这样的胜利，自然界都对我们进行报复。每一次胜利，起初确实取得了我们预期的结果，但是往后和再往后却发生了完全不同的、出乎预料的影响，常常把最初的结果又消除了。美索不达米亚、希腊、小亚细亚以及其他各地的居民，为了得到耕地，毁灭了森林，但是他们做梦也想不到，这些地方今天竟因此而成为不毛之地，因为他们使这些地方失去了森林，也就失去了水分的积聚中心和贮藏库。"[②]

(4) 推翻或改革不合理的社会制度，建立符合人性的国际政治经济秩序，是实现人与自然协调发展的重要途径，只有在共产主义社会才能真正实现人与自然的和谐统一。马克思指出："**共产主义**是**私有财产**即**人的自我异化**的**积极**的扬弃，因而是通过人并且是为了人而对**人的**本质的真正**占有**；因此，它是人向自身、向**社会的**即合乎人性的人的复归，这种复归是完全的、自觉的和在以往发展的全部财富的范围内生成的。这种共产主义，作为完成了的自然主义，等于人道主义，而作为完成了的人道主义，等于自然主义，它是人和自然之间、人和人之间的矛盾的真正解决，是存在和本质、对象化和自我确证、自由和必然、个性和类之间的斗争的真正解决。"[③]马克思主义关于"自然主义、人道主义、共产主义"相统一的生态思想揭示了生态自然观的本质。社会制度对于人的本质力量的实现具有根本性意义，制度在确证人之为人具有重要作用。

> 生态自然观中，有一个核心的概念，那就是"自然"的概念。如何界定自然，这是一个基本问题。如果我们把自然定义为世界上所有事物的集合，那么，人就在自然之中，按生物进化论，人本身是自然的产物。如果自然是不包括人的那部分物质世界，那么，人与自然的关系应当如何处理？或者说，人与自然的和谐是否可能？另一个问题是，如果人是自然的一部分，那么，人与自然的和谐，又是什么意思？这里有一个问题，东西方文化对"自然"概念又是如何看待的？

（三）可持续发展与生态文明之路

1. 可持续发展的含义

可持续发展思想源于全球性的生态危机，是人类对环境问题认识不断深化的结果。这一思想的萌芽可以追溯到1972年联合国在瑞典首都斯德哥尔摩召开的人类环境会议，在这个会议上通过了划时代的文献——《人类环境宣言》。这次会议被认为是人类关于环境与发展问题思考的第一个里程碑。1980年由世界自然保护同盟等组织，许多国家政府和专家参与制定的《世界自然保护大纲》第一次明确提出了可持续发展的思想。1987年，由挪威前首相布伦特兰夫人领导的世界环境与发展委员会发表了长篇报告——《我们共同的未来》，首次对可持续发展概念作了界定："可持续发展是既满足当代人的需要，又不对后代人满足其

---

① 马克思恩格斯全集：第31卷[M]. 北京：人民出版社，1976：251.

② 马克思恩格斯选集：第4卷[M]. 北京：人民出版社，1995：383.

③ 马克思恩格斯全集：第42卷[M]. 北京：人民出版社，1979：120.

需要的能力构成危害的发展。”[①] 1992 年，在巴西里约热内卢举行的联合国环境与发展大会上肯定了该概念，大会通过的《关于环境与发展的里约宣言》在阐明可持续发展问题时指出：“人类应享有以与自然和谐的方式，过健康而富有生产成果的生活权利，并满足今世和后代在发展与环境方面的需要，求得实现发展的权利。”[②]这表明人类对环境与发展问题的认识已上升到文明史的高度。

1994 年，中国政府编制发布了《中国 21 世纪议程——中国 21 世纪人口、资源、环境与发展白皮书》，其中首次列入了可持续发展，标志着中国政府参与和实施可持续发展战略。

所谓可持续发展战略，就是为了摆脱人类困境，实现由工业文明向生态文明过渡的战略。它作为特定的关于“发展”的概念，是专指那种首先考虑生态代价、环境代价，是既兼顾生态上的可持续性和人口、经济增长的需要，又不给环境带来破坏的发展。实施“可持续发展”战略，其目的是强调：如果当代人能够开始实现人与自然和谐、发展与资源环境相协调并不断向前推进的话，那么，后代人才有可能生存并持续发展下去。否则，人类的未来发展前景是不堪设想的。

可持续发展的含义包括以下几个方面：

（1）发展。一个国家或地区通过合法的手段使社会、经济整体实力的增强，不断提高本国人民的生活水平、生活质量和健康水平，这是发展的基本含义。发展包括社会、科技、经济、文化、环境、人本身等多项因素，可持续发展在于改善人类社会的物质生活和精神生活。

（2）发展的可持续。目前人类的发展，不应危及未来世代人类的生存与发展。可持续发展观承认自然界本身具有发展权，强调人类的发展必须考虑自然生态的持续存在和永续利用，要求在不超出地球生态系统的承载能力的情况下改善人类生活质量，承认自然的生存发展，实质上是为了使人类更好地发展。

（3）发展的整体性。全球性问题表现出人类所面临的危机的整体性和未来的共同性。仅靠一个国家或地区是不可能促进全人类的可持续发展的。人类是一个整体，可持续发展要求超越不同国家的文化和意识形态的差异，并采取联合的共同行动，鼓励和支持各国政府之间为解决全球性问题而开展的各种形式的合作。不能片面强调保护自然，而不尊重人的生存权和发展权。重要的是，要改变人的不适当的发展观，不能把本国的发展建立在剥削他国资源的基础之上。

（4）发展的公平性。所谓公平是指社会制度及规则公正、平等，还包括人与人、人与社会之间利益关系的相称以及对这种关系的反映或评价。可持续发展要求人与自然之间的公平、当代人之间的公平以及当代人与后代人之间的公平。当代人之间的公平是公平原则的核心。只有解决人与人之间的不公平性，才有可能解决人与自然的危机，达到人与自然之间的和谐。

（5）发展的正义性。正义是人之为人的核心要义。正义的实质是把人的发展、人的价值、人的尊严视为人的世界、人的关系以及人的行为的根本。发达国家与发展中国家都享有平等的不容剥夺的发展权力。发展中国家只有通过发展才能为解决生态危机提供必要的物质基础。发达国家有更大的责任和义务为发展中国家提供必要经济与科技等方面的帮助，

---

① 世界环境与发展委员会. 我们共同的未来[M]. 长春：吉林人民出版社，1997：52.

② 迈向 21 世纪——联合国环境发展大会文献汇编[M]. 北京：中国环境科学出版社，1992.

促进人类可持续发展。

2. 走生态文明之路

人类从自然界中分化出来已有300多万年的历史。从历史上看，人类文明大致经历了原始文明、农业文明和工业文明3个阶段。目前，人类文明正处于由工业文明向生态文明转变的过渡阶段。生态文明则以产业生态化为主要特征。从工业文明向生态文明过渡，建设生态社会，是实现可持续发展的必然选择。党的十六大报告把建设生态良好的文明社会列为全面建设小康社会的四大目标之一，是我国多年来在环境保护与可持续发展方面所取得的成果的总结。十六届三中全会又提出以"以人为本"为核心的科学发展观，这是我国对生态文明认识的一个崭新高度。党的十七大报告直接提到"环境"或"生态"字眼的地方达28处，党的十八大报告中大幅增长至45处，同时，"自然"也成为报告中的又一个关键词。中共十八大报告指出："我们一定要更加自觉地珍爱自然，更加积极地保护生态，努力走向社会主义生态文明新时代。"党的十九大把"坚持人与自然和谐共生"①作为新时代坚持和发展中国特色社会主义的基本方略。生态文明就是指人们积极改善人的价值观念和思维方式，不断完善社会制度，在改造物质世界、进行物质生产过程中，优化人与自然的关系和人与人的关系，促进经济、社会和环境协调发展，形成人与自然和谐统一、共同进化的社会。

为了地球与人类的长远发展，人类必须从工业文明中走出来，走向一种新的文明，这就是人与自然的和睦相处、协同进化的生态文明。实现生态文明，具体包括以下几个方面：

(1) 树立生态文明的价值观念和思维方式。生态文明要求提高个人素质，树立生态价值观。加强增强生态意识，树立生态消费观念，提倡绿色生活方式。生态环境问题的实质是价值取向的问题，是目标和意义的选择问题。扬弃中国传统文化中的"天人合一"的生态价值观念，超越"主客二分""人类中心主义""自然价值无限论"等狭隘文化观念，树立人与自然和谐发展的新观念，建设人类美好家园。正如党的十九大报告提出"人与自然是生命共同体，人类必须尊重自然、顺应自然、保护自然"。② 生态文明要求我们的思维方式从原有的线性思维转向非线性思维，机械性思维转向系统性思维。我们只有从非线性、整体、系统思维的角度，才能超越当前人与自然、人与人的深刻矛盾，构建自然、社会与人和谐统一的新家园。要求个人的生活方式的生态化，即人的生活方式要适应和促进人与自然的共同进化。改革人们在工业革命中形成的奢侈浪费的生活方式，使人类的生活方式符合自然进化规律，充分开发和满足人类精神生活之需要。

(2) 切实转变经济增长方式，大力推进产业的生态化。生态文明要求产业生态化，实施循环经济的发展战略，循环经济以"减量化、再使用、再循环"为行为准则(称为3R原则)。仿效生态系统中生产者、消费者、分解者及其环境在实现系统功能的作用和地位，充分发挥人在物质生产中的主导作用，利用生态系统规律，整合相关技术工艺，构建物质生产的结构与功能，构建结构更优、功能更好、更适宜经济发展的人工生态系统，生产出生态产品。要通过专业化分工与协作，尽可能通过物流、能流建立生态联系，形成生态产业链。

(3) 掌握核心科技，促进技术生态化。科学技术是第一生产力，生态文明的根本支撑在于拥有核心技术，创造生态化的技术，构建生态技术系统。没有核心技术和技术的生态化，

---

① 习近平. 决胜全面建成小康社会 夺取新时代中国特色社会主义伟大胜利[M]. 北京：人民出版社，2017：23.

② 习近平. 决胜全面建成小康社会 夺取新时代中国特色社会主义伟大胜利[M]. 北京：人民出版社，2017：50.

就没有强大的综合国力。由于当代国际政治的不平等和不合理关系，片面地实施生态文明建设，并不利于综合国力的增强。因此，我国应当将生态文明建设与掌握核心科学技术统一起来，特别是要掌握核心的环保技术等。生态化的科学技术是生态理念向科学技术的渗透，形成生态化的科学技术系统。生态化的科学技术，以协调人与自然之间的关系为最高准则，追求的是在自然生态平衡、社会生态和谐有序的前提下促进经济的适度增长。

(4) 建立有利于生态文明的社会规则与制度。生态文明要求建立新型的社会制度，以解决在环境保护中的人与人的关系。生态政策是引导产业生态化的重要因素。充分发挥政府的主导作用，制定保证和鼓励生态化的经济政策、法律法规，运用财政、金融和税收等手段，引导和鼓励企业开展生态技术创新和生态产业。不仅要求在国内逐步建立生态文明制度，而且要求在世界范围内逐步建立有约束力的生态文明制度(包括新的国际政治制度和经济制度等)，特别是发达国家有更大的责任与义务。

阅读文献

[1] 庞元正，李建华. 系统论、控制论、信息论经典文献选编[M]. 北京：求实出版社，1989.

[2] 苗东升. 系统科学精要[M]. 3版. 北京：中国人民大学出版社，2010.

[3] 梭罗. 瓦尔登湖[M]. 王燕珍，译. 北京：北京理工大学出版社，2015.

[4] 利奥波德. 沙乡年鉴[M]. 舒新，译. 北京：北京理工大学出版社，2015.

[5] 卡逊. 寂静的春天[M]. 许亮，译. 北京：北京理工大学出版社，2015.

思考题

1. 试述有序、无序与熵的含义。
2. 信息的含义是什么？经典信息与量子信息有什么区别？
3. 如何理解自组织与他组织？
4. 系统从无序向有序演化需要什么条件？
5. 系统的演化是确定性与随机性的统一吗？
6. 封闭系统可以演化为更为有序的状态吗？
7. 系统的环境对系统演化形成的稳定模式有没有作用？
8. "蝴蝶效应"的含义是什么？何为"混沌"？
9. 何为"复杂性"？
10. 世界的本质是复杂的，还是简单的？
11. 世界是线性的，还是非线性的？
12. 如何认识机械论自然观的方法论意义？
13. 如何理解朴素唯物主义自然观、机械论自然观和辩证唯物主义自然观的辩证关系？
14. 自然是什么？人与自然能否生成和谐的关系？
15. 试述生态自然观的基本思想。
16. 生态的本质是什么？

第二篇

马克思主义科学、技术、工程观

科学、技术与工程观是对于科学、技术与工程理论的总体认识,亦即对于它们“是什么”问题的回答。这对正确评价科学、技术与工程的社会地位,对从整体上把握科学、技术与工程的全貌,进一步掌握科学、技术与工程发展的规律具有十分重要的意义。从古希腊开始,理性就是科学的最基本特征,经过中世纪科学的黑暗时代之后,实证性或经验性成为科学的重要特征,另外,纵观整个科学发展史,可错性和历史性也是科学所固有的特征。技术工程观着重于它们的实践智能的层面,如果说科学处理的问题核心是关于“是什么”的问题,那么技术工程研究的核心就是“怎么做”的问题。

马克思主义科学、技术工程观是基于马克思、恩格斯的科学技术思想,对科学技术及其发展规律的概括和总结。马克思主义认为科学是一般生产力,技术是现实生产力;科学是认识世界,技术是改造世界。科学发展在纵向上表现为渐进与飞跃的统一。技术、工程发展是多种矛盾共同推动的结果,其中社会需求与技术发展水平之间的矛盾是技术发展的基本动力,技术、工程目的和技术、工程手段之间的矛盾是技术发展的直接动力,科学进步是技术、工程发展的重要推动力。

在本篇,我们研究马克思主义的科学观、技术观与工程观,以理解科学、技术与工程是什么。

第三章　马克思主义科学观

什么是科学？这对于研究自然科学的人而言似乎是个非常熟悉的问题，但真要把它的本质说清楚却不容易。人类历史上的第一个自然哲学家泰勒斯所提出的“水是万物的本源”这个命题看似简单，却揭示了科学的本质，就是从变幻莫测的自然现象背后终于找到了“水”这个不变的东西。因此可以简单地说科学就是找到“不变的东西”，即规律、共相。然而，这只是静态地看待科学，从动态的、实践的观点看待科学该如何呢？从历史的观点看待科学又该如何呢？

科学观就是对于科学理论的总体认识，亦即对于“科学是什么”的回答。这对正确评价科学的社会地位，对从整体上把握科学的全貌，进一步地掌握科学发展的规律具有十分重要的意义。

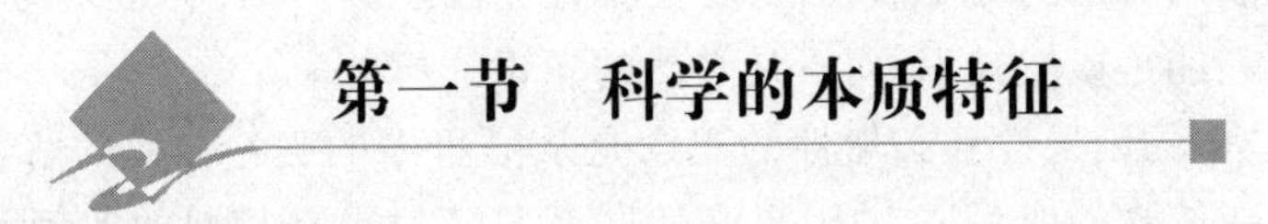

第一节　科学的本质特征

一、经验特征

哲学史上的经验主义是一种认识论学说，认为人类知识起源于感觉，并以感觉的领会为基础。经验主义诞生于古希腊，距今已有2400余年的历史，它在发展过程中不断地与另外两种学说发生争议：一种学说是知识的天赋论，主张知识是与生俱来的；另一种学说是理性主义，主张唯有理性推理而非经验观察才提供了最确实的理论知识体系。

近代哲学家培根依据实验科学，强调感性经验在认识中的作用。同时，他并没有把人的认识局限在感性经验上，而是承认了理性认识的必要性。他认为只有把感性和理性结合起来，运用科学实验和客观分析，才能克服认识上的混乱，推动知识的进步。继培根之后，洛克通过对以笛卡儿为代表的天赋观念论和以莱布尼茨为代表的唯理论的批判，竭力肯定了经验主义的原则。洛克指出，人的心灵本来像是一张白纸，在它上面并没有任何天赋的标记或理念的图式，而是全部以经验为基础。洛克说：“我们的全部知识是建立在经验上面；知识归根到底都是导源于经验的。”[①]洛克把一切知识归结为“观念”，而一切观念又可被分析为

① 洛克．人类理解论[M]．北京：商务印书馆，1997：7．

简单观念。他断言，简单观念是不可再分的，是构成知识的固定不变的、最单纯的要素。所有的简单观念，都来自外部感官或内省，也就是说，都来自外部经验或内部经验。人的心灵处理这些简单观念的能力主要有3种：一是把若干简单观念结合成为一个复合的观念；二是把两个观念并列起来加以考察，形成关系观念；三是把一些观念与其他一切同时存在的观念分开，即进行抽象，由此形成一般观念。洛克由此完成了经验主义认识论的基本体系。

一切知识都来源于经验，都可以追溯其起源；没有任何天赋的或先天的命题。激进的经验主义者唯一强调感觉经验而否认理性思维，在他们看来，理性认识是抽象的、间接的认识，思想越抽象则越空虚，越不可靠，越远离真理。所以，他们持极端唯名论的观点，根本否认抽象，否认有普遍概念和普遍命题。例如，穆勒认为，逻辑和数学的命题也是从经验中来的，其所以为真理也只是因为它们在经验中总被发现是这样的，因而它们并不是严格意义上的必然的真理，甚而有可能为将来的经验所修正。

休谟认为经验中只有先后相继关系，而无因果和必然关系。如“摩擦生热”，只是经验中的“摩擦”与“热”的先后相继关系，而非客观的因果关系和必然关系。因而他认为，通过归纳法不能获得因果性和必然性，因为过去经验的重复不能保证今后经验的必然重复。它们只有或然性。他写道：“所以来自经验的任何论据不可能证明过去与未来的这种相似性，因为所有这些论据都是建立在这种相似性的推测之上的。”[①]休谟还对作为归纳法基础的“归纳原则”进行了批判。所谓“归纳原则”，就是一种“未来必然符合过去”的假设。他认为这个原则是不可证明的。因为我们只能用“过去能推知未来”这个经验事实来证明“过去能推知未来”这一假设，而这是一种逻辑上不能容许的循环论证。他写道：“我们的一切经验结论都是从‘未来符合过去’这一假设出发的。因此我们力图应用一些或然的论证或关于实际存在的论证来证明刚刚提出的那个假设，那分明是在兜圈子。”[②]因此休谟认为：用归纳法获得的自然科学知识只能是或然知识，而不是必然的知识。

那么，人们心中的因果性和必然性的观念是从哪里来的呢？休谟的解释是：它们来自人们内心的习惯或信念。他写道：“因果必然联系只不过是在相似的实例反复出现若干次之后，心灵为习惯所影响，于是在某一事件发生之后，就期待经常继它之后而发生的事件发生，并且相信后一事件是存在的。因此，我们心中就感觉到的这种联系，我们从一个对象进到经常伴随旁的对象的这种习惯性的推测，就是我们据以形成能力观念或必然联系观念的那种感觉或印象。事情只不过如此，再没有别的了。”[③]

休谟的不可知主义或怀疑主义哲学是贝克莱的主观经验主义哲学的变体。贝克莱把万物归结为感觉的复合，否认客观世界的存在。休谟也把万物归结为感觉的复合，但不是直接否定客观物质世界的存在，而是说人的认识能力只能局限于经验的范围，在经验之外是否有精神或物质存在，以及精神与物质的关系如何等传统哲学所讨论的问题，都是不可能知道的问题，对于它们应持怀疑态度。休谟的科学哲学思想就是建立在这种不可知主义或怀疑主义的理论基础上的。休谟断言科学认识的对象，不应是经验之外的客观事物，因为它们是否存在是不可知的；而是感觉经验或主观的，它们的意义来自所表述的经验，来自经验的复

---

① 休谟. 人性论[M]. 北京：商务印书馆，1996：89.

② 休谟. 人性论[M]. 北京：商务印书馆，1996：92.

③ 休谟. 人性论[M]. 北京：商务印书馆，1996：100.

合、变换、扩大和缩小等，因而它们都必须还原为经验。几乎不能还原为经验的概念和命题，如有关“物质”“真空”“必然联系”“自我”等概念和命题，都必须排除于科学之外。

有一种观点认为，因果关系不具有真实性和必然性，虽然我们能观察到一件事物随着另一件事物而来，但我们并不能观察到任何两件事物之间的关联。我们只能够相信那些依据我们观察所得到的知识。所以，因果的概念只不过是我们期待一件事物伴随另一件事物而来的想法罢了。你如何看待因果关系？

经验主义哲学家马赫同样认为人的认识不能超出经验之外，感觉经验是我们的科学认识的界限，关于物质与意识的关系等传统的哲学问题是形而上学问题，人们没有根据加以讨论，应排斥于科学领域之外。从这个原则出发，马赫实际上接受了贝克莱关于“物是感觉的复合”的观点。不过他改称“感觉”为“要素”，宣称“物是要素的复合”，并认为“要素”既非物质又非精神，而是“中性”的。列宁说：“从经验论和感觉论的前提中可以产生两种倾向。”就是说，从感觉经验出发，可以“遵循着主观主义的路线”走向唯心主义，也可以“遵循着客观主义的路线”走向唯物主义。唯心主义经验论者和唯物主义经验论者都承认知识来源于感觉经验这个认识论的前提，但是两者对感觉经验的看法却有着根本的分歧。唯物主义者认为，作为知识来源的感觉经验本身有其客观的来源，是外间事物作用于人的感官的产物或结果，并且是外间事物性质的反映。唯心主义经验论者则否认感觉经验的客观来源，否认感觉经验是外间的映像，把感觉经验看做最根本的东西，看做构成世界的终极成分。

现代哲学家马赫不仅否认“物”的客观实在性，而且否认“运动”“时间”“空间”的客观性，并把它们也归结为经验中的东西。他把时间和空间分为两类：一类是“感觉的或生理的时间和空间”；一类是“抽象的或概念的时间和空间”。他认为“感觉的空间”是由感觉中的感觉群（“物”）的相互依存和相互区别所构成的。它的特点是：①有限的；②不稳定、不均匀的；③因人的感觉、心理条件的差异而变化的。他认为“概念的空间”（几何空间）则不是感觉经验中的东西，而是人的智力进步，科学发展的产物。它的特点是：①无限的；②稳定、均匀的。它是人们为了用以解释大量经验的需要而共同制定出来的。一旦经验改变了，“概念的空间”就应相应地改变。他认为“感觉的时间”和“概念的时间”也跟上述“感觉的空间”和“概念的空间”相类似。马赫用他的这种时空观，批判并否定了牛顿的永恒不变的绝对时空观。马赫认为科学的任务首先是通过观察和实验来发现、搜集、积累经验材料；其次是对大量的经验材料作出叙述和整理，而其原则是思维经济；即以最少的思维来描述最大量的经验事实。如数学并不是研究客观世界的数与形的关系的科学，而是经济思维的工具；力学则是描述感性经验的经济思维的工具。如牛顿力学定律就是描述各种天上运动和地上运动的经验现象的经济思维的产物。

二、理性特征

理性主义是建立在承认人的推理可以作为知识来源的理论基础上的一种哲学方法，理性高于并独立于感官感知。理性主义的极端代表是唯理主义哲学家，他们以不同的形式肯定“天赋观念”。如笛卡儿提出，观念的来源有 3 种情况：其一是“天赋的”，如数学、逻辑、宗教、伦理中的一般的抽象的观念和原则，像数学中的几何公理、逻辑的同一律、宗教的关于上帝存在的观念、伦理学的关于“己所不欲勿施于人”的训条等，笛卡儿认为这些观念都是先验的、天赋的永恒真理，它们都是“清楚明白的”，任何一个有理性的人是决不会怀疑它们的正确性的。其二是感官感受外部世界的刺激而产生的观念，如耳朵听到的声音，眼睛看到的光线，皮肤感到的热等。笛卡儿认为外来观念是不可靠的，这是因为它们是有可能欺骗人的，如一根棍棒插入水中看起来是弯曲的，一座方塔远远看去就呈圆形等。笛卡儿说：“因为我曾经多次观察到：塔远看像是圆的，近看却是方的，竖在这些塔顶上的巨像在底下看却像是些小雕像；像这样，在无数其他的场合中，我都发现外部感官的判断有错误。”[①]其三是“臆造的”根本不存在的观念，如飞马、美人鱼之类，显然，它们不可能给人以任何真理。对于这3种情况，笛卡儿认为，“外面”得来的观念与“臆造的”观念一样，都是没有真理性的，而只有“从我自己的本性得来的”一般观念才具有真理性。这就是说，“真理性”的认识只能是“天赋的”。

什么是“理”呢？《说文解词》中说，“理”就是指木头或石头中的纹路。一个雕刻家选择一块石头或木头来进行雕刻，主要是看该石头或木头中是否有与他所想雕刻的形象相吻合的天然的纹路，如果有，他就会选择相应的材料。

笛卡儿由此认为只有先验主义的演绎法才能给人以确实可靠的必然性真理，因而只有先验主义的演绎法才是唯一可靠的科学方法。他写道：一切外来的感性观念跟我们自己虚构的观念一样，是没有真理性的，只有“从我们的本性中得来”的一般观念才有真理性。又说：“直觉乃是那种不受蒙蔽而专注的心灵所具有的无疑的概念，它完全来自理性之光。比演绎更可靠，因为它更单纯；可是演绎……也是不会被我们错误地运用的。”笛卡儿认为，绝对正确的先验主义的演绎知识体系，是通过以下几个步骤获得的：

(1) 由理性的直觉确立若干条不证自明的公理；

(2) 用演绎法从上述自明的公理出发，清楚明白地推出许多命题或定理；

(3) 由许多清楚明白的定律、命题构成一个清楚明白的知识系统。

笛卡儿断言：在任何学科领域中运用理性的演绎法以获得正确知识必须遵循以下几个原则：

(1) 不承认任何情况或知识是真的，除非它是清楚明白，毫无疑问的；

(2) 把困难分解成为一些最小的难点；

(3) 由简到繁，依次解决问题；

(4) 列举并审查每一个推理的步骤，审查任何遗漏的可能。

理性主义者莱布尼茨进一步提出，感觉经验只能感知个别的偶然的现象，而不能揭示真理的“普遍必然性”。他还尖刻地把经验论者说成是像牲畜一样“纯粹凭经验，只是靠例子来指导自己”，因而无法适应复杂多变的存在。“人之所以如此容易捕获禽兽，单纯的经验主义者之所以如此容易犯错误，便是这个缘故”[②]。在唯理主义者看来，思维本身具有超越感官经验的先天认识原则，对象只有在先天认识原则的把握下才能被人所认识；认识不能还原

① 十六～十八世纪西欧各国哲学[M]. 北京：商务印书馆，1975：179.

② 十六～十八世纪西欧各国哲学[M]. 北京：商务印书馆，1975：503.

为感觉和感觉的不同结合形式，它有多于这种内容的作为认识原则的天赋观念；思维的理解作用是以它自己固有的天赋原则去理解对象。

早期经验主义的问题是“休谟问题”或“归纳问题”：过去经验的重复不能保证今后经验必然重复。演绎主义的问题是“同义反复”：由于逻辑的前件与后件等值，它不可能为人们提供新知识。19世纪初，著名哲学家康德看出了经验主义和演绎主义在理论上的根本缺陷，提出了“先验综合判断”的理论。这个理论的实质就是肯定主体能动性在科学认识过程中的必要性。在康德之前，不论是归纳主义者休谟还是演绎主义者笛卡儿等都主张知识的“两分法”。即认为人类有两类知识：经验知识与逻辑知识。经验知识来自经验事实的归纳，它能给人以新知识，但不可靠；逻辑知识来自演绎推理，虽然必然、可靠，但本质上是同义反复，不能给人以新知识。康德反对这种传统的“两分法”，认为不论是上述经验知识或逻辑知识都不是科学知识。因为科学知识应该是具有普遍性和必然性的新知识。因而在这两类知识之外，还应有属于科学知识的第三类知识。由于知识的基本形式是判断，因而他提出了关于“三类判断”的知识“三分法”理论。他认为，第一类判断是先天分析判断，即笛卡儿等人所称的逻辑知识。它们的特点是谓词的内容包含在主词的内容之中，这就是说，谓词的内容并不来自新的经验事实的归纳，而来自主词内容的分析或分解，因而它们虽具备必然的正确性，但没有添加新的内容，如“单身汉是没有结婚的男人”。第二类是后天综合判断。它们的特点是谓词的内容并不包含在主词的内容之中，它们来自经验事实的综合或归纳，因而能给人以新知识，但不具有必然的正确性，如“玫瑰花是红的”。

康德认为，除上述两类判断外，另有一类为前人所忽视的就是先天综合判断。这类判断的内容是综合的，从这个方面说，它与上述第一类判断不同，而与第二类判断相似；然而它不是后天的或然的，而是先天的、必然的，从这方面说它又与上述第二类判断不同，而与第一类判断相似。一切真正的科学判断，如几何学判断、数学判断、牛顿力学判断等，都属这一类判断。

康德解释说，首先，几何学判断是先天综合判断。如几何学命题：“两点之间以直线为最短”(直线是最短的线)就是这样。说它是综合的判断，是因为它的主词“直线”这个概念的内容并不包含“最短”这个谓词概念的内容；说它是先天的判断，是因为它与“天鹅都是白的”等这一类后天综合判断不同，后者都是或然的，不可靠的，而它却是必然正确，无可怀疑的。其次，数学判断属先天综合判断。如“2＋2＝4”，它的主词“2＋2”中并不包含“4”这个谓词的内容。然而它也与“天鹅都是白的”这一类后天综合判断不同，是必然正确、无可怀疑的。再次，牛顿力学判断也属先天综合判断。如它的第二定律：“$F=Ma$”。“F”(力)的概念中并不包含 Ma(质量与加速度的乘积)的内容，但它也是普遍的、必然的真理。

可以清楚地看出，康德认为综合判断分为两类：一类是或然的、非科学的，理性可以怀疑的；另一类则是必然的、科学的，理性不可怀疑的。那么为什么前一类综合判断只具有或然性，而后一类综合判断即科学判断或科学知识却具有理性不可怀疑的普遍必然性呢？他认为科学知识的这种普遍性、必然性不是来自经验事实，经验事实中并没有这种普遍必然性；它们是人的主体性所赋予的，即人的内心的几种认识观念(框架)：时空、因果、必然、规律等观念主动地授予经验世界的，这就是科学知识具有理性不可怀疑的普遍性和绝对正确性的缘由。人称它是康德的“人为自然立法”理论。

19世纪上半期，康德的科学哲学思想曾盛行一时，然而很快地被自然科学的进展否定了。首先，非欧氏几何的出现否定了康德的几何学根据。它表明欧氏几何并非绝对真理，而是相对真理。这是因为非欧氏几何公理与欧氏几何公理是全然不同，甚至完全相反的。如欧氏几何公理："两点之间以直线为最短"，而非欧氏几何公理则是"两点之间以曲线为最短"，等等，这表明几何公理并不如康德所断言的那样具有先天的绝对正确性。其次，集合论否定了康德的先验主义的数学根据。初等数学的公理是"全体大于部分"，而无穷集合的公理是"部分等于全体"，因为两个无穷大量之和仍然是一个无穷大量。相对论否定了康德先验主义的力学根据，它表明牛顿力学定律也不是永恒的绝对真理，而是相对真理，等等。

通过上述分析，我们可以看到，在关于认识的来源问题上，经验论和唯理论各存在自己难以解决的问题。这里特别值得注意的问题是，人们通常总是从"经验"出发去看待认识的来源问题，因而往往简单化地断言经验论是对的而唯理论是错的，并没有去反思感性与理性的复杂关系。对此，恩格斯指出，"我们的主观的思维和客观的世界服从于同样的规律，因而两者在自己的结果中不能互相矛盾，而必须彼此一致，这个事实绝对地统治着我们的整个理论思维。它是我们的理论思维的不自觉的和无条件的前提"。对于这个"前提"，作为经验论的 18 世纪的唯物主义，"只限于证明一切思维和知识的内容都应当起源于感性的经验，而且又提出了下面这个命题：凡是感觉中未尝有过的东西，即不存在于理智中。只有现代唯心主义的而同时也是辩证的哲学，特别是黑格尔，还从形式方面去研究了这个前提"[①]。因此，在对认识的来源的理解中，我们既要承认"一切思维和知识的内容都应当起源于感性的经验"，又要从"形式"方面探讨思维的固有的能动作用。所以，在认识的来源问题上，我们既要超越习以为常的"经验"立场，又要挣脱唯理论者的"天赋观念论"，这就需要我们唯物地、辩证地理解认识的来源问题。德国古典哲学的集大成者黑格尔认为，虽然康德强调感性直观与知性思维的"联合"，但在康德那里，"思维、知性仍保持其为一个特殊的东西，感性也仍然是一个特殊的东西，两者只是在外在的、表面的方式下联合着，就像一根绳子把一块木块缠在腿上那样"[②]。黑格尔则在哲学史上第一次提出了感性与思维的辩证统一问题。他要求凭借理性思维的能动性而实现由感性到理性的"飞跃"。然而，真正达到对感性与理性相互关系的辩证理解，并真正超越经验论与唯理论的片面性，则需要从人的实践活动及其历史发展出发去看待人的认识问题。这种实践论的认识论是马克思在认识论中的革命性变革。

三、实践特征

在古希腊，哲学家的核心任务之一是为世界寻找永恒的基础，揭示万物遵循的法则。显然，如果没有基础或法则作为终极根据，知识、道德、伦理都将陷入窘境。那么，追求终极基础的方式应该怎样呢？普罗泰戈拉提出"人是万物的尺度"。作为受欲望、情感和利益驱使的世俗之人，我们事实上都从当下的旨趣出发看待事物。在柏拉图看来，这样的认识方式得到的仅是"意见"(doxa)，无法获得普遍必然的知识(episteme)，因为当下总是特殊的、有条件的，以之为基础必然走向相对主义。为了获得真理，有必要从现实的实践活动抽身出来，

---

① 马克思恩格斯选集：第 3 卷[M]. 北京：人民出版社，1995：564.

② 黑格尔. 哲学史讲演录：第 4 卷[M]. 北京：商务印书馆，1983：271.

摆脱当下的特殊性与局限性。这种超越性的、旁观者式的立场正是理论态度。此后，旁观者式的理论态度一直主导着西方哲学的发展，中世纪基督教哲学与近代的二元论哲学均不例外。人作为主体，外在于世界，认识是主体对外部世界的静观，知识是意识对客体的"再现"。表象主义成为探讨认识论与本体论问题的主导性范式，科学哲学亦是如此。然而，这种认知方式陷入了一系列困境，其中最核心的问题是作为"自然之镜"的精神与世界的关系。经验主义者把知觉作为认识的起点，但最终在休谟那里合乎逻辑地否定了回答上述问题的可能性。康德虽然竭力回避休谟的怀疑论，但却留下了"物自体"的尾巴，本体世界被排除在认识范围之外。黑格尔的解决办法是把世界还原成精神，借助于辩证法实现主体与客体的和解。但是，作为精神的世界还是源始意义上的世界吗？这个困扰哲学长达数世纪之久的超越性问题，至今依然未能得到实质性解决。也许，在原有的框架下，这个问题根本无法克服，因为它的本体论前提不适当。哲学家们为了保持知识的纯粹性，采取了旁观者式的理论态度，把主体规定为"出世存在"，但最终却无法弥合人与世界的认识论鸿沟，这个结局证明哲学的出发点出了问题。

为此，我们必须放弃旁观者式的理论态度，把主体重新置于这个世界，从理论态度转向实践态度。而这也是当代哲学发展的一个重要走向。早在19世纪，马克思便颠倒了黑格尔的唯心主义体系，把人规定为实践的、活生生的人，期望借助于实践概念实现自然主义与人道主义的和解。列宁也对马赫主义在实践观上进行批判，认为马赫的经验论割裂了理论与实践的关系，企图把实践排除在认识和科学之外。马赫在《感觉的分析》中说："在日常的思维和谈话中，通常把假象、错觉同现实对立起来。把一支铅笔举在我们面前的空气中，我们看见它是直的；把它倾斜地放在水里，我们看见它是弯的，在后一种情况下，人们说：'铅笔好像是弯的，但实际上是直的。'可是我们有什么理由把一个事实说成是现实，而把另一个事实贬斥为错觉呢？在两个场合，我们都是面对这样一些事实，这些事实由于条件不同而呈现出要素的不同结合……如果我们不注意条件，而把要素联系的不同情况互相替代，犯了在不常有的情况下预期常有的事物的自然错误，我们的预期就落空了。这不应归罪于这些事实。在这种情况下谈错觉，从实践的观点看来是有意义的，从科学的观点看来却是毫无意义的……就是最怪诞的梦，同任何其他事实一样，也是事实。假如我们的梦境更有规则性，更连贯，更稳定，那么，在实践上它们对我们也会更为重要。"[①]这段引文，清楚地说明马赫主义实践观与马克思主义实践观是根本对立的。马赫主义实践观把实践与科学完全对立起来，认为科学不受实践的制约，实践是一回事，科学是另一回事。在实践上(日常生活中)有意义的事在科学上可以毫无意义。他否认实践是认识的基础和标准。唯物主义认为，在实践中人们能够区分现实和假象，相信铅笔不管在空气中还是在水中都是直的。然而，在马赫看来，铅笔是直是弯，现实还是假象，真实存在的物质世界同荒诞的梦，都一样是经验感觉"要素的结合"。唯物主义哲学和自然科学都认为，马赫所讲的物理现象，完全可以从光学得到科学说明。本来马赫作为一个物理学家，对这一物理现象是应该懂得的。然而，马赫作为一个唯心主义者，却抓住这一物理现象编造唯心主义的诡辩。列宁一针见血地指出："马赫是一个登峰造极的诡辩论者。"[②]他为了把谬误与真理混淆起来，从认识中能够排除实践，不惜

① 刘放桐．现代西方哲学[M]．北京：人民出版社，1981：171.

② 列宁全集：第18卷[M]．北京：人民社版社，1988：140.

编造谣言和诡辩。

近代之后，科学的认知方式发生了实质性变化。为了认识自然，必须走进自然，借助于实验揭示对象的性质及其关系。最早意识到这种变迁的是培根。在“实验科学”尚处幼年期之时，培根就已预见性地刻画了其本质。在他看来，科学知识的积累与拓展不能依赖于思辨，只有借助于实验，人类才能够真正触及事物本身。后来，杜威更加深刻地阐发了实验科学的哲学意义。实验作为一种有效的认知方式，预设了认知主体对对象的控制、操纵与改造；知识不是旁观者的静观结果，而是参与者的实践产物，是“有机体与环境相互作用的产物”；认知作为一种存在方式，在世界之外没有超越性位置。在物理学的发展过程中，玻尔明确意识到了量子力学的哲学意义：在量子力学中，研究者的观察活动与对象之间的相互作用不可忽略不计，“真正量子现象的无歧义的说明，必须包括对实验装置之一切有关特色的描述”。人类不仅仅是观众，同时亦是演员。因此，根据传统的看法，主体的本质是思维，认识是精神对世界的观念性把握。但当我们把科学规定为实践与介入的时候，便做了如下预设：认知主体具备介入力量。前面讲过，康德赋予了思维以建构或立法能力，然而，这种建构始终还是观念性的建构。马克思首先打破了这一传统。在马克思看来，作为自然存在物，人首先是感性的、肉体的存在；唯其具备外化和对象化的力量，方能作为主体而存在，而对象化的过程就是一个实践过程。可见，“知识就是力量”不仅仅意味着知识可以作为改造世界的力量，它更深层次的意义在于知识奠基于力量。不具备实践力量的人，便没有资格作为科学主体。

第二节　现代西方科学哲学家对科学本质特征的研究

一、逻辑实证主义的科学观

“实证”（positive）一词是孔德哲学的最基本范畴，其本意是肯定、明确、确实。欧洲16世纪以来的自然科学强调观察和实验，要求知识的“确定性”“实证性”，反对空洞、荒诞的中世纪那种言而无物的经院哲学，当时人们称实验的自然科学为“实证科学”。空想社会主义者圣西门在他的著作中就说过：过去是“神学时代”，现在是“实证时代”。孔德的“实证”一词就是直接来源于圣西门的书，他之所以把自己的哲学称为“实证哲学”，就是为了表明他的哲学是以近代实验科学为根据的一种“科学的哲学”，以此来反对形而上学。孔德为实证哲学规定了总原则，即把知识局限在主观经验范围内，不讨论经验之外是否还有客观事物的存在。他认为，一切科学知识唯一来源和基础是观察和实验事实，一切科学知识只局限于主观经验的范围以内，主观经验是认识能力和科学知识的界限，人的认识无法超越这个界限，科学所讨论的只是主观经验范围以内的事情，否则认识就没有可能，知识失去根据，讨论就没有意义。

在20世纪科学革命以后，实证论也有很大的发展，成为逻辑经验论（1923—1936），或者叫逻辑实证论，这就是维也纳学派的哲学。逻辑实证主义承接孔德的实证主义哲学思想，对语言，特别是科学语言采取意义证实原则，按照此原则，只有原则上可给予经验证实或分析的命题才是真实有意义的，其他一切命题都是空洞无意义的。譬如，“此山海拔三千米”“这只鸽子在笼子里”，这两个命题都可给予经验证实，因而是有意义的；而“善是道德的最高理念”“宇宙是无限的”和“上帝在天堂里”这类命题无法给予经验证实，因而是无意义的形而上学。所谓分析命题，一是指命题的谓项已经包含在主项里，没有超出主项范围，可从主项经过分析得出，具有观念上的真理性，如“单身汉就是未结婚的男子”“2+3=5”，这类命题的主项已经包含谓项，所以是分析性命题，永远是真的。因此“逻辑实证主义”的整体含义实际已经包含在这个名称里面，即一切知识只有还原为可观察的经验或成为合乎逻辑的分析命题才有意义，而一切未能受到可观察经验验证或不合乎逻辑的分析命题的其他知识都是空洞无意义的，应该抛弃，没有存在的合法性。

科学命题总是要对一类事物作理论说明，具有规律的性质，所以命题的陈述大多数是全称陈述，因此科学命题的实证多数是使用间接检验法。科学命题的间接检验一般分 3 个步骤。

(1) 从命题推导出一些预期的、可观察事件的陈述，即推出命题的检验蕴涵。推出命题的检验蕴涵是个演绎过程。设受检验的命题 H 是真的，那么，在特定情况下，可推出某个可观察事件 I。I 从 H 推出，或为 H 所蕴涵，科学哲学家把它称为命题 H 的检验蕴涵。例如，有命题“凡金属受热皆膨胀”，那么，可推出它的一个检验蕴涵：铁是金属，铁受热也膨胀。任何科学命题，都有自己的检验蕴涵。即使是十分抽象、非常深奥的命题，如广义相对论，也可以从它推导出一些可观察的推论来。从广义相对论可推得这样一个检验蕴涵：光线在引力场中会弯曲，当恒星光经过太阳附近会发生偏转，偏转角为 1′75″。1915 年 5 月 29 日，由爱丁顿率领的观测队在西非几内亚湾的一个岛上进行的日食观察，就跟这个检验蕴涵直接相关。

(2) 进行观察实验获取观察事实，并检查命题的检验蕴涵与观察事实是否相符。根据从受检验命题推出的检验蕴涵，设计并进行观察实验，获取必要的观察事实，然后拿检验蕴涵与观察事实相对照。例如，爱丁顿的观测队测得光线在太阳附近的偏转角为 1′61″，而另一观测队在巴西测得的偏转角为 1′98″，观测结果与检验蕴涵基本相符。人们惊讶了，光线真的如广义相对论所预言的，弯曲了。有一些命题的检验蕴涵，并不是马上就获得验证，可能有待科学技术的发展，到了某个时候，时机成熟了，会获得一些经验事实，为命题提供有力的支持证据。例如，1940 年，美国人盖莫夫根据宇宙大爆炸论，预言大爆炸后，宇宙空间还有以光子形式存在的残留辐射，温度已降到 5K 左右。直到 1964 年，英国人彭齐阿斯和威尔逊利用先进的无线电设备，才探测到具有热辐射性质的背景辐射，相应的温度大约为 3K，而且有相当好的各向同性，与盖莫夫的预言基本吻合。

(3) 作出检验论证。如果命题的检验蕴涵与观察实验结果相符，通常人们就认为，这个命题被证实(verify)了。这种看法是否正确，我们先看看证实的逻辑公式

H→I (如果 H 真，则有 I)

I (观察实验结果表明 I 为真)

H (所以 H 为真)

可写为(H→I)∧I→H。

这种推理方式在逻辑学上叫做肯定后件的推理，是错误的，在演绎上是无效的。例如，“光线是走直线的”这个命题，从它推出的许多检验蕴涵都曾被证实了，或者说，我们在许许多多的场合都观察到光是直线传播的，但不能因此就得出结论，认为“光线是走直线的”的命题被完全证实了。

上述的推理方式，即从检验蕴涵被证实而推出受检验命题为真的推理论证方式，是属归纳论证。举例来说，有一命题："凡物体都会热胀冷缩"，从此命题可推出它的一个检验蕴涵：铁是物体，铁也会热胀冷缩。实验结果表明，铁真的受热膨胀，遇冷收缩，这个检验蕴涵被证实了。或者，再拿铜、铝做同样的实验，发现它们也有这样的性质。于是，我们从这些检验蕴涵为真，而得出该命题为真的结论。即从铁、铜、铝会热胀冷缩，得出"凡物体都会热胀冷缩"的结论。这是个明显的从个别到一般的推理，是归纳推理。我们知道，归纳推理只能得出或然性的结论，而不是必然性的。因此，从检验蕴涵为真，不管它有多少个个案，都不能得出命题一定为真的结论。不能说命题被证实，而只能说命题被确证(corroborate)了，即

H→I（如果 H 真，则有 I）

I（现 I 为真）

H 被确证

这是确证的逻辑公式。确证与证实不同，确证只是对过去的判断，即表明在过去的检验中，检验蕴涵与观察实验证据是相符的，还未发现反例，但以后的检验会怎么样，则什么也没说。证实则不仅是对过去的判断，也是对将来的保证。

> 实证主义是一个非常强的意义检验标准，该标准对于全称命题是无法加以检验的，对于非全称命题也是无法作出彻底检验的。例如当我指着我手里的一支粉笔说"这是一支粉笔"时，人家就会问：到底是拿着粉笔的大拇指是粉笔还是粉笔头是粉笔？即指称的不确定性问题。

实践检验不能证实一个命题，那么它还有什么作用呢？虽然从检验蕴涵被证实不能得出命题被完全证实了的结论，但这样的实践检验还是非常必要和十分有意义的。命题的一个检验蕴涵被证实，我们就获得一个证据，在一定程度上支持和确认了这个命题。这样的证据越多，则该命题可接受的程度就越高。被证实的检验蕴涵的数目越多，命题为真的可能性就越大，有人用"确证度"这个概念来表示这种验证的结果。定量地研究和确定命题的确证度，是归纳与概率逻辑的研究范围，这里不作详细介绍。

实证主义科学观主要影响发生在近代。古代科学主要建立在直观和推演上，古希腊的元素论、原子论是对世界的直观和天才猜测。亚历山大时期，天文学有较大发展，但只是凭借观测而已，与社会的生产没有直接的联系，中世纪则是科学发展的黑暗时期，因此，古代自然科学还没有建立在实验基础上。中世纪的黑暗以后，自然科学以神奇的速度发展，以力学为中心的实验科学崛起，而伽利略则开创了动力学这一学科。伽利略强调从观察和实验得到的客观事物出发，通过数学分析和逻辑推演得出正确的结论。他认为，观察和实验是科学研究的起点，同时又是科学研究的仲裁者，他坚决反对两种倾向，一是中世纪盛行的纯理性推演；另一是古代科学中的直觉主义。他认为，前者脱离了感觉和经验，使科学陷入纯思辨，并成为神学的婢女；后者容易使我们的感觉受到蒙蔽，不能正确地认识和把握对象和事物。因此，伽利略提倡实验和数学相结合，实验是基础，数学是工具，这是开创性的思想，纠正了以前两者相分离的状态，使实验长上数学的翅膀，使数学与实验及现实的生产相结合。这种方法不仅强调经验的观察和实验的重要性，而且同时强调数学在建构科学理论过程中的不可或缺性。它是数学和实验两大要素的有机结合，它同时强调理性与经验的同等重要，

是在经验的实验基础上，通过理性的数学建构来达到对客观自然界的认识。在伽利略看来，科学不同于探究原因的哲学，“科学只是那些可以根据感觉经验和必要证明，所建立起来的东西。”[①]所以伽利略的方法体现了逻辑实证主义的最核心的部分。

实证论在现代科学中也有其伟大的贡献。爱因斯坦的狭义相对论的建立就深受马赫的实证主义的影响，他赞成马赫的概念可变的观点，认为科学概念不可能具有终极意义，他说“物理学中没有任何概念是先验必然的，或者是先验正确的，唯一地决定一个概念的生存权的，是它同物理事件是否有清晰的和单一而无歧义的联系。因此，一些旧概念，像绝对同时性、绝对速度、绝对加速度等，在相对论中都被抛弃了。”[②]

尽管实证论在哲学思想中有非常重要的地位，但它也有一些不可克服的困难，这些困难主要表现在3个方面：

(1) 实证论提出的认知意义的判断标准——“一个命题的意义就是证实它的方法”[③]——遇到逻辑困难。证实原则在逻辑经验论者中进行了很深入的反复争论，他们发现许多理论和定律没法证实，特别是一些全称命题、普遍性命题是没法证实的。例如，天下的乌鸦都是黑的，这是个普遍性的判断。但是这个普遍性的判断，用归纳法来证实，如我今天抓到的乌鸦是黑的，明天抓到的乌鸦是黑的等，是证实不了的，因为你没有把天下所有的乌鸦都抓起来，所以你还是不知道天下的乌鸦是不是都是黑的。所以说普遍命题是没法证实的。关于这个问题，后来作了很多讨论、很多修正，这个证实原则争论了很长时间，但是这个证实原则还是解决不了，只能够说我们做实验支持这个结论，支持这个假说，支持这个理论，确认这个理论，确认度高一点或低一点，但是我们没有办法绝对地说，这个定理就是绝对百分之百正确的，因为你不可能把所有东西都检查过。就是因为这个原因，波普尔提出了“证伪主义”原则。即如果命题的检验蕴涵与观察实验结果不相符，人们就说，该命题不成立，被证伪了，或者说被否证了。证伪的逻辑公式是

$$\frac{\begin{array}{l} H\rightarrow I\ (\text{如果 H 为真，则有 I}) \\ \neg I(\text{现 I 为假}) \end{array}}{\neg H(\text{H 被证伪或被否证})}$$

可写为：$(H\rightarrow I)\wedge \neg I\rightarrow \neg H$。

这个公式所表示的推理是否定后件的推理，在逻辑上是正确的。事实上，许多命题就是这样被证伪了。伽利略在比萨斜塔上做实验，让质量不同的两只铁球同时落下，发现它们同时落地，这样就把亚里士多德的“重物比轻物先落下”的命题推翻了。英国皇家学会和皇家天文学会的观察队在巴西和西非测到星光在太阳附近发生了偏转，就把“光线是直线传播的”的命题证伪了。观察到成千上万只白天鹅，都不能完全证实“凡天鹅皆白”的命题，但当发现一只黑天鹅，就把这个命题证伪了。

从某命题的一个或多个检验蕴涵为真的事实，不能得出这个命题为真的结论，但从这个命题的一个检验蕴涵为假的事实，却可以逻辑地得出结论：这个命题被证伪了。证伪与证实在逻辑上是不对称的，要证实一个规律性的命题不容易，但要驳倒一个命题，只要有一个

---

① 德雷克．伽利略[M]．北京：中国社会科学出版社，1987：75．

② 爱因斯坦．爱因斯坦文集：第1卷[M]．北京：商务印书馆，1975：343．

③ 洪谦．逻辑经验主义：上卷[M]．北京：商务印书馆，1982：39．

反例就足够了。当然这种说法是有问题的，下面会谈到。

（2）逻辑实证主义对观察和理论的截然划分遭到波普尔批判。按照逻辑实证主义的观念，理论本身是观察得到的结果通过归纳论证后所得到的知识，因此，观察必然是先于理论的。然而科学史上的无数事例却表明，任何科学理论都不可能完全建立在经验观察的基础之上，相反，观察本身却总是深受理论的影响。也就是说，不仅理论有时是先于观察的，而且观察也常常依赖于理论。尤其是科学史上一些最重要理论的形成时期更是如此。对此波普尔认为："观察总是有选择的。它需要选定的对象、确定的任务、兴趣、观点和问题……对于科学家来说，规定他的着眼点的，则是他的理论兴趣、特定的研究问题、他的猜想和预期以及他作为一种背景即参照系、'期望水平'来接受的那些理论。"①

例如，牛顿经典力学理论的实验验证就是如此。牛顿 1687 年发表了著名的《自然哲学的数学原理》一书，确立了经典力学理论，但是这个理论的实验验证却在半个世纪以后才得以实现。哈雷根据牛顿的理论计算出了彗星（哈雷彗星）的运行轨道，但是，直到 1758 年——牛顿死后 70 年，当哈雷彗星按照哈雷的预言如期地出现在天幕上时，牛顿的理论才第一次得到了观察的证实。至于海王星的发现，则更是依赖牛顿经典力学理论取得的成果。1846 年，德国天文学家哥尔雷观察到了海王星，他是在法国天文学家勒维烈按照牛顿的理论计算出来的轨道上找到这颗行星的，就好像我们今天拿着一张地图去欧洲旅行要找到法国的凡尔赛宫一样，它早就在地图上标好了，还能找不到吗？在这个事例中，理论事先就决定了实验观察的对象和结果。还有爱因斯坦的广义相对论建立时却连一个有可能被称为"实验观察"的依据都没有，科学家们后来所进行的关于广义相对论的 3 项实验验证，即"水星近日点的进动""光谱的引力红移"和"光线在引力场中的偏转"不仅都是爱因斯坦根据广义相对论原理提出来的，而且都是在爱因斯坦 1915 年提出的广义相对论的理论指导下进行的观测和实验。至于量子力学的建立，尽管最初起源于黑体辐射的研究，但这个实验结果除了使经典物理学陷入困境——陷入"紫外灾难"以外，并没有"确证"任何东西。导致量子力学建立的是普朗克的"能量子"假说的提出，而这个假说同实验观察并没有多大关系，它只不过是普朗克使用数学上的"内插法"对"维恩辐射定律"和"瑞利-金斯辐射定律"进行修改后所得到的一个数学结果而已。以上这些事实却足以说明：观察并不总是先于理论，而理论却常常对观察产生重要的影响。

（3）分析命题与综合命题的决然划分遭到哲学家蒯因的批判。1951 年，蒯因（W. V. Quine）发表一篇著名论文《经验论的两个教条》，对分析陈述与综合陈述的截然二分以及还原论或意义的证实说做了最尖锐、最内行、充满智慧的批判。他批判的真正靶子是逻辑经验主义的意义理论，后者认为分析性只是根据命题中所含词项的意义为真。他的批判是这样进行的：首先，他证明分析陈述和综合陈述的区分迄今没有得到清楚的刻画与阐明；其次，他证明认为需要作出这一区分是错误的。他用整体论批判还原论，认为后一纲领是不可能实现的。

二、整体主义科学观

正统的逻辑经验主义观点认为被检验的对象是陈述，经验意义的单位是陈述。蒯因的

① 波普尔．猜想与反驳[M]．上海：上海译文出版社，1986：66.

“经验论的两个教条”①对这种还原论提出了批评,促使更多的人去考虑究竟为经验所检验的是什么的问题,并有许多人倾向于一种整体论的经验检验观。

前面证伪的逻辑公式虽然正确,但把它应用于命题的检验过程就过于简单化了。事实上,证伪也是一个复杂的过程。命题的检验蕴涵与观察实验结果不一致,不一定就是命题本身错了,还有两种情况必须考虑。

第一,辅助性命题是否正确。从命题到检验蕴涵,往往不是直接得到的,常需要引入一些辅助性命题或初始条件。例如,有一个关于某星体运行规律的命题,由此命题预言将来某时刻通过天文望远镜能在空中某个位置观察到此星体。能作出这预言,其实已设定了观察前某时刻该星体空间的位置,使用了一定的理论和方法计算出星体未来的位置,并对这个星体发出的光通过地球大气层时发生的折射进行了矫正,等等。就是说,从命题到检验蕴涵,有时要通过很长的逻辑道路,中间会引入一些辅助性命题。如果观察实验证实命题的一个检验蕴涵不真,那就不一定是命题错了,也有可能是其中的一个辅助性命题有问题。

第二,观察实验结果是否正确。因为观察是可错的,当检验蕴涵与观察实验结果不一致时,不一定是检验蕴涵不真,不能肯定地说命题就被证伪了,有可能是观察实验结果不正确。当然,在命题的确证过程中,也需要观察实验证据,也要考虑观察的可错性问题。不过,一个被认为是被证实了的检验蕴涵,即使是不真的,对确证一个命题来说,只是增加一个所谓证据而已,它不能完全证实一个命题。但是在命题的证伪过程中,情况就不同了,只要有一个反例,就可以置一个命题于死地。因此,要特别强调在证伪过程中要注意观察的可错性问题,当检验蕴涵与观察实验结果不一致时,要认真仔细地审查观察实验。

对于这两种情况还可以通过下面一个具体的例子来加以说明:

理论(H):任何一条线上系上一个超过其抗张力的重物时,这条线就会断。

先行条件(I):这条线的抗张力为 1 千克;现给它系上一块 2 千克的铁块。

观察结果(O):一块 2 千克的铁块系于该线的中间,这条线没有断。

人们不能因此而轻率地论为观察结果(O)证伪了理论(H),因为可以作出各种辅助性命题以挽救理论(H)。例如,可以作出如下调整:

(1) 实验室的天花板上隐藏着迄今尚未发现的磁力在吸引铁块,所以线没有断。

(2) 线受到潮湿,它的抗张力随其潮湿度的增加而增加到 2 千克或 2 千克以上。

(3) 天平坏了,铁块的质量不是 2 千克,而只有 1 千克。

(4) 做实验的地方处于失重状态。

(5) 线确实断了,但未观察出来。

(6) 这条线是“超线”,“超线”是不会断的。

总之,证伪也是一个复杂的过程。当检验蕴涵与观察实验结果不相符时,不能唯一地得出命题被证伪了的结论,辅助性命题和观察、实验也是要被怀疑和被审查的。观察实验的结果与检验蕴涵不一致,有可能是辅助性命题或观察实验的错误造成的,所以不能简单地认为,命题已经被驳倒了。

一般来说,被检验的对象依次可以以单个陈述、理论体系(陈述系统)和知识整体为单位。但就单个陈述为单位而言,正如蒯因所指出的,由于其中的理论名词或概念(如“电子”)

---

① 蒯因. 从逻辑和语言的观点看[M]. 上海:上海译文出版社. 1987:19-43.

的意义只有在理论整体中才能确定，由于即使最简单的单个陈述（如“这个物体有3米长”或“电子是粒子”）自身也只有在确定的理论整体背景下才能获得确定性（在相对论中物体长度依赖于指明参照系，在量子力学中电子的性质依赖于测量仪器），也由于单个陈述的真值会随着理论的结构的调整而在理论内部重新分布，因此，对单个陈述的经验检验总是以整个理论为背景的。与可检验性要求相协调，最有可能作为被检验单位的是理论体系，是关于陈述的系统。

理论整体论主张被检验对象以理论体系为单位。理论体系一方面作为一个陈述系统，由各种彼此间有某种约束关系的单个陈述（如原理、定理、推论；约定、规则、预言等）所组成，另一方面作为一个知识系统，又包括了知识整体中的不同成分（如本体论的、逻辑的、数学的、物理的等）而相对独立于知识整体。单个陈述只有在作为一个整体的理论内部才能获得确定的意义，不同陈述依其在理论“力场”结构中的地位不同而距理论的边缘远近有别；从外部看来，尽管直接与经验陈述相比较的，是处于理论边缘的若干推论和预言，但受挑战、被检验的，却是整个理论。这就是理论整体论的要旨。理论整体论是一种相当有节制的整体论，它使得如对水星进动和光线弯曲等的观测实验仅仅检验的是广义相对论及相应的牛顿引力理论，既与分子遗传学等其他学科的理论无关，也与物理学领域中其他分支的理论（如热力学）无关。它虽然允诺了理论内部陈述的内容及其之间关系的某种约定性，但却以实验证据的确定性作为边界条件，对之整体上加以制约，即“经验始终是数学构造的物理效用的唯一判据”①。

与理论整体论类似的观点在历史上曾先后有迪昂、纽拉特和亨普尔等人提出过。迪昂在论述理论与实验的关系时，注意到理论构造中的整体性及约定性。他认为“一个物理理论并不是一种‘解释’，它是从少数原理中推导出来的一个数学定理系统，其目的是尽可能简单地、完备地和确切地描述一组实验定律”。② 因此经验事实的作用，只是作为理论系统的诠释的例证。进而言之，谈不上一个物理理论的某一单个定理被某一具体实验所证实，决不能离开整个理论和诠释的复合体而证实或反驳某一特定原理；一个理论越全面，科学家修改其中各种应用细节的自由度就越大，而不把个别反例看做对理论普遍有效性的挑战。纽拉特则从科学实践中理论的地位及其修正来看其整体性。他认为，由于理论是科学家在实践中须臾不可离之的，因此当在使用中遭遇部分经验反常时，他们不可能简单地弃之不用，再去另起炉灶，构造新理论，而是边修改调整，使之适应新鲜经验，边继续使用，理论与经验二者之间是相互约束和协调的关系。他做过一个形象的比喻：“水手们只能在海上修补重建他们的船只，他们不可能回到船中拆卸它，然后在那儿用最好的材料重建它。”③

三、证伪主义科学观

前面从科学命题的验证方面谈到科学命题的可证伪性，但还没有从科学的一般特征方面论及科学的可证伪性。证伪主义者把科学看做试验性地提出的一组假说，目的是为了准

---

① 许良英，等.爱因斯坦文集：第1卷[M].北京：商务印书馆，1977：316.

② DUHEM P. The aim and structure of physical theory[M]. Princeton, NJ: Princeton University Press, 1954: 180-218.

③ VEBEL T. Rediscovering the forgotten Vienna Circle[M]. Dordrecht: Kluwer Academic Publishers, 1991: 29.

确地描述或说明世界或宇宙的某些方面的行为。证伪主义认为，任何假说或假说的体系，要被承认具有科学定律或理论的地位，必须满足一个基本条件，即如果一个假说要成为科学的一部分，它必须是可证伪的。下面是几个简单断言的例子，它们在所指的意义上是可证伪的。

(1) 星期三从来不下雨。

(2) 所有的物质受热都膨胀。

(3) 在靠近地球表面的地方松手将重物（如一块砖）放开，如果不被阻挡，就垂直下落。

断言(1)是可证伪的，因为观察到有一个星期三下雨就能被证伪。断言(2)是可证伪的。它能被大意是这样的观察陈述证伪：某一种物质 X，在时刻 t，受热不膨胀。接近冰点的水就能证明(2)为伪。(1)和(2)都是可证伪的，并且是假的。断言(3)据一般人所知也许是真的，虽然如此，它们在所指的意义上是可证伪的。一块砖被松手放开时往上"掉"，在逻辑上是可能的。断言"砖"松手放开时往上"掉"，并无逻辑上的矛盾，虽然也许这类陈述从来没有被观察所支持过。

如果存在与某个假说相矛盾的逻辑上可能的一个或一组观察陈述，这个假说就是可证伪的，如果这个或这组陈述被确定为真的，就会证明这个假说是假的。

这里有几个陈述不满足这个要求，因而是不可证伪的。

(4) 天或者下雨或者不下雨。

(5) 在赌博性的投机事业中，运气是可能存在的。

没有逻辑上可能的观察陈述能驳倒(4)。不管天气怎么样，它总是真的。断言(5)是从报纸上的一个占星图中引来的。它代表了算命者的狡猾策略。这个断言是不可证伪的。它等于告诉读者。如果他今天打一个赌，它可能赢，而不管他打赌还是不打赌，如果他打赌了，不管他赢还是没有赢，这仍是真的。

证伪主义者要求科学的假说是可证伪的。他们坚持这点，因为一个定律或理论，只有通过排除一组逻辑上可能的观察陈述，才是提供信息的。如果一个陈述是不可证伪的，那么，这世界不管可能具有什么性质，不管可能以什么方式运动，都和这个陈述没有冲突。

粗略地看一下某些可被认为科学理论典型的组成部分的定律，就可表明它们满足可证伪性标准。"不同的磁极互相吸引""酸加碱产生盐和水"，以及类似的定律能够很容易被认为是可证伪的。然而，证伪主义者坚持，某些理论虽然它们表面上似乎具有真正的科学理论的特征，事实上只是伪装成科学的理论，因为它们是不可证伪的，因此应该予以摒弃。波普尔认为弗洛伊德的精神分析，阿德勒的心理学就有这个缺点。下面关于阿德勒心理学的漫画式介绍就能说明这一点。

阿德勒理论的一个基本原则是：人的行动的动机是某种自卑感。在我们的漫画式介绍里，这一论点得到下列事件的支持。当一个小孩掉进河里的时候，附近一个人正站在这条危险的河的河岸上。这个人或者跳进河里去救这个小孩或者他不这样做。如果他跳进水里，阿德勒派的反应是指出这如何支持了他们的理论：这个人由于表明他勇敢得足以不顾危险跳进水里，显然需要克服他的自卑感。如果这个人没有跳进水里，阿德勒派又能声称这是对他理论的支持。当这个小孩淹死的时候，这个人由于表明他具有强烈的意志力留在岸上不受干扰，他正在克服他的自卑感。

如果这段漫画式介绍能代表阿德勒理论运用的方式，那么，这个理论就是不可证伪的。

它与任何种类的人的行为都不矛盾，正因为如此，它没有告诉我们关于人的行为的任何东西。当然，在根据这些理由摒弃阿德勒理论之前，有必要研究这个理论的细节，而不是这一段漫画式介绍。但是，有许多社会的、心理学的、宗教的理论引起这样的怀疑：它们想解释一切，但是它们什么也没有解释。把灾难解释为上帝降下来考验我们或者惩罚我们的，不管哪一个说法最适合情况，就能使可爱的上帝的存在和某些灾难的发生相容不悖。动物行为的许多例子可被看做支持下列断言的证据："动物被设计得以便最好地履行赋予它们的职能。"以这样的方法行事的理论家，犯了算命者的遁词那种罪过，遭到了证伪主义者的批判。如果一个理论要有信息内容，它就必须冒被证伪的危险。

> 科学的可证伪性表明了我们说话不一定要说完全没有毛病的话，完全没有毛病的话要么是假话，要么是空话，说话要落到实处就要不怕犯错误。

一个真正的科学定律或理论是可证伪的，正因为它对世界提出明确的看法。对于证伪主义者来说，从这一点很容易就得出这样的结论：一个理论越是可证伪的，它就越好，这里的"越"字是在不严格的意义上使用的。一个理论断言得越多，表明世界实际上并不以这个理论规定的方式运动的潜在机会就越多。一个十分好的理论是对世界提出非常广泛的看法的理论，因此它是高度可证伪的，无论什么时候去检验它，它都是经受得住证伪的。

这一点可以用一个浅显的例子来加以说明。考虑一下这两个定律：

(1) 火星以椭圆形轨道围绕太阳运行。

(2) 所有行星以椭圆形轨道围绕它们的太阳运行。

很清楚，(2)作为一则科学的知识比(1)有更高的地位。定律(2)告诉我们(1)告诉我们的一切，并且告诉了更多。定律(2)这个更可取的定律，比(1)更可证伪。如果对火星的观察结果是证明(1)为伪，那么它们也就证明(2)为伪。任何对(1)的证伪都是对(2)的证伪，但是反之则不然。可以设想证伪(2)的有关金星、木星等轨道的观察陈述同(1)不相干。如果我们遵循波普尔，把那些能证伪定律或理论的观察陈述叫做那个定律或理论的潜在证伪者。那么，我们就能说，(1)的证伪者形成一个类，它是(2)的潜在证伪者的子类。定律(2)比定律(1)更可证伪，这就等于说它断言得更多，是更好的定律。

现以开普勒的太阳系理论和牛顿理论之间的关系可以更进一步加以说明。这里指的开普勒理论是他的行星运动三定律，它的潜在证伪者由有关在特定时间、相对于太阳的行星位置的一系列陈述组成。牛顿的理论是一个代替开普勒理论的更好的理论，内容更加丰富。它由牛顿运动定律加万有引力定律组成，后者断言：宇宙间任何一对物体都互相吸引，其引力与它们的距离的平方成反比。牛顿理论的某些潜在证伪者是关于在特定时间行星位置的若干组陈述，但是还有许多其他的陈述，包括涉及落体和钟摆的行为，潮汐与日月位置之间的相互关系，等等。对牛顿理论的证伪比对开普勒理论的证伪有着多得多的机会。然而，如证伪主义者所说，牛顿理论能够经得住已尝试进行的证伪，因而确立了它对开普勒理论的优越性。

因此，高度可证伪的理论应该比不那么可证伪的理论更可取。科学事业在于提出高度可证伪的假说，随之审慎而顽强地试图证伪它们。引用波普尔的话来说："所以我能愉快地承认，像我这样的证伪主义者宁愿通过大胆的推测，试图解决一个有意义的问题，即使（并且尤其是）这个推测很快被证明是假的，而不愿详述一连串无关的老生常谈。我们宁愿这样做,因为我们相信,这是我们能从我们的错误中学习的方法;在发现我们的推测是假时,我们将学到很多有关真理的东西,并将更加接近真理。”①

四、历史主义科学观

一门成熟的科学是由单一的范式所支配的。范式为在它所支配的科学内合理的工作规定标准。它协调并且指导在这范式内工作的一群常规科学家“解决难题”活动。根据库恩的观点,有一个能够维持常规科学传统的范式的存在,是区别科学与非科学的特征。牛顿的力学、波动光学和经典电磁学全都曾经构成为也许仍然构成为范式,因而有资格被称为科学。大部分现代社会学缺乏范式,因而也就没有资格被认为是科学。

1. 科学范式

构成一种范式的是:某一特定科学团体所采纳的、一般性的理论假定和应用这些假定的定律和技术。例如,牛顿的运动定律形成了牛顿范式的一部分,而麦克斯韦的方程式则形成了经典电磁理论范式的一部分。范式也包括把基本定律应用到各种不同类型情况中去的标准方法。例如,牛顿的范式将包括把牛顿的各种定律应用到行星运行、钟摆、台球冲撞以及其他诸如此类的现象上去的方法。为了使范式的定律能够对实在世界产生影响所必需的仪器制造和仪器使用技术也包括在范式之内。牛顿的范式应用于天文学,包括各种合格的望远镜的使用,以及使用望远镜的技术,和对用望远镜收集到的资料加以校正的各种技术。范式的另一个组成部分由一些非常一般的形而上学原则所组成,这些原则对范式内的工作起指导作用。在整个19世纪,支配着牛顿范式的,大致是像这样的一种假定:“应该把整个物理世界解释为按照牛顿运动定律在各种力的影响下运转着的机械系统。”而17世纪笛卡儿的纲领则包括这个原则:“虚空是没有的,物质的宇宙是一台大钟,其中所有的力都表现为推力。”最后,所有的范式都包含一些非常一般的方法论规定,如“认真努力使你们的范式与自然匹配”,或是“把使范式与自然匹配的努力的失败看成是严重的问题”。

2. 科学范式演化的一般图式

库恩关于一门科学如何进步的图景可以概括为下列开放的图式:“前科学—常规科学—危机—革命—新的常规科学—新的危机。”

常规科学包括作出详尽的努力来阐明范式,以改善它与自然之间的匹配。库恩把常规科学描绘成按照某一范式的规则进行的解决难题的活动。而难题具有理论和实验两方面的性质。例如,在牛顿范式内,典型的理论难题包括为处理处于一个以上引力影响下的行星运动问题涉及的数学技术,以及为把牛顿定律应用于流体而发展适当的假定。实验难题包括改进望远镜观测的精确度,以及发展能够可靠测量引力常数的实验技术。常规科学家必须预先假定,范式为在范式内出现的问题提供解决的手段。解决某一难题的失败,被看成是科学家的失败而不是范式的缺陷。无法解决的难题,被看成是反常而不是范式的证伪。库恩承认一切范式都将包含一些反常(例如,哥白尼理论与金星外观的大小,或牛顿范式与水星轨道),并摒弃任何牌号的证伪主义。

一个常规科学家必须对他在其中工作的范式不加批评。只是由于如此,他才能集中精力去详尽地阐明范式和从事深入探索自然所必要的秘传的工作。正是在基本原理上不再存

① 波普尔. 猜想与反驳[M]. 上海:上海译文出版社,1986:231.

在分歧，把成熟的常规科学和不成熟的前科学的相对说来杂乱无章的活动区别开来。根据库恩的说法，后者的特征就是基本原理上的分歧不一和争论不休，严重到详细的秘传的工作无法进行。几乎是有多少人在这领域内工作就会有多少种理论，每一个理论家都不得不重新开始和证明他自己独特的观点。库恩举牛顿以前的光学为例。从古代直到牛顿的时代，有过种类繁多、五花八门的关于光的性质的理论。在牛顿提出并捍卫了他的微粒说以前，没有达到过普遍的一致，也没有出现过详细的、普遍接受的理论。前科学时期的彼此对立的理论家，不仅在基本理论假定方面，而且也在和他们的理论有关的种种现实现象方面意见纷纭，莫衷一是。

常规科学家满怀信心地在某一范式所规定的界限明确的领域内工作。范式向他提出一系列明确的问题以及他相信对于解决那些问题是恰当的方法。如果他为了任何一次未能解决某个问题的失败而抱怨范式，他将会像木匠抱怨自己的工具一样受到指责。尽管如此，失败还是会遇到的，这样一次次的失败终于达到了如此严重的程度，以致对范式构成了严重危机并使这一范式被完全不相容的另一范式所代替。

根据库恩的说法，要对科学危机时期的特征作出分析，必须在具备历史学家的才能的同时，还具备心理学家的素养。当反常终于被认为构成了某一范式的严重问题时，一个"明显的专业上不安全"时期就开始了。试图解决问题的努力变得越来越激进。而范式所规定的解决问题的规则却变得越来越失去约束力。常规科学家们开始从事哲学和形而上学的争论，试图用哲学的论据为他们那些从范式的观点看来是可疑的革新辩护。科学家们甚至公开对占统治地位的范式表示不满和不安。库恩引述了沃尔夫冈·泡利对他所认为的1924年前后日趋增长的物理学危机的反应。恼怒的泡利向他的朋友坦率地承认，"现在，物理学又一次陷入了可怕的混乱之中。无论如何，对我来说是太困难了，我倒宁愿我是一个电影喜剧演员之类的人物，而从未听到过物理学。"[①]一旦某一范式已经被削弱和动摇到它的支持者对它失去了信心的地步，革命的时机也就成熟了。危机的严重性将由于对立的范式的出现而深化。"新的范式，也就是允许以后明确表达的充分暗示突然出现，有时是在半夜，在深陷于危机之中的某个人的头脑里。"[②]新的范式将和旧的非常不同而且互不相容。根本的分歧是各种各样的。

每一种范式都会把世界看成是由不同种类的东西构成的。亚里士多德的范式认为，宇宙分为两个截然不同的领域，不可败坏、永不变化的月上区和容易破坏的、不断变化的地区。后来的范式认为整个宇宙都是由相同的几种物质构成的。拉瓦锡以前的化学包含有这样一种看法，认为世界上有一种叫做燃素的东西会在物质燃烧时被释放出来。拉瓦锡的新的范式却认为并没有燃素这样的东西，而氧这种气体却是存在的，并且在燃烧中起着十分不同的作用。麦克斯韦的电磁理论包含一种占据着所有空间的以太，而爱因斯坦对电磁理论的根本改造却消除了以太。

互相对立的范式会把不同种类的问题看成是合理或有意义的。关于燃素的质量的问题对于主张燃素理论的科学家是重要的，对于拉瓦锡却毫无意义。关于行星质量的问题，对牛顿派是根本性的，对亚里士多德派却是异端邪说。相对于以太的地球速度问题，对于爱因斯

① 库恩. 科学革命的结构[M]. 北京：北京大学出版社，2003：84.

② 库恩. 科学革命的结构[M]. 北京：北京大学出版社，2003：91.

坦以前的物理学家曾具有深刻的意义，爱因斯坦却使之烟消云散。正像会提出各不相同的问题一样，不同的范式也包含着各不相同、互不相容的标准。没有得到解释的超距作用，在牛顿派中是被容许的，却被笛卡儿派认为是形而上学甚至是迷信而不予理睬。没有原因的运动在亚里士多德看来是荒诞不经的，在牛顿看来却是天经地义的。现代微观物理学中有不少可描述的现象包含着不确定性，这种不确定性在牛顿纲领中是没有立足之地的。

对于个别科学家由忠于某一范式转为忠于不相容的另一范式这种变化，库恩比之为"格式塔转换"，也就是"宗教信仰的转变"。没有任何纯逻辑的论据可以证明一种范式就比另一种范式优越，并因而可以迫使一个有理性的科学家作出这种改变。这种证明之所以不可能的理由之一是，一个科学家对某一科学理论价值的判断所牵涉的因素是多种多样的。个别科学家的决定将取决于他给予不同的因素以优先地位。这些因素包括诸如简单性，和某一迫切的社会需要的联系，解决某一特定问题的能力之类。因此，第一个科学家就有可能由于其某种数学特点的简单性而被吸引到哥白尼理论一边；第二个则可能由于在哥白尼理论里看到了历法改革的可能而被它所吸引；第三个却可能由于他和地球上力学的牵连，并由于他知道哥白尼理论给这种力学带来的问题，而拒不采纳哥白尼理论；第四个则可能由于宗教的理由而摒弃哥白尼主义。库恩认为，究竟有哪些因素证明是在促使科学家改变范式方面起了作用的，就应该是由心理学和社会学研究的问题了。

所以，当某一范式和另一范式竞争的时候之所以没有任何逻辑上令人非信不可的论据，能够使有理性的科学家不得不放弃一种而选择另一种，是有着不少彼此密切相关的原因的。没有科学家必须用来评判范式的价值或前途的单一准则，而且，彼此竞争的纲领的支持者各有自己的一套标准，甚至以不同的方式看待世界，用不同的语言描述世界。对立范式的支持者之间的论证和讨论的目的应该是说服而不是强迫。这正是库恩关于对立的范式是"不可比的"这一论断的含义。

3. 拉卡托斯的研究纲领

拉卡托斯提出他的"科学研究纲领方法论"，是为了改进波普尔的证伪主义和克服对它的责难。

一个纲领的硬核，除了其他方面之外，就是确定一个纲领特征。它表现为某种非常一般的、构成纲领发展基础的理论假说。以下是几个实例。哥白尼天文学的硬核就是这样一些假定：地球和其他行星沿着轨道环绕静止的太阳运行，而地球则每天自转一周。牛顿物理学的硬核，则由牛顿的运动定律加上他的万有引力定律组成。

一个研究纲领的硬核，可以由于"它的创立者在方法上的决定"而成为不可证伪的。在一个得到明确表达的研究纲领和观察所得资料之间的任何匹配不当，都不是归咎于构成其硬核的那些假定，而是归咎于理论结构的其他某一部分。构成结构的这个其他部分的那些假定所形成的复杂综合体，就是拉卡托斯称之为保护带的东西。它不仅包括那些明显的用来补充硬核的辅助假说，而且还包括那些描述初始条件时所依据的假定以及观察陈述。例如，哥白尼研究纲领的硬核就需要通过再给最初的圆形行星轨道增添上许多本轮而加以扩充，而且还必须改变已被公认的对地球与恒星间距离的估计。如果观察到的行星行为情况不同于某一发展阶段上的哥白尼研究纲领的预见，纲领的硬核就可以由于修改一些本轮或增添某些新本轮而得到保护。最后，还要把起初隐含的其他一些假定揭示出来加以修改。这硬核又由于改变观察报告所依据的理论而得到保护，以便于例如以望远镜的观测资料代替肉眼的观测结果。有关的初始条件，也由于增添新的行星而终于被修改。

一个纲领的反面启发法是不得在这个纲领发展过程中修改和触动其硬核的要求。任何科学家要修改硬核也就等于是放弃那特定的研究纲领。第谷·布拉赫在提出地球以外的一切行星都绕太阳运行，而太阳本身却绕静止的地球运行时，他也就放弃了哥白尼的研究纲领，而引进了另一个研究纲领。拉卡托斯之强调依附在某个研究纲领内工作的约定因素，他强调必须由科学家来决定接受其硬核，在很大程度上和波普尔对于观察陈述的立场是一致的。他们主要的不同点在于，波普尔所涉及的仅仅是关于接受单称陈述的决定，而拉卡托斯却把这一点扩大到适用于构成硬核的全称陈述。

正面的启发法，也就是一个研究纲领中向科学家们指出他们应该做什么，而不是不应该做什么的方面，在某种程度上要比反面启发法含糊一些，而且也更难以具体地确定其特征。正面启发法指出，对于硬核应该如何补充才足以使它能够解释并预见实在的现象。用拉卡托斯自己的话来说，"构成正面启发法的是已部分明确表达出来的有关如何改变、发展研究纲领的可反驳的变种和如何修改、加强可反驳的保护带的一组提示或暗示"。一个研究纲领的发展所涉及的不仅是增添某些适当的辅助假说，而且也涉及发展某些适当的数学的和实验的技术。例如，从哥白尼研究纲领创始之初，就十分清楚，为了充实和详细应用这一纲领，必须要有能够处理本轮运动的适宜的数学技术、经过改进的天文观测技术和规定各种仪器使用方法的理论。拉卡托斯为了阐明正面启发法的观念，引用了牛顿引力理论早期发展的故事。牛顿最初是由于考虑了一个点状行星环绕一个静止的点状太阳的椭圆运动而得出他的引力平方反比定律的。显而易见的是，要把这种引力理论在实际上应用于行星的运动，纲领的这种理想化模型就必须发展成为更加实在的模型。但是这种发展牵涉到一些理论问题的解决，因而不经过大量的理论工作就无法实现。牛顿本人面临着一个确定的纲领，也就是由于受正面启发法指导而取得了重大的进展。他首先考虑到太阳和行星都是在它们相互吸引的影响下运动的事实，然后，他考虑到行星的有限的体积，并且把它们都当作球体看待。在解决了由于那种运动而产生的数学问题之后，他进一步考虑到其他的复杂因素，例如由于行星有自转的可能以及各行星之间以及每个行星与太阳间都存在着引力而引起的一些问题。当牛顿在这一纲领方面沿着一条从开始就以一定的必然性显现出来的途径走到那样远的地步时，他开始关注他的理论和观察之间的配合问题。当他发现缺乏这种配合时，他就进入了对于非球体行星之类问题加以考虑的一步。正如包含在正面启发法之内的理论纲领一样，一个相当确定的实验纲领也显示出来。这种纲领包括发展更精确的望远镜以及把望远镜用于天文学所要求的辅助理论，例如可以提供某种估计到光在地球大气层中发生折射这一因素的手段的那些理论。牛顿对于他的纲领的最初的系统阐述也含有要制造其灵敏度足够在实验室的规模上检测引力（卡文迪什实验）的仪器。

牛顿的引力理论所隐含的纲领提供了强有力的启发式指导。作为另一个有说服力的例子，拉卡托斯对波尔的原子学说进行了详细的评述。发展研究纲领的这些实例的一个重要特点是，观察性检验都是在较晚的发展阶段上才成为有关的方面。这和我们在前一节关于伽利略创立力学开端的评论是一致的。根据一个研究纲领而开展的研究工作，早期总是在对显而易见的观察证伪不加注意或不予置理的情况下进行的。必须使一个研究纲领有充分实现其潜在可能性的机会。应该设置适度精致而恰当的保护带。在我们所学的哥白尼革命的例子中，这包括发展适当的力学和光学。当一个纲领发展到适于接受观察性检验的地步时，据拉卡托斯认为，具有压倒性重要意义的是确证而不是证伪。一个研究纲领必须能够成功地，至少是断断续续地，作出终于可以确证的新颖预见。当伽勒首次观测到海王星和卡文迪什首次在实验室的规模大检测出引力时，牛顿的理论曾经历过这种戏剧性的成功。这样一些成功是这个纲领进步性质的标志。与此相对照，托勒密的天文学在整个中世纪却未能预见任何新颖的现象。到了牛顿的时代，托勒密的理论已经无可救药地成为退化的理论。

以上概述表明，一个研究纲领的价值可以从两个方面来评价。首先，一个研究纲领应该具有一定程度的严谨性，从而有可能为未来的研究提供一个确定的纲领。其次，一个研究纲领应该导致新颖现象的发现，至少是偶尔地。研究纲领要能够成为合格的科学研究纲领就必须同时满足这两个条件。拉卡托斯认为马克思主义和弗洛伊德心理学是能够满足第一个条件但是不能满足第二个条件的纲领，而现代社会学作为一个研究纲领来看也许能够满足第二个条件但不能满足第一个条件。

五、建构主义的科学观

近年来，西方科学教育学者普遍认为当今科学哲学思潮的主流是建构主义，其中波普尔和库恩更是建构主义的早期代表人物。传统逻辑实证主义的科学本质认为，科学知识是科学家利用客观的观察和方法所发现的真理，而且真理是不容推翻的。建构主义的观点与此相反，建构主义科学本质观认为，科学知识的获得是科学家根据现有的理论（原有知识）来建构科学知识，建构主义强调科学知识是暂时性的、主观的、建构性的，它会不断地被修正和推翻。

建构主义对科学教学的影响是多方面的。其中，最具决定性意义的是建构主义彻底否定了科学知识的客观性，强调了科学知识的主观性和建构性。在科学教学领域中长期占主导地位的是逻辑实证主义主张的客观主义知识观。这种知识观认为，“所谓知识，就它反映的内容而言，是客观事物的属性与联系的反映，是客观事物在人脑中的主观映像”。知识是“人类认识的结果。它是在实践的基础上产生又经过实践的检验的对客观实际的反映”。从上述几个权威性的定义来看，人们对科学知识的本质的确是从“客观性”上定位的。这种认为科学知识是客观的、可靠的、稳定的观点，长期以来一直左右着科学教学的理论与实践。建构主义对知识的客观性的彻底否定，第一次在这种僵硬的知识观上打开一个缺口，从而促使人们对科学知识本质的认识发生了根本的变化。“在建构主义看来，知识不再是纯粹客观性的。可以将科学知识看成由假说和模型所构成的系统，这些假说和模型是描述世界可能是怎样的，而不是描述世界是怎样的。这些假说和模型之所以有效并不是因为它们精确地描述了现实世界，而是以这些假说和模型为基础精确地预言了现实世界”。正如波普尔指出的，科学知识的本性就是“猜测”，其中“混杂着我们的错误、我们的偏见、我们的梦想、我们的希望”。科学的进步就是通过对“不合理”猜测的反驳，即通过对这种猜测的批判性检验来进行的。

建构主义强调科学的本质即科学探究。科莱特和奇佩特认为科学本质的范畴与内涵如下：

(1) 科学是探究自然界的“思考”方式：科学必须建立在真实的证据上，甚至根据证据可以推翻权威；科学知识是无法绝对客观的，只能尽量避免偏见与误差；科学知识的建构是一个提出假说，再加以验证，最后得出结论的过程；归纳法与演绎推理在科学中占有重大的地位,但它们也有局限性;因果关系的推理只能视为一种可能,而非绝对的关系;类推和溯因是科学解释自然界现象的两种思维方式,但它们也有局限性;科学家必须时常做自我反省,以及对任何现存的理论进一步思考其合理性。

(2)科学是一种"探究"的方式。科学家所采用的方法没有一定的程序,但是对问题解决必须采取有组织的方式,并拒绝接受毫无根据的资料。而且还要坚持这样一种观念:仅靠合适的研究方法未必能真正解决问题,因为并非所有的问题都能被解决。

(3)科学知识是暂时的、动态性的。科学家使用较不会让人怀疑的方法(即所谓的科学方法)来建立科学的知识体系,但是这些科学知识必须经常面对质疑、验证,进而发现其错误的地方,再加以修改,甚至完全推翻,或证实其合理性从而接受它。因此科学知识具有动态性本质与暂时性本质。

总之,建构主义对科学知识的客观性的否定启示我们,每一种理论与法则的建立都隐含着科学家们的科学探索精神和科学方法的运用(知识的建构过程)。无论科学知识发生怎样的变化,这种精神和科学方法的运用是始终如一的,它们才是科学的本质。

科学是什么?仍然在追求之中。超弦理论,缺乏直接的物理学经验证据,它主要是在原有的量子场论和相对论基础上的自洽的数学构造,那么,超弦理论是科学的吗?有是与否两种不同观点。国内学者提出超弦理论可能意味着超验(trans-empirial)科学。

阅读文献

[1] 休谟. 人性论[M]. 北京:商务印书馆,1996.
[2] 波普尔. 猜想与反驳[M]. 上海:上海译文出版社,1986.
[3] 库恩. 科学革命的结构[M]. 北京:北京大学出版社,2003.
[4] 陶建文. 视觉主义——基于图像和身体的现象学科学哲学[M]. 北京:中国社会科学出版社,2012.
[5] 洪谦. 逻辑经验主义:上卷[M]. 北京:商务印书馆,1982.

思考题

1. 如何理解科学的经验特征?
2. 如何理解科学的理性特征?
3. 如何理解"科学是在错误中摸索"这句话?
4. 关于科学的本质特征,现代西方哲学中有哪些基本理论?
5. 科学理论的证伪是一件简单的事情吗?
6. 如何理解"科学研究始于问题"这一科学哲学原理?

第四章 技 术 观

何谓技术？对这一问题的思考与回答，首先需要回应的是技术与科学之间究竟存在着怎样的关系。技术是科学的应用吗？如果技术仅仅是科学的应用，那么我们是否有充足的理由表明，每一项技术成就都来源于科学？工程师处理问题的方式是否与科学家处理问题的方式相同？是否只有科学发展了技术才能发展？对上述问题的思考，将使我们以一种新的方式重新审视与理解技术。

相比起科学哲学的历史，技术哲学作为一门独立的学科只是正在形成。对于技术的界定及其存在条件的认识，依赖于我们对技术与科学的关系做何理解，依赖于技术研究是否具备自身独特的研究范畴。在本章，将讨论技术的含义与本质，科学与技术的关系，以及技术的演化规律。

第一节 技术的界定及其本质

一、技术的一般定义

我们生活在一个技术所建构的世界之中，随处可以见到技术的装置、产品和工艺。但是要我们给技术做出一个明确的、涵盖技术各个方面，并为大家所接受的定义，却是十分困难的。人们从技术与人的关系，技术与生活、生产的关系、技术与社会的关系给出关于技术的定义，其中包含了人类文化学、哲学、社会学等层面的技术理解。根据这些定义，技术被认为涉及了人对自然的干预，涉及了目的、物质装置、知识以及可操作的体系。从技术与其他对象的相互关系，在文化、社会范畴下来考察技术，当然不失为理解技术的一种方式，但是如果能够从技术本身、从技术内部给出关于技术的理解，那么就有可能加深对技术的认识，我们尝试从技术本身给出关于技术的基本理解。

1. 作为客体(object)的技术

人们最容易把技术这一词与人工物，如工具、机器、装置等物质客体联系在一起。而考察技术的一个重要维度就是关于“物化”的层面，即技术的各种物化结果。在这一理解下，技术包含了所有人造的、物质的人工物，如工具、机器和消费品。这里，要理解技术的基本含义，首先就需要对技术人工物作出深入的理解。一方面，技术的基本概念是通过技术人工物的阐述得到理解的；另一方面，技术的一个直接目的就是创造人工物，创造性的技术活动的最终产品不是书面报告的论文和实验的新发现，而是给人造物世界添加新的东西，如一个石锤、一台电动机等。

技术哲学的创始人恩斯特·卡普首先使用“器官投影”(organ-projection)的概念对技术人工物作出基于人类学的理解。在卡普看来，技术发明是人们“想象”的物化，人体器官是一切人造物的模式和一切工具的原型。如果我们对一些工具的形状及其作用方式作出分析，就很容易理解卡普的观点。例如，拳头与手臂的外形与锤子显然具有结构上的相似，弯曲的手指借助人类的想象变成了一只钩子，手臂弯曲到身体后对挖土机上的挖斗的制造极具结构启发。卡普也由此得到这样的论断：工具均是人的器官的投影，即“器官投影”。工具是从人的器官中衍生出来的，人体器官的外形与功能是所有工具的源泉与本质。由此我们得到如下理解：技术(确切地说是技术产品)可以在人类学的基础上得到解释，即技术产品是人依照自己的躯体以及身体功能的规律性所创造出来的，是人体的外在化。技术就是外在化、客观化的人类器官。

M.邦格也认为：“技术可以看做关于人工事物的科学研究……技术可以被看做关于设计人工事物，以及在科学知识指导下计划对人工事物进行实施、操作、调整、维持和监控的知识领域。”[①]在他看来，“关于人工客体的研究，不仅涉及工具与机器，而且包括诸如设计、计划以及从象棋与计算机到人工饲养的牲畜以及人工社会组织这样的知识导向的生产的各种概念工具。”[②]乔治·巴萨拉也认为，“技术和技术发展的中心不是科学知识，也不是技术开发群体和社会经济因素，而是人造物本身”。[③] 在他看来，人造物不仅是理解技术的关键，而且也是技术的进化理论的关键。

随着人工物的研究不断深入，该领域的研究得到了新的拓展。欧洲学者克劳斯(P. Kores)与梅杰斯(A. Meijers)认为技术哲学的研究可以在技术人工客体的二重性上得到进一步的深入，并发表了基于技术人工客体二重性的技术哲学研究纲领。这一纲领的提出及其引起的广泛讨论，对技术哲学研究来说可谓意义深远。

2. *作为知识(knowledge)的技术*

从词源学上讲，technology 这个词可以被认为意味着知识。除了技术的物化层面，技术还可以通过方法、规则体系，甚至是知识的层面来得到理解。由此，我们可以作如下理解：**技术是为了完成特定目标而协调动作的方法、手段和规则相结合的体系**。我们知道，科学可以借助科学知识而得到理解，如果技术也能够形成自身独特的知识内容与知识结构，就有可能为技术理解提供一个重要的分析范畴。

知识的分析是现代哲学认识论分析的一个重要方向，作为知识的技术它包含了以下几个层面的理解：第一，技能，在制造和使用人工物过程中体现出的非知觉的感觉运动的技能，如烹制一块蛋糕的火候掌握；第二，技术规则，为达到某种类型的目标的一个带有某种普遍性的技术行为序列；第三，技术理论，技术规则的系统化。目前，已经有学者对设计中

---

① BUNGE M. Philosophy of science and technology [M]//Treatise on basis philosophy: Part Ⅱ. Boston: D. Reidel Publishing Company, 1985: 231.

② BUNGE M. Philosophy of science and technology [M]//Treatise on basis philosophy: Part Ⅱ. Boston: D. Reidel Publishing Company, 1985: 219.

③ 巴萨拉. 技术发展简史[M]. 周光发，译. 上海：复旦大学出版社，2001：32.

的知识展开研究,并得到了区分于科学知识的技术知识核心。

虽然今天的技术,特别是高新技术很大程度上来源于科学知识的成果,但是,这并不意味着给予技术过程与技术行为以奠基的核心完全等同于科学知识或由科学知识控制。今天的工程师,他们的行动服从于这样的决定,这些决定在很大程度上是在技术知识而不是科学知识的指导下作出的。我们可以通过以下三个方面来进行说明。

首先,技术的行为包含了特定的目的,这使得它与科学有着根本的区别。人们从事某一具体的技术活动,总是为了实现某一特定的目的。人类的技术行为是设计、制造、使用、监制各种人工事物及人工过程的有目的的行为,梅塞纳(Mesthene)就把技术看做为了达到实践目的的知识组织活动。关于"目的"的概念并不出现在科学知识的理解之中。为了最大限度实现预定的目的,人们采取各种手段以及与目的—手段密切关联的一切知识。其中即使包含了科学知识,也不能够等同于科学知识。如1942年,美国人想要制造一颗原子弹,但是如何造出一颗原子弹,显然仅仅依靠相对论以及原子物理学的科学知识是不足够的。在制造原子弹的技术行为中,包含了从目的出发到采取什么手段的一系列行为规则,即采取什么样的手段才能够最大限度地实现这一目的。由此看来,作为知识的技术需要处理的一个核心就是关于"如何做"(what we ought to do?)的问题。

其次,由一系列行为规则系统构建的技术理论体系的评价标准与科学理论是不一样的。邦格(1985)关于技术的理解,指出技术与科学的区别就是行动与真理的区别。科学知识的一个非常重要的评价指标就是"真",但是技术的知识是讲究实用的知识,是设计、建造、运转人工客体的知识,具有解决实际问题的特征。这就使得关于技术知识评价的一个核心标准就是效应(efficiency)标准。评价技术规则的时候,即使各个领域的知识类型存在差别,一个必须采用的标准就是要看所采取的行动是否实现了目的,即是否有效,是否有用。

最后,作为知识的技术在表达上与科学知识有所不同。技术知识,并不像大多数人所理解的科学知识一样,完全可以用语言、图表、公式来表示,其中存在着一种只能用熟练操作技巧表现出来,用人造物呈现出来的所谓"只能意会,不可言传"的知识,我们把它理解为意会知识(tacit knowledge)。如果根据知识传递的难度以及传递的方式,可以得到以下两个层面的划分:一为明言知识(explicit knowledge),即可以用语言、文字等工具和手段加以表述的知识;二为意会知识,是个体自身明白但暂时表达不出来的知识。随着表达手段的发展,这部分知识有可能逐渐得到表达。技术知识中的技能是一种直接的经验知识,同人的实践融为一体,体现为人们运用知识和经验执行一定活动的能力。因为不能够清楚地表达出技能的所有细节,因此人们认为它们是无法言传的。这就类似与《庄子》中的"轮扁斫轮"。轮扁讲的是车轮各部件制作安装要不松不紧,恰到好处,至于如何恰到好处,全靠制造者的主体经验,无法依靠规则的体系并通过语言来表达,正是"口不能言,有数存焉于其间"。①

技术行为中包含了人们的目的倾向,并以解决实际问题为主,因此我们认为在定义技术时,把知识(knowledge)的概念换成智能(intelligence)的概念要更为确切。实践智能的理解包含了两个核心方面:目的性倾向与非明言知识。因此,用实践智能(practical intelligence)一词来表示它们似乎比用一般的"知识体系"一词来表示它们显得更清楚一些。这样,技术就可以理解为:设计、制造、调整、运作和监控各种人工事物与人工过程的知识、方法与技能的

---

① 刘建国,顾宝田.庄子译注[M].长春:吉林文史出版社,1993:270.

实践智能体系。

3. 作为活动(activity)的技术

技术作为活动,通常是人们较少思考的一种哲学分析模型,但是活动无可争辩地是技术的第一位表现。作为活动的技术是知识与人类目的结合起来使人工物得以存在或使用人工物的关键。把活动过程看成是技术的基本范畴,可以说是工程师与社会科学家的共同之处。

作为活动的技术与人的不同行为联系在一起,这些行为之间的区别通常不如人工物或方法、规则体系那样明晰。在与技术活动相联系的基本行为类型中,可以作出清晰辨别的有以下几种:制作、发明、设计、制造、劳动、操作和维修。贯穿其中的两个核心主题就是:制造(production)与使用(use)。在此主题下,技术就是制造和使用人工物的过程。

"制造"的概念,侧重于人们造出自然界没有给我们提供的东西,如铁路、机器。在古希腊,人们就把制造活动所凭借的才能叫做"技艺",希腊词为 tekhne。希腊人把生成(genesis)的事物分成两类,自然的生成叫"生长",人工的生成叫"制造","制造"的力量就是"技艺"。在今天,工程师就把发明与设计,特别是设计看做制造的核心。制造的技术过程中,作为核心地位的"功效"目标成为工程设计的指导原则。关于使用的技术,我们则可以在技术人工物的角度得到理解。技术哲学家米切姆认为它包含了三重不同却又相互重叠的意义①:其一,强调它的技术功能;其二,强调技术功能服务于目的,其三,强调实施技术功能的行为步骤或过程。

此外,把技术看成是过程或活动,一个直接的结果就是把人类活动的本质及其建制化的理论引入了技术哲学。作为活动的技术不仅包含了人工物的制造与使用,而且还体现为一种社会的活动,由此,我们也可以在社会建构、技术创新、文化等层面上来理解技术。

综上所述,关于技术的理解与界定,需要涉及技术的人工物、技术知识(技术规则与理论)以及技术活动。在此基础上,我们采纳国内学者张华夏教授的观点②,把技术看做人类实现目标的实践智能体系,其中,人们设计、制造、调整、运作和监控各种人工事物及人工过程的知识、方法及技能等构成了这一智能体系的基本组成部分,也构成了我们理解技术的核心方面。

马克思主义认为,技术是人类为了满足自身的需要,在实践活动中根据实践经验或科学原理所创造发明的各种手段和方式方法的总和。主要体现在两个方面:一是技术活动,狭义的技术是指人类在利用自然、改造自然的劳动过程中所掌握的方法和手段;广义的技术是指人类改造自然、改造社会和改造人类自身的方法和手段。二是技术成果,包括技术理论、技能技巧、技术工艺与技术产品(物质设备)。我们从客体、知识、活动等三个层面来理解技术无疑符合马克思主义对技术的基本看法。

二、技术与科学

正确分析和理解技术与科学的区别及其相互关系,是技术研究得以发展成为独立学科的前提条件。如果将技术理解为应用科学或科学的应用,那么对技术的哲学分析就只能纳

---

① MICHAM C. Thinking through technology: the path between engineering and philosophy[M]. Chicago: The University of Chicago Press, 1994: 233.

② 张华夏,张志林. 技术解释研究[M]. 北京:科学出版社,2005:48.

入科学的哲学分析框架之下。

20世纪后期,技术对科学、社会发展的强大推动力,使得人们认识到现代技术的研究应该抛弃传统将技术看做是科学哲学分支或延续的观点,他们开始承认技术具有自己的独立范畴和独立规律,并赋予技术哲学研究以本体论地位。考察技术发展的历史及其与科学的区别,可以让我们清晰认识技术与科学之间的关系。

1. 前科学时期的技术

技术作为人类改造和利用自然界的活动手段,与人类具有同样久远的历史,而科学的正史如果从古希腊算起,那么也不过短短两三千年。我们以近代科学的产生为界,将这之前的技术称为前科学时期的技术。这一时期的技术是在观察性发明、发现、改进、传播和长期经验积累中发展起来的。前科学时期的技术的工匠传统与科学的学术传统是相分离的,换言之,技术的前期发展并非来自科学知识的指导。

人类在制造工具的过程中创造了技术,原始人手中的第一把石刀、石斧,就可以看做技术活动的产物。早期人类已经有了关于工具制造的第一手发现,如尖头木棍或树枝有着很强的穿透力,两块石头相互撞击能够得到碎薄片或尖片,用它们能够刺穿某些东西。晚些时候,又发现某些植物可以作为食物,加热某些种类的"石头"(天然铜块)可制成工具。凭借着这些原创性的发现和革命性的新知识,人类慢慢地完成了从工具使用者向工具制造者的角色转变,开始了人类技术活动的历史。

人类熔炼矿石的发展历程,可以帮助我们了解古代技术与观察性发现之间的关系。人类对石头和金属以及其他硬性物质的利用,不仅由物质属性决定,也由加工它们所需的工具和器械所决定。石器时期,人类发现了天然铜的韧性,认识到通过冷锤和加热金属的方式可以制成各种简单工具;其后,人类掌握了在开放式模具中铸造金属的方法。在加热某种特定石头的时候,人们又发现了获取铜的方法,这就导致了铜矿石的熔炼。而铜矿石大多与锡矿相混合,这些青铜合金在封闭式模具中可以浇铸出许多可以使用的工具,这就为青铜合金的生产奠定了基础。这一系列金属的制作无疑启发了早期人类:在闪闪发光的其他种类的重石头中可能也蕴藏着其他金属,由此开始了人类熔炼铁矿石的历程。

显然,无论是埃及的王陵、天然的金子,还是彗星,大都来自于对实践或偶然事件的观察性发现。在当时,科学的知识体系还处于对自然现象的探索与认识阶段,人类还不能够预先具备关于物质特性、自然法则和自然力的知识,并能将这类知识应用于特定目的,所以技术活动大多还来自于经验积累与发现。工具制作中,合成和使用现成易得的材料需要的仅仅是发现。但是人类从来没有想象过会有金属存在,直到偶然事件的发生才揭示了矿源及熔化矿石的方法。人类渐渐学会从矿石中提取各种材料(如金属),进而继续探索它们的性能,开拓其用途。可以说,石器时代的天然态的铜和金的发现,是近代冶金术得以衍生、发展的基础。

由此可见,前科学时期的技术活动往往从观察开始,再到发现,最后是应用——虽然观察并不总是能带来发现,而发现也不一定能够导致应用。通过对频繁发生的森林野火的早期观察,人类发现可以将小火或者突发大火的余烬制成家用火种。观察到火的燃尽后,人类发现可以通过减少燃料控制火势。从观察到发现,所需要的不止是对某一事件或现象的偶然注意,当从许多观察中得到了同一个事实,才最终导致了进步。而把发现应用到实际用途中则需要更多的努力,比如,由于生存的需要我们的祖先知道一些食物的来源(如水果和种子），过了很长一段时间，他们观察到水果和种子可以长出植物，又经历了更长一段时间，才发现种子可以用来播种并生产出所需要的作物。

显然，发现与技术关系的重要性只有在实际应用中才得以显出，它揭示着新的进步的可能性。无论是在工具、机器形态演变的许多步骤中，还是在诸如化学、物理学、生物学等学科的方法、工序的创始与发展中，观察性的发现都起了重要的作用。

在人类的文明史上，前科学时期的技术发展是走在有关现象知识研究前面的，人类早在理解各种事物之前就已经在应用它们。近代以前的科学知识尚未进入条理化、系统化，处于相对杂乱的状态，科学认识与技术发展之间的关系同样呈现出混乱、无规律的状态。各种技术发明和改进往往来源于偶然的经验发现，大都是在根本没有纯粹科学帮助的情形下进行的，它们并不是科学理论的应用，而仅仅是与人们后来获得的关于自然的科学定理、定律相吻合。像16世纪的欧洲，在伽利略通过斜面实验与数学方法在理论上推算出落体运动规律之前，工程师就已经从观察中知道大炮抬到45°仰角时射程最远。同时，因为工匠的技术传统与学术传统的分离，技术大多停留在简单的经验描述之上，没有形成技术规则的知识体系，通常以师傅带徒弟的言传身教方式流传发展下来。

从7世纪左右水磨的扩展，随后机械钟表的诞生以来，技术就作为文明社会的主要组成部分之一，并迅速成为必不可少的组成部分，其渗透的领域也不断地扩大。随着技术的发明、革新和转移，以及殖民扩张、产业移植、文化传播等活动，古代技术逐渐向近代技术转变。

2. 技术与科学的结合

技术与科学的融合经历了两个发展阶段：第一阶段：15—19世纪中叶，技术与科学开始相互融合，但是技术的发展主要动力还是来自生产与实践；第二阶段：19世纪中叶之后，特别是20世纪以来，高技术发展需要以科学的重要发现为前提和基础。

第一阶段：技术与科学的相互融合

进入15世纪以后，科学实验活动开始融入科学研究，为科学与技术的相互融合创造了重要的条件。在科学最发达的欧洲，科学和技术的关系开始发生变化，开始呈现出彼此需要的趋势。一方面，科学的飞速发展为新技术的产生和技术的改进提供了条件和思想源泉；另一方面，技术也为科学的发展提供了新的课题和更新手段，科学依靠干预自然的实验手段和技术来认识自然。应该说，直至19世纪中后期开始，技术的进步才建立在科学发展的基础上，人们开始运用“科学方法”来解决技术问题，科学的基本原理得到工程师与技术人员的重视，技术也逐步纳入了国家的教育体系。特别是20世纪之后，随着工业实验室的发展，新技术革命对科学依赖，使得技术与科学的关系越来越紧密。

虽然，动力驱动机械的广泛使用是工业革命的一个基本要素，但科学在技术领域的应用及其对工业发展的推动也不容忽视。由工艺诀窍转变到作为技术基础的科学的趋势已经变得愈益明显了，一些技术的分支已经开始接受新的科学观念的熏陶。例如，当时与纺织制造密切相关的化学工业，就越来越多地采用了当时新的理论观念；法拉第等人的研究，为具有特殊用途的光学玻璃的制造提供了可能条件；对于采煤业具有深远意义的安全矿灯的发明，就是一项实验室研究的直接成果；而供航海和地图绘制使用的各种仪器——作为促使主要伴随工业发展而兴起的航运业迅猛扩张的重要因素——则是以若干新的科学发现以及技艺的改进为基础的。在一些领域，科学知识应用于技术发明而取得直接成果的例子也有不少，如电学知识使富兰克林得以发明避雷器，化学知识使马格拉夫得以从甜菜根制出了糖，同样在纯粹数学的指导下，数学家们发明了计算器。

虽然科学早在17世纪已经占有重要地位，但却还未能像我们当代这样，在总体上成为技术发展的主要动力。技术的发展更多是来自生产、实践的推动，而不是像人们所想象的是来自科学的推动。托马斯.S.库恩在科学史的研究中指出，从文艺复兴到19世纪中后期，有效的技术改革主要来自手工匠、工头和灵巧的设计者，他们中的大部分人并没有受过系统的科学教育，甚至与“科学界”没有关联。科学对技术的推动主要依靠科学家个人的行为，对技术的影响并不是十分显著。像在17世纪，伽利略等人的工作开创了近代实验科学的研究方法，由此引起的科学革命对世界的发展产生了广泛而深远的影响，但是这样的工作对工程实践的影响并没有达到指引技术发展方向的程度。欧洲工业革命期间诞生的蒸汽机、机床等许多重大发明和突破主要来自技术和工程实践，像蒸汽机的发明者瓦特这样的发明家并未受过科学教育。而在18世纪末以前，农业、建筑、矿业、玻璃与陶瓷制造以及纺织工业等领域的重要技术，从科学中得到的帮助微乎其微，甚至技术反过来为科学提供支持。例如，伽利略与托里拆利发现大气压强就是制造抽水机的工程师们的实践所导致的结果；哈尔从制造玻璃的实用方法中了解到熔融物质冷却速率的意义。最为重要的是，科学的进步在很大程度上取决于适当的科学仪器的发明。

第二阶段：以科学为基础的高技术发展

进入19世纪，随着人类知识的增长，技术与科学的关系愈趋密切，进入了技术与科学的联姻时期。科学的理论与经验、实验的结合，被用来解释和改进技术，蒸汽机技术的改进、电力技术的产生和发展、内燃机技术的发明、化工技术的兴起得益于科学原理的发现，如：电磁理论和热力学服务于电机、内燃机的发展，几何学和力学使得机器设计更加合理等。可以说，建立在电磁理论的电力技术是科学成为技术基础的重要标志。19世纪出现的一系列产业部门，如钢铁、化工、电气大多都是依托科学成就发展起来的。由此，也产生了工程科学或者技术科学这样的新学科。19世纪40年代，英国的伦敦大学、格拉斯哥大学开始讲授工程技术课程，随后其他大学也竞相效仿。1861年，美国麻省理工学院在技术科学和培训工程技术人员方面已经取得卓著成绩。在这些大学里，未来的工程师受到科学的训练，用数学、科学方法和已知的科学原理来解决工程中的问题，制造先进的机器、设施等。

科学与技术的联系在20世纪显示出前所未有的强劲趋势，应该强调的是，“以科学为基础”是现代高技术的典型特征。没有划时代的重大的科学发现和理论推进，就几乎不可能有划时代的技术发明、技术进步和技术革命。特别是进入20世纪之后，一系列现代高技术工业，如高分子合成工业、原子能工业、电子计算机工业、半导体工业、宇航工业等，都是建立在新兴科学的基础之上。量子理论和相对论，为原子能技术、合成化工技术和半导体技术的发展提供了理论基础；晶体管的发现，诞生了作为信息技术基础的现代半导体技术和计算机技术；DNA的发现，导致了现代生物技术的产生和广泛应用。这是最典型的直接应用科学原理或与科学原理和科学方法密切相关的技术。在这些技术的背后，需要严密的科学理论或体系联系着和支撑着。同时，科学传统与工匠的技术传统的结合趋势日益明显。爱迪生建立了世界上第一个工业研究实验室，使科学和技术结成一体，为现代企业的技术研究与开发开辟了道路。像曼哈顿计划、阿波罗登月等大型工程就是科学研究与技术成功结合的结果。20世纪的技术革命是企业、科研机构、大学等各方面共同促成的。

科学与技术联系的紧密性使得许多人认为科学与技术是一体的，甚至认为科学是技术的先导，科学理论是技术知识的核心。虽然科学是现代高技术发展的一个重要基础，但是并不意味着所有的技术都是“以科学为基础”，也不意味着技术知识就是科学知识。

3. 技术与科学的区别

现代的科学与技术、研究与开发，显然是一个连续统，很难找到一个截然的分界将二者区分开来。在现实生活或一般性讨论中，人们也常常把科学与技术不加区别，而统称为“科学技术”或“科技”。但是，社会现实的研究表明，科学与技术是有着明显区别的。根据联合国经济合作与开发组织（OECD）在1970年发表的《科学与技术活动的测量》报告，以及联合国教科文组织大会《关于科学技术统计资料国际标准化的规定》的文献，我们可以了解到人类的科学技术活动存在着如下区分：“①基础研究（basic research）：主要为了获得关于构成现象和可观察事实之基础的新知识而进行的实验或理论工作，不特别或不专门着眼于应用或利用。②应用研究（applied research）：为了获得主要目的在于应用的新知识而进行的创造性研究。③技术开发或实验开发（experimental development）：基于得自研究的现存知识和/或实际经验，旨在生产新材料、新产品、新装置，设置新过程、新系统、新业务，从根本上改善过去已经生产或设置的那一套系统性工作。”①

纵观技术发展的历程以及对技术的定义，可以看到技术并不是科学的应用或应用科学。技术在自身的进化中发展出相对独立的，并区别于科学的知识体系与社会规范，二者至少在研究目的、研究对象、研究核心及社会规范上有着根本的区别。

1）研究目的不同

科学的首要目的乃是“求知”，它探求真理，尝试认识自然界或现实世界的事实与规律，以获得人类知识的增长。从广义上来看，现代科学的目的，虽然可以归结为造福人类、增进人类幸福、减少人类痛苦、增加人类的物质财富，但它的直接的和基本的目标乃是认识事物和事件的规律，理解世界而不是改造世界，是解释自然而不是控制自然。

技术的基本目的是“求用”，它通过设计与制造各种人工事物，来达到控制自然、改造世界的目的。虽然，随着知识的增长，技术与科学的关系日趋紧密，技术工作需熟悉和运用科学的理论，需要不断完善自身的知识体系，但是，技术活动最根本的追求乃是设计、制造和控制人工事物，知识在技术当中不是作为目的而是作为达到目标的手段。

在人类文明史的初期，技术与科学分别就是目的不同、独立进行的两种活动形态，而且在历史上绝大部分时期内它们的联系也是松散的，基本上是独立自主发展。虽然在16世纪以后，近代科学与技术开始彼此需要，但是这一联系的加强并不能够消除科学与技术的本质区别。科学追求观念知识的创造，技术追求事物、工艺的发明。即使是在19世纪下半叶的欧洲，以追求真理本身的理论科学大力发展起来，如在数学、物理、化学和生物学等领域的发展。与此同时，工程技术也依靠科学发展起来，但是它们不仅发展出化工技术、电气技术和农业技术等独立的知识体系，而且还组织起了技术的教育体系、技术学会和技术社团，并足以与科学的知识体系和教育体系以及科学的社团相抗衡。今天中国的科研机构，就分设有科学院与工程院，相应地有科学院院士与工程院院士，科学学会与技术学会、科学社团与技

① 迪金森. 联合国教科文组织关于科学技术统计资料国际标准化的研究[M]//现代社会的科学和科学研究者. 北京：农村读物出版社，1988：219.

术社团都分别属于不同的群体。这些又进一步说明科学与技术是两种目的不同的人类活动形态，必须加以区分开来。

理解科学与技术在研究目的上的不同是十分重要的。当我们考察科学与技术的研究价值的时候，不能够用统一的、僵化的标准来衡量。从技术"求用"的价值来看，对技术进行成本与效益的分析是合理的。但在评价科学认识的价值时，因为科学是出于增加关于世界的知识与理解，因而不必苛求科学家去创造财富。像宇宙起源、天体物理和基本粒子的研究对于科学知识的增长来说要比许多物质利益都更为重要，不能只用简单、经济的原则来衡量科学的经济效益。

在本体论(ontology)的层面，自然客体与人工客体是否为同一客体？它们是否具有同一性？

2）研究对象不同

科学的研究对象是自然界，是客观的、独立于人类之外的自然系统，包括物理系统、化学系统、生物系统和社会系统。科学需要研究它们的结构性能与规律，帮助人们理解和解释各种自然现象。技术的研究对象是人工自然系统，即被人类加工过的、为人类的目的而制造出来的人工物理系统、人工化学系统和人工生物系统以及社会组织系统等。可以说，技术改变甚至挑战了自然，将大自然没有赋予人类的许多东西引入了人类世界，自然没有给我们提供面包与火车，但是，人类却借助技术的活动创造出它们。

从产生与存在的方式来看，自然系统与人工系统有着根本的区别，前者是世界发展中在自身运动基础上自发形成的，来自自然的选择而非人为的设计；后者则是人类创造出来的，依靠人类的理性与设计进化发展，在人们有目的、有计划、有步骤地设计中一步步形成。人工系统的范围十分广泛，不仅包括人们用以进行生产的工具与机器，以及由此而生产出来的各种物质产品，而且还包括受人类活动影响的各种事物，非野生的动物与植物，人类创造的经济、政治和社会文化的组织，以及诸如设计、计划等以知识为导向的生产的概念工具与人工的符号系统。换言之，从象棋到计算机，从人工饲养的牲畜到社会组织，都在人工系统的范围之中。

天然客体与人工客体的比较如表[①] 4.1 所示。

表 4.1　天然客体与人工客体的比较

特　征	天 然 客 体	人 工 客 体
存在的样态	自动的	依赖于人的
起源	自我创生的	人造的
发展	自发进行的	人工指导下进行的
进化	自发的变异与自然选择	有目的的变异与人工的有意识的或无意识的选择
结构及其规律	自然结构与自然律	人工型构与运行原理
功能	物理因果性功能或生命目的性功能	实践功能
设计	无	有

① 张华夏，张志林．技术解释研究[M]．北京：科学出版社，2005：62．

续表

特　征	天然客体	人工客体
计划	无	有
意向性目标	无	服务于人们的需要
产品成本	无	有
被研究的学科	自然科学	技术科学

由各种人工事物组成的人工系统一旦生成，就会独立于原初的自然或天然世界，并形成自身独特的发展规律与特定的行为规则。虽然人工事物的原初组成部分来自天然的世界，但它们并不是自然进程的直接作用。当它们按照人们的目的与需要制造并组织起来后，自然的因果规则就不再完全适用于人工事物的解释。例如，在物理、化学、生物技术作用下生成了许多新的人工合成的新元素、新分子、新的基因，甚至是新的生命形式，它们有着自己的特殊的规律和特定的行为方式。这里，特别需要强调的是，如果离开了为了人类目的而设计出来的功能，这些人工事物是难以理解的。只有认识到它是人为的，以及人为什么为之和怎样为之，再加上认识到它的自然机理，才能理解它们、解释它们。由此看来，自然物与人工物分别属于不同的世界：天然的世界和人工的世界，而技术与科学的研究对象不同，就在于它们分别研究的是两个不同的世界。

知道“是什么”能否直接推导出“应当怎么做”？这是一个涉及从“是”到“应当”的关系的问题。

3）研究核心不同

科学追求万物之理，科学的理论与规律告诉我们事物是如何的，而关于技术的知识则告诉我们如何做，应当怎么做。西蒙在他的著名著作《关于人工事物的科学》一书中讲到，“科学处理的问题是，事物是怎样的”(how things are)，而技术处理的问题，或“工程师及更一般的设计师主要考虑的问题是，事物应当怎样做(how thing ought to be)，即为了达到目的和发挥效力，应当怎样做”。①

科学在很大程度上体现为理论化的知识，与实验研究密切相关。技术则与经验知识有着不可分割的密切联系，人类学会使用工具，制造人工物品，大多得益于经验、实践的积累。一个经常被引用的典型案例就是关于英国某工厂为要解决人造皮革问题，请来了科学家与工程师。科学家们(包括物理学家和化学家)关心的问题是皮革的结构是怎样的，他们认为天然皮革的三维空间分子结构极其复杂，目前还不能精确描述，因而合成皮革是不可能的。显然，科学家关心的是天然皮革的纤维结构问题，而没有从人造皮革应具有什么功能来考虑。工程师和技术人员则从不同角度提出问题：既然天然皮革的结构难以合成，那么我们从皮革制造的目的来考虑，看看是否能够制造出一种什么样的材料，使其起到替代比较短缺的天然皮革的作用与功能。要实现人类的目的以及为此要求人造物所具有的功能，显然是可以通过各种不同的结构来达成。人们把这样考虑问题看做一种技术思维方式或者说是一种技术精神。对于一项技术来说，例如汽车设计，在汽车还没有设计出来之前，关于汽车如何运行对设计

① 西蒙．关于人为事物的科学[M]．杨砾，译．北京：解放军出版社，1985：5.

师而言是无意义的或意义不完全的。设计汽车的目的以及汽车应该怎样工作、具有怎样的功能才能达到目的，这些对于设计工程师而言才是有意义的或意义完全的知识。

人们通常把技术看做科学的应用或应用科学，在这背后可能是因为科学与技术之间存在相通之处，并且科学发现常常诱发技术革新，但是科学知识与科学发现并不能为技术体系由潜在到现实的过渡提供解释，二者之间并不存在直接的逻辑通道。技术发明不能简单归之于科学发现的发展和应用，知道"事物是怎样的"与知道"如何去做"并不是同一回事。由科学的规律、理论并不能保证或必然推导出如何去做一件事。同样，知道怎么做也并不意味着掌握了关于事物的理论知识。从相对论等科学理论中并不能推导出如何制造原子弹，如何利用核能。科学的力学知识并没有告诉我们机械如何制造，技术中的操作原理与常规造型通常来自发明家或工程师的洞察与经验性实践。科学与技术虽然可以互补，但是并不意味着它们能够合而为一。

由于科学和技术提出的问题、研究的核心不同，从科学规律并不能够直接推导出如何操作的技术规则，这就使得它们在解释模型、结构及逻辑发明也有着明显的区别。科学要回答"是什么"的问题，只需要出现事实判断就足够了，从来不出现价值判断和规范判断，科学为我们提供因果解释、概率解释和规律解释，但不会出现目的论解释和功能解释。技术要回答"怎么做"的问题就不仅需要使用事实判断，而且还要提供价值判断和规范判断，不仅要用到科学的因果解释、概率解释和规律解释，而且要出现目的论解释和功能解释。因此，技术中出现了或多或少与人类目的性概念相关的语词，如"目的""计划""设计""实施""机器""部件""效用""耐用性""成本与效益"等。由此看来，科学与技术的评价体系也存在着明显的不同，"真"的标准对于科学评价体系而言是至为关键的。目前，关于技术知识的研究虽然还不是很成熟，但是大部分的研究表明，存在着不同类型的技术知识，它们与科学知识有着不一样的评价标准，"真"的标准并不适用于所有类型的技术知识。从技术人工客体双重属性来看，"效用"标准显然比"真"的标准更为重要。

我们知道技术发明需要专利制度的激励和保护，你认为科学发现适用于专利制度吗？

4）社会规范不同

科学共同体的基本规范，可以理解为默顿所提出的：普遍主义（世界主义）、知识公有、无私利性与有条理的怀疑主义这几项基本原则。可是，这四项基本原则对于技术共同体来说并不完全适用。科学是无国界的，它的知识是公有的、共享的，属于全人类的。可是技术是有国界的，未经公司或政府的许可是不能输出的。技术的知识，在一定时期里（即在它的专利限期里）是私有的，属于个人或雇主的。科学无专利，保密是不道德的，科学是积累知识的长期的、广泛的社会协作的产物。对它作出贡献的每个人都是因为利用了这份公共财产而得以作出贡献，所以，一旦他作出贡献就应毫无保留地发表出来，而不宣布占有这一新思想、新信念或新理论。科学中的所有权被科学道德的基本准则削弱到最低限度，这就是享有发现优先权的荣誉而受到承认与尊重。所以在科学中保密是不道德的，因为它阻碍了科学的发展。完全意义上的知识公有原则只适用于主要的基础研究领域和部分的应用研究领域。例如，20 世纪 50 年代 DNA 大分子双螺旋结构的发现和遗传密码的破译，60 年代宇宙大爆炸学说的证实和 3K 微波辐射的发现，70 年代和 80 年代各种新基本粒子的发现和杨振宁-米尔斯规范场的实验检验。它们的成果都是立刻发表，成为自然科学的公共财产，任何人学习它、使用它、引用它都无须给作者付出分文。

而技术有专利，有知识产权，泄露技术秘密、侵犯他人的专利与知识产权是不道德的，甚至是违法的。当然，技术共同体与科学共同体也有共同的规范，例如怀疑精神与创新精神、竞争性的合作精神、为全人类造福的精神即科学利益、企业利益与社会利益不能协调时，社会利益优先原则是新时代的科学精神和科学规范，也是新时代的技术精神和技术规范。还应看到知识私有、知识产权、专利制度的原则是经济世界的原则而不是科学世界的原则。科学世界的目的与价值是求真，而经济世界的目的与价值是求利。功利的价值和真理的价值常常是冲突的。

从以上的分析可以看出，区别于科学哲学的技术哲学是可能的而且必要的。科学哲学是对科学进行哲学的反思，而技术哲学则是对不同于科学的特殊对象，不同于科学的技术概念、判断和推理，不同于科学的技术规范和技术价值体系进行哲学反思。因而随着人们觉察到技术知识领域应从科学知识领域分离出来的时候，技术哲学从科学哲学中分化出来的时期便到来了。当然，科学与技术的划界问题是从科学与技术的连续统中截取两极用二分法来加以分析的，这并不意味着在现实世界中我们能够对任何一种科技活动都可以作出非此即彼的划分。

三、技术的本质

技术具有复杂而多样性的本质，不同学术领域的学者将技术本质看成不同的事物：文化、心理机制、工作程序、知识的运用、操作的手段、设计方法、管理的途径、隐喻表现，等等。在哲学方面，海德格尔把技术理解为一种"座架"；在社会学方面，埃吕尔把技术理解为"通过理性得到的方法整体"；在心理学方面，荣格把技术理解为"心理格式塔的手段"；在工程哲学方面，拉普把技术看做"延长的器官"；在后现代研究中，波哥曼看做"器具方法范式"。日本的技术论在技术的本质问题上形成了"方法技能说""劳动手段说""知识应用说"等观点。这些观点各有特色，但大都表现出对技术理解的单一性。

我国的一些学者也对技术的本质展开了深入研究。陈昌曙等认为："技术就是设计、制造、调整、运作和监控人工过程或活动的本身，简单地说，技术问题不是认识问题，而是实践问题，实践当然离不开认识，但不能归结为认识。"①张华夏等认为，"技术也是一种特殊的知识体系"，不过技术这种知识体系指的是设计、制造、调整、运作和监控各种人工事物与人工过程的知识、方法与技能的体系。②吴国林则认为："技术的本质就是理性的实践能力(capacity)。"③

上述关于技术本质的观点各有特色，都从一个层次或侧面反映了技术的本质属性。从马克思、恩格斯对技术本质的分析来看，技术被认为在本质上体现了"人对自然界的理论关系和实践关系"，技术是人的本质力量的对象化，主要体现在以下方面。

1. 劳动资料延长了人的"自然的肢体"

从人与自然的关系来分析技术，用人与自然的关系的重要范畴——劳动来分析技术，是

① 陈昌曙，远德玉. 也谈技术哲学的研究纲领——兼与张华夏、张志林教授商谈[J]. 自然辩证法研究，2001(7)：40.

② 张华夏，张志林. 从科学与技术的划界来看技术哲学的研究纲领[J]. 自然辩证法研究，2001(2)：31.

③ 吴国林，论分析技术哲学的可能进路[J]，中国社会科学，2016(10)：41.

马克思的技术思想超越德国古典哲学分析的不同之处。马克思指出："劳动首先是人和自然之间的过程，是人以自身的活动来引起、调整和控制人和自然之间的物质变换的过程。人自身作为一种自然力与自然物质相对立。为了在对自身生活有用的形式上占有自然物质，人就使他身上的自然力——臂和腿、头和手运动起来。当他通过这种运动作用于他身外的自然并改变自然时，也就同时改变他自身的自然。"[①]技术起源于人的劳动并随劳动的发展而进步。恩格斯的分析也指出，手作为人类从事制造活动的最原始的工具，既是劳动的器官也是劳动的产物。从猿手到人手的演变，这是经过几十万年的劳动的成果。人类能制造出达到自己目的的物质手段是人类劳动的根本特征。这些手段是人类器官的延长：汽车是人腿的延长，机械工具是人手的延长，计算机是人脑的延长。它们大大扩展了人类的力量。

2. *工艺学在本质上"揭示出人对自然的能动关系"*

"自然界并没制造出任何机器、机车、铁路、电报、自动纺纱机等。它们都是人类工业的产物，是自然物质转变为由人类意志驾驭自然或人类在自然界里活动的器官。它们是由人类的手所创造的人类头脑底器官，都是物化的智力。"[②]

技术是人类劳动区别于动物活动的标志，"劳动资料的使用和创造虽然就其萌芽状态来说已为某几种动物所固有，但这毕竟是人类劳动过程独有的特征，所以富兰克林给人下的定义是'a tool making animal'，制造工具的动物"[③]。技术作为经过加工的劳动资料，"是劳动者置于自己和劳动对象之间，用来把自己活动传到劳动对象上去的物或物的综合体。劳动者利用物的机械的、物理的和化学的属性以便把这些当作发挥力量的手段，依照自己的目的作用于其他的物"[④]。技术驱使自然力进入劳动过程，扩大人体器官的作用范围，使人类作用于自然的能力不断超越其自身自然的限制。

与此同时，人类又在劳动和生活过程中极大地分化出对技术，特别是对技术客体多种多样的功能要求。马克思在1867年就已经惊奇地了解到，在英国伯明翰就生产出了500种不同的锤子，而且每一种都在工业或手工业生产中派上用场，"单在伯明翰就生产出约500种不同的锤只适用于一个特殊的生产过程，而且往往好多种锤只用于同一过程的不同操作，工场手工业时期通过劳动工具适合于局部工人的专门的特殊职能，使劳动工具简化、改进和多样化。这样，工场手工业时期也就同时创造了机器的物质条件之一，因为机器就是由许多简单工具结合而成的"[⑤]。

马克思通过对机器体系的各要素的逻辑构成和历史演进的分析，尝试揭示出技术所体现出的工艺学如何体现出"人对自然的能动关系"。18世纪的工业革命是从工具机开始的，工具机的出现意味着机器对劳动对象的自动操作代替了人的手和脚等器官或手工工具对劳动对象的直接接触和操作，但是在工具机应用的初期，人还发挥着纯机械的动力作用，而人自身的机械动力毕竟是有限的，所以，工具机的进一步应用又要求用风、水或蒸汽等自然力来补充人力，这就势必推动动力机的发明和改进。而蒸汽机的发明和改进使人找到了一种稳定地、均匀地、不受地点条件限制地利用自然力作为工具机的动力的新途径，从而使机器

① 马克思恩格斯全集：第23卷[M].北京：人民出版社，1998：201-202.

② 马恩列斯毛论科学技术[M].北京：人民出版社，1979：32.

③ 马克思恩格斯全集：第23卷[M].北京：人民出版社，1998：204.

④ 马克思恩格斯全集：第23卷[M].北京：人民出版社，1998：203.

⑤ 马克思恩格斯全集：第23卷[M]，北京：人民出版社，1972：379.

的动力完全摆脱了人力的局限，由于动力机的出现，单个的工具机“就降为机器生产的一个简单要素了。现在，一台发动机可以同时推动许多工作机，随着被同时推动的工作机的数量的增加，发动机也在增大，传动机构也跟随着扩展成为一个庞大的装置”[①]。工具机、发动机和传动机的规模日益扩大，必然会出现如下情况：“随着工具机摆脱掉最初曾支配它的构造的手工业形式而获得仅由其力学任务决定的自由形式，工具机的各个组成部分日益复杂多样，并具有日益严格的规则性；自动体系日益发展；难于加工的材料日益不可避免地被应用，例如以钢铁代替木材；……要解决这些问题到处都碰到人身的限制。”[②]于是制造机器的机器——机床应运而生了。

3. 技术的发展引起生产关系的变革

人是社会关系的承担者，人的社会关系首先是在劳动分工中形成的，而分工的标志不仅在于劳动对象的不同，更重要的是人们所掌握技术的区别，种植、狩猎和放牧显然需要不同的技术。分工产生了新的社会关系，也推动了技术的发展，随着社会的发展，分工越来越细，技术也越来越复杂。技术的不断发展会提高“劳动的社会力量”，即改进劳动过程中的分工和协作关系，使人的群体作用于自然的能力大于单个人力量的简单相加，工场手工业时期以分工为基础的简单协作就已创造出了新的生产力，机器大工业中劳动者的结合则更能产生出新的生产力，因为机器生产是以更合理的工艺流程为基础的，它所要求的是熟练工人在合理分工前提下的社会结合。

上述分析表明，马克思和恩格斯对技术本质的理解是从主体性和客体性相统一的辩证的、历史的唯物主义原则出发的，这种对技术本质的理解中已包含着把技术作为人与自然的中介的合理规定，体现出技术的自然性和社会性、物质性和精神性、主体性与客体性的统一。正是出于人掌握了技术，对自然界（对象世界）进行了改造，人才得以脱离动物界，人才得以使自然界变成了“人化了的自然界”，才使人的类本质力量得到了确证。劳动作为人的本质活动，是人的本质力量的对象化，技术寓于劳动之中，所以技术是人类所特有的最能体现人的本质力量的手段或活动。同时，人在实践活动中充分展示自己的主体地位才证明自己是类的存在物，而技术恰好是最能表现人的自主性、能动性和创造性的活动。因而，技术在本质上体现了人对自然的实践关系，是人的本质力量的展现。

> 现代技术（包括导弹、计算机、移动通信、克隆技术等）是理性的产物。非理性的传统文化（如儒家文化等）能否应对现代技术的挑战？能否引导现代技术的发展？

第二节 技术的演化发展

技术的演化发展构成了技术哲学研究中的最基本的问题之一。技术作为人类社会这个大系统中的一个相对独立的子系统，这就决定了技术发展中多因素相互作用的复杂性。一方面，基于自身的内在矛盾运动，技术有其自身的发展及进化规律；另一方面，它又与社会

① 马克思恩格斯全集：第23卷[M]. 北京：人民出版社，1998：204.

② 马克思恩格斯全集：第23卷[M]. 北京：人民出版社，1998：420.

的经济、政治、军事、科学、文化等诸因素相互影响。本节主要探讨技术发展的动力机制及其一般模式，展示技术演化过程的基本机制。

一、技术发展的动力机制

任何形态的技术都是在社会各种环境下孕育和发展起来的，是在内外多重因素的共同作用下发展变化的。一个富有成效的技术发展模式不仅能够合理地解释技术的历史进程，而且能够为我们揭示技术发展的规律性。马克思主义认为，技术的发展是由社会需要、技术目的以及科学进步等多种因素共同推动。在不同的动力机制作用下，技术体现出以下发展模式。

1. 社会需要导向型

马克思主义认为，社会需要是技术发展的基本动力。任何技术，最早都源于人类的需要。正是为了生存发展的需要，人类起初模仿自然，进而进行创造，发明了各种技术。近代以来，不同时期学者关于技术的起源及其发展的观点各不相同，但唯一共通的一点就是认为，技术发展的动力来自社会的需求。恩格斯指出，"社会一旦有技术上的需要，这种需要就会比十所大学更能把科学推向前进"[①]。

推动技术发展的社会需要主要指来自经济发展与竞争、军事、市场等领域的社会要求。人们认为，这些需求在技术发展进程中具有重要的推动力量。人类为了满足自己基本的生活需要不断开发出各种技术手段。人类需要庇护处和防卫，所以他们就挖井、拦河筑坝，发展水利技术；人类需要住处和保护，所以他们造房屋、堡垒、城池和军事装备。矿井抽水的需要推动了纽可门蒸汽机的出现，进一步促进了蒸汽机的改进。一个典型的例子来自工业所需的关键性原材料的显著短缺，对关键性原材料的需要推动了相关领域的技术革新，一方面，人们通过技术发展提高关键物质的单位产量；另一方面，寻求替代性材料取代现有短缺材料。例如，蒸汽能源的动力燃料主要是煤，在20世纪随着煤的使用量越来越大，煤的价格越来越贵的时候，蒸汽发电厂就提高了能源的利用效率，在1900年发1kW的电需要7磅煤，而在1960年，仅仅需要0.9磅。在前工业时代，人们广泛使用木材作为燃料、建筑材料。16世纪的英国，已经把木材作为稀缺资源保护起来。社会的需求推动了技术的变革，使得工业使用存量更充足的能源，煤逐渐取代木材作为燃料，其他材料，如水泥、钢筋也取代木材作为建筑材料。某些全新材料的发明，如合成纤维或塑料就是作为天然材料的替代物。国际间经济竞争的需要同样也推动了技术的发展，如信息技术、现代通信技术等高技术发展已经被提到各国经济发展的战略高度。

其他领域的技术发展也向我们揭示了需求对技术发展的推动力量。在晶体三极管被广泛应用到电子技术领域之后，人们对电子设备小型化、轻量化、节能化的要求越来越强烈，人们想象是否能够将组成电路的元件和导线像做晶体管那样集中到一块半导体基片上。这一需求促进了晶体管技术向集成电路技术的发展，1958年，这一构想在贝尔实验室变成了现实。在医疗卫生领域，出于健康与提高国民生活素质的需求，推动了医学与分子生物技术的发展。

对于技术的发展来说，仅仅考虑需要和实用并不能说明人类所制作的物品的多样性。

---

① 马克思恩格斯全集：第8卷[M]. 北京：人民出版社，2009：188.

乔治·巴萨拉就曾指出，需求并非是刺激发明者去发展技术的唯一的理由。[①] 汽车发展的历史表明，在尼柯劳斯·A.奥托设计出四冲程内燃发动机之前，芸芸众生的生活也过得很快乐。汽车的发明既不是源于马匹的严重短缺，也不是国家领袖或有权威的人物的引导，或社会与个人对汽车交通的需求所致。事实上，在汽车面世的前十年，它一直作为一种玩具供有钱阶层消遣。或者说，是以内燃机为动力的汽车的发明创造了对汽车运输的需求，而不是对新动力的需求导致了汽车的发明。这表明，技术的发展有其深刻的内在动因，仅仅从需求的角度还不足以完全揭示技术发展的内在规律。

2. 科学理论导向型

19世纪中期以后，科学走到了技术的前面，成为技术发展的理论导向。随着科学的分化发展，来自科学的知识改变了技术发展的经验摸索方式，对技术创造起着规范和指导作用。基于科学理论导向的技术发展模式指的是，科学的基础研究取得突破之后，才能够带来技术问题的突破。换言之，技术的发展需要科学研究为技术解决、克服相应的难题。

来自科学的最抽象的理论要获得最实际的应用，首先需要科学与技术的密切结合。以下几个方面的发展，为技术发展获得科学的支持提供了重要的条件：

（1）新的工业革命引进了以科学为基础的技术；

（2）新的产业普遍建立工业实验室或研究与开发（R&D）实验室；

（3）世界上有各种各样的大公司雇用了大批的科学家为技术服务。

在19世纪后半叶，技术的发展在很大程度上与科学理论的研究密切相关的。现代的高技术，就是指建立在科学研究基础上的技术。在技术史的发展中，我们可以看到，有机化学的发展使得大规模的综合整染工艺成为可能，对电和磁的性质的研究为电力技术发展奠定了基础。其中，原子弹的爆炸和原子能的开发就是一个最明显的例子。原子核反应堆和原子弹是依据原子核裂变理论研制成功的，量子力学和核物理的研究解决了原子核的结构问题，放射性元素原子核辐射的应用研究解决了铀235发出中子的链式反应问题，随后指导原子弹的技术开发。可以这么说，没有人类对原子、原子核的认识，没有原子核裂变现象的发现，要实现核能利用是根本不可能的。

工业实验室的创立使大量科学家受雇于工业界，促进了科学对技术的推动。随着有机化学在前沿领域研究的拓展，19世纪七八十年代，第一批工业研究实验室在德国的合成染料生产企业组建起来。专职的化学家开始走进工业实验室，他们研究出可以用于不同色调和色度的新染料，并被大量用于不同织物的染色。大规模地创建工业实验室，发生在美国。1876年，爱迪生建立了美国第一个从事应用开发工作的工业实验室，组织了一批从事科学研究的专门人才，并建成了世界上第一个电力工业体系。由此，开创了工业研究的新时代——科学与技术、科学与生产相结合的新时代。19世纪90年代，通用电气建立了自己的实验室，此后，杜邦公司、IBM公司以及石油、化工、橡胶、冶金等发明的公司纷纷建立了自己的实验室，并促进了一系列的技术发明与创造，如1876年的电话、1887年的留声机、1879年的照相机、1891年的电影、1903年的飞机等。工业研究实验室的出现使得科学家能够根据相应的需要，展开相关的基础研究，为科学能够更好地推动技术发展提供重要支持。

不仅理论问题的解决引出了技术上的应用，而且在技术的进一步发展中仍然需要来自

① 巴萨拉.技术发展简史[M].周光发，译.上海：复旦大学出版社，2001：7.

科学探索的支持。微电子技术的形成过程就是科学探索不断发展的结果。其中一个重要变革来自晶体管技术的发展，它的形成需要固体物理学方面原创性的理论和实验工作为后盾。关于半导体的研究早在20世纪初就已经开始，1928年，就有人提出用半导体制造和电子管相近的晶体管。但由于当时人们缺乏科学理论的指导，对半导体的微观结构和特性基本不了解，因此晶体管的试制并没有取得实质性进展。20世纪30年代中期，随着固体物理学理论、晶体生长理论的发展，使晶体管的研制成为可能。1947年，第一个点触式晶体管在贝尔实验室诞生，随后在电子技术领域得到广泛应用。微电子技术的另一个重要变革来自集成电路技术。其中，集成电路关键部位的基础材料——基片，需要来自材料科学研究的支持。最早的基片是由半导体锗制成的，后来科学家们通过大量的研究发现半导体硅可以克服上述半导体锗基片的一些缺点，并且还具有其他许多优点，半导体硅就逐渐取代了半导体锗成为制作基片的主要材料。微电子技术每一步的重要进展的背后都需要科学基础研究的突破与探索。

科学的研究在一定程度上影响着实际的应用过程，避免了无谓的劳动，使应用科学家和工程师们能够快速、高效、经济地实现其目标。在现实生活中，由于人类不同活动领域的复杂程度以及相关学科发展的不平衡性，科学对这些领域的规范和指导作用的深度与广度是各不相同的。基于上述认识，我们说科学研究是推动技术发展的重要力量。

虽然科学进步是技术发展的重要推动力，但是这并不意味着新技术完全依赖于基础科学的进步。那种认为基础科学进步是技术创新的“主要源泉”的观点，已经不能够对今天技术发展的来源做出完全的说明，来自其他方面的推动力对技术发展同样具有重要意义。

3. 现象发现导向型

技术发明并不都是自觉地应用科学理论的结果，机遇和重大现象、事实发现也可以成为技术发展的契机。现实生活中，有许多技术的发明与创新并不来自科学的新发现或科学理论的启示，而是来自经验性或半经验性的发现以及来自技术知识的积累。随着某一事实或现象的发现，它们被转移到技术原理的构思之中，经过艰苦的努力就有可能取得技术发明的成功。这一类型的技术发明一般并不涉及深奥的科学理论，往往直接在现象发现的基础上展开各种相关的实践，并带来技术的重要进展。

医学研究中的实例可以支持现象发现导向的技术发展模式，X射线的发现及其在医学上的应用就属于这一类型。伦琴发现X射线短短几个月之后，人们就将它应用到医学影像领域了。一些医学上的用药，如奎宁、可卡因、麻黄素等药物，在对其药理作用开始研究很久以前就被采用了。大多数中药，在科学上还搞不清楚它的成分、结构与机理的情况下，也早就用来治病了。

从现象发现到真正的技术进展，其间并不是简单的线性过程。青霉素的发现以及人工合成氨苄西林的技术开发过程可以告诉我们，从发现(包括科学的发现)到技术上实现和经济上可行是一个极为复杂的过程。1928年，弗莱明偶然发现了青霉素。但是，因为他并不懂生化技术，无法提取青霉素，因而限制了它的实际应用。实际上，在当时的技术条件下，提取青霉素也是一大难题，从实验技术到生产技术并不是简单的放大过程。1939年H.弗洛里和E.钱恩又开始研究天然抗生素，重新发现了弗莱明提到的青霉素，并证实青霉素能浓缩与提纯。但按实用规模制备此药，存在着很大困难。在弗洛里和钱恩的种种努力和坚持下，由意大利毕彻姆制药集团公司资助，最后终于发现了一组带有取代侧链的新的青霉素衍生物,就是今天我们常用的氨苄西林,能够注射和口服,并对那些能抵抗普通青霉素的细菌有效。1942 年青霉素的大规模生产终于成为可能。这项研究工作获得成功之前,毕彻姆公司每年需要耗费约 100 万镑投入研究。显然,要大规模合成青霉素并生产出一种实用的青霉素药物,主要不是科学问题而是技术问题,而且涉及了复杂的社会经济过程。

所有这些都表现出,技术过程本身具有自己的区别于科学的独立生命,已经形成了自身的发展模式和自身发展规律。

4. 日常改进型

技术的发展过程表明它还受到来自技术自身发展不平衡的推动。这一类的技术发展,很多都属于不断改进型的技术。这些技术发展的最终成功并不一定需要科学理论上的重大突破,而主要来自技术自身积累的知识与日常的经验知识。

美国社会学家奥本格就认为,技术发明就是把现存的已知要素组成一种新要素的过程。按照这种观点,每项技术变革都与过去的物质文明有着密不可分的联系,或者说,是在过去及现存技术基础上的改进。像一些重要的产品,例如汽车、计算机或电视,每年从外观到结构上,都有一些修修改改的改进。这些改进主要由技术自己进化的逻辑导致,无须科学的进步来加以促进,只需已有一些科技知识就够用了。司托克斯[①]引用理查兹(S. Richards)的研究报告指出:根据美国国防部的一个统计,“在 20 种武器系统的几百个关键‘部件’当中,只有不到十分之一源自研究成果,不到百分之一来自不以国防需要为目的的基础研究。大多数武器系统的进步都是在现有技术基础上的改进,或者是意识到现存技术的局限性而产生的结果,而不是以研究为目的的开发活动的结果。”显然,存在着在原有技术的基础上加以改进的技术发明,这同样也表明了,技术已经发展出自身的独立的规律与知识体系,能够依据自身的技术知识进行技术发明与改进。

综上所述,我们认为,社会需求、技术自身的知识、科学进步、现象发现构成了技术发展的动力体系,仅仅从单一的方面来考虑技术发明的来源是不足够的,技术的发展是一个包含了来自外部与内部的因素作用的复杂过程:由科学理论问题的解决引出技术上的应用,在技术的进一步发展中继续需要科学探索的支持;由社会需要推动技术问题的提出和解决,在这个过程的一定阶段上,科学的支持起着重要作用;来自科学家的发现或技术家或其他人的发现能够作为技术开发的出发点;从技术的日常问题开始,可以通过常规的设计改进工艺。根据理查兹的估计,技术开发的社会需要导向型是大量的,但是重大的技术革命大多来自科学理论的推动。

基于技术发展的动力机制,我们也相应看到技术发展中不同的模式。当然,并不是说一项技术的发展,或技术体系的发展只遵循单一的模式来发展。社会需要推动的技术发展,还需要得到科学探索的支持。技术日常的改进,暗示着原有技术或产品不能够满足人们的需要。因此,在历史的现实中,上述四种发展模式并非平行发展的,而是相互交叉相互重叠,共同谱写出技术发展的复杂进程。

二、技术演化的过程

技术演化的直接动力来自技术体系的内在矛盾。其演化过程体现出过程的渐进与飞跃

---

① 司托克斯. 基础科学与技术创新[M]. 周春彦,译. 北京:科学出版社,1999:47.

相互交织的发展特点。现代技术发展并不是线性发展的，而是体现出技术与科学的协同进化。

1. 技术演化的内在动力

技术和技术体系都有其发展变化过程。技术体系发展的内在动力主要来自技术目的和技术手段之间的矛盾。人类对自然的作用是有目的的行为，这种行为是通过各种技术手段来实现的。可见，技术演化的决定因素是人作用于自然的目的和手段的矛盾运动。

所谓技术目的是在技术实践过程中在观念上预先建立的技术结果的主观形象，是技术实践的内在要求，它影响并贯穿技术实践的全过程。马克思曾说过："蜘蛛的活动与织工的活动相似，蜜蜂建筑蜂房的本领使人间的许多建筑师感到惭愧。但是，最蹩脚的建筑师从一开始就比最灵巧的蜜蜂高明的地方，是他在用蜂蜡建筑蜂房以前，已经在自己的头脑中把它建成了。劳动过程结束时得到的结果，在这个过程开始时就已经在劳动者的表象中存在着，即已经观念地存在着。他不仅使自然物发生形式变化，同时他还在自然物中实现自己的目的，这个目的是他所知道的，是作为规律决定着他的活动的方式和方法的，他必须使他的意志服从这个目的。"①技术目的既要考虑社会需要，也要考虑科学技术、社会经济条件的可能性。一般而言，只有当技术发展的内在需要和社会进步的外在需要达到某种合理的耦合时，才能产生最恰当的目的。

技术手段是实现技术目的的中介和保证，它包括为达到技术功能所使用的工具以及应用工具的方式。如要实现数值运算的技术目的，就要有算盘、计算器、计算机等工具和手段，为了实现航天的技术目的，就要有升空气球、飞机或宇宙飞船等技术手段。

技术目的与技术手段是对立统一的，它们是对立统一体中的两个方面，相互依存又相互竞争，它们的矛盾运动，推动着技术的发展。技术手段的作用，只有在技术实践中被有目的地运用才能表现出来。而技术目的的不断实现和发展，也只有依赖于现实的、成熟的技术手段才能圆满完成。在技术领域中，一项技术成果既是前一技术过程所实现了的目的，同时又是另一技术过程实现技术目的的手段。例如，电子计算机的研制和广泛应用，就典型地体现了这一点。一方面，技术目的源自社会需要，社会需要是永恒的，但又不断向技术提出更高的要求；另一方面，任何技术目的的实现都要依赖技术手段，但是已有的技术手段总是有限的，无论是它的经济性、安全性、可靠性、实用性等，都有一定的极限。这样，不断更新变化的技术目的与已有技术手段之间就必然会产生矛盾。为了满足新的技术要求，人们千方百计去改进原有的技术手段或发明新的技术手段。这样，技术目的与技术手段之间的矛盾贯穿了技术发展过程的始终，而新的技术目的与原有技术手段之间的矛盾成了技术发展的内在动力。显然，技术目的和技术手段是对立统一的，它们在时间序列中的矛盾运动和空间范围里的矛盾展开推动着技术的发展。

2. 技术演化的一般特征

我们认为，技术的演化体现出过程的渐进性与跃迁性，而并不是一个简单的、线性累积的过程。一方面，从技术体系的发展来看，它们具有延续性，可以在进化论的基础上得到解释；另一方面，从技术客体设计、制造的基本原理的变化来看，存在着技术体系的延续与飞跃相结合的发展过程。

---

① 马克思恩格斯全集：第23卷[M]. 北京：人民出版社，1972：202.

1）技术体系演化的延续性

技术体系的发展呈现出某种延续性。技术体系的延续性可以通过两个方面表现出来：其一，技术客体的产生与技术发明与过去已有的客体与发明之间密切关联，即使在非常激烈的技术变革中，这种持续性也不会丢失；其二，借助行为的学习和语言与样品的传播，技术客体得以模仿、复制与批量生产，从而构成人类物质生活的一种文化传统、技术传统、工艺传统。

巴萨拉为我们提供了人工物延续性的丰富的史料分析。原始的金属锯是模仿石头工具参差不齐的刀口而制成的，惠特尼发明的轧棉机与印度"手纺车"的工作原理是相同的，都是依靠手摇曲柄的两个轧辊做功。即使是蒸汽机的发明也不是突然一下子冒出来的。纽可门蒸汽机发明之前，炉膛、汽缸、活塞、导管、连杆这些东西的发明以及大气压力和蒸汽作用的研究结果早已存在。瓦特蒸汽机是在纽可门矿井蒸汽机的基础上的改进。19 世纪早期转臂电动机的工作方式出现在瓦特摇臂蒸汽机转动方式的基础上（如图 4.1 所示）。以至于李约瑟说"没一个人可以称为'蒸汽机之父'，也没一种文明可独揽发明蒸汽机的大功"。[①] 即使是晶体管的出现，也可以追溯到 19 世纪 70 年代的晶体检波器，而真空管则为晶体管的设计定型提供了参照。

(a) 瓦特的摇臂蒸汽机（1788）

(b) 19世纪早期的转臂电动机

图 4.1　技术演化的延续性

然而，仅从需求与使用并不能说明我们人类所制造的物品为何如此多样。目前，有许多学者尝试将生物进化论用来解释技术世界的发展进程。

进化论的开创者达尔文首先将他的理论运用于解释技术人工客体的进化，只是他仅仅用来解释人工生物客体。马克思是第一位将达尔文的进化论用来解释一般人造物的哲学家。他说："达尔文注意到自然技术史，即注意到在动植物的生活中作为生产工具的动植物器官是怎样形成的。社会人的生产器官的形成史，即每一个特殊社会组织的物质基础的形成史，难道不值得同样注意吗？而且，这样一部历史不是更容易写出来吗？因为，如维科所说的那样，人类史同自然史的区别在于，人类史是我们自己创造的，而自然史不是我们自己创造的。"[②]其后，波普尔在讨论人类认识与知识发展中，提出了适合于各种复杂系统，包括

① 巴萨拉.技术发展简史[M].周光发，译.上海：复旦大学出版社，2001：206.

② 马克思恩格斯全集：第 23 卷[M].北京：人民出版社，1972：410.

生命系统、社会文化系统、生态系统的广义进化论的基本原理。哲学家和心理学家唐纳德·坎贝尔将广义进化论的基本原理表述为“盲目的变异与选择的保存原理”(the principle of bind-variation-and-selection-retention)。他认为,“盲目的变异与选择的保存对于所有的归纳成就,对于所有的真正知识增长以及对于所有的系统对环境的适应都是基本的。”[①]技术人工客体也无例外地正是按照这个广义进化论原理进化发展的,一切技术的人造物的出现、传播和消失也是依照这个法则而得到解释。1988年,巴萨拉以丰富的技术史料支持了技术的进化史。

根据技术的进化解释,一方面,任何一项技术发明都是由许多因素综合产生的,不是突如其来的,而且这一发展过程是一个由简单到复杂、由单一性到多样性的过程。技术发展是一种建立在许多微小改进基础之上的技术累积的社会过程。一个改进了的人造物的类型是基于原先已存在的物品之上的,从中可以引出一种见解,就是每个人造物都可置于一个序列之中,序列之间是彼此关联的。如果我们追溯过去时间中的某一段,它们就会给我们展现出最早的人类产品的踪迹。往往工匠的小小改进,无意中就促进了技术的进步,由此来看技术进步是延续的。另一方面,技术的发展,如技术创新或技术选择,都是各个社会环境中经济、军事、文化、社会等因素影响的结果。

很多时候,人们往往把技术发明视为某个发明家或英雄人物的创造,但是如果仔细分析技术谱系,就能够找到相关的证据说明这是一种技术的进化,我们通过下面的例子来加以说明。W.伯纳德·卡尔森在“发明与进化:爱迪生电话概况的案例”[②]中驳斥了新技术的发明是一个突发的不连续的、革命的过程。他认为,要说明技术的发展是进化的,就需要对通常所认为的突现过程或者是技术发展的非延续性作出说明。卡尔森在研究了爱迪生、贝尔和格雷发明时绘制的大量草图之后发现,在新设计中可以找到其他技术体系中使用的元件,而这些元件在从一台机器移用到另外一台机器上时很少进行比较大的修改。而且发明者对某些元件有一定的偏好,会重复地使用这些元件。例如,爱迪生在他的许多发明中,包括他的多路电报方案和电影放映机,就经常使用一种叫做“极化继电器”的特殊装置,卡尔森称之为“机械代表”。卡尔森以此为线展开研究,得出了爱迪生1877年4—12月有关压力型电话的研究线路图,并得到如下结论:“……但爱迪生探寻了几条并行路线是因为其间产生了许多新的装置和机械代表,它们可以从一条路线移植到另一条路线上。这些移植很像植物选育人员进行的嫁接,对于爱迪生来说,在任何一个特定的时刻经过研究之后,这些移植通常会使电话的性能得以改进。”[③]由此可见,虽然工程师发明出来的人工制品给人以突如其来的感觉,但其发明过程却也是与传统器件有割不断的联系。新旧发明通过“机械代表”使得人们能够在原有或其他技术体系中找到彼此的关联性。这为技术的进化解释提供了很好的支持。

2)技术体系演化的跃迁性

技术发展,除了进化的承继性一面,还有其创新性的一面,重大变革的事件总是存在的。

---

① CAMBELL D T. Evolutionary epistemology[M]//SCHILPP P A. The philosophy of Karl Popper. La Salle IL: Open Court Publishing Co.,1974: 421.

② 齐曼. 技术创新进化论[M]. 孙喜杰,等,译. 上海:上海科技教育出版社,2002: 149-172.

③ 齐曼. 技术创新进化论[M]. 孙喜杰,等,译. 上海:上海科技教育出版社,2002: 169.

急剧的技术变革时期与技术的平缓发展时期是交替发生的。仅仅强调技术发展的连续性，而忽视不同技术体系之间的明显区别与跃迁，就不能够合理地解释技术的发展。正如巴萨拉所说，即使他主张技术的进化理论，更偏重技术发展中的连续性，但是他并不否认意义重大的技术变革是与有名的发明家联系在一起的，他承认技术发展的平稳时期，同样也接受产生急剧的技术变革时期。

我们认为，只有将技术发展的阶段性连续与飞跃式发展结合起来，才可以更好地解释技术的演化。一方面，存在着大量的技术的渐进发展，技术是通过自身不断地改进和完善来发展的，最为典型的就是技术人工物自身的进化。如在冶炼过程中，把向炉内喷吹煤粉改为喷吹原油就可以达到局部的技术改进。另一方面，存在着一些根本的工作原理的变化，当技术的这些工作原理发生根本变化时，就会发生技术的飞跃式发展。

根据 TRIZ 的理论，技术的发明创新可以划分为以下几个层次：

(1) 通常的设计问题，或对已有系统的简单改进。这类问题主要凭借设计人员自身的经验即可解决，不需要创新，如通过厚隔热层减少建筑物墙体的热量损失。该类发明创造或发明专利占所有发明创造或发明专利总数的 32%。

(2) 通过解决一个技术冲突对已有系统进行少量的改进。这类问题的解决主要采用行业中已有的理论、知识、经验和方法即可完成。该类发明创造或发明专利占所有发明创造或发明专利总数的 45%。

(3) 对已有系统作根本性的改进。这类问题需要采用本行业以外已有的方法和知识加以解决，如汽车上用自动传动系统代替机械传动系统等。该类发明创造或发明专利占所有发明创造或发明专利总数的 18%。

(4) 采用全新的原理完成已有系统基本功能的创新。该类问题的解决主要是从科学的角度，而不是从工程的角度出发，需要运用科学理论与科学的发现来实现新的发明创造，如集成电路的发明、虚拟现实等。该类发明创造或发明专利占所有发明创造或发明专利总数的 4%。

(5) 罕见的科学原理导致一种新系统的发明。该类问题的解决需要依据科学的新发现，如计算机、激光等的首次发明。该类发明创造或发明专利占所有发明创造或发明专利总数不到 1%。

发明创造的等级划分如表 4.2 所示。

表 4.2　发明创造的等级划分

级别	创新的程度	百分比/%	知识来源	参考解的数目
1	显然的解	32	个人的知识	10
2	少量的改进	45	公司内的知识	100
3	根本性的改进	18	行业内的知识	1000
4	全新的概念	4	行业以外的知识	100000
5	发明	1	所有已知的知识	1000000

我们由此可以发现，(1)与(2)的发明是依据技术自身体系的改进得到的。(3)中的根本性改进来自其他领域的技术原理与规则的应用，其中包含了技术体系中某些原理的调整与变化。而(4)与(5)的发明创造则需要借助科学的知识以及科学的新发现，从而引发了技术

体系的变更。虽然，大部分的发明是利用了技术自身的知识，通过技术系统的改进获得发明的。但是，其中依然存在着技术发明过程中的体系的变化，如(3)中的部分发明与(4)和(5)的发明。这类发明中所发生的技术体系的变化，为我们理解技术体系的演化提供了支持。

我们可以通过技术常规设计中的核心知识变化来说明技术体系的变迁。文森蒂(W. G. Vincenti)对常规设计的分析表明，设计的基本概念由工作原理与常规构型组成，其中工作原理的变化对设计而言是根本性的，而且往往意味着技术的跃迁发展。① 技术史的研究表明，任何根据一定工作原理形成的单个技术和技术体系都有其自身的极限，单纯依靠常规构型和技术的渐进发展是难以逾越的。例如，马车运输技术的运输的速度和容量无论如何改进都是有限的，但是超音速飞机就可以在很短的时间内把几百人送到很远的地方。技术史学者康斯坦特就认为，涡轮喷气发动机的革命是名副其实的，因为涡轮喷气发动机是有技术先例而又区别于前者的整体机械系统。一个非常关键的革命性变化发生在涡轮喷气发动机的设计以及将其运用于飞机上，这需要应用空气动力学的先进原理，而且该设计的开发由一群不属于传统航空发动机开发群体的人来完成，并由他们开创了一种新的技术传统与规范。

从动力机械由蒸汽机到内燃机，再到涡轮喷气发动机的过程来看，巴萨拉并不认为其间发生了不连续的突变。应当指出，巴萨拉是从技术人工物本身来说明技术发展的连续性，因此强调了技术发展的连续性。如果从技术体系的工作原理、技术核心知识的变化来考察技术的发展，那么存在着由运行原理的根本变化引发的技术体系的飞跃式发展。

综上所述，技术的发展，既存在着技术体系层面的进化阶段，也存在着技术基本原理的根本变化，把技术的渐进发展与飞跃过程结合起来，有助于我们更好地理解技术的发展。

3. 技术演化的选择机制

技术客体的现实与潜在的多样性，就会造成过剩的多样性，在发明与需求之间产生矛盾，这就为技术选择提供了可能。在人类设计的各种人工物中，只有那些与特定的社会、经济、文化环境相适应的人工客体的革新与开发能够融入特定文化的发展之中，而另一些由于种种原因被淘汰了，进化正是通过多样性的尝试以及选择与淘汰而得到实现的。

技术的选择受到人工物存在的各个社会环境的约束，是一个由变化的社会经济、文化环境与不是很确定的文化价值因素组合下的社会选择。同时，这一选择还是由具有自由意志的人来实现公共的选择，这就使得技术选择不是像生物进化那样是随机发生的，选择既非决定论的，又非纯随机性的，也非唯意志论的，而是非充分决定(underdetermination)的。

选择是有基本约束条件的而不是任意的。在市场经济中，经济因素在人工客体的设计、开发和选择过程发挥着持久的作用，往往被看做选择的第一约束条件。例如，在中世纪已被广泛使用的水轮，曾为欧美工业提供了大部分的能量。在蒸汽机出现后的很长一段时间，水轮仍然被留用了几十年，继续使用这一动力源，存在着经济和技术的原因。蒸汽机的使用、内燃机的使用、铁路运输的兴起及其没落等过程，都说明了经济因素在选择中的作用。

然而，军事的因素有时又是决定性的。20世纪，许多最令人激动的技术都有军事背景的烙印，其中包括喷气式飞机、飞船、雷达、计算机、数控机床、微电子产品等。如果没有军事

① VINCENTI W G. What engineers know and how they know it: analytical studies from aeronautical history[M]. Baltimore: Johns Hopkins University Press. 1990: 13.

需要的紧迫压力就不可能有今天的核动力工业。第二次世界大战期间，为了抢在德国人之前研制出原子弹，美国政府拿出了20亿美元，调用各种物质资源、人力资源、智力资源来把链式核反应实验转为可用的炸弹或反应堆。如果是在和平时期，估计不会有一家公司或政府会为了商业用途拿出开发不完全有把握的原子弹并用它的材料进行核发电。毋庸置疑，军事需要是高、新、尖技术被选择的一个重要条件。

然而社会的经济力量与决定它们选取的技术、社会与文化因素交互发生作用，通常需要与一定的文化的、宗教的和其他价值的观点相结合才起到作用。没有一种新产品的选择只是受到来自某一方面的约束。公元8世纪到11世纪中国先后出现了雕版印刷术和活字印刷术，后者在经济上明显地更有效率，但直到19世纪它都没在中国广为使用。一个核心的原因是因为它不能像雕版印刷那样保存完美书写的艺术形式。16世纪末日本的枪炮生产量占世界之冠，可是18世纪就为日本武士们的剑与盾所代替，它们之所以几乎被完全淘汰不是因为它的军事效率不高，而是因为剑与盾是武士道精神和英雄主义的体现，而枪、炮明显则不具备与日本文化的丰富联系。正如巴萨拉所说："事实一次次地说明单是生物需要和经济需求都不能决定何物获选。相反，在很大程度上是这两者与意识形态、军事主义、时尚和对好生活的现存看法合起来构成了取舍的基础。"[①]

与生物进化选择不同，技术选择的执行者是具有不完全信息的人，因此选择在既定的社会经济文化约束条件下给自由意志留下很大的余地。西方人可以选择接受来自中国的印刷术、火药、磁罗盘，并很好地融入了自身的文化之中。日本人在热情地接受枪炮并极好掌握该技术后，却选择放弃了它转为使用剑与盾。随后在西方复兴火器的压力下，日本又重新开始了火器和大炮的制造。正是人类意志在选择中的作用，使得技术人工客体进化论解释带有着非随机的、不充分决定的特点，并区别于生物进化的选择。

4. 技术与科学的协同进化

基于技术与科学的紧密结合，以及现代高技术发展的特点，现代科学与技术的发展是协同进化的。一方面，重大的技术革命多半是由科学理论的重大突破带来的；另一方面，以应用研究为目的的研究推动了基础研究的发展[②]，技术发展为科学发展提供了重要的条件与工具。

借用科学哲学家亚伯拉罕·卡普兰关于锤子与钉子的比喻，可以帮助我们很好地理解科学发展与技术发展的协同进化关系。在这个朴实的故事里，科学研究机构所寻求的深刻认识，可以比做要制作一把更好的锤子，而这种科学认识所能帮助解决的问题，可以比作利用锤子更有效地打入钉子。要有效地打入钉子，就需要改进锤子，将科学认识从现有的理论基础提高到一个更高的水平；另一方面，锤子的改进就会使得打钉子的工作进行得更为有效，能够更好地促进解决问题的工作。

科学理论导向型的技术发展为我们理解科学对技术的推动提供了很好的说明。量子理论和相对论，为原子能技术、合成化工技术和半导体技术的发展提供了理论基础；晶体管的发现，诞生了作为信息技术基础的现代半导体技术和计算机技术；DNA的发现，导致了现代生物技术的产生和广泛应用。来自科学理论研究的突破，为技术问题的解决、技术的发展

---

① 巴萨拉.技术发展简史[M].周光发，译.上海：复旦大学出版社，2001：206.

② 司托克斯.基础科学与技术创新[M].周春彦，译.北京：科学出版社，1999：63.

提供了重要的推动。

技术对科学促进主要来自以下两个方面：其一，技术发明为科学提供可观察的材料和实验手段，从而促进了科学的发展。例如，望远镜的发明促进太阳系学说的提出和发展；显微镜的发明和利用，使人类开辟了微生物学领域的新天地；当代射电望远镜、高能粒子加速器、原子核反应堆、超导超级对撞机、α质谱仪等大型仪器设备的实验，把人类的感知能力扩展到广泛的领域，推动了相关领域的规律的发现。其二，出于解决技术问题的需要引发了相关的科学研究，从而推动了科学的发展。如各种遗传疾病的治疗困难推动了基因科学的发展。

科学史中，巴斯德的案例为我们理解基于应用目的引起，并促发基础研究及其重大突破提供了很好的说明。当时，里尔地区的一位工业家找到巴斯德，要他解决关于甜菜汁酿酒中的难题。他访问了一些工厂，把甜菜汁的样品提取到他的实验室进行显微测试，他发现了发酵与微观组织有关，而且这些微观组织能够离开游离态的氧而存在。这一发现为他的工业客户提供了一种控制发酵、减少浪费的有效方法。同时，在进行这一研究的过程中，他开始形成了对一些自然现象的认识，并获得了某些微生物在无氧条件也能生存的惊人的独到结论。这项工作使他对中世纪就广为接受的生命自发形成的观点产生了疑问，后来又使他取得了一个极为出色的研究成果——创立疾病病理学。

巴斯德的研究可以用来很好地说明以应用为目的的研究推动了基础研究的发展。根据司托克斯的观点，如果以"认识"目的与"应用"目的区分基础研究与应用研究，那么巴斯德的研究既不属于出于追求认识的研究，也不属于追求纯应用的研究，而是一个由应用目的引起的基础研究。正是这一基于应用目的的工作推动了技术与科学的发展。因此，他认为除了纯基础研究和纯应用研究之外，还存在着一个新的象限，他称之为巴斯德象限[①]（见图4.2）。这一象限的构造，可以用来说明基于应用目的引起的基础研究。而这也从另一个侧面告诉我们，现代技术发展与科学发展紧密交织在一起，不仅来自科学理论的突破能够带来技术原理的变化，而且技术发展也能够推动科学的发展。

出于解决技术问题的需要而引起的科学研究，有可能带来基础研究与技术开发的重大进展。我们可以从核聚变技术的开发与等离子体理论发展之间的相互关系来理解科学与技术的协同进化。"二战"后，人们开始认识到开发核聚变能源的重要性。但是这一技术的发展需要等离子体科学的发展。只有等离子体中的扰动与扰动输运问题得到认识，才有可能为验证现存理论预言作出重大贡献，并指导这一领域的工作。显然，磁限制聚变开发的社会需要与潜在前景成为推动等离子体科学理论发展的最大驱动力，同时，等离子体科学的研究进展能够为人类利用核聚变开发清洁的可再生能源提供理论上的突破。

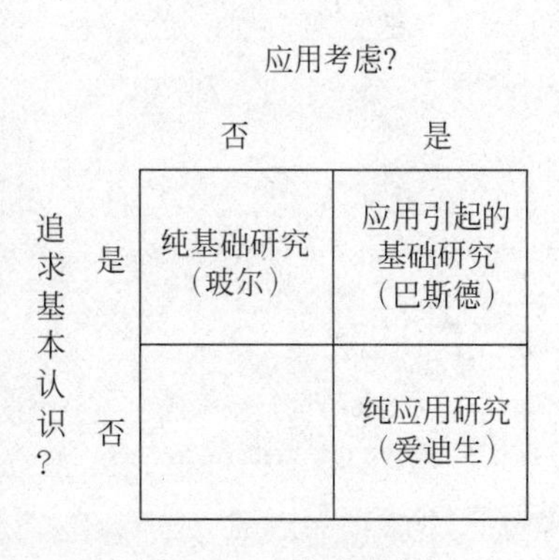

图4.2　巴斯德象限

正是因为科学与技术之间相互促进的联系密切，里普认为科学与技术之间并非简单的线性关系，而是以"科学与技术共舞"的模式来协同发展的。哈维·布鲁克斯把科学与技术

① 司托克斯. 基础科学与技术创新[M]. 周春彦，译. 北京：科学出版社，1999：63.

发展比喻为两条河流:“将科学与技术的关系看做两个积累的平行的河流更好,两者有许多独立之处和交叉联系,而它们的内在联系比交叉联系更强得多。”

阅读文献

[1] 西蒙. 关于人为事物的科学[M]. 杨砾,译. 北京:解放军出版社,1985.
[2] 巴萨拉. 技术发展简史[M]. 周光发,译. 上海:复旦大学出版社,2001.
[3] 司托克斯. 基础科学与技术创新[M]. 周春彦,等,译. 北京:科学出版社,1999.

思考题

1. 技术的基本界定可以从哪几方面加以理解?

2. 技术与科学的关系如何理解? 技术与科学的区别核心是什么?

3. 是否只有科学有了新突破才带来技术的发展? 你如何看待技术发展与科学发展之间的关系?

4. 技术演化的内在动力是什么?

5. 技术与理性有没有关系?

第五章　工　程　观

我们每天看到工程，但我们并不清楚：工程是什么？工程有什么特征？工程是简单的还是复杂的？工程是系统的还是孤立的？工程是静止的还是发展的？处于不同自然环境或者社会环境中，工程会有什么不同吗？“希望工程”“985工程”以及其他社会工程是否符合工程的内涵呢？只有对熟知事物进行正确反思，人的认识水平才能提高。

工程与科学和技术不同，工程注重实践，工程具有集成性的特点。工程还具有系统性和复杂性。工程是为了实现工程主体的目标，工程的实施与所处的环境息息相关，工程作为一个过程是动态变化的。工程的实施需要最优化设计。工程中包含着大量的不确定性和某些不可避免的风险。通过上面对工程特征的分析我们可以看出，工程和科学技术在研究的目的和任务、研究的主体、研究的过程和活动方式、研究的核心和对象、研究规范以及成果性质和评价标准等方面存在明显的差异。

第一节　工程的内涵

工程是现代文明、社会经济运行和社会发展的重要内容和重要组成部分。从古代开凿运河、修筑长城、建造金字塔、兴建房屋……到当代建造现代化工厂、高层智能建筑、大型水利工程、高速交通网络、现代化机场、海底隧道、能源工程、航天工程等大型和特大型工程，各种类型和规模的工程在现代经济发展和社会现代化进程中有着越来越重要的地位和作用。跟工程相关的工程意识、工程思维、工程决策、工程管理、工程伦理、工程教育等，已经越来越成为企业界、学术界、政府部门等日益关注的焦点和核心问题。

工程有广义和狭义的区分。狭义的工程是指与生产实践密切联系、运用有关的科学知识和技术手段得以实现的活动，如水利工程、冶金工程、化学工程、建筑工程、三峡工程、南水北调工程等。广义的工程包括人类的一切活动，指的是人类为达到某种目的，在一个较长时间周期内进行协作活动的过程，除了包括与生产实践相联系的活动，还包括社会生活的许多领域，如“五个一”工程、安居工程、希望工程、引智工程、下岗再就业工程等。这里的工程主要是指狭义的工程。工程的外延包括传统意义的工程，比如建筑工程、水利工程、交通工程、电力工程、通信工程、机械工程、能源工程等，也包括现代的工程，比如系统工程、管理工程、制药工程、信息工程、生物工程、遗传工程、网络工程、环境工程和农业工程等。

与工程相关的工程意识、工程思维、工程决策、工程管理、工程伦理、工程教育等，已经越来越成为企业界、学术界、政府部门等日益关注的焦点和核心问题。尽管工程在人类生活和社会发展中发挥着巨大作用，但是直到近代工业革命时期“工程”才进入迅猛发展的阶段。18世纪，法、英等国兴起了筑路风潮。18世纪中叶到19世纪上半叶，蒸汽机开始广泛使用，并且随着工厂规模的不断扩大，用于生产的机械不断发明和使用，机械工程才得到发展。1765年J.瓦特制造了一台试验性的有分离凝汽器的小型蒸汽机；1776年瓦特与M.博尔顿合作制造的两台蒸汽机开始运转；1783年，威尔金森工厂最早使用瓦特蒸汽机驱动蒸汽锤；1785年，纺织厂开始采用蒸汽机做动力，随后织布厂、磨粉厂、铁厂等大量使用了蒸汽机；1800年，英国已拥有321台蒸汽机；同期，生产机械也在蓬勃发展，主要表现在一系列纺纱机、织布机、机床等的发明和应用上；与此同时机械工程理论也取得了突破，主要表现在热力学和机构学的创立等方面；1847年，在英国伯明翰成立了机械工程师学会，标志着机械工程作为工程的一个独立领域得到正式承认。

中国早在《新唐书·魏知古传》就出现了工程的概念：“会造金仙、玉真观，虽盛夏，工程严促。”明朝的李东阳在《应诏陈言奏》中提到：“今纵以为紧急工程不可终废，亦宜俟雨泽既降，秋气稍凉，然后再图修治。”清朝的刘大櫆在《芋园张君传》中提到：“相国创建石桥，以利民涉，工程浩繁，惟君能董其役。”曹雪芹的《红楼梦》中也提到“工程”：“园内工程，俱已告竣。”在我国的古代著作中多次提到“工程”概念，那么究竟什么是工程呢？这是我们不能回避、必须回答的问题，也是工程观的基础和出发点。

对于工程的内涵的界定并没有统一的说法，比如，《简明大不列颠百科全书》对工程的定义是：“应用科学知识使自然资源最佳地为人类服务的一种专门技术。”[①]西南交通大学肖平认为：“工程是人类将基础科学的知识和研究成果应用于自然资源的开发、利用，创造出具有实用价值的人工产品或技术活动的有组织的活动。”[②]李伯聪从科学、技术、工程的“三元论”视角来界定工程，他认为：“科学是以发现为核心的人类活动，技术是以发明为核心的人类活动，工程是以建造为核心的人类活动。”[③]现代汉语词典对“工程”的界定是“土木建筑或其他生产、制造部门用比较大而复杂的设备来进行的工作，如土木工程、机械工程、化学工程、采矿工程、水利工程等”[④]。

美国工程和技术资格认证委员会将工程界定为：工程是通过研究、经验和实践所得到的数学和自然科学知识，以开发有效利用自然的物质和力量为人类利益服务的途径的职业[⑤]。有人把工程界定为“工程是人类有组织、有计划、按照项目管理方式进行的成规模的建造或改造活动，大型工程涉及经济、政治、文化等多方面的因素，对自然环境和社会环境会造成持久的影响”。[⑥] 也有人把工程界定为“从特定主体的需要和目的出发，综合运用科学

① 简明大不列颠百科全书：第3卷[M].上海：中华书局，1999：143.

② 肖平.工程伦理学[M].北京：中国铁道出版社，1999：1.

③ 杜澄，李伯聪.跨学科视野中的工程：第1卷[M].北京：北京理工大学出版社，2004：3.

④ 中国社会科学院语言研究所.现代汉语词典[M].北京：商务印书馆，2002：289.

⑤ 李大光.“中国公众对工程的理解”研究设想[C]//工程研究：第2卷.北京：北京理工大学出版社，2006：103-118.

⑥ 朱京.论工程的社会性及其意义[J].清华大学学报(哲学社会科学版)，2004(6)：464-467.

的理论和技术的手段去改造客观世界的具体实践活动”。[①] 文森蒂在《工程师知道什么以及他们是如何知道的》这本书中指出，“工程指的是把任何人工制品的设计(design)和构造(construction)组织起来的实践活动，这种人工制品对围绕我们的物理世界进行转换以适合于公认的需要”。[②]

关于工程的界定纷繁复杂，总而言之，所谓工程就是为了满足人类特定的目标，在特定的自然环境和社会情境中，运用科学知识和技术手段有计划、有组织地建造某一特定人工物的活动。人们综合运用科学的理论和技术的方法与手段，有组织、系统化地去改造客观世界的具体实践活动，以及所取得的实际成果。

工程的最终成果一定是“工程实体”，而不是思想或理论，不像科学和技术一样仅局限于知识和活动阶段。从科学、技术到工程，工程是最直接、最现实的社会生产力。

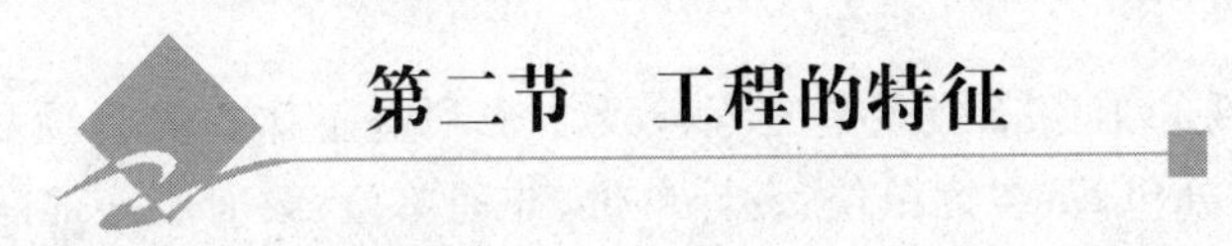

第二节　工程的特征

一、工程活动具有系统性和复杂性

工程是从主体的特定目的出发改造世界的活动，通过造物形成人工自然的手段，所以工程活动中包含众多的要素，具有系统性。工程活动中必须强调系统协调，除了内部的系统协调，还要求与其环境中的其他系统相协调。

例如，以农业水利工程为例，这个工程包括众多的要素，比如：蓄水工程(包括水库、堰塘)、引水工程(包括有坝引水、无坝引水)、提水工程(即泵站工程)和机井等，这几个要素组合成一个系统，呈现出内部协调性。不同的水利工程通常与特定环境相联系，如南方水量丰富，则南方的农业水利多蓄水工程，北方水量不丰富，北方的农业水利多引水工程；山区多蓄水工程，平原多提水工程，南方多堰塘，北方多机井等，具体的农业工程中包括各种特定的类型与系统的环境相协调。虽然不同地区的水利工程类型不同，但在同一区域中，不同的水利工程实际上是相互关联的，因此，农田水利的系统性并不仅仅是指单个水利工程构成的灌溉系统，如泵站灌溉系统由进水渠、泵房、输水渠等组成，系统的任何一个要素的缺失都将导致整个灌溉系统的崩溃。

不但如此，工程系统还有多个约束条件：时间约束，即建设工期目标；资源约束，即资金、材料、设备等投入目标；结构安全和使用功能约束，主要是指质量目标和水平(如合格工程、优质工程)，预期的生产能力等；费用约束，即成本或投资控制目标、效益指标；安全约束，即工程安全指标；环境约束，即环境保护目标。

除系统性外，工程活动还具有复杂性，即工程系统具有复杂性。

工程系统的复杂性首先表现在：工程系统是一个包含工程本身、工程所处环境和工程施工人员等多重因素的复杂系统。除了工程本身，还要考虑工程的环境以及工程主体等因素。确定工程在使用过程中的可靠性，就需要考虑人、环境和负责这个工程项目的组织机构

① 张秀华.走向工程范式的创新[J].自然辩证法研究，2003(5)：39-43.

② VINCENTI W G. What engineers know and how they know it: analytical studies from aeronautical history[M]. Baltimore: Johns Hopkins University Press, 1993: 5.

的文化等因素的复杂影响。

工程系统复杂性的第二个表现是工程系统本身是包含设计、研发、建造、使用等过程，且在工程的每一个阶段都包含很多的因素。比如，复杂的工程如核弹、航天飞机和航空飞机等大型工程，在研发、试验、建造、维护阶段，都要面对多个层次和大量的子系统。

工程系统复杂性的第三个表现是工程包含众多的要素，且是多学科的集合体，工程中除了考虑技术要素，还要考虑经济要素、政治要素、管理要素、社会要素、文化要素等，这体现了工程结构的复杂性。工程的结构包括计划、决策、目的、运筹、施工、成本预算、风险控制、程序、管理、控制、标准、验收等要素和一些子系统。工程的建造过程也是一个多学科集成应用的过程。例如，土木建筑工程所指的工程科学主要有材料力学、理论力学、结构力学、流体力学、工程测量学、房屋建筑学、水工学、土力学、项目管理学、工程经济学等多个学科的知识和实践。

工程系统复杂性的第四个表现是工程涉及多个利益主体。工程项目建设过程涉及业主、投资商、承包商、分包商、咨询单位、设计单位、监理单位、政府职能部门、材料设备供应商及相关者（如运营商）等，工程参与者众多，他们是代表不同利益集团的工程主体。

工程系统的复杂性还表现在：工程是分层次的。工程系统的第一个层次是技术要素层次。首先，工程中的技术具有复杂性。工程中的技术主要是指工程形态中的技术、工艺、方法和技巧，它不是技术的简单堆砌，而是技术的综合应用，例如建造桥梁的技术就包括高性能混凝土、钢结构焊接工艺、预应力施工技术、大跨径桥梁悬臂浇铸技术、防渗堵漏技术等复杂的技术群。

工程系统的第二个层次是技术要素与生产要素、经济要素、管理要素等其他要素的关系。工程不是简单的建造过程，要将工程的技术要素与信息、目标、物资、资金、方法、人员等有机结合起来。生产要素和资源在土木工程中包括人力资源、材料、机械设备、资金、土地、信息、技术、管理等。例如，美国政府于 1941 年 12 月 6 日拨款实施制造原子武器的计划。1941 年 12 月费米领导建设美国第一个原子能反应堆，1943 年工程进入原子弹具体设计阶段，1945 年 7 月 16 日第一颗铀原子弹试爆成功。这一工程共动员 50 多万人，其中科研人员 15 万，耗资 22 亿美元，占用全国近 1/3 的电力。

二、工程具有特定的实现目标

任何一项工程项目都是工程主体为了实现特定目标的活动，任何工程都有特定的实现目标，我们之所以要用很长的时间进行论证，要花 2000 亿元的资金、17 年的时间来修建三峡工程，就在于它能带来发电、通航以及人民安全的巨大效益。任何工程为了实现特定的目标都有具体的方案设计、施工要求、施工步骤，工程的运行则需要运转资金的注入。工程的质量是整个工程的核心所在。工程质量出现问题，工程的目标就没有完全实现，工程的效益就会大打折扣，特定的资金就没有达到预期的实现目标。因此，工程除了有最终的目标还要有质量目标、效益目标、安全目标、进度目标等。工程就是为了实现这些具体的目标和最终目标。

例如，南水北调工程经过 20 世纪 50 年代以来的勘测、规划和研究，在分析比较 50 多种规划方案的基础上，分别在长江下游、中游、上游规划了三个调水区，形成了南水北调工程东线、中线、西线三条调水线路。通过三条调水线路，与长江、淮河、黄河、海河相互连接，构成我国中部地区水资源“四横三纵、南北调配、东西互济”的总体格局。南水北调工程规划最终调水规模为每年448亿立方米，其中东线148亿立方米，中线130亿立方米，西线170亿立方米，建设时间需40—50年。整个工程将根据实际情况分期实施。在工程的实施过程中还包括质量目标、安全目标、进度目标等不同层次和方面的实现目标。

三、工程与环境相互影响

现代工程已与环境息息相关，重视与环境的协调发展，工程与环境就会实现双赢。大型工程的实施，都会对自然生态系统产生一定的影响，工程和环境构成了现代工程的一对矛盾。必须充分考虑到工程活动可能引起的环境问题，否则工程与环境就会两败俱伤。在确定工程建造之前，环境的因素是必须加以重点考虑的内容，忽视环境因素工程的预期目标就会受损，社会整体发展也会受到负面影响，可持续发展的社会目标就很难实现。三峡工程有提高水位、利于航运、蓄水发电、调节水力、抗旱抗涝等作用，但是它对环境的破坏也不容忽视。

2011年3月11日，日本本州岛附近海域发生里氏9.0级地震，随后引发海啸。地震和海啸造成福岛第一核电站严重损坏，引发“福岛核泄漏事件”。福岛核电站核泄漏事件造成了巨大的环境灾难，由于核电站反应堆核燃料部分熔化，放射性物质大量扩散，造成日本福岛附近严重的放射性污染。不仅如此，这些泄漏的放射性物质随大气环流在北半球地区广泛扩散，美国、加拿大、冰岛、瑞典、英国、法国、俄罗斯、韩国、中国和菲律宾等国在空气中均检测到放射性物质。放射性物质对日本环境和食品安全造成了直接影响，受损核电站附近农场出产的菠菜和牛奶检测出放射性物质超标，在福岛附近的鱼类中已检测到放射性物质。大量放射性污水排入海中，可能破坏海洋生态环境，引起部分海洋生物的变异，造成严重的环境灾难。因此，建造工程首先要考虑与环境的协调一致。

四、工程是一个动态过程

一个具体的工程就是一个过程(process)，我们总是可以在时间的维度上确定项目的起点和终点。例如，为了实现人类居有定所的目标，人类建造房屋。工程在建造之前就已经有可行性方案，工程主体按照一定的目的来协调它的活动方式和方法，并且随着不断出现的新的情况来修改原来的计划。因此，工程是个动态的过程。工程并不会因为项目(project)的结束而结束，而是因为项目的结束才开始发挥作用。因为建造工程的目的不在于工程本身，而在于工程的作用。例如，建设三峡工程的目的不在于建设项目本身，而是在于三峡工程在防洪、发电、航运等方面发挥的巨大作用。

工程系统本身也是一个非常复杂的动态过程，从方案评估、工程选址、项目决策、可行性研究、地质勘测、初步设计、施工图设计，到建筑施工、设备安装、试运行、工程竣工、交付使用、项目后评价等全过程，工程都处于变化和发展的状态。工程实施过程中，由于受工程内部因素的变化和工程外部原因(如社会因素、经济因素、政治因素、法律因素、环境因素等)的影响和制约，工程可能不会始终按当初设想的方式按部就班进行，因此就必然要对工程目标、计划、方案进行相应的调整和优化，最终使工程实现质量优、安全好、费用省、工期短等工程目标。而要实现这一目标，就需要工程主体对进度、费用、质量、安全、风险等进行控制和调整，因此，工程活动是一个动态的过程。

五、工程需要最优化

工程的系统化使其包含了诸多的因素：工程管理、工程技术、工程协调、施工人员等。并且，一个工程往往有多种技术、多种方案、多种路径可供选择。在工程活动过程中，有成本、工期、质量、安全等目标，需要考虑经济因素、政治因素、环境因素、技术因素、管理因素、设计因素等多种因素，需要权衡利弊实现整体最优化，使工程在对技术、方案、路径的选择时能够努力实现工程整体上的最优化，实现经济效益和社会效益的双赢。

工程的目标可以是单一的，也可以是多目标的。对于多目标系统，往往要求功能、资金、时间和可靠性等同时达到目标。当目标较多而又相互矛盾时，往往需要在一定准则下找出一个合理的折中方案。工程的最优化就是实现工程活动各组成部分以及各进行阶段的有效运转，并且不能为了追求经济效益而忽视社会效益。

工程活动的整体最优就是要有统观全局的观点，并从工程的整体效果出发来分析、考察与解决问题，根据工程中的各要素有效地分配资源。在解决工程问题时，选择一个最优方案，以便对工程活动进行最优设计、最优控制和最优管理与使用。

涧峪水库为陕西省"九五"重点项目，是渭南市重点水源工程之一，整个工程包括水库枢纽、灌区、供水管道、电站等项目。目前，供水管道已列入城市应急供水项目中，并已实施。整个工程从项目建议书、可行性研究到初步设计阶段做了大量的方案研究工作，共制定了三个方案。方案1工程投资大，水量利用率高，单方水成本高。方案3工程投资小，单方水成本低，效益分析指标好。方案2介于方案1和方案3之间。从工程资金投入、经济效益、工程建设的必要性以及便于分期实施等方面分析，最终推荐方案3作为涧峪水库工程的首选方案，它不仅有投资省、水利用率高等特点，同时也不影响将来条件成熟时在东涧峪建库的可能性。这样，就使得涧峪水库工程达到了整体最优的目标。工程最优化就是要通过要素整合，形成综合优势，使工程系统总体上达到相当完备的程度。

六、工程包含不确定性与风险性

工程中的各种要素本身存在不确定性，不确定的要素之间相互作用构成的工程整体往往具有更大的不确定性。由于工程主体认识、实践能力的有限性以及工程行动过程的可变性，不确定的可能性不可避免地随机发生，造成工程行动的不确定性，也可能带来风险。已完成的工程在其运行中，也存在不可预见的不确定性。

工程不确定性的客观方面主要表现：

工程依赖的科学知识具有不确定性。"科学不再等同于确定性，概率不再等同于无知；科学知识在本质上是概率性的；由科学知识概率性所表征的不确定性不是只要我们付出了足够的时间和努力就可完全消除的，它是内在于科学知识之中的。"①科学知识的不确定性使得以科学知识为基础的工程本身具有了不确定性。现代科学是科学家在实验室中建构出来的科学，实验室条件具有可控性，是对自然条件的简化，因此实验室科学相对来说具有稳定性，但其不能把自然界的所有条件考虑在内，因此是相对不完整的，实验结果也未必能与自然界通约。科学往往是给自然界提供解释模型，但是模型并非等于原型。因此，科学知识

---

① 普利高津．确定性的终结[M]．上海：上海科技教育出版社，1998：2．

和技术知识具有不确定性，导致以科学知识和技术知识为基础的工程实践具有不确定性，存在着一定的风险。

根据上文的叙述，工程具有一些基本的特征，工程本身的特征也可能导致工程的不确定性。工程具有系统性和复杂性，工程实践的周期长，涉及因素多，导致工程具有不确定性。工程自身的矛盾性，导致在寿命期内工程一直是发展和变化的，这就使得工程具有不确定性。

工程不确定性的主观方面表现在工程主体认识、实践能力的有限性。

工程主体的理论框架、认知结构、思维方法、经验背景的差异，以及主体的价值取向、主观态度在认识过程中可能产生的偏差，使得工程主体难以形成全面、系统、动态的工程知识，只是个别性、僵化性和分离性的工程知识，甚至还有可能是虚假的工程知识。

已完成的工程在其运行中，也存在不可预见的不确定性，工程成果在特定自然环境、社会环境下可能带来灾难性的风险，对周围人群的生存构成威胁，并且这种风险是客观的和普遍的。在工程项目的全寿命周期内，风险是无处不在、无时不有的。任何一种具体风险的发生都是诸多风险因素和其他因素共同作用的结果，是一种随机现象。随着项目的进行，有些没有预料到的风险可能会发生并得到处理，同时在项目的每一阶段都可能产生新的风险。工程项目一般周期长、规模大、涉及范围广、风险因素数量多且种类繁杂致使其在全寿命周期内面临的风险多种多样，而且大量风险因素之间的内在关系错综复杂、各风险因素与外界交叉影响又使风险显示出多层次性。

我们如何认识工程风险，如何规避和控制工程风险呢？工程师、政府部门、企事业单位、管理部门、工人需要在工程建造中承担哪些责任呢？

第三节　科学、技术与工程的关系

科学、技术与工程是人类活动的重要内容，但关于它们之间的关系却存在众多不同的观点。技术与科学的区别已得到多数人的认同，但技术与工程之间的关系却存在混乱的看法。甚至钱学森也认为两者之间没有本质的区别，并主张把中文的“技术科学”翻译为“engineering science(工程科学)”[①]，这是传统的科学、技术二元论观点。在传统的科学、技术二元论的理论框架下，工程常常被理解为技术活动在实践领域的延伸，科学、技术在实践中的应用。其实，工程和技术应该是有明确区分的，我们应该坚持科学、技术、工程的三元论观点，其主张科学、技术和工程是三个不同的对象、三种不同的社会活动，它们有本质的区别，同时也有密切的联系。工程作为一个复杂的系统不应该与技术混为一谈，技术是构成工程系统的一种要素。工程除了技术要素之外，还包括政治要素、经济要素、安全要素、环境要素、管理要素等多种要素。

前面章节已经涉及了科学和技术的关系，我们这里主要讨论科学和工程、技术和工程的关系，在此基础上总结科学、技术与工程的关系。

① 王前.现代技术的哲学反思[M].沈阳：辽宁人民出版社，2003：3.

一、科学、技术与工程之间相互联系、相互渗透

工程与科学、技术相互依存、相互促进、相互作用、相互渗透。在当今的工程实践中，这种联系更加紧密，你中有我，我中有你，不可分割。首先，工程活动离不开科学理论的指导。工程活动和实践如果没有科学理论的指导，工程就不可能全面实现其目标，可以说，现代的工程凝结和汇聚了多个学科的科学知识。

科学研究自然界和社会界的现象、本质和演变，发现其规律，并形成理论。如天文学、数学、粒子物理学等，是综合提炼具体学科领域内各种现象的性质和较为普遍的原理、原则、规律等而形成基本理论。其研究侧重于在认识世界的过程中，进行新探索，获得新知识，进而形成更为深刻的理论。任何一个工程的实施都有其科学原理的根据，是一定的科学理论的体现。任何一项工程的建设和实施都是根据工程科学的理论、原理来设计建造的，是科学理论在现实生活中的具体体现。工程在其设计建造的过程中必须严格按照工程建设的科学标准来实施。例如，"神舟"十号飞船是中国第五艘搭载人的飞船，是中国载人航天工程的重要组成部分，它以空气动力学的科学理论以及航天技术、材料技术、电子技术、自动控制技术等方面的科学知识的综合运用为基础。因此，工程实践离不开科学知识。

2003 年美国"哥伦比亚"号航天飞机失事，航天飞机外部燃料箱表面泡沫材料安装过程中存在的缺陷，是造成整起事故的祸首。如果违背科学原理就难以实现工程的目标，例如，"哥伦比亚"号航天飞机事故调查委员会公布的调查报告显示，失事原因就是外部燃料箱表面脱落的一块泡沫材料击中航天飞机左翼缘的材料。当航天飞机返回经过大气层时，产生剧烈摩擦使温度高达 1400℃ 的空气在冲入左机翼后熔化了内部结构，致使机翼和机体熔化，才导致了悲剧的发生。由此可见，工程发展依赖于科学的进步。

科学的发展推动工程的发展。比如，X 射线的发现对探索物质结构起了重大推动作用，DNA 双螺旋结构的发现对生命工程的发展也产生了重大作用。同时，工程实践促进科学的发展。当工程活动遇到科学认识的困境，而现有的科学知识又无法满足需要时，工程活动往往又会导致基础科学的研究。这样一来，一方面会创造出新的科学知识，另一方面则相应建构出解决工程困境的新的工程科学知识。对于工程活动来说，新的工程科学知识的建构，其根本的目的并不在于这些知识本身的创造，而是利用这些知识达到建造出人工物的最终目标。

1. 技术支撑工程的实施，工程依赖于技术的发展

火药的发明，炼铁、炼钢技术的出现，推动了以火药技术为代表的工程革命，人类摆脱了以木材、石材、铜和铁的技术应用为基础的冷兵器工程时代，出现了以线膛枪、线膛炮为标志的热兵器工程时代。化学能与电力的发明，引发了以电力为中心的技术革命，推动并进入了以坦克、飞机等武器装备为标志的火力加机械化的武器装备工程阶段；20 世纪中期，随着原子弹、火箭和计算机技术的相继问世，人类的发展进入现代军事工程阶段，因此技术支撑了工程的实施。"大量工程师确实致力于设计活动，而且，正是在技术活动中，从直接的技术意义上说，产生了对许多工程知识的要求。"[①]火药的发明使得资本家打开封建主义的大门，

---

① VINCENTI W G. What engineers know and how they know it：analytical studies from aeronautical history[M]. Baltimore：Johns Hopkins University Press. 1993：5.

计算机的发明使人类摆脱了繁重、枯燥的计算，还大大提高了人类的运算速度和运算能力。

反过来说，科学技术的应用又往往是以工程为依托的，离开了工程实践活动，科学技术就成了无本之木、无源之水，科学技术理论和方法只有运用于工程等实践活动才能得到检验和发展。工程促进科学的发展，例如，在《工程师知道什么以及他们是如何知道的》一书中文森蒂从航空工程的领域来考察历史案例来说明，空气动力学和流体力学正是基于航空工程的实践和演化而发展起来的。

工程实践促进技术的发展，工程是技术发展的动力，工程是技术成熟化道路上的桥梁。内燃机、汽轮机等动力机械的出现与发展促进了机械工程的发展。1860 年法国人 E. 勒努瓦制造了第一台在工厂中实际使用的煤气机；1884 年，英国人 C. 帕森斯制成第一台有实用意义的汽轮机，它是多级反动式汽轮机；1896 年法国人 A. 拉托把几个单极冲动式汽轮机串联在一起，形成多极冲动式汽轮机。1897 年德国人 R. 狄塞尔制成第一台压缩点火式内燃机。

工程与技术是紧密联系、相互支撑和相互促进的。正如远德玉教授所说："离开了工程中的技术问题的研究，这样的工程哲学是不完善的。离开技术谈工程，工程就没有了基础；离开工程谈技术，则把技术架空了。"[①]技术与工程之间也是相互渗透、相互作用的。虽然发明不等于建造，技术不同于工程，但它们都是人与自然作用的产物，并同属于改造自然的实践范畴。没有不依托于工程的技术，也没有不运用技术的工程。技术是工程的前提和基础，没有技术就没有工程；而工程又是技术的深化和拓展，并为技术的成熟化和产业化开拓道路。

2. 科学、技术和工程都是生产力，都能够促进社会的发展和人类的进步

科学是一种生产力，是一种可以改变人类生活水平的力量。科学作为认识自然界的一种知识体系和求真活动，属于潜在生产力。工程活动作为科学知识和技术手段在实践中应用，并在具体的实践过程中总结经验，创造新技术、新方法，使科学技术迅速转化为社会生产力，工程直接作用于自然界，属于直接生产力。从科学、技术到工程就是由潜在的、知识形态的生产力转变成现实的、直接的、物质的生产力。三者都是人与自然关系的中介，在历史进程中融合发展，并与社会相互作用。

虽然科学与技术、工程的研究对象和属性等方面具有本质的差别，但随着科学与技术、工程的发展，三者的关系愈发密切，科学技术化、技术科学化、技术工程化、工程技术化的出现，科学、技术和工程越来越呈现一体化的趋势。这就是说，科学、技术和工程是紧密联系的。

3. 现代社会中的科学、技术和工程都负荷价值

我们经常听到一句话"科研无禁区，后果当思量"。这句话表明：科学研究和技术发明本质都是价值中立的，人类的应用才使得科学和技术有了价值。

如果从科学最初的发展来说，科学是为了寻找自然界某一方面的发展规律，但随着近代和现代科学的发展，科学在对科学事实进行描述的基础上，已经蕴含了价值判断，科学本身是蕴含价值的。科学影响人类社会的同时，也会因为人类的介入而受到人类的知识状态、认知水平以及价值取向的影响，也会受到社会政治集团、经济集团、利益集团等的影响。科学

---

① 远德玉.工程哲学与工程的技术哲学[J].自然辩证法通讯，2002(6)：81-82.

家需要的经费从何而来不是仅仅由科学家的个人的价值判断以及科学研究内容本身决定的。这些都体现了科学本身具有价值取向，科学不是外在于人类与伦理无涉的成果，科学本身负载着价值。“科学研究的对象和知识不再是对自然的反映，而是科学共同体内部成员之间相互谈判和妥协的结果；科学知识只是一种社会建构，甚至是一种政治意识形态的产物，而不是对自然界内在属性的客观反映。科学实践的认识成果完全可以以社会科学的方式加以解释，通过利益、协商等社会交流词汇就足以理解科学工作。”①

科学研究的对象和知识不局限在对自然界的反映，而是科学共同体内部成员之间共同的约定或者妥协的结果。“不是自然存在决定科学理论的内容，而是从事科学活动的科学家的行为决定了自然界是什么。”②科学知识只是一种社会建构，而不局限在对自然界内在属性的客观反映。科学已经从发现自然界的规律转变成对世界的理论建构。科学不仅仅局限于发现自然界的规律，更在于建构科学的理论。科学的基本概念、基本公设到科学的知识体系多是理性的建构而非经验的发现。科学不是外在于人类价值的，也非与伦理无涉的自然界的规律，科学作为一种知识体系不是价值中立的，科学本身负载着价值。

科研活动中不管是科研项目的立项、科研项目的实施和完成都要受到主观因素的干预，受到人类社会价值的影响。面对众多的现象，科学家在科学事实的选择、科学活动中运用的科学方法的认定、科学体系的建构等各方面都体现了科学并非中立的，而是负载了人类的价值判断。“科学家选择一种理论必须符合他们所特有的方法论原则和能够体现他们所具有的价值目标；反之，科学家所接受的理论和方法论原则又对科学价值目的的选择提出了要求和限制。”③

技术被当成人类实现自身目的的工具。简而言之，技术是“求用”的。技术涉及人的介入，技术知识、技术活动和技术方法不可避免地受人类价值观念的影响，绝对不可能是价值中立的。

技术已经不是人们为了达到目的的中性手段和工具，技术所带来的不良后果也不能仅仅归结为人类对技术工具的滥用。在这个社会中，“不仅技术的应用，而且技术本身就是对人与自然的统治”。④ 技术本身的发展受多种因素的影响，比如经济发展的需要、利益集团的需求都对技术的研制、应用都有重要的影响。

工程作为人类的实践活动，代表了不同利益集团的利益，工程不但负载价值，并且体现了某个利益集团的价值，与某工程主体的价值取向密切相关。

二、工程与科学、技术的区别

1. 研究的目的和任务不同

科学研究的目的在于认识世界，揭示自然界的客观规律，它要解决有关自然界“是什么”“为什么”和“怎么样”的问题，从而为人类增加知识财富。技术的目的在于改造世界，实现对

---

① 黄瑞雄. SSK对科学人文主义的叛逆[J]. 自然辩证法研究，2003(12)：25-30.

② 科尔. 科学的制造——在自然界与社会之间[M]. 上海：上海人民出版社，2001：48.

③ 劳丹. 科学与价值——科学的目的及其在科学争论中的作用[M]. 殷正坤，译. 福州：福建人民出版社，1989：13.

④ MARCUS H. Industrialization and capitalism in the work of Max Weber [M]//Negations, essays in critical theory. Boston：Beacon Press，1968：223.

自然物和自然力的利用，它要解决变革自然界“做什么”和“怎么做”的问题，从而为人类增加物质财富。

工程的任务是利用和改造自然，建造人工自然，提供工程物品，将头脑中的观念形态的东西转化为现实，以物的形式呈现出来。工程不像科学和技术，停留在知识和产品阶段，工程是物质形态和精神产品的统一，是现实的、直接的生产力，它能够迅速形成生产运营能力，产生巨大的社会经济效益，极大地带来经济的繁荣、社会的发展和人类生活方式的改善。

工程研究的目的和任务不是获得新知识，而是获得新的人工物，是要将人们头脑中的观念形态的东西转化为现实，并以物的形式呈现出来，其目的在于科学知识和技术手段的物化。技术开发跟科学发现相比具有明确的目的，但所开发的技术在未来的应用却不是唯一的。一项通用技术开发出来以后，除了一开始具有相对确定的应用领域之外，还可以迅速转移到其他应用领域中去，如原子能技术开发的直接目的是制造原子弹，但后来主要被应用于核能发电。计算机技术开发的直接目的是为了统计和计算数据，现在却被主要应用在丰富和方便人类的生活、辅助人类工作等方面。在工程实践中，一个工程要运用多项技术，是多项技术的集成实践。

2. 活动的主体不同

科学活动的主体是科学家以及科学共同体，技术活动的主体是发明家，而工程活动的主体是企业家、工程师和工人等组成的工程共同体。工程共同体不同于科学共同体，更像一个利益共同体，工程实际上是工程共同体内各利益共同体博弈的结果。从社会组织的层面看，它包括企业社会团体、军事团体、政府等。从个体人员的层面看，它包括决策者、投资人、企业家、管理者、科学家、技术人员、设计师、工程师、经济师、会计师、工人等。一般来讲，工程共同体是比较松散的，可能会随着工程的完工而解散，而科学共同体是相对稳定的，其因为共同的研究旨趣而紧密地连接在一起。科学共同体把研究范式作为形成和发展的根本动力和最高原则。例如，以德国化学家李比希(1803—1873)为首的化学共同体就是一个科学共同体，他们的研究兴趣都在化学领域，李比希创建有机化学理论，发明实验室教学法和Seminar 教学法，开创农业化学、化肥工业，把 Giessen 建设为世界化学的“圣地”，吸引各国青年学子；名师出高徒，人才脱颖而出，形成跨国学派——李比希学派。共同体中的凯库勒发现了苯的环状结构，门捷列夫发现了元素的周期性关系。这个科学共同体因为师承关系联系紧密，截止到 1955 年，共出现 40 位诺贝尔奖得主，对世界化学界影响深远，且能够保持密切的合作。工程共同体则是比较松散的，以国家体育场——“鸟巢”为例，“鸟巢”是 2008 年北京奥运会主体育场，由 2001 年普利茨克奖获得者赫尔佐格、德梅隆与中国建筑师李兴刚等合作设计，2003 年 12 月 24 日开工，2006 年建成完工。“鸟巢”在建造过程中有建筑工人、管理者、工程师等工程主体，他们为了共同的目标——建造国家体育馆而结合在一起，等工程完工后，这个工程共同体就解散了。工程的建造阶段完成后，就是工程的管理和维护阶段，当时的建造工程共同体就不复存在了。

3. 研究的过程和活动方式不同

科学研究过程追求的是精确的数据和完备的理论，要从认识的经验水平上升到理论水平，属于认识由实践向理论转化的阶段，目标性不强。技术研究过程追求的是比较确定的应用目的，要利用科学的知识和理论来解决实际问题，属于认识由理论向实践转化的阶段，目标性较强。工程研究过程十分复杂，涉及工程目标的选择、工程方案的设计和工程项目的实施等，对工程知识的判断直接影响到工程进展的顺利与否以及效率的高低。工程知识的结构要比科学知识和技术知识的结构复杂，一项工程的实现往往是多学科知识、多领域技术的综合集成，也是人力、财力、物力的综合集成。

工程和科学、技术的活动方式不同。工程是人对自然有目的、有组织的利用和改造，工程活动表现出来的形式往往是群体性实践活动。而科学和技术往往是个人活动或者小范围的共同体的活动。相对来讲，工程的活动方式更倾向于群体性，工程活动是多种不同行业、不同知识背景、不同劳动技能的多个群体的共同活动。

4. 研究的取向、核心不同

科学的研究是受好奇心驱使，想发现自然界现象的规律以及对自然界真实状态进行描述。技术是目的取向，为了达到技术主体某方面的目的。工程是任务取向，为了完成某个工程实践。

科学的研究核心是发现，技术的研究核心是发明，工程的研究核心是建造。科学的对象具有普遍性和可重复性的规律，技术的对象具有一定可重复性的技术方法，而工程具有唯一性、个体性、一次性。工程具有和某个地方联系的唯一性、独特性和地域性。工程可以借鉴却无法复制和重复。科学发现以规律为核心，技术发明以规则为核心，工程建造以规划为核心。

科学的研究对象是自然界，技术的研究对象是人工客体，工程有自己独特的研究对象，工程一般有较大的规模，包含着技术系统，也包含着复杂的组织系统和社会化系统；工程实施更要考虑可行性，更加注重效益和效率。

5. 研究规范不同

科学的研究规范是由默顿(R. K. Merton)提出的普遍主义(universalism)、公有性(communism)、无私利性(disinterestedness)以及有组织的怀疑(organized skepticism)。普遍主义规范提出了判断科学知识真理性的一个重要准则：必须与通过观察获得的科学事实和先前的经过检验的知识一致，而不以任何个人的标准而改变。这些知识的真理性不依赖于提出这些主张的科学家的个人或社会属性；与这些科学家的种族、国籍、宗教、阶级和个人品质都无关。公有性规范要求科学家把自己的科学成果公开。科学家作出重大的科学发现后获得的唯一的权利是承认和尊重。比如，用科学家的名字来命名科学发现，如牛顿第一运动定律、哥白尼体系、玻意耳定律等，这只是一种对科学家作出重大发现的承认和尊重方式，并不表明这些成果为科学家及其后代所独占。无私利性规范要求科学家为“科学的目的”从事科学研究，在研究中坚持求真求实的精神，在工作中坚持正直、诚实，对科学负责，对同行负责的品格。有组织的怀疑(organized skepticism)也译作“有条理的怀疑”，这个规范提倡怀疑精神。该规范要求科学家在工作中保持审慎的态度，对所有的知识，不管它的来源如何，在其成为确证无误的知识之前，都应经过自己的思考，都可以作追问，不应该盲目推崇。技术以获取经济效益和物质利益为目的，具有“事前多保密，事后有专利”的规范特征。在研究规范上，工程作为改造自然的实践活动的实施过程，尤其是较大规模并有着复杂组织系统的实践活动的实施过程，在工程项目的实施中特别强调分工合作，讲究优势互补、强调团结和发挥团队精神。大型航空飞机产业的发展，它的趋势又是国际化，一家公司不可能制造出一种飞机来，波音飞机是美国主导下的全球合作产物，日本、加拿大、巴西、中国都参与其中。该机型的生产将分包给10个国家的43家一级供应商，比如像波音787飞机，美国波音公司的工作份额包括设计、制造和最后的试验，它的组装、研制，知识产权在波音，但是它制造的很多东西，包括风险共担的制作业务都分包给其他国家，比如日本占到波音787工作比例的35%，美国沃特公司和意大利的“阿莱米娅”公司占波音787份额的26%，剩下4%由几家小公司来承担。

6. 成果性质和评价标准不同

科学研究获得的最终成果主要是知识形态的理论或知识体系，具有公共性或共享性，一般是不保密的，一旦有了新的科学发现，就是全人类智慧的结晶，不属于某个特定的科学家或者科学共同体。因此，对科学的评价标准为是非正误，以真理为准绳。

技术活动获得的最终成果主要是科学知识和生产经验的物化形态，是某种原创性发明、技术专利、技术诀窍、工艺图纸、样品或样机等，这些都具有商品性，可以在保密的同时转让和出卖。因此，对技术的评价标准是利弊得失，以功利为尺度。工程是以已有的科技成果为对象，将其进一步实现产业化的过程。从工程成果的性质和评价标准看，工程所遵循的是“目标—计划—实施—监控—反馈—修正”路线评价成败，工程达不到预期目标就意味着失败。

科学、技术、工程的区别如表5.1所示。

表5.1　科学、技术、工程的区别

比较的依据	科　学	技　术	工　程
研究的目的和任务	认识世界，揭示自然界的客观规律，解决自然界“是什么”“为什么”和“怎么样”的问题	改造世界，实现对自然物和自然力的利用；解决变革自然界“做什么”“怎么做”的问题	改造世界，将头脑中的观念、形态的东西转化为现实，以物化的形式呈现出来
研究的主体	科学共同体	技术共同体	工程共同体
研究的过程和活动方式	追求精确的数据和完备的理论，从认识的经验水平上升到理论水平	追求比较确定的实用目标。利用科学理论解决实际问题，认识由理论向实践转化的过程	工程目标的选择、工程方案的设计和工程项目的实施等，其实现过程为综合集成
研究的核心和对象	好奇取向，与社会现实联系相对较弱；针对自然界	目的取向，与社会现实关系密切；针对人工客体	任务取向，与社会现实的多方面因素相联系，在各方利益间权衡；针对实践客体
研究规范	普遍主义、公有性、无私性和有组织的怀疑主义	以获取经济和物质利益为目的；保密和专利	团结、协作、团队精神
成果性质和评价标准	知识形态的理论或知识体系，具有公共性或共享性；评价是非正误，以真理为准绳	科学知识和生产经验的物化形态，发明、专利、诀窍、图纸、样品或样机，具有商品性；评价利弊得失，以功利为尺度	遵循“目标—计划—实施—监控—反馈—修正”路线评价成败，工程达不到预期目标就意味着失败

科学、技术与工程的三分法是一种说法，另外一种正在兴起的是：科学、技术、工程与产业的四分法[①]。在国外，也有学者将工程纳入技术范畴。

阅读文献

[1] 殷瑞钰，等. 工程哲学[M]. 北京：高等教育出版社，2007.
[2] 李伯聪. 工程哲学引论[M]. 郑州：大象出版社，2002.
[3] 布希亚瑞利. 工程哲学[M]. 沈阳：辽宁人民出版社，2008.
[4] VINCENTI W. What engineers know and how they know it[M]. Baltimore：Johns Hopkins Press，1990.
[5] 李伯聪. 关于工程师的几个问题[J]. 自然辩证法通讯，2006(2).

思考题

1. 科学、技术与工程发展趋势如何？
2. 如何理解技术工程化、工程技术化？
3. 如何理解科学、技术和工程一体化？

① 关于产业哲学参见：吴国林主编，《产业哲学导论》，北京：人民出版社，2014 年。

第三篇

马克思主义科学、技术与工程方法论

科学是人类认识自然的活动。科学方法是探索自然、获取科学知识的程序、途径、手段、技巧或模式，在一定程度上科学方法也是科学探索的原则。从总体上看，科学方法主要包括科学发现的方法、科学解释的方法以及科学实践的方法。学习科学方法论有助于科学工作者理解科学活动的本质特征，把握科学精神的实质，以理性的态度从事科学研究，推动科学的不断进步。

技术方法、工程方法往往以问题为导向，涉及技术工程问题的分析、技术工程知识的构成以及技术工程规则的评价。技术与工程是人类社会大系统中两个相对独立的子系统。它们有自身的内在矛盾运动，技术与工程有自身的发展及演化规律，形成了独特的技术方法与工程方法；另一方面，技术、工程又与社会的科学、经济、政治、军事、文化等诸因素相互影响。由此，较之于科学，技术与工程演化呈现出错综复杂、与各种社会活动密切关联的发展脉络。

在本篇，我们研究马克思主义科学方法论、技术方法论与工程方法论，特别关注科学事实、观察负荷理论、科学解释与技术解释。

第六章　马克思主义科学方法论

科学发现有方法可循吗？如果真有方法可循，那么每个人按照方法就可以作出科学发现，每个人都可以按照方法一步步成为科学家了。事实上不可能如此，历史上伟大的科学家几乎都否认自己的发现是根据某种方法做出来的。因为科学方法更多的是反思总结出来的思维规律，这种思维规律更多的作用是帮助人们理解科学，而不是创新发现。例如，科学是靠归纳还是靠演绎？它们之间的辩证关系如何？科学研究始于问题还是观察？科学直觉有什么样的场景规律？科学观察得到的感觉材料是被动接受而来还是主动摄取而来？如何进行普遍性的怀疑？当我们的科学研究处于困境之时，这些问题可以帮助我们跳出原有的思维框架。

自亚里士多德以来，科学发现和科学概念形成的逻辑就一直是科学方法论的中心问题。科学家在科学认识活动中常常通过将获取经验概括为科学事实，进而形成各种各样的科学规律，实现对客观对象的科学认识。科学认识的最终目的是要把握事物的本质和规律，科学认识也就离不开科学思维。科学思维是有一定的方法的。虽然问许多科学家他们作出科学发现的方法是什么，他们不一定回答得出来，或者否认有某种方法，但是我们知道了一些方法之后，在我们的科学研究处于困境的时候，不妨有意识地加以运用，可能会有一些启发作用。

第一节　演绎、归纳和辩证思维方法

演绎与归纳是人类认识事物的两种基本的认知方法。历史上，西方的哲人们常以这两种方法中的某一种为根本性方法，而否认或贬低另一种方法。因此，西方的哲学在方法论上可以分为两派：演绎主义与归纳主义。这两派的对立和斗争在近代的西方哲学史上表现得尤其激烈，只是到了19世纪30年代，由于非欧几何的出现（后来又相继出现了集合论、相对论等）才见分晓。其结果是演绎主义失败了，归纳主义取得了“胜利”。因此，西方近代哲学界中以演绎法作为基础的唯理主义转变为现代的非理性主义，以归纳法为基础的经验主义则被发展为实证主义。

一、演绎法与科学约定论

由一组公理推导出一个知识体系，或是从一般原理推演出个别结论的思维方法叫做演绎法。亚里士多德最早提出了三段论式的演绎法，即三段论。三段论是由一个共同概念联系着的两个前提推出结论的演绎推理，它由大前提、小前提、结论三部分组成。如“凡金属都能导电（大前提），铁是金属（小前提），所以铁能导电（结论）”。演绎法的重要意义反映在欧几里得的几何学上。我们初中所学的几何学就属于欧几里得几何学（简称欧氏几何），我们知道，它是建立在一些为数不多的公理基础之上，然后从这些公理中推出定理。这其中的每一种、每一步推理，以及我们运用这些公理、定理证明任何题目的推理过程都必须严格遵守亚里士多德的三段论，否则就会犯错误。因此，欧氏几何实际上是一个严密的演绎体系。古往今来的许多西方学者都希望一切知识都能像欧氏几何那样建立在为数不多的公理基础之上，然后运用演绎法推出全部知识体系。牛顿的《自然哲学的数学原理》就是以欧氏几何为范本写的。

直到18世纪末，几何领域仍然是欧几里得一统天下。解析几何改变了几何研究的方法，但没有从实质上改变欧氏几何本身的内容，解析方法的运用虽然在相当长的时间内冲淡了人们对综合几何的兴趣，但欧几里得几何作为数学严格性的典范始终保持着神圣的地位。许多数学家都相信欧几里得几何是绝对真理，说它概念清晰、定义明确、公理直观可靠而且普遍成立、公设清楚可信且易于想象、公理数目少、引出量的方式易于接受、证明顺序自然、避免未知事物，因而极力主张将数学包括微积分都建立在几何基础之上。17、18世纪的哲学家从莱布尼茨到康德，也都从不同的出发点认为欧氏几何是明白的和必然的。

莱布尼茨区分了两种真理，即理性的真理和事实的真理，理性的真理是必然的，事实的真理是偶然的，数学是一种必然的真理，而必然的真理有“原始的真理”和“推理的真理”的区分，他说：“当一个真理为必然时，我们可以用分析法找出它的理由来，把它归结为更单纯的观念和真理，一直到原始的真理。”他又说：“……原始的原则，是不能够被证明的，也不需要证明。”[①]这样理性真理（如数学真理）就是逻辑的真理，它包括直接的逻辑真理（原始的理性真理）和间接的逻辑真理（推理的真理），而其必然性就是逻辑的必然性。莱布尼茨强调理性真理的先验性，反对任何经验的论证，他说：“无可争辩的是感觉不足以使人看出真理的必然性，因此心灵有一种禀性，自己从自己内部把这些必然真理抽引出来……必然真理的原始证明只能来自理智，……对于一个普遍的真理，不论我们能有关于它的多少特殊的经验，如果不靠理性认识它的必然性，靠归纳是永远也不会得到它的确实保证的。”[②]对于洛克提出的全部知识都必须建立在经验之上的见解，莱布尼茨指出，洛克的错误在于：“他没有把源出于理智的必然真理的起源和来自感觉经验，甚至来自我们心中那些混乱知觉的事实真理的起源，作充分的区别。”[③]在莱布尼茨那儿，先验知识的必然性归结为一种逻辑分析的必然性，事实真理是综合的知识，它并不具有必然性。

先验知识和后验知识是按照认识的起源来把认识分为理性认识和经验认识的。康德还有一对概念，即“分析的-综合的”这对概念，用来确定一种判断的真理性。康德把一切谓词已经隐含地包含在主词概念之中的判断称为分析的，例如“物体是有广延的”就是一个分析判断，因为“广延”这个概念本来就包含在“物体”这一概念之中，而所谓的物体就是有广延并

① 十六～十八世纪西欧各国哲学[M].北京：商务印书馆，1975：488-489.

② 莱布尼茨.人类理智新论[M].北京：商务印书馆，1982：49.

③ 莱布尼茨.人类理智新论[M].北京：商务印书馆，1982：37.

占据空间的东西,把这一点通过一个判断的形式表达出来,并没有给“物体”这个主词增添什么新的内容。与分析判断对比的是综合判断。所谓“综合判断”是谓词不包含在主词概念之中的判断,因而主词与谓词的联结必定给主词增添了新的内容,如“物体是有重量的”这一判断中,“物体”这个概念并没有包含“重量”这个概念,因而要知道物体是有重量的,不能通过分析“物体”这个概念而得知,而必须凭借经验,这样形成的判断是两个彼此外在的概念的综合。

“先验的-后验的”与“分析的-综合的”这双重区分总共产生 4 种联结的可能性:①先验分析判断;②后验分析判断;③先验综合判断;④后验综合判断。其中①和④这两种联结的可能性是没有问题的,“后验分析判断”是不可能的,这样康德就重点考察“先验综合判断”的可能性。

在康德看来,真正的科学知识必须满足两个条件。首先,必须是两个原来外在的概念或表象的联结,亦即必须给主词概念增添新的内容,像经验性的后验综合判断一样(如“花是红的”或“物体是有重量的”)。“综合”是产生知识的关键,它把一些零散的材料整个注意、抓住、贯穿联结起来。其次,这种联结必须具备普遍必然性,像先验分析判断一样(如“物体是有广延的”)。科学知识满足这两个条件之后,就既出来新的内容,又具备普遍必然性。因此,作为真正的科学知识的最为牢固的基础就是“先验综合判断”。

古人作科学研究的时候往往会从自己的心灵之中寻找规律,也就是在心灵之中寻找理据,这种理据是先验的,如此则人同此心,心同此理,得到科学的一般性或普遍性。这里涉及一个问题,“先验的”规律是否是正确的?

康德认为存在着普遍必然、放之四海而皆准的绝对真理,其典范就是牛顿物理学和欧几里得几何学,它们都是先验综合判断。不过康德在《纯粹理性批判》中主要论述了欧几里得几何学,而牛顿的物理学倒未见专门的论述。下面就简要地看一看康德对几何学的先验综合判断的论述。

在康德看来,欧几里得几何学是普遍必然的科学,那么它们的普遍必然性从哪里来的呢?除非我们把空间看做先验的(先验的只有一种可能即纯粹的认识形式),否则无法说明它们的科学性。例如“两点之间直线最短”,“直”是质的概念,“短”则是量的概念,加在一起,需要综合,而且这种综合是先验的综合,否则它不会具有普遍必然性。那么这种先验的综合能力来源于什么地方呢?它来源于我们人类的先验的感性直观形式,即空间。康德认为空间是我们直观外部事物的认识形式。关于空间的形而上学阐明:第一,空间不是从外部经验得来的经验概念。因为我们要想感觉外部事物及其相互关系,必须以空间为前提。我们不能想象离开了空间还能经验外部事物。第二,空间是先验的,而不是经验的。我们可以想象一个没有任何事物的绝对空的空间,却不可能想象一个外部事物不在空间之中。所以,空间不是经验的对象,而是经验的形式。第三,空间不是经验概念。经验概念是对众多具有相同属性的事物的抽象,而空间只有一个,所谓不同的空间不过是对同一个空间的分割,都是以唯一的空间为前提。第四,空间是一个无限的所与量。概念有内涵与外延,内涵越少,外延越大,理论上我们可以设想表现无限的东西的概念,可实际上是不可能的,因为概念总要有内涵,所以一定有外延,不可能没有外延的限制。然而,空间就是没有外延限制的无限的,所以空间不是概念而是直观。在几何学中，一切概念都是由空间直观构成的，而不是从概念中分析出直观来，因此几何学知识是综合的，它可以在无限量的空间中不断去构成，去扩展新的知识。但由于空间是我们主观先天的直观形式，对它的限制和分割任何时候都不以经验的内容改变而改变空间的性质，因此几何学又具有先天的普遍必然性，一旦发现就可以运用于任何具有相同空间关系的场合而不会出错。正是空间作为一种先验的感性直观形式使得几何学成为"先验综合判断"，成为普遍必然性的规律。然而非欧几何的建立使得关于数学的绝对真理性的信念彻底崩溃。

非欧几里得几何是由高斯、黎曼和罗巴切夫斯基等几何学家建立起来的，他们都是对欧几里得几何的第五公理作了适当的改造得出来的逻辑自洽的公理体系。欧氏第五公设问题是数学史上最古老的著名难题之一。第五公设是论及平行线的，它说的是：如果一直线和两直线相交，所构成的两个同侧内角之和小于两直角，那么，把这两直线延长，它们一定在那两内角的侧相交。数学家们并不怀疑这个命题的真实性，而是认为它无论在语句还是在内容上都不大像是个公设，而倒像是个可证的定理，只是由于欧几里得没能找到它的证明，才不得不把它放在公设之列。

- 欧氏几何及其平行公设
  - — 公设一：过不同两点可连一直线
  - — 公设二：直线可无限地延长
  - — 公设三：以任意一点为中心和任一线段之长为半径可作一圆
  - — 公设四：所有直角均相等
  - — 公设五：一平面上两条直线被另一直线所截，若截线一侧的两内角和小于两个直角，则此二直线必在这一侧相交。（1795 年的版本：过已知直线外一点有且只有一条直线平行于已知的直线。）

黎曼几何对第五公设的改造是：过已知直线外一点有无数条直线平行于已知的直线。由此得到的球面三角的内角之和大于 180°。

罗巴切夫斯基几何对第五公设的改造是：过已知直线外一点没有一条直线平行于已知的直线。由此得到的双曲面三角的内角之和小于 180°。

因为欧氏几何学是建立在一系列"不证自明"的公理之上的；由于这些公理本身是"不证自明"的、是"真"的；即前提为"真"。所以依据这些"真"的前提——"不证自明的公理"经过正确的推理，演绎出来的全部欧氏几何学的公理体系也当然都是"真"的。然而，非欧几何学的出现却表明了这种推理逻辑的不确定性。当我们改变了欧氏几何学的第五公设——即"平行公设"的时候，仍然可以演绎出一整套几何学公理体系来。当曲率小于 0 时，我们可以得到一个全新的空间——罗巴切夫斯基空间，从而可以推出一套与欧几里得完全不同的、全新的几何学体系——罗巴切夫斯基几何学。同样，当曲率大于 0 时，我们可以得到另一个新的空间——黎曼空间，从而又可以推出另一套全新的几何学体系——黎曼几何学。在这里可以明显地看到：尽管我们推翻了欧氏几何学著名的第五公设——"平行公设"，推翻了"前提真"但是在新的罗巴切夫斯基空间或黎曼空间里，仍然可以推理出完整的几何学体系。也就是说，即使经过正确的推理，前提和结论之间也可能并不存在严格的因果关系。非欧几何的出现说明数学中并没有先验必然的真理，其公理带有约定的性质，因此出现科学哲学中约定论的思想。

这里有一个问题,是否存在先验知识?这里的“先验”是什么意思?能否从经验证明有先验知识?如果没有先验知识,人类的知识能否获得可靠性和普遍性?

彭加勒(Jules Henri Poincare,1854—1912)是法国著名的数学家、天文学家、物理学家和科学哲学家,他以其出众的才华、渊博的学识、广泛的研究和杰出的贡献赢得了国际性的声誉。在科学哲学上,彭加勒继承了马赫(E. Mach)和赫兹(H. Hertz)的传统,汲取了康德的一些思想,并通过对他的科学研究实践的总结和对当时科学成就的深思,提出了不少富有启发性的新思想。彭加勒是约定主义的创始人。彭加勒通过对科学的哲学反思看到,无论是康德的先验论,还是马赫的经验论,都不能说明科学理论体系的特征,为了强调在从事实过渡到定律以及由定律提升为原理时,科学家应充分享有发挥能动性的自由,他提出了约定主义。约定主义认为,科学定律或定理既非客观的也非先验确定的,而是人的一种主观约定,正如非欧几里得几何一样,约定是我们精神自由活动的产品。约定主义既要求摆脱狭隘的经验论,又要求摆脱先验论,它反映了当时科学界自由创造、大胆假设的要求,在科学和哲学上都有其积极意义。

彭加勒的约定论对认识论的形成和发展有不可低估的影响,爱因斯坦就明显地接受了彭加勒的经验约定论。爱因斯坦曾多次坦率地表示,科学中的基本概念和基本原理既不是先验的,也不是经验的,而是约定的。他这样说过:“概念体系连同那些构成概念体系的句法规则,都是人的创造物。”“我们正在寻求的这个体系中,没有一个特点、没有一个细节能够由于我们思想的本性,而先验地知道,它必定是属于这个体系的。关于逻辑和因果性的形式也同样如此。我们没有权力问科学体系必须怎样构造,而只能问:在它已经完成的各个发展阶段上,它实际上曾经是怎样建造起来的?所以,从逻辑观点看来,这个体系的逻辑基础以及它的内部结构都是‘约定的’。”他同时也这样说过:“理论物理学的公理基础真的不能从经验中抽取出来;而必须自由地发明出来。”“一切概念,甚至那些最接近经验的概念,从逻辑观点看来,完全像因果性概念一样,都是一些自由选择的约定。”[①]

二、归纳法及归纳问题

照归纳主义者看来,科学始于观察。科学的观察者应该具有正常的未受伤害的感官,应该忠实地记录下他所能看到、听到的东西,作为和他正在观察的情况有关的事例,而且他在做这些事时不能带有任何成见。关于世界或世界的某一部分情况的陈述可以被不带成见的观察者使用其感官直接地证明或确立为正确的。这样达到的陈述(可称它们为观察陈述)就形成构成科学知识的定律和理论从中推导出的基础。下面是几个观察陈述的例子。

在一九七五年一月一日半夜十二点,金星出现于天空中某个位置。

部分浸入水中的那根木棒,看起来是弯的。

石蕊试纸浸在液体中变成红色。

这些陈述的正确性,可以通过仔细的观察来证实。任何观察者都可以直接运用他的或

① 爱因斯坦文集:第1卷[M].北京:商务印书馆,1976:315.

她的感官来证实或检验它们的正确性。观察者自己能看得见。

上面引用的这种陈述属于所谓单称陈述类。单称陈述和我们在下面很快就要遇到的第二类陈述不一样,涉及在特定的地点、特定的时间、特定的事件或事态。第一个陈述涉及金星在特定的时间在天空特定位置的一次特定的出现,第二个陈述涉及对一根特定木棒的特定观察,如此等等。这很清楚,所有的观察陈述都会是单称陈述。它们是一个观察者在特定的地点和时间运用他的或她的感官得出的结果。

其次,我们来看几个可以形成科学知识组成部分的简单例子。

天文学:行星以椭圆轨道绕太阳运行。

物理学:当一光线从一种介质进入另一种介质时,它以这样一种方式改变方向:入射角的正弦除以折射角的正弦就是表示这一对介质特性的常数。

化学:酸使石蕊变红。

这些都是对宇宙某个方面的性质或行为提出的看法的一般性陈述。同单称陈述不一样,它们涉及在所有地点和所有时间的特定种类的所有事件。所有的行星,不论它们位于什么地方,总是以椭圆形轨道绕着太阳运行。不论什么时候发生光的折射,它总是按照上面叙述的折射定律进行的。构成科学知识的定律和理论都作出那种一般性的断言,这种陈述被称为全称陈述。

现在可以提出下列问题。如果科学基于经验,那么用什么方法能够从作为观察结果的单称陈述中得出构成科学知识的全称陈述呢?构成我们理论的非常一般性的不受限制的论点,如何能在包含有限数目观察陈述的有限证据基础上被证明为正确呢?

归纳主义者的回答是,如果某些条件被满足,从有限的单称观察陈述中概括出普遍性定律是合理的。例如,可以合理地从涉及石蕊试纸浸在酸中变红的一系列有限观察陈述中概括出普遍性定律“酸使石蕊变红”,或者从一系列受热金属的观察中概括出定律“金属受热膨胀”。归纳主义者认为这些合理的概括必须满足的条件可列举如下:

(1) 形成概括基础的观察陈述的数目必定是大。

(2) 观察必须在各种各样的条件下予以重复。

(3) 没有任何公认的观察陈述和推导出的普遍性定律发生冲突。

条件(1)被认为是必需的,因为只在观察一根金属棒膨胀的基础上作出所有金属受热膨胀的结论显然是不合理的,正如在观察一个酒醉的澳大利亚人的基础上作出所有的澳大利亚人都是酒徒的结论是不合理的一样。要证明这两个概括是正确的,必须有大量独立的观察。归纳主义者坚持认为我们不应该跳跃到结论。

在上述提到的那些例子中,增加观察数目的一个方法可以是,反复地加热一根金属棒或连续地观察一个特定的澳大利亚人夜夜酒醉。显然,用这种方法得到的一系列观察陈述为相应的概括形成一个很不令人满意的基础。这就是为什么条件(2)是必要的。“所有的金属受热时膨胀”,只有在它所根据的膨胀现象的观察涉及各种各样的条件时才是合理的概括。应该加热各种各样的金属,长铁棒、短铁棒、银棒、铜棒等。应该在高压和低压、高温和低温下加热,如此等等。如果在所有这些情况下,所有受热的金属样品都膨胀,那时,也只有在那时,从所得的一系列观察陈述中概括出普遍性定律才是合理的。而且,很显然,如果观察到一个特定的金属样品受热后不膨胀,那么,这个普遍性概括就未得到证明。条件(3)是必不可少的。

使我们从有限的单称陈述到达全称陈述，从部分到达全体，被称为归纳推理，而这个过程就称为归纳。我们可以把归纳主义的观点作这样的总结：按照他们的观点，科学基于归纳原理，这个原理可以表述为：

如果大量的A在各种各样的条件下被视察到，而且如果所有这些被观察到的A都无例外地具有B性质，那么，所有A都有B性质。

因此，按照归纳主义观点，科学知识的主体是在由观察所提供的那种可靠的基础上，通过归纳建立起来的，随着由视察和实验确立的事实数目的增加，并且随着由于我们的观察和实验技巧的改进而事实变得更加精确和深入，越来越多的范围更广、概括性更强的定律和理论通过精心的归纳推理建立起来。科学的成长是连续的，随着观察资料储备的增加而日益向前和向上。根据归纳法科学研究的模式可以简单地概括为如下步骤：

(1) 科学研究从观察开始；

(2) 观察事实为单称陈述；

(3) 通过对事实的归纳，人们发现定律和理论，它们表现为普遍陈述；

(4) 从定理、定律、理论和先行条件的合取中演绎出预见，看能否被经验证实。

以上步骤还可以图示如下：

观察⟶归纳⟶形成假说⟶检验

归纳法在科学认识中有重要作用。任何一门自然科学在其发展历程中都有一个积累经验材料的时期。从大量观察、实验得来的材料发现自然规律，总结出科学定理或原理，这是科学工作中最初步的工作。伟大的生物学家达尔文曾经说过："科学就是整理事实，以便从中得出普遍的规律或结论。"①物理学家爱因斯坦说："科学家必须在庞杂的经验事实中间抓住某些可用精密公式来表示的普遍特征，由此探求自然界的普遍真理。"②归纳法正是从经验事实中找出普遍特征的认识方法。不过，归纳法遭到哲学家休谟的无情批判，其批判被称为"归纳问题"。

"归纳问题"主要是指归纳合理性及其辩护问题，由于这个问题最早是由休谟在《人性论》第一卷(1739)及其改写本《人类理解研究》(1748)中提出来的，因此亦称"休谟问题"。休谟从经验论立场出发，对因果关系的客观性提出了根本性质疑，其中隐含着对归纳合理性的根本性质疑。他的这个怀疑主义论证在哲学史上产生了巨大而又深远的影响。

休谟把人类理智的对象分为两种：观念的联系和实际的事情，相应地把人类知识也分为两类：关于观念间联系的知识，以及关于实际事情的知识。前一类知识并不依赖于宇宙间实际存在的事物或实际发生的事情，只凭直观或证明就能发现其确实性如何。而关于事实的知识的确实性却不能凭借直观或证明来发现，例如设想"太阳过去一直从东方升起"与"太阳明天将从西方升起"并不包含矛盾。那么，关于事实的知识或推理的根据何在？休谟指出："一切关于事实的推理，看来都是建立在因果关系上面的。只要依照这种关系来推理，我们便能超出我们的记忆和感觉的证据以外。"③他继续分析说："从原因到结果的推断并不等于一个论证。对此有如下明显的证据：心灵永远可以构想由任何原因而来的任何结

① 贝弗里奇.科学研究的艺术[M].北京：科学出版社，1979：96.

② 爱因斯坦文集：第1卷[M].北京：商务印书馆，1976：76.

③ 休谟.人类理解研究[M].北京：商务印书馆，1982：27.

果，甚至永远可以构想一个事件为任何事件所跟随；凡是我们构想的都是可能的，至少在形而上学的意义上是可能的；而凡是在使用论证的时候，其反面是不可能的，它意味着一个矛盾。因此，用于证明原因和结果的任何联结的论证，是不存在的。这是哲学家们普遍同意的一个原则。”①于是，休谟得出结论说：“一切因果推理都是建立在经验上的，一切经验的推理都是建立在自然的进程将一律不变地进行下去的假定上的。我们的结论是：相似的原因，在相似的条件下，将永远产生相似的结果。”但休谟继续质疑说，关于自然齐一律的假定不可能获得逻辑的证明：显然，亚当以其全部知识也不能论证出自然的进程必定一律不变地继续进行下去，将来必定与过去一致，他甚至不能借助于任何或然论证来证明这一点。“因为一切或然论证都是建立在将来与过去有这种一致性的假设之上的，所以或然论证不可能证明这种一致性。这种一致性是一个事实，如果一定要对它证明，它只是假定在将来和过去之间有一种相似。因此，这一点是根本不允许证明的，我们不需证明而认为它是理所当然的。”由此，休谟提出了他本人所主张的关于因果关系来源的观点：“这种从原因到结果的转移不是借助于理性，而完全来自于习惯和经验。”②在看见两个现象（如热和火焰、重与坚硬）恒常相伴出现后，我们可能仅仅出于习惯而由其中一个现象的出现期待另一现象的出现。因此，“习惯是人生的伟大指南。唯有这一原则可能使经验对我们有用，使我们期待将来出现的一系列事件与过去出现的事件相类似。”而休谟所理解的“习惯”，乃是一种非理性的心理作用，是一种本能的或自然的倾向，于是他就把因果关系以及基于因果关系之上的归纳推理置于一种非理性、非逻辑的基础之上。

休谟的论证主要是针对因果关系的，但其中包含一个对归纳合理性的怀疑主义论证。这里把这个论证概要重构如下：

（1）归纳推理不能得到演绎主义的辩护。因为在归纳推理中，存在着两个逻辑的跳跃：一是从实际观察到的有限事例跳到了涉及无穷对象的全称结论；二是从过去、现在的经验跳到了对未来的预测。而这两者都没有演绎逻辑的保证，因为适用于有限的不一定适用于无限，并且将来可能与过去和现在不同。

（2）归纳推理的有效性也不能归纳地证明，例如根据归纳法在实践中的成功去证明归纳，这就要用到归纳推理，因此导致无穷倒退或循环论证。

（3）归纳推理要以自然齐一律和普遍因果律为基础，而这两者并不具有客观真理性。因为感官最多告诉我们过去一直如此，并没有告诉我们将来仍然如此；并且，感官告诉我们的只是现象间的先后关系，而不是因果关系；因果律和自然齐一律没有经验的证据，只不过出于人们的习惯性心理联想。

应该指出，休谟对归纳合理性的质疑是针对一切归纳推理和归纳方法的，并且它实际上涉及“普遍必然的经验知识是否可能？如何可能？”的问题，涉及人类的认识能力及其限度等根本性问题。因此，休谟的诘难是深刻的，极富挑战性，得到了哲学家和逻辑学家的高度重视，他们提出了各种各样的归纳辩护方案，主要有：

---

① 休谟. 人性论[M]. 北京：商务印书馆，1999：367-381.

② 休谟. 人类理解研究[M]. 北京：商务印书馆，1982：42-43.

(1) 演绎主义辩护，指通过给归纳推理增加一个被认为是普遍必然的大前提，把它与归纳例证相结合，以此确保归纳结论的必然真实性。这种归纳辩护方案实际上暗中承认了归纳推理本身不能得到的必然结论，其主张者首推穆勒，此后著名的有罗素以及中国的金岳霖。

(2) 先验论和约定论辩护，其代表人物是康德、彭加勒等人，例如约定论通过把归纳推理的大前提归诸某类主观约定或社会约定来为归纳辩护。

(3) 归纳主义辩护，指通过列举使用归纳法在实践中所获得的成功来为归纳法辩护。

(4) 概率主义辩护，主要是由逻辑实证主义者所提出的一种归纳辩护方案。

(5) 由于上述各种辩护方案在总体上都不太成功，波普尔坚持一种反归纳主义的立场。

休谟虽然对归纳推理的逻辑合理性提出怀疑，但他并未否认归纳法在人类认识中的作用。他说，如果没有归纳法，“那我们除了当下呈现记忆和感官的事情以外，完全不知道别的事情”。[①] 所以，下述说法迄今为止仍然是成立的：“归纳法是自然科学的胜利，却是哲学的耻辱。”因此，在科学研究中使用归纳法先要明确以下几点：

(1) 归纳推理是一种或然推理。归纳论证本质是不保真的论证。前提真不能保证归纳结论一定真，已经经验到的东西不可能确切地证明未经验到的东西。因此，对归纳结论一定要小心，必须要对它进行严格的检验，尤其是要经实践检验。

(2) 归纳推理能为我们提供一种可能性的结论。虽然归纳结论不是必然性结论，但毕竟为我们提供了一种选择，一种可供参考的意见，大大减少了工作的盲目性。这正如科学哲学家卡尔纳普所说的：“归纳逻辑的职能只是要为科学家给出一张关于不同的假设在多大程度上是由证据所确证的清晰图画。由归纳逻辑提供的这张图画将会影响科学家，但它并不会单独地决定他对假设的选择。它像地图有助于旅行者那样而有助于科学家作出决定。如果使用归纳逻辑，决定仍然属于他的，无论如何这样的决定会变得较明智和减少盲目性。”[②]

(3) 在科学认识中，科学工作者不是单独地使用归纳方法，他们往往把归纳法和其他科学方法结合起来使用，这样可克服单独运用归纳法带来的局限。

总之，归纳法在科学认识中仍然是一种有用的方法，它不但过去是，今后仍然会是科学发现和科学理论确认的重要方法之一。

三、演绎与归纳的辩证关系

唯物辩证法认为，为了正确地实现由感性认识上升到理性认识、由经验上升到理论，然后再由理性回到感性、由理论回到实践，达到正确认识世界和改造世界的目的，就必须自觉地掌握并运用唯物辩证的思维方法和工作方法。唯物辩证法作为一系列思维方法和工作方法的整体，本身包括了许多既相区别又相联系的具体方法。这些方法之间不是彼此孤立的，而是相互联系、相辅相成的。其中，归纳法和演绎法就是这样一对辩证思维方法和工作方

① 休谟．人类理解研究[M]．北京：商务印书馆，1982：43．

② 章士嵘．科学发现的逻辑[J]．自然科学哲学问题丛刊，1983(1)：66．

法。归纳是由个别到一般的推理方法，其目的就是要从许多个别事实中概括出普遍性的结论或原理。演绎是由一般到个别的推理方法，其目的就是要从普遍性的原理中引申出关于个别事物的结论。二者是既相区别又相联系，既对立又统一的。

归纳法和演绎法的产生及其运用，本身是有其客观基础和根据的。二者的客观基础和根据，就是客观事物本身所固有的一般和个别、普遍和特殊的辩证关系。个性中包含了共性，只有通过个性才能认识共性，这就是归纳法的客观基础和根据。共性存在于个性之中，同类事物的共性必然要体现在同类每一个别事物的个性之中，这就是演绎法的客观基础和根据。

归纳法和演绎法的对立统一关系主要表现在它们之间是有区别的、对立的，二者属于人的思维中两个相反的推理过程。归纳是从个别到一般、由特殊到普遍的推理过程；演绎是从一般到个别、普遍到特殊的推理过程。再就是二者的目的和作用也是不同的。归纳的目的是为了获得一般结论或普遍原理；演绎的目的是为了获得关于个别事物或特殊事物的结论。

然而，演绎和归纳之间又是相互联系的、统一的。因为二者是相互依存、互为条件的。归纳和演绎本是人们思维过程中都不可缺少的必须环节，所以它们也就必然是紧密联系、相互依存的。归纳推理要以演绎推理作为指导，否则就是盲目的，会失去目标；演绎推理也要以归纳的结论作为根据，否则就会失去前提，无法进行。所以，离开演绎就没有科学的归纳，离开归纳也没有科学的演绎。另外二者又各有局限，需要相互补充。归纳方法不能解决自身的目的和方向问题，归纳推理只是寻找共性，但共性不一定就是本质，即使是本质，归纳也不能帮助我们去理解这些本质。而且，科学所运用的归纳法主要是不完全归纳，其结论总是或然的、不完全可靠。因此，归纳方法需要演绎方法和其他方法来加以补充。反之，演绎推理虽然在其前提和结论之间存在着逻辑的必然性，但由于它自身无法保证其前提的正确性，所以其结论也未必是可靠的。因此，演绎方法也需要归纳方法和其他方法来加以补充。最后，二者也是在一定条件下相互转化的。人的认识和思维是一个不断由个别进到一般，又由一般回到个别的发展过程。与此相对应，也就有一个不断地由归纳转化为演绎，又由演绎转化为归纳的过程。其中，归纳的结论就成为演绎的前提，演绎又使归纳的成果得到推广。然后，演绎的结论再回到实践中来，通过归纳加以证实。归纳和演绎就这样在人的认识和思维过程中不断转化，从而使人的认识步步深入，知识不断增长。

科学本是由人类的一系列创造活动、过程及其成果所构成的一种创造性的事业，当然离不开人类意识的能动性和创造性。科学的一般概念、假说、公理和定律等，归根结底都是人类理性创造的产物。科学上任何一项真正的发现，其实并不是某个单一的认识因素、认识环节和认识方法的结果，而是由许多认识因素、认识环节和认识方法构成的统一的认识过程的产物。科学认识作为一个统一的过程，首先是由经验的启示引导我们的理智去创造各种假说，以便帮助人类去理解和解释世界万物的纷繁现象及其变化；然后就是要对由我们理智所创造的各种假说进行证实或证明。只有在假说得到证实或证明的情况下，我们才能说在科学上完成了一个发现的过程。这样，我们就可以将科学发现的过程大致区分为两个阶段：第一个阶段，就是要收集、分析和整理经验材料，即要对经验现象进行综合和归纳，并在此基础上创立科学的猜测和假说去解释这些经验现象。第二个阶段，即是要对这些猜测和假说进行推演，作出各种科学预测，然后再将这些由假说推演出来的结果，或者说科学预测，用于科学的观察和实验，或者在实践中加以试验性的应用，以检验它们的正确性和真理性。由此可见，科学发现的过程，本身就是一个创造假说与检验假说相统一的过程，也是一个运用归纳法与运用演绎法的辩证统一过程。

就科学发现作为一个创造假说与检验假说相统一的过程而言，科学的证明就不能独立于科学的发现过程之外。科学发现本来就把科学的证明包含在自身之中。在现代西方科学哲学流派中，有许多人，特别是逻辑实证主义者，由于不能理解这一认识的辩证过程，因而提出要将科学的发现过程与证明过程严格区分开来。他们认为，由经验到假说或理论的提出，是无法进行理性的分析和解释的。所以，作为科学哲学或科学认识论的任务，则只能对科学的命题、假说和理论进行逻辑的分析和证明。这不仅割裂了科学的发现过程和证明过程，而且也把归纳法和演绎法的辩证统一关系割裂了。实际上，科学发现和科学知识的获得，既不像归纳主义者所主张的那样，是由单纯的归纳法得来，也不像演绎主义者所主张的那样，是由单纯的演绎法得来。科学发现作为一个统一的创造过程，本是一个综合运用包括归纳法和演绎法在内的各种方法和手段的过程。其中，把任何一种方法孤立起来，将它绝对化，都是有悖于事实的。

实际的情形是，归纳法作为科学发现的重要方法之一，其合理性并不在于它能直接给我们提供具有确定性和真理性的科学知识，而在于它是通向科学假说的重要途径之一。归纳法是从经验出发，但它并不停留于经验。任何归纳推理的结论，作为一个一般命题，必然要超出其经验前提之外。也正是由于归纳法的这个优点，它才有可能推动我们的认识超出经验之外，去扩展原有的思维，使我们能在已有知识之外去作出各种新的猜测和假说。但我们同时也应该看到，归纳法虽然有其优点，作为补充，也必然会带来一个缺点，即它不像演绎法那样具有逻辑的必然性。归纳推理的结论虽然是从经验中得到启发，是由经验的引导而产生，但并非由经验必然地推导出来，所以，它的结论还只能以猜测和假说的形式而存在，没有科学知识的那种确定性或真理性。归纳推理的结论可能给我们提供正确的理论，也可能给我们提供错误的理论。那么，我们能不能因为归纳法存在这样一个缺陷而完全否认其合理性呢？过去的唯理主义者、演绎主义者，现在的证伪主义者，都是以此为根据要求抛弃归纳法。如果真要那样做，尽管可以使我们的科学家不去冒险，少犯错误，但我们又该怎样去获取新的知识呢？科学家的创造活动，首先都是由经验事实引导到猜测和假说，然后再通向科学发现的。恩格斯就曾经指出："只要自然科学在思维着，它的发展形式就是假说。一个新的事实被观察到了，它使得过去用来说明和它同类的事实的方式不中用了。从这一瞬间起，就需要新的说明方式了——它最初仅仅以有限数量的事实和观察为基础。进一步的观察材料会使这些假说纯化，取消一些，修正一些，直到最后纯粹地构成定律。如果要等待构成定律的材料纯粹化起来，那么这就是在此以前要把运用思维的研究停下来，而定律也就永远不会出现。"[①]归纳作为一种联系经验的"启示方法"或"诱导方法"，正是科学家们进行猜测、创造假说的一种非常重要的方法；当然，归纳推理的结论既然还只是猜测和假说，那么这些结论究竟能否成为具有确定性和真理性的科学知识，还需要演绎推理将它们用于实践或科学预测，最终由实践或科学实验来检验和证实。

同样地，演绎法作为科学发现的重要方法之一，其合理性也并不在于它能直接给我们提供具有确定性和真理性的科学知识，而在于它是将假说用于科学预测，以便于科学

---

① 马克思恩格斯选集：第3卷[M].北京：人民出版社，1972：561.

实验对假说进行检验的重要途径和方法。的确，演绎推理无法为自己提供前提，其推理前提必须由归纳和其他方法来提供；而且，其结论也只是对前提内涵的展开或具体化。这是演绎方法的主要缺陷。也正因为如此，所以归纳主义者认为，演绎法是完全封闭的，只是一种纯粹逻辑的分析工具，只是语义上的同义反复，对科学的发现没有任何帮助。其实这也一种非常片面和错误的观点。与归纳法一样，演绎推理虽然有自己的缺陷，但同时也有其优点。演绎推理虽然只是对其前提内涵的展开，在理论上是封闭的，但它却能由一般推向特殊和个别，由理论走向实践，走向科学的观察和实验。因此，演绎推理是向人类的实践活动开放的，向科学的观察和实验开放的。而且，演绎推理还具有逻辑的必然性，只要前提正确，其结论也必然正确。这样一来，在科学研究中，我们就可以把在理论上获得的一些猜测或假说，通过演绎推理得出各种关于特殊和个别事物的结论，这就是所谓科学预测或预见，然后再通过科学的观察和实验对它们加以检验。一般来说，如果这些猜测和假说确实包含了真理性，那么在它们适用的条件和范围内，迟早就一定会得到证实。一旦假说得到证实，它就不再是假说，而要转化为具有确定性和真理性的科学理论或科学知识，这在科学上也就作出了一项重要的发现。既然，科学的发现包含了假说的证实或证明过程，而假说的证实或证明又离不开演绎法，那么与归纳法一起，演绎法同样对科学的发现作出了自己的贡献。

其实，演绎法不仅在科学发现过程中起着重要作用，而且也是理论指导实践、将科学成果运用于实际的重要途径和方法。理论的运用，本质上就是普遍与特殊、一般与个别或共性与个性的统一。理论都是普遍、一般或共性的东西，如果不通过演绎推理，它就不能进入特殊、个别或个性的领域，理论就不能与实践相结合，科学的理论成果也就无法进入实际的技术应用。由现代科技工作者所发明和创造的无数机械设备及工具，它们的设计，首先就是运用牛顿力学以及数学和几何学各种原理、定律进行演绎推理的结果，否则就不可能有这些现代化的机械设备和工具。同样，今天由人工培育和繁殖的万千生物新品种，首先也是由生物学基因理论的演绎推理所预见到的，然后才有现在的技术应用和成果。这个演绎推理过程也是很清楚的：既然一切生物的遗传特性都是由其基因所控制，我们就可能找到这个基因的结构或控件，并有可能将它加以改变，或者更换，或者转移，从而改变生物的特性，获得不同于旧物种的新物种。如果基因理论确实具有真理性，那么在这个推理之后，新基因物种的人工创造，剩下的就只是技术问题了。反过来，现在这些转基因新物种的产生，既是运用基因理论的结果，又是对它的真理性的检验和证实。

第二节　科学解释的方法

科学解释是对“为什么”问题的回答，如“为什么行星以太阳为中心在椭圆的轨道上移动?”“为什么蓝眼睛的父母的孩子也是蓝眼睛?”“为什么希特勒进攻苏联?”；另外，科学解释还“解释寻找为什么的问题”，其内容可以表达为“为什么相信那个 p?”或“有什么原因相信那个 p?”的形式，比如，“皇后号将驶向大西洋”“他一定死于心脏病”等，就不要求解释原因，只要求提供相信其为真的理由。为了解决科学解释问题，科学哲学大师亨普尔提出了著名的 D-N 解释模型(演绎-律则解释模型)与 I-S 解释模型(归纳统计解释模型)，这两个模型被科学哲学界誉为标准解释模型，它的影响十分巨大。

一、演绎-律则解释模型

亨普尔把科学解释分成两个主要成分：解释项和被解释项。解释项是描述现象的语句集合，它包括两个子集：一个是描述特定先行条件的语句 $C_1, C_2, \cdots, C_k$，另一个是表示一般定律的语句集 $L_1, L_2, \cdots, L_r$。被解释项是待解释的现象语句。由上述亨普尔科学解释的形式条件，可以得出如下结论：在理想的科学解释中，解释项中的定律是全称形式的，解释项与被解释项之间的关系是演绎的。满足这两个条件的解释模型被称为“演绎-律则模型”(the deductive-nomological model)，简称 D-N 模型，可由下式表示：

$C_1, C_2, \cdots, C_k$　（描述特定事实的语句）　(D-N)
$L_1, L_2, \cdots, L_r$　（解释所依赖的普遍定律）　解释项 S

E　　被解释项语句(指描述被解释现象的语句)

其中 $C_1, C_2, \cdots, C_k$ 是描述特定事实的语句，又叫先行条件；$L_1, L_2, \cdots, L_r$ 解释所依赖的普遍定律，二者共同形成解释项 S，也可以把 S 理解为解释语句的集合或它们的合取，论证的结论 E 是描述被解释现象的语句，可把 E 称为被解释项语句或被解释项陈述。用亨普尔的话说就是，“由演绎的归入到普遍定律或理论原则之下的解释的一般概念被称为演绎律则模型，或 D-N 解释模型”[①]。下面我们用一个实例来看一下 D-N 模型是如何发挥作用的。

例如：解释汽车水箱冻裂这一现象。

(1) 汽车整夜放在室外。
(2) 室外温度低到 25℉，大气压是正常的。
(3) 汽车水箱所能承受的最大压力为 P_0。
(4) 水箱中装满了水，而且水箱是密封的。
（先行条件）

(5) 在正常大气压下水的冰点是 32℉。
(6) 以冰点温度以下并且体积不变时，水的压力会随着温度下降而升高，可以找到某种函数关系来表示。
（普遍定律）

解释项

---

(7) 汽车水箱冻裂了。　　（被解释项）

在这个例子中，由先行条件和普遍定律，我们可以计算出水箱受到的压力 P 大于水箱的最大受压力 P_0，从而就解释了汽车水箱冻裂这个需要说明的现象。这就是一个典型的 D-N 模型解释。由于 D-N 模型解释是把被解释项演绎的归入到普遍定律特点的规则之下，所以它回答的是“为什么被解释项的现象发生?”的问题。这个论证表明已知特定条件和定律，就可以期待现象的发生，而且在这种意义上解释使我们能理解现象为什么发生。在 D-N 解释中被解释项是解释项的一个逻辑推论，而且普遍定律对于 D-N 解释是至关重要的。亨普尔认为，D-N 模型还可以用来解释某些定律本身，当某个定律可以从一些更普遍、更一般的规律中导出时，这个定律本身也就得到了解释。比如从牛顿定律和那些陈述地球的质量

---

① HEMPEL C G. Aspects of scientific explanation and other essays in the philosophy of science[M]. New York: Free Press, 1965: 336.

和半径的命题中,可以推出伽利略定律所陈述的规律性,这样也就对这种规律性本身作出了科学解释。在亨普尔看来,如果给定的 D-N 解释的解释项是真的,那么就说这个解释是真的,当然被解释项也一定是真的。如果一个给定的证据根据它的解释项强烈支持或确证了 D-N 解释,那么它就由给定的证据强烈地确证。

二、归纳统计解释模型

亨普尔认为,并不是所有的科学解释都立足于严格的全称形式定律之上,他进一步研究了科学解释的概率性质,并给出了或然性解释。亨普尔认为统计解释的逻辑结构有两种:一是演绎统计解释,即 D-S 模型;二是归纳统计解释,即 I-S 模型。D-S 解释涉及一个统计定律形式陈述的演绎,它的解释项必须包含至少一个统计形式的定律或理论原则。这个演绎受统计概率数学理论的影响,这使得它可能计算某种以已知经验地被断定或假设的概率为基础(在解释项中规定的)导出的概率(那些在被解释项中提及)。D-S 解释所说明的就是由统计形式的假设定律所表示的普遍一致性。然而统计定律本来是准备应用于特定事件和建立它们之间解释和预测的联系的。例如,假说:在一个给定的时间间隔单位内和条件下,对于每个放射性物质的原子,存在一个分裂概率。由演绎蕴涵,这个复杂的统计假说解释在它们之中各种放射性衰变其他的统计方面,如下:假设通过用分裂的原子放射出的 α 粒子在一个敏感的屏幕上产生的闪烁记录下某种放射性物质的单独原子的衰变,那么时间间隔分开的连续闪烁将在长度上有很大的不同,但是不同长度的间隔将以不同的统计概率发生。根据内格尔的分析,I-S 模型与 D-S 模型的区别在于前者的被解释项是关于解释项中统计定律所涉及的类中已给定个体成员的一个单称陈述,后者的被解释项是关于解释项中统计定律密切相关的一类现象的概率陈述。

那么单独事件的统计解释和 D-N 解释之间是否有逻辑区别呢? 在亨普尔看来,在统计解释中,覆盖律是或然性的,因而与被解释项之间没有逻辑上的必然关系,也就是说,解释项不在逻辑上蕴涵被解释项。解释项中含有统计形式定律时,解释项与被解释项之间的关系不是演绎的,是归纳的。这种解释只能指出,解释项以很高的概率蕴涵着被解释项。例如:吉姆得了麻疹,可以解释为他是从他哥哥那里染上的,几天前他哥哥麻疹发得很厉害。其论证形式可表示如下:

L:与麻疹患者接触的人染上此病的概率很高

C:吉姆与麻疹患者接触过

——————————————————(造成极大的可能)

E:吉姆染上麻疹有极大的可能性

这一格式中使用单线表示前提(解释项)使结论(被解释项)或多或少地成为可能,其可能性的程度(概率)由括号中的文字注释表明。前提和结论之间不是演绎蕴涵,而是归纳支持。“几乎确定”“很可能”“极不可能的”这些词组不是代表某种命题或相应语句具有的性质,而是代表一些语句与另一些语句之间的关系。

或然性解释的普遍形式可表示如下:

P(O,R)接近于 1

i 是 R 的一个事例

——————————[造成极大的可能性]

i 是 O 的一个事例有极大的可能性

方括号中标出的所赋予被解释项的“极大的可能”，这不是一种统计概率，而是逻辑概率或归纳概率，它表征的是语句之间的关系而不是事件的类别之间的关系。如果 P(O,R)的数值可以得出，并设 O 与 R 之间的概率为 r，这里 $0 \leqslant r \leqslant 1$，则由此得到的或然性解释具有如下的形式：

P(O,R)＝r

i 是 R 的一个事例

——————————[r]

i 是 O 的一个事例有 r 的可能性

也可逻辑地形式化地表示为

P(O,R)＝r

Ri

——————[r]

Oi

上述形式就是所谓的“归纳-统计模型”(the inductive-statisticalmodel)，简称 I-S 模型。正如亨普尔所说：“根据统计概率定律的特殊事实或事件的解释把自身表示为论证，即它是归纳的或概率的，在解释项给予被解释项一个或多或少的高度的归纳支持或逻辑概率的意义，它们被称为归纳-统计解释，或 I-S 解释。”[①]它表明，无论是否可能对所有这类解释都给出确定的数值概率，当某个事件需由或然性定律说明时，解释项赋予被解释项的只是或强或弱的支持。在不能给出普遍定律的情况下，我们必须满足于统计解释。亨普尔认为 D-N 解释与或然性解释也有共同点，即二者所给出的事件都是通过指出另一事件而得到解释，被解释事件与该另一事件之间由定律建立联系。

在对统计解释的研究中，亨普尔强调指出，统计概率与归纳概率或逻辑概率是不同的，统计概率是可重复的事件种类之间的定量关系，是某类产物 O 及某类随机过程 R 之间的定量关系。粗略地说，它表示在 R 的一序列执行中倾向于发生结果 O 的相对频率。逻辑概率是确定的陈述与陈述之间的定量逻辑关系。语句：c(H,K)＝r 断言，对于构写为陈述 K 的证据，假设 H 以程度 r 取得该证据的支持或因该证据而在程度 r 上成为可能。这两种概念的共同之处是它们的数学性质，它们都满足数学概率论的基本原理。自然科学中的许多重要定律及理论性原理都具有或然性的特点，如放射性衰变，根据现行物理理论，它是一种随机现象：每一种放射性元素的原子都有一个特征性的衰变概率，即在指定的时间间隔内发生衰变的概率，相应的概率性定律通常构写为一种给出该元素半衰期的陈述。

> 科学解释中的“解释”的英文是 explanation，这个词也被翻译为“说明”，究竟如何翻译还有争论。explanation 就是要给现象或特定的规律一个强有力的理由或原因。另外诠释学(hermeneutics)这个词的翻译也有多种，其意也是研究文本的理解(understanding)，研究理解的规律。

① HEMPEL C G. Aspects of scientific explanation and other essays in the philosophy of science[M]. New York：Free Press，1965：385-386.

第三节　问题猜想的创新思维方法

一、创新思维方法的起点——怀疑与悬置

费尔巴哈曾经指出："真正的怀疑是一种必要性；这不仅因为它使我摆脱掉妨碍我认识事物的那些成见或偏见，从而成为获得这种认识的主观手段，而且因为它符合于通过它所认识的事物，处于事物本身之中，因而是用以认识事物的唯一手段，是事物本身所给予和规定的……其次，在哲学家看来，真正的哲学怀疑以从这种怀疑开始的哲学的精神和一般观点为前提，哲学家持有这种观点并不是随心所欲的……而是由世界历史和自己的哲学精神决定的，因此它是一种必然的观点。"①费尔巴哈的怀疑观虽然具有直观性和形而上学性，但他对怀疑的重视却颇具启发意义。的确，怀疑不是一种偶发现象，它的产生、发展是具有必要性和必然性的。

怀疑得以发生、发展的客观基础和源泉在于客观世界。客观世界的复杂性和发展的无限性，为怀疑思想、怀疑思维、怀疑方法的产生提供了客观土壤，从而使怀疑成为可能。一方面，客观世界是纷繁复杂的，事物的本质和规律常常被表面的、偶然的、次要的甚至是假象所掩盖。人们不能直接认识事物的本质，不能直接透视事物发展的规律，因而，人的认识必然是真理与谬误、绝对真理与相对真理的辩证统一体。另一方面，客观世界又是不断发展变化的，它的种种内在矛盾必然要经历逐步显露、发展、变化的过程。即使已经达到对客观世界的真理性认识，也并不能意味着认识的终结。客观世界的矛盾性、错综复杂性，决定了人们对于客观世界的认识也必然具有反复性、无限性和上升性，也必然是充满着矛盾的发展过程。而怀疑则是这一过程的一个必然环节，由此人类认识才能够获得经常的、持续的发展。并且，随着客观世界的发展和人类认识的总体发展，人类的怀疑思想也会获得发展，各种类型的怀疑论、怀疑方法都无非是理论化、主体化了的客观规律和关系的不同反映。

怀疑主体的自身状况为怀疑的发生、发展提供了内在的主体条件。从认识结构来看，主体的认识结构作为以往主观经验、理性信息的凝结，常常被人们看做认识包括怀疑的主观条件。其实，它同时也具有客观条件的意义，因为它不仅以人脑在种系进化过程中形成的神经生理系统作为其生理性基础，而且随着社会实践活动的深入，还逐步形成和发展起人脑所特有的社会性信息结构。人脑的生物性结构和社会性信息结构规定了主体的认识怀疑能力。此外，某一特定状态的主体只能从一定深度上把握某些事物的某些层次上的特性，而其他一些事物及其一定层次上的特性对这一特定状态的主体却是封闭的。主体自身的状态，特别是人的认识能力的无限性和有限性的辩证统一，为怀疑的发生、发展提供了主体条件，它使怀疑由可能成为现实，并规定着怀疑的限度。

实践为怀疑的发生、发展提供了最切近的现实基础。主客体之间的实践关系是其怀疑的基础。怀疑的客体只能由实践来提供，即客观事物只有在作为实践的对象纳入实践过程时才在直接现实性上成为怀疑的客体。实践是怀疑的起点，又是怀疑的归宿。也就是说，实践是怀疑思想、怀疑方法产生的最初动因、发展的动力和源泉、检验其正确和有效与否的标

① 费尔巴哈.费尔巴哈哲学史著作选：第1卷[M].北京：商务印书馆，1978：163-164.

准。正如恩格斯所指出的：人的思维的最本质和最切近的基础，正是人所引起的自然界的变化，而不单独是自然界本身；人的智力是按照人如何学会改变自然界而发展的。实践的不断发展，决定了人们的思维是至上性和非至上性的统一，也决定了人们的怀疑能力是有限性和无限性的统一。

总之，怀疑是人类实践和认识过程中的必然产物，以实践为中介的"主体—实践—客体"系统就是人类怀疑思想、怀疑思维、怀疑方法发生、发展的现实前提和基础。因此，要澄清、摆脱对怀疑的种种误解和偏见，要突破怀疑论的阴影，要超越怀疑论，要推进人类认识的发展和现代科学研究，都必须正确理解并切实坚持这个前提、基础。

怀疑论是一种独特而悠久的哲学学说，它以克服独断论为目的，以人类既有认识为反思对象，以哲学思辨和抽象思维能力为基础，是一种怀疑客观世界的真实存在和获得客观真理的可能性的哲学学说。从已具明显怀疑论倾向的高尔吉亚、梅特罗多洛，到古希腊怀疑论之父皮浪，再到柏拉图中期学园派和罗马怀疑论者；从文艺复兴时期的米谢尔·蒙田和比埃尔·培尔，到18世纪的大怀疑论者大卫·休谟，以及现代众多的新怀疑论者，他们以否定的方式反复追问着一系列至关重要的哲学问题，如上帝、物质实体或精神实体是否具有真实性；人类认识是否具有可能性和可靠性；语言与思维及实在的关系等。众所周知，关于这些问题的探讨，对西方哲学中的本体论、知识论和语言论的发展产生了重要影响。

怀疑论既不同于科学意义上的怀疑精神，也不同于不加分析地否定一切的盲目怀疑态度。真正的怀疑论者是"哲学家中的学者"(马克思语)，他们的结论大多是在经过较深的思考和探索之后得出的。因此，对于不同的怀疑论，我们既不能将之等量齐观，也不能武断地做出定论。在哲学史中，怀疑论具有独特而不可替代的地位。这突出表现在：怀疑论提出的一系列哲学问题和难题是构成哲学必不可少的要素，它们决定着哲学的结构和本质特征，推动着哲学的发展。在恒久的哲学问题中，有的问题由怀疑论提出，有的问题则通过怀疑论而得到坚持、深化和发展。同时，怀疑论对绝对主义、独断论提出了种种质疑，促使哲学不断扬弃绝对主义和独断论而获得发展。黑格尔指出，怀疑论"要从一切确定的和有限的东西中进行证明，指出它们的不稳定来源。积极的哲学可以对怀疑论具有这样一种认识，就是：积极的哲学本身便具有怀疑论的否定方面，怀疑论并不是与它对立的，并不是在它之外的，而是它自身的一个环节""积极的哲学是容许怀疑论与它并存的"[①]。从思维方法角度看，怀疑论不承认一切教条，反对绝对真理，批判独断论和宗教神学，对于促进人类思维发展和思想解放都有而实际上也确实起过积极作用。怀疑论并不是哲学史上多余的东西，而是哲学发展链条中固有的、必然的环节，它在哲学的发展上是起过重要的作用的。

当然，怀疑论的合理内容和积极意义又是有限的，不同形式的怀疑论有着共同的思想原则：怀疑事物的客观实在性、怀疑人的认识能力的至上性以及人类认识的真理性。正如黑格尔所说，"这种对一切规定的否定就是怀疑论的特点"[②]。列宁也曾强调：怀疑论不是怀疑；辩证的否定不同于怀疑一切否定一切，否则辩证法就要成为空洞的否定，成为游戏或怀疑论；怀疑论的辩证法是"偶然的"。怀疑论是把怀疑推向极端、为怀疑而怀疑的一种学说，它所谓的"怀疑"，实质上是一种主观唯心主义和形而上学的怀疑。这种怀疑虽然包含着某

① 黑格尔.哲学史讲演录：第2卷[M].北京：商务印书馆，1983：106.

② 黑格尔.哲学史讲演录：第2卷[M].北京：商务印书馆，1983：110.

些合理因素，但本身却并不是合理的怀疑。正如怀疑论本身是矛盾的一样，怀疑论在哲学史上的作用也是矛盾的。由于结论的反科学、反理性倾向，怀疑论对人类的科学和哲学事业必然会也确实产生过不利的影响；哲学怀疑论向生活领域的渗透、怀疑主义思潮的泛滥也常常给社会带来消极的后果。随着社会实践和人类认识的发展，它必然要为更高层次的合理的怀疑方法和怀疑精神所代替。怀疑论的合理性是有限的、历史的，对它既不能全盘否定，也不能盲目提倡。

如前所述，以实践为中介的"主体—实践—客体"系统是怀疑的现实前提、基础。许多人之所以陷入怀疑论或不能彻底驳倒怀疑论，根本原因都在于不能坚持或不能正确理解这个前提、基础。实践的唯物主义坚持彻底唯物主义的、科学的、实践的观点，把物质世界和主体的认识能力看做有限性和无限性的辩证统一，这使它不仅能对不可知论等哲学上的怪论作出最令人信服的驳斥，而且能够使人类的怀疑思维超越怀疑论，从而建构起合理的怀疑方法。

怀疑可分为背理怀疑和合理怀疑。合理的怀疑方法，是一种人们认识世界的思维方法。但它并非一般的思维方法，而是一种创造性的思维方法，是马克思哲学思维方法的重要组成部分。合理的怀疑方法，是人们在认识和实践活动中，对客观事物的真实性或具体认识、实践的科学性和合理性所作的反思、批判、评价和规范。在马克思哲学创立之前，提倡方法论意义上的怀疑的最大代表是笛卡儿。笛卡儿提出"普遍怀疑"的原则，主张用"理性的尺度"审查以往的一切知识，怀疑一切信以为真的和一般被当做真理的东西。在他那里，怀疑具有否定和抽象的意义，是对虚假的想象和非存在的假定的推翻、拒绝和否定。笛卡儿倡导的怀疑精神和怀疑方法有着重要的启发价值，不过，它毕竟缺乏合理性，他从普遍怀疑出发，得出了"我思故我在"这一唯心主义结论。马克思确立的合理的怀疑方法与此有着原则的区别。这种怀疑方法以彻底唯物主义的、科学的实践观作为自己的怀疑的立场和基础，以合真性和合义性作为自己存在的前提，即它既以业已获得的对客观规律正确认识的客观真理作为认识基础，以进一步求真合真；又以人类合理的生存发展和社会进步作为价值旨归，以进一步向善合义。这使怀疑方法具有一种"革命的、实践批判的"精神，并成为一种深刻的治学和研究问题的方法。具体地说，超越了怀疑论的合理的怀疑方法，具有如下显著特点。

其一，未定性。怀疑方法的显著特点在于它反对形而上学的思维僵化，反对任何形式的独断论和教条主义，拒斥一切"终极真理"。由于世界是一个过程的集合体，真理也是一个过程，怀疑方法反对把某一阶段的认识看做绝对正确的形而上学观点，它从反面指出真理观念中的有限性，指出真理中包含的矛盾和否定的因素，启发人们继续进行探索，不断完善认识。怀疑方法的"未定性"并不是绝对的。与其他思维方法明显不同，怀疑方法使人们动荡于新旧交替之际，潜移于对已有认识成果的肯定与否定之间，它不仅包含着重新肯定原有认识的可能，更带有"扬弃"旧有成见的趋向。因而，它既不是确定的肯定，也不是确定的否定，而是根据已知的原理和事实，对未知的自然现象、社会现象及其规律所作的模态判断和模态推理，是处于是与非、此与彼、模糊与清晰之间的矛盾状态。所谓相对真理和绝对真理的统一，也就是具有批判的怀疑和确定的认识的辩证统一。任何所谓的"终极真理"都是荒唐的、不可靠的。人类认识只能是处于怀疑和确定、处于矛盾的产生和解决的过程之中。

其二，辩证性。怀疑方法与怀疑论的重要区别之一在于，它既倡导勇于怀疑、大胆质疑，又力戒怀疑一切、全盘否定。合理的怀疑方法是在承认客观真理的基础上，对原有认识的不合理或已过时部分的否定,并由此提出问题,促使人们去析疑、解疑,从而推动认识和实践向前发展。在这个意义上,合理的怀疑方法是唯物辩证法的重要内容。"辩证法,正如黑格尔早已说明的那样,包含着相对主义、否定、怀疑论的因素,可是它并不归结为相对主义。马克思和恩格斯的唯物主义辩证法无疑地包含着相对主义,可是它并不归结为相对主义,这就是说,它不是在否定客观真理的意义上,而是在我们的知识向客观真理接近的界限受历史条件制约的意义上,承认我们一切知识的相对性。"因此,这种怀疑不是片面的否定,而是辩证的扬弃。

其三,中介性。与怀疑主义不同,合理的怀疑方法并不把怀疑本身作为目的,不是为怀疑而怀疑,而是把怀疑作为探索知识、认识问题的重要方法,看做推进认识和实践合理化所必需的条件。一方面,怀疑方法不满足于现状,并对之进行反思和批判;另一方面,它又不断地构想理想和未来,并成为未来理想的认识和实践的催化剂和"催生婆"。合理的怀疑方法只是把怀疑作为新旧认识或实践之间的中介和由现状达到理想的一种桥梁、手段。

其四,实践性。实践是合理的怀疑方法的最切近的现实基础,真正的怀疑主体和现实的怀疑客体在实践中产生。怀疑方法发源于实践,发展于实践过程,最后又物化于实践结果之中。此外,实践还是检验怀疑方法正确与否的唯一标准。实践性是合理的怀疑方法的根本特点,它既使合理的怀疑方法从根本上不同和高明于怀疑论,又使之成为人们反思、批判现存世界的锐利武器。实践的不断发展决定了合理的怀疑方法是至上性和非至上性的统一,也决定了人们的怀疑能力是有限性和无限性的统一。实践性是马克思主义的怀疑方法的最本质、最重要的特征之一,它是马克思主义的怀疑方法区别于怀疑论和其他类型的怀疑方法的最根本之处,也是马克思主义的怀疑方法保持自己的科学性、革命性和批判性并发挥出一系列重要功能的根本动力。如果没有科学的实践观,在"怀疑"时就不可能坚持彻底的客观性原则和辩证性原则,最终必将陷入唯心主义、相对主义和不可知论。由此可见,合理的怀疑方法尽管与怀疑论有某些"形似",如它们都强调"怀疑",都看到了认识过程中的矛盾性,并且都曾对宗教蒙昧主义、独断论构成否定。但是在根本上,二者之间存在着原则区别和鲜明对立,这主要表现为实践唯物主义与主观唯心主义的对立和唯物辩证法与形而上学的对立。

我国传统文化是不主张怀疑与批判的,而是主张读圣人书,听圣人话,因为在他们看来,圣人所说是博大精深的,只要好好领悟,就能取得成功,这是一种向后的思维方式。而正确的方法是,推动中华优秀传统文化创造性转化和创新性发展,继承革命文化,发展社会主义先进文化,不忘本来,吸收外来,面向未来,不断创造。

二、波普尔的问题猜想法

英国科学哲学家波普尔却是彻底的反归纳主义者,他对归纳法进行了系统的批判和彻底的否定。他说:"从逻辑的观点来看,从个别的陈述中,不管它有多少,推论出一般陈述来,是显然不合理的。因为用这个方法得出的结论,总是可以成为错误的,不管我们看到多少只白天鹅，也不可能证明这样的结论：所有的天鹅都是白的。”[①]波普尔称他的科学哲学为“批判理性主义”，有时又称为“证伪主义”，他的科学方法论的核心是反归纳法，以及建立在反归纳法基础上的经验证伪原则。

那么，科学理论从哪里来呢？波普尔认为它来源于科学家对科学问题的大胆猜测。因此问题才是科学研究的真正起点，即引导科学家进行探索性研究活动的起点是科学的问题，并不是观察或实验。观察和实验总是从一定的研究课题出发的，并不是盲目的。当然，观察和实验是科学研究的基本手段。但是，如果仅仅是观察到事实，并没有提出科学问题，那么，即使观察到一些前所未见的新事实，也不过是记述新事实而已。在现代科学史上，有一个被广为引用的实例即关于X射线的发现。

1895年11月8日，德国维尔茨堡大学物理学教授伦琴在实验室用克鲁克斯管做有关阴极射线的实验，“他正准备截断电流，立起荧光屏，做决定性实验的时候，突然在离放电管一码处的一个小工作台上看到闪烁的微光，……它好像是一道由感应圈来的，被一个镜子所反射的光线或微弱的电火花。……伦琴极为兴奋，划了一支火柴看看究竟，使他大为震惊的是，这个神秘光线是由工作台上的亚铂氰化钡小屏上发出来的”，“显然从希托夫-克鲁克斯放电管发射出来的某种东西会在放得更远的荧光屏上发生效应”，“这个结论确实与有关阴极射线的一般知识相矛盾，尤其是与自己经验(就是阴极射线绝不可能穿过数厘米以上的空气)相矛盾，他专心致志地要解释这种奇怪的现象。”事实上，在伦琴之前，美国费城的古德斯密斯和英国科学家克鲁克斯在实验阴极射线的时候，都曾经发现过照相底板上有异常的现象，而且古德斯密斯事实上曾在1890年2月22日无意中拍了一张X射线的照片。尽管古德斯密斯、克鲁克斯和伦琴都同样观察到这个事实，但是前两人并未认识到他们所观察到的现象是个新的事实，而是把它看做实验失败。这里恰好表明，仅仅是观察事实并不能引导人们对X射线进行研究。只有像伦琴那样，认为被观察的这个事实是已有的阴极射线理论无法说明的，也就是说，提出了科学问题，这才能引导人们对这类现象进行研究。

总之，如果观察到的某种事实并不提出问题，那么，无论这类事实被观察过多数次，它们依然是平凡的事实，并不能引起人们对此进行研究。因此，科学问题是科学研究的真正起点，是科学研究程序的第一个环节。对于这一点，也许还会有某种异议。因为如果有人从上面的事例中加以引申，认为问题本身是来自实验和观察的，以为把“始于问题”再向前追究一步，那岂不就得出科学研究始于观察这个结论吗？其实，事情并不这么简单。科学认识活动的实际情景表明，只有科学问题才会引起真正意义下的科学研究，而且我们也不能简单地断言观察居先，问题居后。

我们不妨深思一下下述情形，自古以来，晨鸡报晓，候鸟春秋迁徙，这类现象虽是古人多见的，但并没引起古人对此进行研究。只有提出为什么生命活动具有时间的节律这个问题时，人们才会对这类习以为常的平凡现象进行研究。这项研究不仅导致“生物钟”理论的创建，而且还使人们观察到一系列前所未闻的事实。

那么，问题从哪些地方来呢？所谓问题就是需要研究和需要解决的矛盾。在科学技术方法论中，科学问题是指一定时代的科学认识主体在当时的知识背景下提出的，关于科学认识和科学实践中需要解决而未解决的矛盾。科学问题的最主要特点是时代性。只有根据当

① 张华夏，等. 现代自然哲学与科学哲学[M]. 广州：中山大学出版社，1996：388.

时科学认识和科学实践的水平提出的问题才是有价值的。“苹果为什么落地而不是飞上天?”今天如果有人提出这样的问题,只能说他是对科学知识的无知,这样的问题在今天是毫无意义的。时代的知识背景决定科学问题的内涵深度和解答途径。例如,同样是探索遗传的奥秘,在19世纪末,魏斯曼提出的是“种质”问题,20世纪初摩尔根提出的则是“基因”问题,到了20世纪50年代,沃森和克里克则提出了生物大分子DNA的结构与复制问题。关于宇宙起源的问题,在古代只能用神学的观点来解释,到了20世纪,则可以应用广义相对论和核物理理论等知识来研究。

科学问题就其内容和提出的途径来说,存在着多种类型。最常见的有以下这些。

(1) 由某个理论内部的逻辑矛盾而提出的问题。如果一个理论体系内部在逻辑上存在着不一致性,那么就会使得人们对该理论的真理性和适用性产生怀疑,从而就提出了科学问题。一个理论体系内部的逻辑矛盾通常并不是十分明显的,而是经过逻辑的推导才揭露出来的。例如根据亚里士多德动力学原理,物体下落的速度与物体的重量成正比,也就是说,如果有一较重的物体 M_1 和另一较轻的物体 M_2 同时下落,那么重物 M_1 的下落速度 v_1 应大于轻物 M_2 的下落速度 v_2。伽利略指出,如果把重物 M_1 和轻物 M_2 绑在一起,它将以什么速度下落呢？这里就会推导出两个相互矛盾的结论：因为 M_1 和 M_2 绑在一起就重于 M_1,所以它的速度应大于 v_1；还可作出另一个推导,M_1 以较大的速度 v_1 下落,M_2 以较小速度 v_2 下落,所以 v_2 会抵消 v_1 的一部分下落速度,这样 M_1 和 M_2 绑在一起的速度应小于 v_1。伽利略通过以上的论证揭露了亚里士多德动力学内部的逻辑矛盾,并由此提出了自由落体的速度问题。

(2) 由不同理论体系之间的矛盾而提出的问题。如果不同的科学理论,它们在各自的领域内都取得了成功,具有很大的解释力,但是它们之间却存在着矛盾和不一致,那么由此就会提出科学问题。例如19世纪生物进化论和热力学在各自的领域内都解释了广泛的现象,建立了相对严密的理论体系。但是,在这两种理论的基本原理之间却无法作出统一的说明。从热力学第二定律可以推导出,在物质系统发展的演化过程中,随着这一系统有序化和组织化程度的不断提高,系统的熵不断地减少。这样所提供的世界时间箭头就是不断衰退的。然而,进化论却提供了一个相反的时间箭头,它表明我们所处的世界是一个不断地由低级向高级发展的进化过程。由此就产生了这样的科学问题：在热力学第二定律与进化论之间如何作出一致的理论说明？这个问题在长达一百多年的时间里,科学家们对此几乎束手无策。直到20世纪70年代,随着耗散结构理论的出现,它才得到初步的合理解答。

(3) 由理论结构上不符合简单性与普遍性的要求而提出的问题。自古希腊毕达哥拉斯学派提出追求数学上的和谐以后,人们就要求科学理论的结构应具有一系列美学的特征,其中最重要的就是具有简单性和普遍性。理论结构的简单性即指要以尽可能简单的形式构造理论系统。理论结构的简单性并不意味着内容的贫乏,相反地,它要求以少数的最普遍命题(基本原理)去推导尽可能多的事实命题,即要求理论能够说明尽可能多的自然现象。因而结构的简单性与原理的普遍性两者是一致的。如果一个理论不能满足这种美学上的要求,即不符合用尽可能少的公理来说明尽可能多的经验事实,那么由此就会提出理论结构与表述上的问题。这种问题将导致理论表述方式的改进,使之更简明和更严谨。例如,自牛顿《自然哲学的数学原理》出版之后,18至19世纪的许多优秀数学家、物理学家,如伯努利、欧拉、达朗贝尔、拉格朗日、哈密尔顿等人都力图以逻辑上等价的、美学上更完美的形式重新表达牛顿的理论，这样就使牛顿力学的结构更加简明、精确、严整。

(4) 由现有理论与经验事实之间的矛盾而提出的问题。一旦科学家发现了一些意外的新现象，用现有的理论无法对这些新事实作出合理的说明，或者这些新事实与现有理论所作的推导是相抵触的，那么就会提出科学的问题；对这些新事实所作的描述是正确无误的吗？如果陈述是真实无误的，那么是否有必要抛弃现有理论而寻求新的理论说明呢？等等。例如19世纪30年代，科学家观察到天王星轨道发生“摄动”，与当时牛顿天体力学所计算的轨道不一致，这就提出了使牛顿力学面临困难的科学问题。后来，由于海王星的发现才解决了这个问题，又如，20世纪初，随着黑体辐射、光电效应等新事实的发现，这些事实与经典物理学的能量连续理论不相容，从而使经典物理学面临着无法克服的难题，最终导致了新理论量子力学的产生。在科学史上，当新事实与现有理论的主体无法协调时，由此提出的问题及其解决，常常使背景知识发生变革，引起新的科学理论的建立。

(5) 对经验事实未能作出统一的理论说明所提出的问题。在开辟新的科学研究领域或一门学科缺乏基础理论时，由于理论尚不成熟或处于前科学阶段，就出现了诸多经验事实得不到统一的理论说明的情况，这时科学家们就会提出涉及创建一门学科的基础理论的问题。例如在19世纪，当化学元素一个一个相继被发现后，就提出了这样的问题；各种各样的元素之间是否存在着内在的联系？经过科学家们对各种元素之间关系的长期探索，最后导致了门捷列夫的化学元素周期律学说的建立。再如，在科学史上，还提出过如何对各类天体作出统一说明的问题，如何对千姿百态的生物物种作出统一说明的问题，等等。

(6) 由理论的实际应用与现有技术条件的矛盾而提出的问题。科学研究的最终目的是应用理论指导人类的实践活动。当一种理论产生之后，人们将根据它作出科学预见，并在实际生活中加以运用。例如，核子物理学的建立，就为人类开发和利用原子能展示了光辉的前景。但是，要实现人类开发利用原子能的愿望，仅有核子物理学的理论指导，那是不够的，还必须具备相应的技术条件。这就出现了理论应用与现有技术条件的矛盾，由此也就提出了一系列有关理论应用的技术性问题。这些问题的解决，不仅具有实际意义，而且具有理论意义。因为理论应用的成功，对于验证理论和发展理论来说都具有重大意义。

上述表明，科学问题的提出，存在着多种不同的途径。人们探讨问题的类型，还可以依据其他的标准，作出与上述不同的分类。一部科学史就是一部不断地提出问题和不断地解答问题的历史。人们在科学活动中，不断地提出更有意义的问题，也不断地探索更加深刻的答案，这样人类的认识就不断地深化。我们甚至可以把科学问题出现的多少作为评估一门学科是否充满活力的标准之一。在数学中，1900年希尔伯特在《数学问题》的报告中提出的23个著名的希尔伯特问题，自它被提出的那天起，始终吸引着广大数学家的注意，对20世纪的数学研究起了引导的作用。在一定意义上，科学问题向科学家表明，在哪些研究范围、在哪些方面可望获得突破和成功。对于可常规处理的问题，就在背景知识的指导下，利用已知的原理、定律进行解题，以填补现有理论的空白点，使现有理论更加完善；而对于不能常规处理的反常规问题，就必须抛弃现有理论，以新的理论、原理来解决问题。

三、科学猜想的非逻辑思维方法

科学发现的方法绝不是唯一确定的，而且各种方法之间也很难有一个非常明确的界线，严格的可操作的方法程序是不存在的，在大部分方法中都多少融入了人的一种直觉能力，下面的回溯推理、类比、隐喻等就是这样。

1. 回溯推理方法

回溯推理是从有待解释的观察出发，利用背景知识和试探性的构想，溯本求原地解释的一种方法。美国哲学家查尔斯·皮尔斯(Charles S. Peirce)在其《推理的类型》一文中讨论了三种主要的推理，即演绎、归纳和回溯(abduction)。在文章的最后，皮尔斯对上述三种推理作了如下总结："不论是必然的还是或然的演绎，通过演绎我们可以预测事情的一般过程的特殊结果并计算出这些结果最终所出现的频繁程度，由于演绎推理的模式是必然的，所以演绎结论总是与一种确定的概率相联系；……归纳指的是我们在日常经验中确定一种现象被另一种现象所伴随的频繁程度，与演绎结论不同的是，没有一种确定的概率与归纳结论相联系，不过，我们可以计算出一种特定结构的归纳频繁程度将会达到一个何种的特定的精确度。……回溯不仅没有确定的概率与其结论相联系，而且甚至没有确定的概率与其推理模式相联系。我们只能说，研究的结果规定我们应当在我们研究的某个阶段尝试一种特定的假说，只要事实允许，我们就可以暂时认可它，没有关于它的概率，它仅仅是我们尝试性接受的一个建议。"①

显然，演绎、归纳和回溯所具有的不同的推理特点正是皮尔斯将推理划分为三种类型的原因，其中"回溯"更是皮尔斯主要关注的一种推理类型，在《实用主义：回溯的逻辑》一文中，皮尔斯对"回溯"推理作了进一步的阐述。在上面的总结中，"回溯"显然被皮尔斯认为是一种提出尝试性假说的推理类型，这一认识被以后的科学哲学家诺伍德·汉森(Norwood R. Hanson)所发展，即认为"回溯"就是一种"科学发现的逻辑"。皮尔斯将"回溯"发展成了一种知识探究的逻辑，在知识探究中"回溯"具有了如下的推理形式。

观察到了令人惊异的事实 B；
如果 A 是真的，B 理所当然是真的；
因此，有理由猜想 A 是真的。

在皮尔斯的论述的基础上，汉森对回溯推理的形式作了如下的发展。

(1) 人们遇见到一些惊异的现象 $P_1, P_2, P_3, \cdots$；

(2) 若假说 H 是真的，那么 $P_1, P_2, P_3, \cdots$ 就不再是令人惊异的了，即这些现象可以从 H 中理所当然地得出，H 可以说明 $P_1, P_2, P_3, \cdots$；

(3) 因此，有好的理由精心阐释 H，即把它作为一种可能的假说，由此 $P_1, P_2, P_3, \cdots$ 可以从中得到说明。

例如，大爆炸的宇宙膨胀学说的提出就是一种回溯推理。首先令人惊奇的现象"星系红移"被发现了，为什么会发生"红移"呢？根据我们的知识，我们联想到多普勒效应，当声源离我们而去时，频率变低。用多普勒效应来解释"红移"，"红移"就好解释了，所以宇宙爆炸是一个很有希望的假说。因为爆炸引起膨胀是一个可能的解释。假说就这样通过溯本求源有结论的观察事实，当作已知条件，一步一步向回探索，摸清能导出这个结论的种种假说，加以选择。

2. 类比

所谓类比，是根据两个(或两类)对象之间在某些方面的相似或相同，而推断它们在其他

① PEIRCE. Types of reasoning[M]. Cambridge, MA: Harvard University Press, 1992: 141-142.

方面也可能相似或同一的一种方法。可用式子表示为

$$\frac{\begin{array}{c}\text{A 有 a、b、c、d} \\ \text{B 有 a}'\text{、b}'\text{、c}'\end{array}}{\text{则 B 可能有 d}'}$$

法国物理学家德布罗意在1924年提出著名的物质波假说，从一般方法论来看，他所使用的方法就是类比法。德布罗意在把物质粒子运动与光运动进行比较时发现，质点运动与光运动有相似之处，如光的运动服从最短光程原理，即费尔玛原理，而质点的运动服从最小作用量原理，即莫泊丢原理。这两条原理具有相似的数学形式。由此，他得到启发：光和物质粒子可能具有共同的属性。当时光的波粒二象性已得到确认，那么物质粒子是否也具有波粒二象性？即除了人们熟知的粒子性之外，物质粒子可能还存在波动性。他大胆提出物质波的假说，并根据光的波长(λ)等于普朗克常数(h)除以光量子的动量(p)：$\lambda=h/p$，提出物质粒子的波长(λ)和动量(mv)之间也可能具有相似的关系：$\lambda=h/mv$，这就是著名的德布罗意物质波公式。1927年，德布罗意的假说得到两位美国科学家的实验验证。类比法在此"获得了绝对成功"[①]。

类比法是一种创造性的思维方法。因为运用类比方法，可以不受过多的约束，在广泛的范围内，把看起来差别较大的两类事物联系起来，充分发挥人们的想象力，提出新的思想和新的原理。日本著名的科学家汤川秀树说过："类比是一种创造性思维的形式……假定存在一个人所不能理解的某物，他偶尔注意到这一某物与他所熟悉的某一他物的相似性。他通过将两者比较就可以理解他在此刻之前尚不能理解的某物。如果他的理解是恰当的而且还没有人达到这样的理解，那么他就可以说他的思想确实是创造性的。"[②]

因为类比是一种富有创造性的思维形式，所以它在科学研究中有广泛的应用，也得到科学家的充分肯定。开普勒曾说："我珍惜类比胜于任何别的东西，它是我最可信赖的老师，它能揭示自然界的秘密。"[③]爱因斯坦也说过："在物理学上往往因为看出了表面上互不相关的现象之间有相互一致之点而加以类比，结果竟得到很重要的进展。"[④]

3. 科学隐喻

隐喻，源自希腊词 metaphora，意指"转换""变化"，它是一种修辞格或文字组合法，用于指某种与其字面意思不符的表达式。比如，"婴儿是朵花"是个隐喻，因为"花"从字面意思上看并非是描写婴儿的。如果只有字面意思，那么，所有的隐喻就成为虚假的了。最上乘的隐喻是通过表明某一词汇的字面意思与其所暗示的事物之间的相似性，来唤起一种复合词意的和构成新词意的内心反应。隐喻的形式通常是"X 是 Y"，而与隐喻相关的，明喻的形式通常是"X 像 Y"。比如，"我的律师是一条鳖鱼"，这是一个隐喻，而"我的律师像一条鳖鱼"，这是一个明喻。从这两句话里我们可以看出，隐喻比明喻更深刻。这是因为，明喻是要找到两种事物现象的相似，而隐喻则是要找到两种事物中某种性质或本质上的相似。隐喻的本质

① 克劳斯．形式逻辑导论[M]．上海：上海译文出版社，1981：446-447．

② 汤川秀树．创造力和直觉[M]．上海：复旦大学出版社，1989：88．

③ 波利亚．数学与猜想：第1卷[M]．北京：科学出版社，1984：11．

④ 爱因斯坦．物理学的进化[M]．上海：上海科学技术出版社，1962：198．

特征是：它基于相似性或类似性，在不同的经验世界或观念世界之间建立对照关系或对应关系。隐喻的实质在于，我们用一种熟知的对象和境况的语词隐喻地去谈论另一种不熟知的东西的图像，为的是力图把握它和理解它。

科学哲学家库恩把隐喻、类比和模型视为科学认知尤其是科学革命中概念变革的助产士，在科学理论的革新方面具有重要的意义。随着当代科学修辞学的发展，科学隐喻作为隐喻家族中重要的一支日益凸显出来，受到了科学哲学家乃至自然科学家越来越密切的关注。著名物理学家海森堡指出："我们不得不在无法清楚地表达我们的思想的隐喻和比喻中来说话，我们不能逃避偶然的矛盾，然而隐喻却可以帮助我们对客观现实进行较切进的描述。"[①]玻尔也说："因为我们的一切理论都是不完备的，都是在一个逐步合理化进程中的一个猜想，一个模型。因此，今天的任何理论都没有了结真理，而只是给人们描述当前科学研究所能理解的某些东西，并尽可能指出其前进方向而已。正是由于这些模型中使用了自然语言中的比喻和隐喻，才使得理论本身更具有表现力和开拓性，才不至于把现存的所谓'理论'弄得那样僵硬并因而丧失了必要的灵活性，才能允许后人在此'理论'概念的基础上不断地完善其内涵和外延，从而去改造旧有的理论，这难道不是更加现实和更加民主的科学态度吗？"[②]

科学隐喻不仅仅是一种意义转换，更是一种意义创造，它通过将普通语词再概念化而形成新的科学概念，从而达到为科学理论引进新的概念或术语、传达新的认知内容的目的。我们知道，在科学理论的陈述中，为了传达新的知识内容或提出新的概念范畴，需要一定的语言构架作为基础性载体。但是，如果每传达一个新的理论内容或表述一个新的科学概念都要创造出一个传统词汇表中原本没有的新词汇，这将导致人类语言系统无限度地膨胀和复杂化，以至达到无法认知、记忆和使用的程度。因此，使用传统语言系统中业已存在的词汇元素来隐喻地表述这些新的理论内容就不失为一种经济而有效的选择。不仅如此，通过隐喻方法传达的新的经验或知识内容也更易于理论受众的认知、理解与把握。事实上，在科学实践中我们往往遵从一种"保守"原则和"简化"原则，即尽量用熟悉的理论来说明新现象和用最少的规律来说明更多的现象，整个科学系统据此都可以看做一种方便的语言形式和方便的概念体系或概念结构。一个新的科学概念往往是一个旧概念的隐喻用法所创造的，这种隐喻用法以再概念化的方式赋予旧词以新意，从而扩大和丰富了科学理论的概念和语言系统。例如，达尔文在其划时代的科学巨著《物种起源》中，使用了大量借自经济学术语的隐喻概念，如"分配""丰富""稀缺""竞争"等。这些隐喻概念不仅提供了一组描述自然选择的适当词汇，同时提供了一种便于理解和解释的概念框架。再如，在数学的图论中，科学家们隐喻地使用"树"(tree)这一名称来指称某种特定的图形，并把这种"树"的集合形象地称作"森林"(forest)。诸如《矮小树的周期性森林》和《最大树径为 3 的周期性森林》此类标题的学术论文在各类权威的数学科学学术杂志中屡见不鲜；在数学词典中，隐喻概念更是几乎随处可见，如群、环、模、格、域、棱、核、束、鞍、流、滤子等。

在科学理论的发展过程中，概念发展的障碍往往造成一种"瓶颈"效应，科学史上对哥白尼的天文学理论、牛顿力学体系及光的波粒二象性理论的论争都证明了这一点，即有关理论

① 张光鉴. 相似论[M]. 南京：江苏科学技术出版社，1992：260.

② 张光鉴. 相似论[M]. 南京：江苏科学技术出版社，1992：270.

首先迫切地需要创造出自有的一套术语，以突破概念瓶颈。如果一个新理论与其他已被普遍接受的理论或原则产生抵触，或这一理论自身内部出现了对其自洽性、相关性、清晰性和说明力等准则的违反，那么这种概念障碍的问题便彰显出来，从而严重阻碍科学理论的发展。因此，理论解决其内部和外部概念问题的程度就是其发展状态的一种度量。在解决这一问题的语境中，隐喻发挥了其工具性的作用：将传统词汇表中的语词进行再概念化，从而使之创生出新的意义，由此引入的这些新术语或概念意味着理论瓶颈问题的消除。

4. 科学直觉

直觉思维是伟大发现的助推器。在科技发展史上，“许多重大的科学发现，既不是从以前的知识中按严格的逻辑推理得到的，也不是作为经验材料的简单总结、归纳而形成的。科学家常常凭借直觉从大量复杂的经验材料中，直接得出结论，作出新的发现。”[①]像阿基米德发现水的浮力定律，达·芬奇预见惯性原理，牛顿提出万有引力定律，达尔文创立进化论，凯库勒获得苯环结构式，门捷列夫写出化学元素周期表，彭加勒发明福克士函数等，无一不与直觉有关。美国化学家普拉特和贝克曾对创造性思维进行过一种有组织的问卷调查，83%回答问卷的化学家声称，或是经常或是偶然得益于潜意识的直觉。正是从这个意义上，爱因斯坦明确表示：“我相信直觉和灵感。”[②]苏联科学家科普宁说：“它只有借助于智慧的危险的突然的飞跃，即当出现摆脱严格推论沉重枷锁的能力时（这种能力就叫作想象、直觉、机智），才能完成自己最出色的成果。”[③]

直觉思维具有非逻辑性、突发性、偶然性、意外性等特点，就是说，它的出现一般都非常迅速、突如其来，在极短时间内实现认识过程的突变、智力的飞跃。并且，这种情况的出现往往是某种偶然因素触发意外地出现的。因此，直觉思维一般具有如下特性。

(1) 表现的突发性。直觉思维产生的突发性主要表现为无意识性和不自觉性。它是一种突如其来的对问题的理解和顿悟，人们对其发生既不能预先知道时日，也不能自觉地选择触发方式。正如费尔巴哈所说：“热情和灵感是不为意识所左右的，是不由钟表来调解的，是不会依照预定的日子和钟点迸发出来的。”[④]它既可能在连续的思考过程中突然降临，也常常以机遇的形式在多种多样的情况下戏剧性地出现，有时往往发生在无关紧要的一瞬间。其发生的突然性、不可预料性、内容的奇异性，确实表明直觉是无意识的和不自觉的思维过程。

(2) 结构的跳跃性。这主要是指直觉思维的非逻辑性。直觉思维的非逻辑性主要表现在，它不受逻辑规律所制约，能够跳过正常的逻辑程序，进行直接推理和判断。直觉作为一种非逻辑的思维形式，它不是按照仔细规定好的逻辑步骤前进，也不须通过烦琐的论证推理，而是在某种外部条件的诱发下，以凝聚简洁的形式，一下子从起点跳到终点，在瞬间直接获得对问题的解答。因而，思维者获得某个认识既不是通过逻辑的中介，也不着眼于细节的逻辑分析，对所进行的过程又无法作逻辑解释，而是压缩或减少了许多逻辑环节，跳出了逻辑思维的框架。

---

① 齐振海. 认识论新论[M]. 上海：上海人民出版社，1988：295.

② 爱因斯坦文集：第1卷[M]. 北京：商务印书馆，1977：284.

③ 科普宁. 马克思主义认识论导论[M]. 北京：求是出版社，1982：198.

④ 费尔巴哈. 费尔巴哈哲学著作选集：下卷[M]. 北京：生活·读书·新知三联书店，1962：504.

(3) 结论的或然性。由于直觉思维是一种无意识的和不自觉的思维过程，它以少量的模糊信息概括和集中复杂多样的客观现象，因而不可能一下子就清晰而精确地把握事物的本质。它一般只是形成一些猜想、揣测或假说，或者说是一些杂乱无章、无法说清楚的美丽的思想火花或各式各样的思维片段，并没有构成一种条理清晰的思维图景，即具有很大的不成熟性、模糊性和或然性。所以，直觉成果出现以后，必须善于抓住认识深化的重要依据，进一步进行逻辑的加工和整理，对它的结论加以科学论证和验证，使之臻于完善。

直觉的发生，往往不是在自觉地紧张思考问题之中，而是在思维活动长期紧张而暂时松弛状态中产生的，如散步、洗澡、休息、酣睡方醒乃至睡梦之中。这是由于条件的改变与思路的改变所造成的。人们在紧张思考问题时，虽然聚精会神，但容易沿着一条或几条思路想下去。如果此路不通，便会陷入百思不解的僵局，而当紧张思考后稍事休息之时，就容易受到别的现象的启示，改变思路，产生新的联想，找到另一种解决问题的途径。其情景可用王国维在《人间词话》中的一段话来加以概括：

古今之成大事业、大学问者，必经过三种之境界：

"昨夜西风凋碧树。独上高楼，望尽天涯路"，此第一境也。

"衣带渐宽终不悔，为伊消得人憔悴"，此第二境也。

"众里寻他千百度，蓦然回首，那人却在灯火阑珊处"，此第三境也。

第四节　科学事实

一、经验事实和科学事实

事实是科学认识论中的重要概念。然而，在实际的科学研究当中，常常有不同的理解。我们有必要首先讨论并弄清科学认识活动中占首要地位的事实概念。

要了解什么是事实，必须先了解什么是感性认识。辩证唯物主义认识论认为，感性认识是认识过程的起点，是达到理性认识的必经阶段。感性认识是人们的感觉器官直接感受到的关于事物的现象、各个片面及外部联系的认识，它以直接感受性为特点，以事物的现象为内容。自然科学的观察、实验等方法，都是取得感性经验的重要手段。应该看到，现象、事物或过程本身是客观存在着的，它不以人们的意志为转移，对这些现象、事物或过程进行的实事求是的描述，就是事实。如果从更一般的角度来阐述，可以这样说，人们所认识的对象是一个客观实在的世界，即使是研究人的大脑或人的意识活动，我们也将其作为一个客观实在的对象，当然这个客观对象是可以演变的。客观对象在一定环境或一定的条件下，显现为特定的现象、事物或过程，这些特定的现象、事物或过程，用一定的语言或文字表达出来，就是事实。

一般来说，事实，就是经验事实。经验事实，就是指人们用某种语言(如日常语言或科学语言等)对通过观察、实验而被感知的客观对象所作的描述和记录。经验事实属于认识论范畴，与人所设置的认识条件，如仪器设备的性能等有关，与人用来描述观察结果的概念系统有关，还与作为认识主体的人的主观因素有关。因此，经验事实也就同时存在着主观性和可错性。事实，需要通过观察得来，因而又称为观察事实。

经验事实可以区分为日常事实与科学事实。日常事实就是用日常语言描述的事实；而科学事实是用科学语言（即科学理论）描述的事实。比如，“太阳从东边升起来”，这是一个用日常语言（或一般百姓所用语言）作出的一个描述，属于日常事实。实际上，“太阳从东边升起来”这一表达属于地心说的认知框架，显然与太阳系的运动结构不相符合。从这里我们也可看出，习以为常的东西不一定是正确的，只能经过科学观察（实验）和科学理论的分析，才能获得事物的正确知识。

科学事实是人们对所观察到的客观事物或客观现象的感知、描述和记录，而且是真实的描述或记录，它是经过科学语言表述的事实。科学事实作为观察与实验的结果反映到人们的意识中，其内容是客观的，形式则是主观的。科学事实与日常事实的区别主要在于：虽然科学事实也属于经验事实的范畴，但并非所有的日常事实都是科学事实，只有那些经过鉴定，被认为是对客观事物的真实或正确反映的日常事实，才称得上科学事实。

对“事实”概念有许多争论。有的认为有客观事实。在我们看来，世界是客观实在的，这是一个基本前提，然后才是对客观实在的世界进行描述。对客观实在世界的描述，有许多方式。有语言的，有真实的，有虚假的，等等。我们对客观实在世界的认识，往往是一个部分，或一个过程，或某一个现象。事实总需要语言进行描述。事实，就是用语言对客观实在的世界或事物的某一个部分、过程或现象的真实描述。客观事实的说法，是经不起逻辑分析的。

二、科学事实的特点

（1）科学事实是单称陈述。所谓单称陈述是关于某一单独对象有或没有某种属性的陈述，而如果是反映某一类中每个对象有或没有某种属性的陈述，叫全称陈述。“地球绕着自己的轴旋转”是单称陈述。而“所有的行星都绕着自己的轴旋转”和“分子都由原子组成”则是全称陈述。因为科学事实是观察者对特定的事物的观察陈述，它是关于个别事物的描述，具有个别性，所以它是单称陈述。而全称陈述是对个别的经验事实抽象、概括后，所得到的关于某类事物全体的认识，所以科学事实不应是全称陈述。强调科学事实的个别性，是为了突出它主要来自感性活动，而不是主要来自理性抽象活动。

（2）科学事实具有精确性。科学事实要求数量的精确性。近代科学之所以能够加速发展，一个重要原因就是数学在科学中发挥了重要作用。现代科学之父伽利略将数学方法与实验方法作为科学的最基本方法。科学仅有定性研究是不够的，还必须有定量研究。试想，没有定量研究，人造卫星能够上天吗？GPS 定位可能吗？人们能够按照 GPS 自由驾驶吗？尽管模糊数学取得了一定程度的成功，但是，它并不排斥科学追求精确性。原来以为生命很不一样，但是，通过当代分子生物学、基因组学、基因技术、纳米生物技术、干细胞工程、生物芯片等的研究，人们已能够对生命的构件如基因、DNA 等进行相应的生物技术的操作。

（3）科学事实是可重现的，具有可重复性。科学事实既然是对客观事物的真实描述，那么它所描述的事实就不应只有一个观察者能观察到，别人在相同的条件下，也应能重现这种过程或现象。如果别人根本做不到，那么它的真实性就值得怀疑了。我们知道，诺贝尔科学奖有一套严格的评选制度，所有成果都要经过一段时间的考验，凡实验结果都要经过多次重复检验，以此来保证其可靠性。1959 年美国物理学家韦伯曾宣布，他的实验装置已直接收到了从银河系一天体发出的引力辐射，但他的观察事实在世界上许多国家的实验室都未能被重复，因而他公布的观察结果就未被科学界承认为科学事实。可重复性要求的重要作用在于，剔除那些由于观察实验中的错觉与假象或由于在事实的描述中的谬误而产生的不真实的观察报告，从经验事实中筛选出科学事实来。可重复性既是科学事实的主要特征，又是判断某个观察事实是否是科学事实的重要标准。

(4) 科学事实受理论影响。科学事实可以看成是客观事物在符号系统中的表征，对同一个客观事物来说，不同的符号系统的表征可能会完全不同。比如说，一个人生了病去看医生，中医和西医对他的病的描述可能就不一样。科学事实是用科学语言来表述的，而科学语言，包括概念、符号等，总是从属于某一个理论体系，当我们用这些语言去描述或记录观察、实验结果而产生某一个科学事实时，这个科学事实就已经自然而然地落入了该理论的框架之内。因此，科学事实是受理论影响的(对于这一点，后面讲科学观察的时候还要提及)。理论正确还是错误，概念准确与否，都直接影响科学事实。例如，对燃烧现象，燃素说用"燃素"来描述，燃烧的氧化学说则用"氧化"来描述，两种表述完全不一样，可见理论对科学事实的影响。

(5) 科学事实是可错的。前面已提及经验事实是可错的，科学事实属于经验事实，科学事实更接近事物的本来面貌。由于科学事实只有在科学理论中才能成立，因此，一旦科学理论错误了，科学事实也就发生错误了。这样说来，科学事实都可错了，那科学事实是否具有客观性呢？科学事实所体现的客观性，也就是某种不变性，就是所描述的对象是客观的，如客观事物、客观过程或客观现象，它们不以人的意识为转移。实际上，科学事实的可错性，并不是指科学事实就完完全全错了，而是说，当有后继更好的科学理论取代前驱科学理论时，原来的科学事实就得到了重新说明或重新表达。

可见，我们也发现科学理论与科学事实是同时成立的：只有经过科学理论解释的事实，才成为科学事实；只有得到科学事实支持的理论，才成为科学理论。

三、科学事实的作用

(1) 科学事实是形成新概念、建立新理论的基础。形成新概念和建立新理论的方式可能不是唯一的，但是无论是通过何种途径，总需要以一定的科学事实为基础。正如爱因斯坦所说："一个希望受到应有的信任的理论，必须建立在有普遍意义的事实之上。"[①]即使是很抽象、很深奥的概念和理论，它们的形成也离不开科学事实。爱因斯坦谈到他创立的相对论时曾说过："我急于要请大家注意到这样的事实，这理论并不是来源于思辨，它的创建完全由于想要使物理理论尽可能适应于观察到的事实。"[②]

(2) 科学事实是检验科学假说和评价科学理论的依据。检验科学假说需要拿假说或其推论与科学事实相对照，如果两者一致，则假说得到确证；如果不一致，则假说可能被否证。评价科学理论也要看理论与科学事实是否相符合。假说检验与理论评价问题在后面的有关章节中还会详细论述，从中我们会看到，一个假说或一个理论是被接受还是被拒绝，完全看它与科学事实的关系，科学事实成了它们存在或被淘汰的重要依据。

---

① 爱因斯坦文集：第1卷[M].北京：商务印书馆，1976：106.

② 波普尔.客观知识[M].上海：上海译文出版社，1978：13.

第五节　科学实践

科学事实是科学研究的基础，科学发现和发现的确认都离不开科学事实。观察和实验是获取科学事实的主要手段，也是科学认识活动的重要内容。本节讨论与科学事实、观察、实验有关的认识论问题。

一、科学观察与科学实验

科学事实在科学认识中起十分重要的作用，获取科学事实也就成为科学研究中的一个必不可少的环节。虽然就一个具体的研究过程来说，获取科学事实可以用文献检索、调研等间接的方法，但从整体来看，科学事实需要通过感性活动取得，观察和实验是获取科学事实的基本方法。近现代自然科学之所以称之为实验科学，主要就因为观察和实验构成近现代自然科学的基础，文艺复兴以后，观察与实验在科学中的地位越来越重要。它们既是人们获得科学事实的基本途径，又是检验科学假说和理论的主要手段，可以说一切自然科学都离不开观察和实验。即使是一些抽象的科学理论，如量子力学，它的一些常量和参数，也是需要通过观察实验来测定的。因此，近、现代自然科学也被称为实验科学。科学实验在近代从生产实践中独立出来以后，已经成为人类的一种重要的基本实践活动。

历史上首先比较清醒而全面地认识到观察和实验重要性的思想家当推英国牛津大学法兰西学派的传教士罗吉尔·培根，他批判了那种只靠思辨和空话来掩盖无知的传统，特别批判了那种只靠引经据典来作空洞说教的经院哲学。他在自己的《第三著作》一书中指出，实验与观察的本领胜过一切思辨的知识和方法，实验是科学之王，“大家公认，我们通过三条途径获得知识，即权威、理性和经验；然而，权威不知道他所肯定的事物的理由（当他未给出这理由时）；理性也不能分辨诡辩还是论证，除非结论为经验所证实。”[①]罗吉尔·培根本人也做了大量光学实验，观察了凸透镜的多种成像效果，还预言了自动舟船，自动车辆，可在水中游、天上飞的器械等。

17 世纪初，伽利略开始把观察与实验奠定为科学的基础，并且亲自实践，研究了单摆、落体、斜面，制作了温度计、望远镜等。同时，英国唯物主义和整个现代实验科学的真正始祖弗兰西斯·培根在他的《新工具》中对自然科学的观察、实验方法作了系统的总结和充分的倡导，使重视和推崇观察、实验的思想意识贯彻到了科学实践之中，并且确立为一种科学精神。

从科学家的个人成就上我们也看得很清楚，为什么达尔文这个被老师看做“智力平庸”的人却创立了进化论？为什么几乎没上过学的法拉第却成了电磁学之父？为什么报童出身的爱迪生竟然作出近两千件发明？其原因的确并不在于他们有特别的智慧或受过最好的训练，而是在于他们有强烈的观察、实验意识，并有一套行之有效的实验方法，这就是他们成功的秘诀。

---

① 周昌忠.西方科学方法论史[M].上海：上海人民出版社，1986：56.

二、科学观察的含义及类型

科学观察是人们在科学认识中用自己的感官或借助仪器对客观事物进行的一种有目的、有计划的感知活动。观察是一种感性认识活动，通过观察，人们获得关于事物的外部特征和外在联系的经验知识。

观察可分为自然观察与实验观察，或非实验的观察与实验的观察两种。自然观察是指现象或过程是在自然发生的状态下，即在研究对象没有受到人为的干预、控制的情况下进行的观察。这是人类运用得最早的观察。实验观察是指在科学实验的条件下，即在人工控制对象的条件下进行的观察。随着科学实验成为科学认识活动中越来越重要的内容，实验观察从近代以来也成为一种运用日益广泛的观察。由于自然观察是在自然发生的状态下的观察，被观察的现象和过程出现的时间、范围、次数及客体的运动速度等都不为观察者所控制，所以常常会给观察造成困难。而科学实验具有一些特有的功能，因而实验观察能较好地克服自然观察的局限性。

观察又可分为直接观察和间接观察。不借助仪器的观察叫直接观察，借助仪器的观察叫间接观察。直接观察具有简单、直观、受客观条件限制少等优点。但它是观察者用自己的感官来感知客观事物，所以这种观察会受到人的感觉器官的生理局限的限制。人的感官所能感知的范围是有限的，如人的视觉只能感觉可见光范围内的电磁波，人的耳朵只能听到20～20000赫兹范围内且具有一定强度的声波。另外人的感官观测的精确性较低，往往只能作出大致的估计，而很难作精确的、定量的测定。还有，人的感官还容易产生错觉。因此，认识周围的世界，“我们的感官只是一些多少不够完善的辅助工具”[①]。为了克服直接观察的局限性，人们借助科学仪器，发展起间接观察。科学仪器作为人类感官的延长，扩大了感官的观察范围，提高了观察的精确性，使人们的观察得以向自然界的广度与深度延伸。这样，间接观察也就大大扩展了人类的认识范围。

三、科学实验的含义及功能

所谓科学实验是指人们运用科学仪器、设备，在人为地控制或模拟自然过程的情况下获取科学事实的活动。科学实验也是一种感性认识活动，不过与单纯的自然观察相比，科学实验是一种更充分体现人的主观能动性的、积极与主动的实践活动。科学实验中也包含观察的环节，但这种观察是在人为地干预研究对象的情况下，即在有意识地创造一种有利的条件下进行的观察。科学实验中人们对研究对象的人为控制，体现了人类要主动地向自然现象索取自己所需要的材料，而不是被动地听命于自然界，正如法国科学家居维叶所说，实验者是“质问自然界，并且迫使自然界袒露她的奥秘”[②]。与自然观察（非实验的观察）相比，科学实验因而也就能获得更丰富和更深层的经验事实。

科学实验之所以比自然观察优越，主要是因为自然观察中的研究对象完全处于天然的状态下，而科学实验是按照人们研究的目的与要求去制备对象，被研究的过程是处于人工控制的状态下，因此科学实验也就具有一些自己特有的功能。

---

① 海森堡. 严密自然科学基础近年来的变化[M]. 上海：上海译文出版社，1978：71.

② 伯尔纳. 实验医学研究导论[M]. 北京：知识出版社，1985：2-3.

（1）科学实验可以简化和纯化自然过程。自然界的事物是处于错综复杂的联系之中的，各种现象都是在多种因素的综合作用下形成的。事物的属性往往被掩盖而没有明显地显露出来，或者因假象而令我们产生错觉。例如，在空气中，铁球比鹅毛下落得快，有人会认为越重的物体下落得越快。在实验中，人们运用各种手段，排除各种偶然的、次要的因素，使现象以简化的、纯粹的形式出现，也就容易看到事物的真正面目。如在真空中研究落体运动，就消除了空气阻力对运动的影响。

（2）科学实验可以强化研究对象。科学实验可以创造出自然界中，或在地球上很少出现，而又能为我们所控制的一些特殊的条件，如超高温、超高压、超低温、高真空、超强磁场等。这些条件使研究对象处于某种极端的状态，从而呈现出通常条件下没有出现的某种性质或规律。如在地球上遇不到接近绝对零度的超低温，在实验室中可以创造出来。在4.15K以下的温度，汞会突然失去电阻。1911年，荷兰的物理学家卡曼林·昂尼斯就是在这样的条件下发现了超导现象。

（3）科学实验可以重现或模拟自然现象，加速或延缓自然过程。在天然条件下发生的现象，有的转瞬即逝，有的旷日持久，有的规模巨大，有的规模却十分微小，有的还时过境迁。凡此种种，都给观察造成了困难。在实验室里，人们运用仪器设备，可以使转瞬即逝的现象重复出现；可以把周期很长或很短的过程控制在适当的时间范围内；也可以通过模拟把规模巨大、过程复杂的自然现象“移”到实验室内来研究。例如，原始大气合成氨基酸的过程，自然界是在极其复杂的条件下，经过千百万年的漫长岁月才实现的。而在1953年，美国芝加哥大学的研究生米勒用甲烷、氨、氢和水汽混合成一种与原始大气相近的气体，放入玻璃容器中，并模拟原始地球大气层的闪电，在容器的气体中连续进行火花放电。结果只用了短短一个星期，混合气体中便产生了甘氨酸、丙氨酸、谷氨酸和天门冬氨酸四种构成蛋白质的重要氨基酸，为原始生命产生的假说提供了重要的证据。

四、基本的科学实验类型

（1）定性实验：这是较笼统地回答对象属性的实验，只解决一般性的有什么、是什么、为什么、怎么样的问题，而并不对之作精确剖析和深层分析。它所把握的，只是事物的基本特征、一般规定和较为直观的属性。比如，物理学中有赫兹证明电磁波存在的实验，列别捷夫证明光具有压力的实验，迈克尔逊·莫雷否定以太存在的实验，戴维逊·革末证明实物粒子具有波粒二象性的电子衍射实验，等等。化学中的定性分析也属于定性实验，即用实验方法去鉴别物质中含有哪些元素、离子或功能团等。

（2）定量实验：由于定性实验只解决表面的浅层的“知其然”的问题，它就远远不能满足研究的需要。因为科学所追求的不只是“知其然”，更重要的还是“知其所以然”，那就需对之作更为精细深入的定量分析，用数据、公式反映事物内部的数量关系。这种数量关系不仅是更为确切、更为根本的东西，而且是科学家作出发现的最主要的途径。比如，物理学中卡文迪什测定引力常数的实验，斐索测定光速的实验，焦耳测定热功当量的实验，汤姆逊测出电子荷质比的实验等。化学中的定量分析也是此类实验，即测定物质中成分的含量。法国化学家普鲁斯特把不同化合物作了仔细的定量分析后建立了经验定律——定比定律；英国化学家道尔顿对由两种相同元素生成的多种化合物作定量分析后，建立了经验定律——倍比定律等均属定量实验研究。定量研究也是将感性的归纳性的理论提高到严格的科学水平的最重要手段。门捷列夫提出周期表，麦克斯韦量化电磁理论，拉普拉斯数学化星云学理论莫不如此。

(3) 析因实验：这是由已知结果去寻找原因的实验。19世纪80年代，惰性气体氩的发现就是一例。英国物理学家瑞利通过化学捕集器，使空气中的碳酸气、氧气、水蒸气分别吸收掉，从而得到了氮，测得每升重1.2572克；而从分解氨里得来的氮，每升却重1.2508克，两个结果相差0.0064克。这是什么原因造成的呢？英国物理化学家拉姆塞进一步对从大气中获取的氮进行了研究。他设计了一个实验，把从空气中捕集的氮通过赤热的镁屑，把氮气吸收后，剩下的气体测出其密度是氢气的20倍，而普通氮的密度应当是氢的14倍。经过光谱分析确证这是一种新的情性气体——氩。又如20世纪初，法国细菌学家尼科尔注意到城里流行着斑疹伤寒，由于这种病人入院时都彻底洗了澡，并换掉了病人带虱子的衣服，因而这种病在医院里没有传播。尼科尔断定，体虱一定是斑疹伤寒的媒介。他通过实验证明了他的推断是正确的，因而获得了1928年的诺贝尔生理学或医学奖。

(4) 对照实验：它是将两个以上的较为相似的组群，通过不同的输入、不同的外加因素，对其产生的效能、反应进行相互对照的一种实验方法。它们既可以相互对照，又可与未受任何外加影响的“原本”参照物相互对照，从而认识特定的外部输入或我们已知的不同的内部因素对某一现象、某一性征的关系。它对于“黑箱”式的未知内幕的对象尤为有效，故在生命科学研究中有着广泛的应用。这种实验有两个或两个以上的相似组群，一个是对照组，作为比较的标准；另一个是试验组，通过某种实验步骤，使人们确定它对试验组的影响。比如，人们早就观察到植物向光生长的现象，但是光线是作用在植物的什么部位而使它发生向光生长的呢？达尔文运用对照实验的方法研究了这个问题，他将一组植物不作任何处理，而将另一组植物的生长锥套上用锡箔做成的不透光的小帽子，再将这两组植物放在侧光下生长。结果发现，没有处理的植物表现出向光生长现象，而经过处理的则没有这种现象，从而确证了光线是作用于生长锥而使植物产生向光生长现象的。

(5) 中间实验：这种实验是为使实验室的研究成果向生产领域转化而进行的一种实验，又称生产试验，它可以在工程建设中用以检验设计方案，为生产实践作准备。对于比较大型或复杂的生产项目，选定设计方案后，一般需要做中间试验，以检验方案在技术上是否先进、经济上是否合理，同时暴露问题以便进行修正，然后才能正式施工或大批量生产。这类实验更接近于生产实际，可以说是生产实践的练兵和演习。

五、科学仪器的作用

观察、实验的材料是科学理论概括的基础。而成功的观察、实验的实现，科学仪器、设备起着重要的作用，有时甚至是决定性的作用。近代科学史表明：科学技术上的重大突破和新的实验仪器、装备的建造，新的实验技术的发明和应用，实验精度的提高有着紧密的联系。有了精密天平，才有了真正的定量分析化学；有了显微镜，才会有巴斯德的细菌致病学说；有了经纬仪，才有了大地测量学；有了高能加速器、乳胶室、云雾室、气泡室等高能实验设备和探测仪器，才开辟了“基本粒子物理学”这门新学科。在诺贝尔物理学和化学奖中，大约有四分之一是属于测试方法和仪器创新的，例如电子显微镜、质谱仪、CT断层扫描仪、X光物质结构分析仪、光学相衬显微镜和新开辟领域的扫描隧道显微镜等。

1. 科学仪器能够帮助人们克服感觉器官的局限

科学仪器能够帮助人们克服感觉器官的局限,在广度和深度上极大地增强认识能力,使过去观察不到现象显示出来,过去分辨不清的东西变得清晰,人的认识因而进入新的领域。比如天文观测中,过去人们只能凭肉眼观察,受到生理条件的很大限制。1609 年伽利略制造了第一架天文望远镜,用来发现了月壳上的山和谷,木星的 4 个卫星,金星、水星的盈亏现象以及银河由无数恒星组成,等等。望远镜的改进解决了人们长期分辨不清的天文现象。自 19 世纪中叶宇宙岛概念提出以来,对于河外星系是否存在的问题争论了几十年:人们早就发现的仙女座大星云究竟是银河系内的弥漫星云,还是银河系外的庞大恒星集团?1917 年口径 2.5 米的光学望远镜建成,1923—1924 年间美国天文学家哈布耳用这台仪器把仙女座大星云的边缘分解为一颗颗恒星,并测定仙女座星云距离地球约为 80 万光年,证明了它是离我们较近的河外星系。这一观测成果,不仅解决了长期的争论,而且开辟了研究河外星系的新领域。现代射电天文望远镜把人们的视野扩展到和地球相距一百亿光年的天体,20 世纪 60 年代以来天文学的一些新发现,如类星体、脉冲星、星际分子和宇宙微波背景辐射等都是由射电天文观测首先得到的。又如在生物学研究中,显微镜等新仪器的应用,使人类对生物显微结构的认识不断深化。细胞和细菌的发现,是由于光学显微镜的应用,细胞超微结构的研究,借助于电子显微镜的应用;生物大分子三维结构的测定,则是 20 世纪 50 年代借助 X 射线衍射所取得的成就。

2. 科学仪器还能帮助人们改进认识能力,使感性认识更加客观化、精细化、准确化

人的感觉往往要受到一些主观因素的影响,通过科学仪器的运用,引进客观的计量标准作比较,就可以排除某些主观因素的影响,而达到更加客观、更加真实的认识。人的感觉又往往是比较粗糙的,所得到的结果只能是定性的,运用科学仪器进行测量,能够获得精细的定量的知识。比如温度计用于热学的测量,天平用于化学的测量,钟表用于时间的测量等。又如现代激光技术的应用引起了精密计量的重大变革。激光频率及长度基准的建立使更精确地测量一些物理量成为可能。激光能成为一把很精密的“尺子”,一米量程误差不到千万分之一米,用激光测距仪测量地球和月球之间的距离误差仅 15～30 厘米。激光又可以成为一个很准确的时钟,是以多少万年差一秒来衡量它的准确度的。科学研究一向不满足于定性描述自然现象,总是力求测定数量关系。自然界各种物质运动形态的质和量是统一的,我们尽可能从数量关系上去把握它,才能深刻地认识它的质的规定性。对数量关系测量的精确程度从来是观察、实验水平的重要标志之一。因此,通过改进科学仪器和实验技巧,提高测量精度,往往是导致科学突破的一条途径。普朗克导入的能量子的概念,是从若干热辐射的精密的定量实验中得到的。还有,在丁肇中发现 J 粒子以前,1970 年美国布洛海文实验室就发现过与它有关的奇怪现象,但由于仪器精度不高,无法辨认出这是不是由新的粒所造成的。丁肇中等花了两年多时间特制了一架高分辨率的双臂质谱仪,正是这一架高分辨率探测器,才使他在 1974 年发现了 J 粒子,打开了一个新的基本粒子家族的大门。

3. 计算机使观察和实验更加智能化

电子计算机具有逻辑判断、信息存储、高速精确计算、自动运行等功能,可以部分地代替人的脑力劳动;它的应用引起了观察、实验方法革命性的变革。电子计算机的应用是观察、实验手段现代化的重要标志。它可以用于图谱与资料的存储和检索。比如化学实验中,将大量已知的红外核磁等实验结果存储于计算机,当未知试样的结果输入计算机后,很快就可

以核对和鉴定出未知化合物的成分和结构，节省人力，提高速度。它可用于数量浩大、人力无法胜任的数据处理，如果用自动化仪表和计算机联线，那么从测量、计算到分析、处理都可自动进行，最后由计算机给出实验结果的数据。如在基本粒子的研究中，一个研究题目往往需要拍摄上百万张照片，用计算机处理就可以在数日内完成人工几年难以完成的工作。据报道，用每秒一亿次的计算机对一张遥感照相片进行信息处理，粗糙处理要花 100 秒，精密处理要花三天到一个月时间。没有电子计算机，空间信息处理是难以完成的。

用电子计算机进行理论计算，可以用来部分地代替难以实现或花费昂贵的科学实验。如研究洲际导弹、载人航天飞行器进入大气层的空气动力学问题，用经济代价极高的风洞实验和模型自由运行实验，不仅要花费成年累月的时间，而且很难取得较好的结果。而应用空气动力学的理论在高速大容量计算机进行理论计算可以得到较好结果，因而开辟了计算空气动力学的新学科。又如以往化学是一门经验学科，研究材料、药物等应用化学的领域内，许多工作只能凭经验去摸索，预见性和效果都很差。随着量子化学的推广应用，人们将能够通过理论计算，根据需要去“设计”新材料、新药物，这就叫“分子设计”。分子设计计算量非常大，对于一个电子的氢原子系统，可以用人工计算求解，而对于一个含 25 个碳、14 个氢、4 个氨、7 个氧原子的分子进行量子化学计算，就要作一百亿个积分计算，只有用计算机才能解决问题。在这类新奇的“化学实验”中，使用的原料不是化学试剂，而是些微观结构参数，把它作为计算机的输入数据，按照预先设计的程序就可以从输出中获得所要的“实验结果”。由于量子力学和计算机的应用，在化学领域中开辟出一个新的分支——计算化学。此外还出现了计算物理、计算力学、计算天文学等新兴学科，它们可以用电子计算机进行理论计算部分地代替观察、实验，充分发挥理论的预见性，有力地推动现代科学技术的发展。

第六节　观察实验中的认识论问题

一、观察和实验的理论负荷

在观察与理论关系的问题上，近代早期的唯物主义经验论提出“纯观察说”，这种理论的代表人物是英国哲学家法兰西斯·培根和洛克。培根认为，观察是一种纯粹的感官反应活动，它不受任何理论因素的影响，在观察中也应该注意排除任何理论的影响，纯粹客观地进行观察。洛克把观察看成是消极的、被动的、纯感官的生理反应，认为观察和感觉是等同的，观察过程就是人们对客体的感受过程。“纯观察说”实质上是把观察过程等同于纯粹的生理反应过程，把观察看做类似于摄影机的物理成像。

20 世纪 30 年代，现代逻辑经验主义在“纯观察说”的基础上提出了“中性观察说”(theory of neutral observation)。美籍德国哲学家卡尔纳普关于科学知识结构的“两层语言模型”提出，科学语言分为观察语言和理论语言两个不同的层次。观察语言是不受任何理论影响的，而理论语言的意义依赖于观察语言。逻辑经验主义者认为，观察者的理论框架、以往的经验和文化环境等对观察过程都没有影响，观察过程和观察语言是纯粹客观的，对任何理论都保持中立。

20 世纪 50 年代，一些科学哲学家对“纯观察说”和“中性观察说”提出了质疑。美国科学哲学家汉森提出了“理论负荷说”(theory loaded theory)。“理论负荷说”又被译作“观察渗透理论”。汉森认为，观察并非只是感官对观察对象“刺激”的消极的机械反应，而是受到观察者的理论的影响和支配的，不同理论观点的人对同一对象可能会形成不同的观察结果。不受理论影响的中性观察之所以不存在，汉森的解释是：①观察过程是一个物理过程与心理过程融为一体的过程。眼睛从观察对象得到光刺激而形成视网膜上的图像，这是一个物理过程，这时还不是真正的“看到”。“看到”是一种视觉经验，属于心理过程，它把外来的刺激与过去的认识（包括理论和经验）结合在一起。②观察者对感觉材料的反应，总是有意识或无意识地用一种概念模式去套眼前的这些感觉材料，使它适应于自己过去较熟悉的材料，因而各人对同一对象的反应有各种程度不同的差异。汉森设想开普勒和弟谷一起在山上看日出，“弟谷看见的是太阳从固定的地平线上冉冉升起，而开普勒看见的却是静止的太阳底下滚动着的地平线”[①]。开普勒和弟谷所获得的视觉图像应该是相同的，观察的结论不同，是由于两人所信奉的理论不一样，一个是地心说，一个是日心说。汉森认为，观察者用来组织视觉材料的模式与他们所持的理论等因素密切相关，他们用什么观察模式来反映对象是深受理论等因素影响的。

> 格式塔心理学的哲学背景主要是康德的哲学思想。康德认为客观世界可以分为“现象”和“物自体”两个世界，人类只能认识现象而不能认识物自体，而对现象的认识则必须借助于人的先验范畴。格式塔心理学接受了这种先验论思想的观点，只不过它把先验范畴改造成了“经验的原始组织”，这种经验的原始组织决定着我们怎样知觉外部世界。康德认为，人的经验是一种整体现象，不能分析为简单的元素，心理对材料的知觉是赋予材料一定形式的基础并以组织的方式来进行的。康德的这一思想成为格式塔心理学的核心思想源泉以及理论构建和发展的主要依据。

汉森的观点是有道理的。观察不同于摄影，观察是一种感知活动，观察者在接收到客体的信息后，即在获得像视觉图像这样的感觉材料后，还会对信息进行加工处理，即对感觉材料进行组织、理解和判断，回答观察到的究竟是什么、是怎么样的问题。而这种理解和判断与观察者本人所掌握的理论以及观察者的经验是有直接联系的。对同一观察对象，观察者由于各自背景知识与经验的差异而作出不同的观察陈述的情况是常有的。面对一张肺部的X光照片，普通人只“看到”黑白相间的条纹，而医生却“看到”肺部的病灶。心理学的研究已表明，同一种视觉图像可以形成不同的知觉，如“鸭-兔”变换图（见图6.1）。因此，观察是受理论影响的，爱因斯坦曾说过：“只有理论，即只有关于自然规律的知识，才能使我们从感觉印象推论出基本现象。”[②]

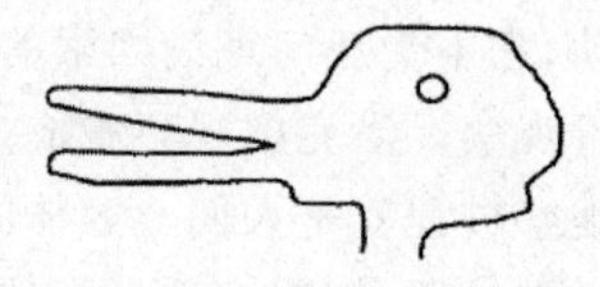
图6.1　鸭-兔变换图

但是，必须注意到的是虽然我们肯定“观察渗透理论”这个命题，但并不可以随意夸大理论对观察的影响，只是认为在观察过程中，观察者不是机械地、被动消极地接受客体发出的信息的刺激；只是指出在如何接受信息，接受什么信息，以及如何整理信息并对这些信息进行编码等方面，观察会受到观察主体的理论结构的影响。事实

① 汉森.发现的模式[M].北京：中国国际广播出版社，1988：6.
② 爱因斯坦文集：第1卷[M].北京：商务印书馆，1976：211.

上认知心理学家福多主张,我们能够站在模块观的立场上,为中性观察作出辩护。模块信息封装的特性,保证了认知的不可进入,由此支持了观察的理论中性。福多提醒我们,不仅要看到知觉是理解性的、情境敏感的、可靠的、包含知识的一系列特性,也要看到知觉盲目性、顽固性的另一面。在穆勒-莱耶尔错觉中,两根同样长的直线,当分别将它们两端的箭头开合方向反转时,即使人们理论上知道它们的长度一样,人们仍然会知觉到不一样长的两根直线,如图 6.2 所示。显然,在一定意义上,世界看起来是如何的,并不受人们所知道的影响。即使知道是错觉,却无法避免。由此,福多针对穆勒-莱耶尔错觉提出质疑:在视错觉中,为什么知觉能够不为背景理论所进入呢?为什么知道直线是一样长却不能够使它们看起来像一样长呢?似乎,知觉并不总是为背景理论所进入的。因为感觉信息的丰富与含混,使得人们需要把知觉看做是问题解决,并诉诸已有的背景理论来对感觉材料作出理解。然而,视错觉的案例显示知觉并不总是为背景理论所进入的。

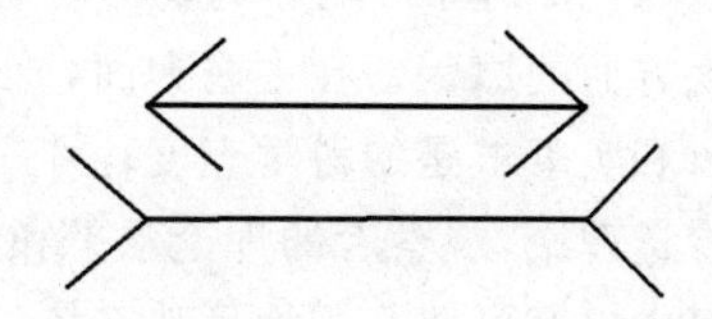

图 6.2　线长的视错觉

总之,虽然中性的观察不存在,但完全依赖理论的观察也是没有的。

二、观察的客观性

科学观察的目的是为了获取科学事实,而科学事实必须要真实地反映客观事实。可是在进行观察时,由于主客观的种种原因,往往会出现错误或偏差,影响了观察的客观性。为了说明观察是容易产生谬误的,在《科学研究的艺术》一书中,英国剑桥大学教授贝弗里奇讲述了这样一个例子:在西德戈廷根的一次心理学会议上,会议室的门突然开了,冲进两个人,后面的人拿着枪追逐前面的一个。两人在会场里混战一阵,突然一声枪响,两人又一起冲了出去。事情发生后,会议主席请与会者马上写下现场目击情况,他共收到 40 份观察报告。事后拿报告与现场拍下的照片进行比较,发现在主要的事实上,只有 1 篇的错误少于 20%,错误占 20%~40%的有 14 篇,其余的 25 篇的错误在 40%以上。特别值得一提的是,超过半数的报告都有 10%以上的情节是无中生有、纯属臆造的。这个事例说明,观察是很容易产生错觉、出现误差的。观察的客观性问题引起了人们的重视。

观察的客观性的含义是什么?一般来说,是指观察陈述要能真实地反映观察对象,包括对象的状态、性质、规律等。但是,在很多的时候,客体的属性并没有直接显露出来,或者由于人类感官的局限,不能直接观察到客体。在科学实验中,观察主体通过科学仪器作用于客体,使客体的性质在仪器上表现出来,人们通过观察客体在仪器中的反映而获得关于客体的信息。这里要注意的是,客体在仪器上表现出来的性质,既包含有客体自身属性的信息,也含有观察主体通过仪器对客体的作用。也就是说,观察到的并不是纯粹的客体的状态、性质或规律。通过客体在一定认识条件下的表现去把握"自在之物本身",涉及复杂的认识论问题。如果我们要求这时的客观性是指与主体的活动无关的纯粹的客观性,是不容易实现的。这种情况下,观察的客观性只是指观察陈述要真实地反映实验结果,即真实地反映在一定的认识条件下,客体所表现出来的性质与规律。

既然观察是易谬的,如何保证观察的客观性呢?一般来说,如果能做到以下几点,观察的客观性是有保证的。

（1）要求观察结果可以重现。在相同的条件下，别人应该也能观察到相同的现象或过程，也能得到同样的观察结果，能被别人重复的次数越多，其客观性就越有保证。这一点与科学事实的特点之一——具有可重复性是一致的。在观察中，由于主客观方面的原因，可能会出现假象，产生错觉。反复的检验，就能排除假象与错觉，淘汰错误的观察报告，最后得到关于客观事实的真实反映。观察结果的可重复性是评价、判断观察客观性的最基本、最重要的标准。

（2）要消除可能影响观察客观性的各种主观因素。观察中产生错误和偏差，有主观和客观方面的原因。在主观方面，要保证观察的客观性，一方面要求观察者要具有良好的工作作风和实事求是的科学态度；另一方面，观察者应以正确的理论与方法武装自己。由于观察渗透理论，观察者的理论水平和经验会影响观察陈述，科学素质高、经验丰富的观察者在观察中更有可能客观地反映客体。

（3）观察中应尽量使用先进的仪器设备和观测技术。在影响观察客观性的客观原因中，观测手段和观测技术是主要的因素。仪器和设备都是在一定的假说与理论的指导下设计和制造出来的，运用仪器观察所获得的材料的客观性，取决于蕴含在仪器中的假说与理论的正确性。先进的仪器应用了更科学的理论，运用这些仪器进行观测，客观性就更有保证。另外，先进仪器的精密度更高，可观测范围更大，运用它们就能更准确地记录客体的运动。

我们说，观察中有理论的渗透，同样，科学理论中也有经验的渗透。科学理论与经验是相互作用、相互渗透的。科学理论对经验总有超越。

阅读文献

[1] 张华夏，等．现代自然哲学与科学哲学[M]．广州：中山大学出版社，1996.

[2] 汤川秀树．创造力和直觉[M]．上海：复旦大学出版社，1989.

[3] 波普尔．客观知识[M]．上海：上海译文出版社，1978.

[4] 周昌忠．西方科学方法论史[M]．上海：上海人民出版社，1986.

[5] 汉森．发现的模式[M]．北京：中国国际广播出版社，1988.

思考题

1. 演绎法的含义及其缺陷是什么？
2. 归纳法的含义及归纳问题是什么？
3. 归纳和演绎的辩证关系是怎样的？
4. 如何利用科学解释的两种解释学模型进行科学解释？
5. 如何理解科学中怀疑与悬置对科学创新的作用？
6. 如何理解“观察渗透理论”这一科学哲学原理？
7. 科学事实是客观的吗？
8. 如何保证观察的客观性？

第七章　技术方法论

> 我们面对的很多问题，或许都可以通过方法论来解决。即使没有方法论，也必有一些套路、技巧来帮助我们解决问题。对于技术而言，其方法论到底是什么？什么是方法？技术工作者、工程师会采用与科学家一样的方法来解决问题吗？如果其中存在不同，何以体现？

尽管新的科学理论和研究成果大量进入技术领域，但是现代技术并不是简单地、按部就班地把科学的发现用于实践中。随着技术自身的发展，已经初步形成了自身的技术方法、技术知识体系。本章分析技术认识的方法论基础，对比科学方法与技术方法的区别。在此基础上，进一步揭示技术思维与科学思维的区别，描述技术活动的基本方法，并对技术规则与技术客体的解释予以分析。

第一节　技术方法的一般研究

虽然，在技术发展与科学发展之间存在着相通之处，科学发现可以诱发技术革新，但是这两个领域的发明与发现过程是不同的，它们虽然可以互补，但绝不可能合二为一。我们借助人类认识与行动过程的共同认知模式，得到技术认识的特定范畴，并尝试理解技术方法的一般过程。

> 人类认识与行为共有的认知模式可以概括为：问题是什么？有什么可供选择的方案？哪个方案是最好的？

一、技术认识的方法论基础

20 世纪，人们对认识过程和行动过程展开了许多重要的探讨，其中包括科学的探索过程、技术的开发过程、社会的经济管理过程以及其他许多人类活动过程。研究取得的重大进展表明，这些人类的认识和行动过程，存在着共同的模式。简单来说，可以归结为：问题是什么？有什么可供选择的方案？哪个方案是最好的？这一围绕问题及解决问题的认知模式，为我们理解技术的认识过程提供了方法基础。

美国著名哲学家、实用主义哲学的创始人杜威在《我们怎样思维》一书中，对人类认识过程的共同模式给出了一个很好的表述。他认为，科学、技术以及我们的一切生活就是解决问题，生活本身就表现为一系列问题，最后以一个不能解决的问题而告结束。解决问题的过程可以划分为以下 5 个步骤：

(1) 察觉到困难；

(2) 困难的所在和定义；

(3) 可能的解决方案的设想；

(4) 运用推理对各种设想的意义与蕴涵所作的发挥；

(5) 进一步的观察与实验，它导致对设想的接受或拒斥，即做出它们可信或不可信的结论。

杜威提出的解决问题的认知程序，是人类认知行为的共同规律，同样适用于技术认识过程的分析。根据上述步骤可以得到技术认识过程的阶段分析：

(1) 技术认识过程中的问题阶段。对于技术来说，“困难”的觉察源于我们在现实中或改造现实中面临的不确定的、难以抉择的境地。要进一步明确“困难的所在”，就需要我们界定问题的范围。杜威把“困难”界定为现有条件与所期望与企求的结果之间的冲突，这一定义，在现代认识论、人工智能学、控制论、系统工程学、管理学中被广为接受。技术的问题就是我们改造世界的实践目标、工程目标、技术设计目标与现有手段、条件之间的差距或冲突。

(2) 技术认识过程中的设想阶段。要解决技术中的问题，就需要我们借助人类的智能提出各种各样的试探性的方案与构想。它们来源于我们过去的经验和先前的知识。要从现存的东西推理到我们想要设计出来的、实现的东西，需要“运用推理对各种设想的意义与蕴涵作出发挥”，一方面，需要思维上的跳跃，实现从“无”到“有”的设计过程；另一方面，还要对提出的技术方案加以论证与辩护。

(3) 技术认识过程中的检验阶段。在对设想的含义与结果加以推论之后，如果有某种方案被采用，那么就需要进一步的反复观察、试验与评价。经过多次这样的检验评价—修正方案—再检验再评价的循环，最后导致技术方案的选择与实施。

根据人类共同的“解决问题”的认知模式，通过比较科学方法与技术方法，可以帮助我们进一步理解技术认识论的特定范畴。

科学方法与技术方法的比较如表[①] 7.1 所示。

表 7.1 科学方法与技术方法的比较

杜威指标		科学方法	技术方法
(1) 问题是什么	问题的来源	背景知识中的裂缝或鸿沟：理论与实验事实的矛盾，理论之间和理论内部的矛盾	人们的实际需要或潜在需要与现实条件不能满足这些需要的矛盾
	目标	追求真理：求得精确的、全面的、经受考验的知识增长，以不断加深对现实世界及其规律的理解	追求效用：以最小的人力取得最大的效果，求得控制、支配自然的能力不断增加，为满足人们的各种需要，不断创造各种人工物品的新现实
	对象及焦点	(自身就是目的) 客观事物是什么	(自身只是手段) 人工事物怎样做

① 张华夏，张志林. 技术解释研究[M]. 北京：科学出版社，2005：27-28.

续表

杜威指标		科学方法	技术方法
(2) 提出可供选择的方案	提出试探性方案的主要背景知识	(1) 观察与经验的客观知识； (2) 科学的自然定律； (3) 有关事物结构的理论； (4) 对这些知识的事实陈述	除左栏有关知识外，着重于： (1) 各种改变事物和操控事物的技巧、技能的应用知识； (2) 实践的行动规则； (3) 有关事物的功能，特别是对人类的功能的知识及有关成本、效益的经济知识； (4) 表达应如何作出规范陈述
	试探性方案的形式	(1) 提出假说 (2) 构造理论 (3) 建立数学模型 以说明世界	(1) 方案设计 (2) 发明新工具、新技术 (3) 对各种运动形态进行综合运用 以满足实践需要达到的目标
(3) 推出方案的可检验蕴涵	推理形式	(1) 归纳与演绎推理； (2) 科学的解释与预言	(1) 实践推理； (2) 技术解释与技术预测
	推理的结论	解释或预言一种经验可检验的自然现象	解释或预言一种实用效果
(4) 对方案的检验与选择	评价标准	与经验证据的一致性、理论内部的逻辑协调性、理论的简性、理论的解释力和预言力等逼近真理标准	设计和发明的安全、耐久、可靠(特别是材料上的)、高效率(特别是动力上的)、简便(特别是操作上的)、灵敏(特别是信息上的)、美观、经济、实用、环保等效用标准
	评价方法	在控制条件下进行实验与批判性的讨论	除中间试验和模拟试验外，在一定时期里试用或运用所选择的设计与发明
(5) 对方案的实施		否证或修正某些假说，确认某些假说作为新的自然规律；坚持、建立、调整或变革科学规范	旧技术的修改和新技术的传播与推广，建立技术文化的新类型或建立一种新的经济模式

二、技术研究的一般过程

20世纪60年代，贝尔电话公司工程师A. D. 霍尔在《系统工程方法论》一书中，将"问题解决"的一般认识程序和决策逻辑运用到工程技术领域当中，提出了技术认识程序的6个步骤：①确定问题；②目标选择；③系统综合；④系统分析；⑤最优系统选择；⑥计划实施。

1. 确定问题

人类技术行动都是从问题开始的，即从一种不确定状态、有问题的状态开始。问题是未满足需要的一种外部表现或意识到一种目标状态与当前状态的差距。定义问题或明确问题包括两件事：

(1) 查明一种需要，即展开需要研究(needs research)；

(2) 查明达到这种需要的环境条件或可行条件，即环境研究(environmental research)。

需要研究就是要了解技术研究委托人、委托书对某项工程技术的开发有什么要求，有什么需要，但归根结底要研究顾客和市场有什么需要；社会的政治经济环境对系统有什么需要或要求。需要研究必须详细收集资料，并尽可能从一般需要中演绎出尽可能具体的多种多样的需要。

环境的研究包括物理与技术环境的研究，看看有哪一些新思想、新技术、新材料、新设计可用于满足我们的需要，还包括自然环境(气候、植物生活的状况)的研究，也包括经济环境、政治环境和组织环境的研究，看看本工程技术项目的资金是否充分、人力是否充足、政府是否支持以及其他社会的和个人的因素如何等。

技术认识过程中的定义问题或明确问题就是将需要研究和环境因素的研究结合起来，从环境因素及其发展中找到满足需要的条件，并从需要的状况中找到改变环境的方向。

2. 目标选择与评价标准的确定

把问题弄清楚后，应当提出解决问题需要达到的目标，并且定出衡量是否达到目标的标准。目标选择与确定，一方面能够引导工程师进行达到目标的替代性方案的研究；另一方面，能够为优化、评价与选择替代性方案制定价值标准。因此，它是工程决策中关键的一个步骤。

一般而言，以下指标是目标评价中不可忽视的重要因素：①效能，②费用，③时间（研制周期）。在工程目标选择中，往往需要进行三维权衡，各方比较，然后才得以选出较优方案。从理论上说，费用、效能、时间三个指标都达到三维最优是不可能的，但是，可以在权衡的时候，确定一维或二维最优为约束条件，再寻求其余两维或一维的最优解。例如，以效能作为评价的约束条件，需要先确定达到的或希望达到的效能水平，然后求出备选系统或方案的费用与时间，进行权衡，费用最小的方案就为最优方案。

目标选择或目标的确定是问题定义的逻辑结果，标准的选择与确定构成工程技术决策过程的第一个方面，为工程师和管理人员构造了一个理想系统。正如霍尔所说："系统工程师在某种意义是个梦想家，他用在物理上和经济上可行的东西，和他所期望将来能够实现的东西来描绘一幅梦幻图景。理想系统正是由一组愿望推理或者我们叫做目标来加以描述，这些目标包括重量、成本、安全性、耐久性、风险……物理的、经济的和社会的目标。"①

3. 系统综合

系统综合就是根据系统的目标和标准形成可能的方案。提出解决问题的方案一般不是一个而是多个，正如登上珠穆朗玛峰有多条线路可走一样，完成一项任务也总有多种方法和途径。人们在解决公共交通紧张的问题时，至少可以提出三种方案：一是增加公共汽车数量；二是巧妙地拟订公共汽车行车路线和行车时刻表；三是前两者兼而有之。这在运筹学中叫做求目标函数，从而得到决策变量的各种可行解。

4. 系统分析

系统分析，就是依照该项工程的目标和标准对各种替代性（试探性）方案进行分析。所谓分析，就是从每个方案中推演出种种推理和结论，并将这些推理和结果与工程目标进行比较，看它们在什么程度上实现这些目标，同时在各方案的结果之间进行比较，为下阶段最优系统的选择打下基础。

对于大型复杂的系统，为了对众多的备选方案进行分析比较，总是建立一定的模型。有了模型，就可以进行模拟试验，进行电子计算仿真。通过模型与模拟，就可以了解系统的功能。

根据模型化的原则，科学家和工程师们已经创造了许多行之有效的模型形式与模拟试验形式。其中有实物模型，如飞机、船舶、堤坝的缩尺模型，如飞机模型在风洞中试验、船舶

---

① HALL A D. A methodology for systems engineering[M]. Princeton, NJ: D. Van Nostand, 1962: 478.

模型在实验船池中试验，就属于实物模拟试验；有数学模型，即把构成系统的要素与要素之间的关系列成代数式，或微分方程式、差分方程式，然后在电子计算机上仿真；还有数据表格或网络图形，如统计表、结构图、信流图、计划评审技术、网络图评审技术等。总之，建立模型和进行模拟试验是运用系统方法解决实际问题的一个极其重要的步骤。

5. 最优系统选择

工程技术的第二个评价决策过程就是最优系统的选择。它要依据系统目标和标准对各入选方案进行比较后选择其最优者，这是一个系统选择的思考过程，它不单纯是一个逻辑推理问题，而是将价值标准加于这个逻辑推理过程。

当评价目标只有一个定量指标，而且备选方案个数不多时，容易从中确定最优者。但是，最优方案常常并不止一个，如一个生产系统，有的方案产量最高，有的方案成本最低，有的方案利润最高……当备选方案很多，评价目标有多个而且彼此又有矛盾，要选出一个对所有指标都最优的方案一般是不可能的，这必须在各个指标间进行协调，使用多目标最优化的方法来选出最优系统。

除了定量目标外，有时还要考虑定性目标，如政治情况、社会情况、人们的心理情况等。近年来美国曾在一些地区建立了核电站，这在技术上是可靠的，经济上是合算的，特别是世界面临着能源危机的情况下，使用核动力是一个方向。但是当地居民恐惧核污染而纷纷起来反对，美国政府只得被迫将核电站关闭，这是“恐核病”的社会心理造成的。最优方案的选择往往是一个复杂的社会决策问题，涉及政治、经济、文化、价值体系等各个方面的多种因素。

现在最优化已经形成一门专门的科学与技术。第二次世界大战中发展起来的运筹学是求出最优解的有效的数学方法，它成了系统工程最重要的理论基础之一。例如，运筹学中的线性规划、非线性规划、动态规划、博弈论、排队论、搜索论、库存论等，已在系统工程中获得广泛应用。

6. 实施计划

最优方案决定后，最后一步就是付诸实施了，即按照计划从事制造、施工，把系统建设起来并投入运转，并在实施中进行评价验证。在实施中，如果一切顺利或问题不多，计划即告完成；如果问题较多，再回到前面某一个步骤中去，重新做起，如此反复，直至达到预期最优目标为止。

霍尔系统工程方法论的各个步骤之间的相互关系如图[①] 7.1 所示。

技术认识的 6 个步骤之间是相互联系的，并不是单纯的单线关系。其中，目标及其选择是系统综合的逻辑基础，包含了决策的标准。系统综合创造了大量具有可行性的系统，经过系统分析，并与评价标准相比较，反馈得到最优系统。如果选出最优系统能够充分满足目标标准，那么整个过程结束，可以将结果输出到另一个层次系统中去加以执行或加以再评价。而如果这个最优系统不够好，或者重新综合出更好的系统，或者修改原来的目标，修改目标后又重新开始综合分析、比较择优的过程。

① 张华夏，张志林. 技术解释研究[M]. 北京：科学出版社，2005：46.

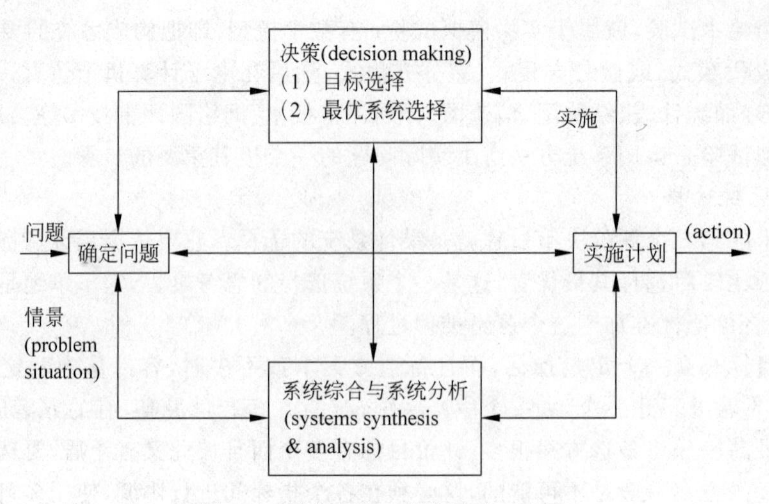

图 7.1 霍尔系统工程方法论示意图

第二节 技术活动的方法

技术活动的方法是人类在技术发明等活动过程中所使用的各类方法的总和。马克思主义极为重视技术活动及其意义。马克思在写作《资本论》时曾经大量和深入地研究了技术史和工艺过程，并且把科学技术在人类历史上的发明称为推动历史前进的火车头。通过对人类技术发明等活动的历史与现实的总结，形成了今天的马克思主义技术活动方法论。

一、技术思维及其特点

技术思维是工程师进行技术活动的思维。广义的思维是哲学意义上的思维概念，它是与存在相对应的，包括感性认识和理性认识，是指人的全部意识活动。技术思维是从狭义角度上来讲的，它是工程师在进行技术研制、开发、创新等活动过程中，通过接受、存储并处理各种技术信息，并对技术客体进行加工的这样一种认识活动。简单地说，技术思维是解决技术问题过程中的一种特有的思维活动。与科学思维相比，技术思维的特点有：

(1) 科学思维更关注普遍性，技术思维更关注可行性。科学研究的目的是发现真理、探索真理、追求真理。科学思维以发现普遍的科学规律为目标，这些规律要尽可能的广泛全面，并能——理想地说——为一切相应的自然现象作出十分精确的预言。这也使得科学思维更注重对具体领域自然现象规律性的研究，更侧重体现出普遍性。技术活动所得到的最终结果是某种程序或人工物，因而在技术中实际的应用占有突出的地位。技术思维是把抽象的理论物化为具体的技术系统的过程，按照马克思的说法是从“抽象的规定在思维行程中导致具体的再现”。在技术创造活动过程中，首先呈现出来的是能实现某种目的的技术原理，技术原理在理论上解决了我们所要达到目的的可行性。而技术思维的结果是要得到实实在在的技术系统，是不带有任何抽象的符号形式的物化装置，这一过程的实现是技术思维的关键，它直接决定着技术创造活动的成功与否。之所以有许多理论上得到证实的原理无法转化为技术系统，主要就是因为其中的这一过程不能得到实现，技术思维是否现实，从思维产生的结果中立即或经过一段时间显现出来，有用还是没用，大用还是小用，很快就能得到检验。技术思维的全部过程，都要紧紧盯住是否有效，即是否可行。不计效果或可行性的思维，在技术活动领域是无立足之地的。技术思维中也允许有幻想，技术上的发明创造也需要有幻想，但必须是具有现实意义的幻想，能够导致现实结果的幻想，而并不容许那种虚无缥缈的幻想。总而言之，科学家一般不考虑具体工程实践的可行性，科学家提出的理论和方法往往有相当部分不能用于实际的工程技术实践。但技术人员和工程师则不能忽略任何一个对具体工程项目有重要影响的因素。一般工程师的思维注重确保各种想法的现实实施的可行性和直接的经济效益。

(2) 科学思维更关注创造性，技术思维更关注价值性。应当说，科学思维与技术思维都具有创造性。但是，科学发现的创造性和技术发明的创造性是不同的。整个科学研究过程不仅是要发现某种新的事实，而且还要深入到事物的深层结构，揭示事物的内在规律性，因而科学的创造性更多地体现在更深入地认识事物本质的能力。技术的创造性则在于发明者把已知的事实转化为可获得现实的效益，可以说是创造性与实用性的结合。技术思维的目的是满足社会生活需要、创造更大的价值。技术思维的核心在更大程度、更深层次上看是价值思维。在技术思维中，确定价值目标不但在时间过程上是居先的，而且它在整个技术思维活动的内容"结构"上也是居于高层位置的。换言之，技术思维是以价值目标为导向和以价值目的为灵魂的思维。如追求效率是机械工程学特有的思维模式，而追求耐久性则是土木工程师特有的思维方式，这些基本价值要求成为他们考虑问题的出发点，也是分析问题的根本点。技术思维和技术活动不但必然追求一定的价值目标，而且还希望整个价值目标尽可能地改进、改善或优化。这里所说的价值目标，不仅仅是通常的经济价值，还包括了社会价值、生态价值、伦理价值、美学价值、心理价值等多元价值在内的广义的价值。

(3) 科学思维没有限制，可以任凭思维跳跃发展，技术思维是限制性思维，是在已经有了原理的基础上思考如何通过现有条件或创造条件从而实现它。从时间和空间的维度看，科学思维不受思维对象的具体时间和具体空间方面的约束，即它具有对"具体时空"的超越性。从科学思维过程来看，科学发现的目标常常不甚明了，摸索性极强，偶然性很多。而技术思维则是限制性思维，需要在一个限定的范围内寻求问题的答案，因而从一开始就有一系列的要求。此外，在技术中用于每种特定情况的知识、制造特殊技术制品的生产工序，以及知识和工序的应用总要符合一个目标，该目标就是技术程序的重要决定因素。工程师往往根据一定的规则、程序、数据、模型等技术原理与规范来进行技术活动。一个技术系统的工作原理与常规构型往往成为该系统设计、运转、操作的基本框架，工程师通常是在这些基本概念的基础上进行设计、发明和制造。在技术思维过程中，对于同一个技术目标，可以通过不同的途径来实现，例如无线电，可以用电子管，也可以用半导体，不同的途径就有不同的技术规范，不同途径的选择也就是不同技术规范的选择。这些规范决定了在现有基础上采用何种技术途径来实现，或者创造何种条件来实现。

(4) 技术思维是联系性思维，它一方面要连通科学的理论，另一方面要联系技术的实际，是两级思维，技术思维要求"顶天立地"。虽然技术思维与科学思维有所不同，但是这并不意味着技术思维仅仅是"经验性"思维，现代技术思维是以现代科学理论为基础的思维，科学理论的指导与方法论为技术活动提供了基础与启发。为了实现技术活动的目的，工程师们需要使用各种理论工具，其中，包括考虑智力概念、数学方法和进行技术活动的计算理论。这样的理论工具知识可以来自先前的科学或当下的科学活动，但是通常需要加以扩展和重新表述才能适用于解决工程技术问题。科学理论的指导或引导作用在高技术领域得到了最突出和最充分的体现,同时,技术也在接受自然科学的研究方法,今天,在数学描述和系统实验基础上形成理论的方法正在日益取代建立在实践基础上的各种特定的试验。此外,对于技术活动中存在的不可能目标和不可能行为,科学规律为技术思维设置了严格的限制。也正是因为如此,在现代技术教育中科学教育成为一个基本内容和基础性成分,任何没有受到合格的科学教育和具备合格的科学知识基础的人很难成为一个合格的工程师或设计师。但与此同时,技术思维还需要与技术的实际关联起来,受到相应技术实践活动方式和条件的制约与影响。一方面需要制定切实可行的技术目标;另一方面需要选择可行的技术手段。而无论是目标还是手段,都受到现实各种技术体系自身的资源、物质性资源、经济性资源和外部环境要素等影响。最佳的目标只有和最佳的方法结合起来,才能取得最佳的效益。这就要求技术思维不仅要顶天也要立地。

二、技术活动的一般方法

进行技术活动,有多种多样的方法,其主要核心是研究技术活动的不同阶段、过程和方面,以及如何实现技术活动的目标。技术活动的一般方法主要包括:技术构思方法,技术发明方法,技术试验方法,技术预测方法,技术评估方法。前三者主要用于技术和工程研究人员具体的技术创造活动,后两者较多用于政府、研究机构和企业的技术战略和技术决策。

1. 技术构思方法

技术构思是指在技术研究与开发中,对思维中考虑的设计对象进行功能、结构和工艺的构思。从构思的对象来看,可以分为技术原理构思与物化技术构思。在技术研究中,技术原理的构思是最关键、最富有创造性的一环,通常依赖于已有的科学知识和原有的实践经验。而就一项具体技术发明的角度看,最终获得实用的物化成果,才是最终的完成。所以,除了技术原理的构思外,还需要通过实践把技术原理转化为实物形态的样机、样品,这一过程就是物化技术的构思。

技术构思方法包括经验方法和科学方法。技术构思的经验方法是在工程技术人员的直接经验的基础上,以原有技术或产品为基础,渐进地改进技术的方法,包括模仿创新和技术改制两类。技术构思的科学方法是以科学知识和实践的理论成果为基础,对技术原理与物化技术进行构思。这里主要介绍技术原理的构思方法。

(1) 原理推演法:主要是从科学发现的基本原理出发,推演技术科学的特殊规则,形成相应的技术原理。如交流机的技术原理由电磁感应从科学原理推演而来。从科学原理出发,要经过一系列试验研究和构思,才能最终完成技术原理的转化。现代技术发明越来越依赖于科学的进步,原理推演也成为技术构思中最重要和普遍的一种方法。

(2) 实验提升法:直接通过科学实验所发现的自然现象,作出理性思维的加工与提升,产生具体的概念或原理。如爱迪生效应的发现,成了电子管技术原理的先兆。从实验中提升技术原理,关键是对实验现象的挖掘和提炼,因为实验本身所蕴含的技术原理,大多数情况下是以经验形态表现出来的,没有理论的洞察力和敏锐的创新意识,难以发现经验现象背后的机理,无法获得新的技术原理。

(3) 模型模拟法:通过模拟自然物或自然过程来构思技术原理的方法。分成两种类型,一类是非生物模拟,即通过模拟自然界中的无机物来提取技术原理;另一类是生物模拟，根据生物的结构和功能特性建立生物模型，进而用数学形式将生物模型变换为数学模型，最后以电子线路、机械结构、化学结构把数学模型发展为具有某种功能的技术模型。这一过程存在若干反馈环节，以完善技术原理构思。

（4）移植法：包括两种类型，一类是局部移植，把某一领域技术移植到另一领域，成为另一领域技术系统的一部分；另一类是综合移植，把若干领域的多种技术综合在一起，产生一个全新的技术应用领域。例如激光技术就是微波技术、光学技术、量子放大技术、真空技术、自动控制技术综合移植的成果。

2. 技术发明方法

技术发明是创造人工客体或技术客体的方法。技术的发明是人类在自然客体的基础上，利用自然物质、能量和信息创造出来的自然界中原本没有的人工创造物。

技术发明有许多方法。最早的发明问题解决是通过试错法，即不断选择各种方案来解决。选择各种可能的解决方案在长时期内是单凭猜想的，但也逐渐出现了一些定型的方法。例如，仿制自然界中的原型物，放大物体，增加数量，把不同的物体组成一个系统。由此，人们积累了大量发明创造经验与有关物质特性的知识。人们利用这些经验和知识提高了探求的方向性，使解决发明问题的过程有序化。为了减少无效尝试的次数，提高解决问题的效率，逐渐发展出一套解决发明问题的方法与理论——TRIZ（来自俄文首写字母的缩写，其英文缩写为 TIPS(theory of inventive problem solving)），这也是目前比较流行的技术发明创造的方法。俄罗斯发明家阿里特舒列尔等人通过对 10 万份专利研究归纳总结出 1200 多种技术措施，并提炼出 40 种基本措施和 53 种较有成效的成对措施和成组措施的方法。

现代 TRIZ 理论的核心思想主要体现在三个方面：其一，无论是一个简单产品还是复杂的技术系统，其核心技术的发展都是遵循着一定规律发展演变的，即技术发展的演化规律；其二，各种技术难题、冲突和矛盾的不断解决是推动这种进化过程的动力；其三，技术系统发展的理想状态是用尽量少的资源实现尽可能多的功能。阿里特舒列尔依据世界上著名的发明专利，研究了消除冲突或矛盾的方法，提出了消除冲突的发明创造原理，建立了消除冲突的基于知识的逻辑方法，这些方法包括：发明创造原理（inventive principles）、发明问题解决算法（algorithm for inventive problem solving，ARIZ）以及标准解（standard techniques）。

利用 TRIZ 解决问题的过程：研究人员首先可以将待解决的技术问题表达为 TRIZ 问题，然后利用 TRIZ 的工具，如发明创造原理、标准解等，求出该 TRIZ 问题的普适解或模拟解，然后再应用普适解的方法解决特殊问题或冲突。从图 7.2 中我们可以了解 TRIZ 解决问题的分析工具与基本步骤：

其中，分析是解决问题的一个重要阶段，包括产品的功能分析、理想解（ideal final result，IFR）的确定、可用资源分析和冲突区域的确定。其中矛盾矩阵、物质-场分析与需求-功能分析是 TRIZ 解决问题的基本分析工具。而 40 条发明创造原则、76 个标准解以及效果库或知识库则为问题提供了具体的解决方法与分析资源。

目前，TRIZ 理论已经广泛应用于工程技术领域，成功地指导工程师与设计人员的问题解决。虽然，TRIZ 为发明问题提供了一整套的解决原理与规则，能够有效、快速地对各种创造性问题解决提供规则引导，但这并不意味着创造性问题解决完全严格遵循一套逻辑程序与方法。我们认为，一方面，发明问题的解决仍然需要人类的创造力与想象力，需要思维的跳跃与创新，有可能是纯粹的偶然行为，而不是完全遵循严格的逻辑推理过程；但是，另

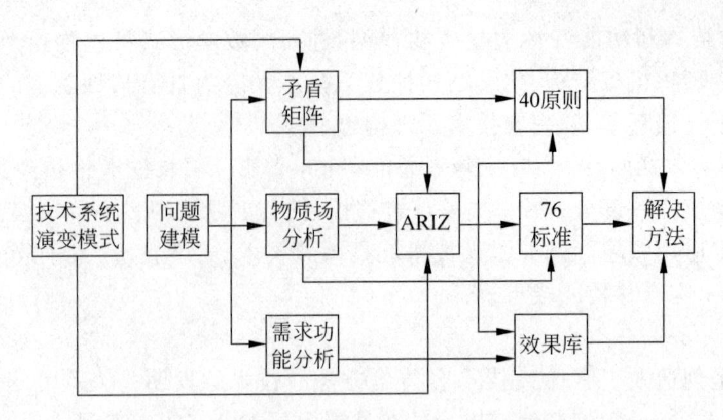

图 7.2　TRIZ 方法的分析工具与基本步骤

一方面,根据已有的专利发明方法与经验加以整理得到的 TRIZ 理论,能够为技术发明与设计过程提供累积的方法与经验规则,提高问题解决的效率,为技术发明与设计提供方法上的启发与引导。

技术发明方法尽管多种多样,但其精髓仍离不开辩证思维和生活实践,需要在不同方法之间保持思维的张力,才能产生有效和优化的技术发明,建构与天然自然和谐的、合理的人工自然。

3. *技术试验方法*

技术试验是在应用研究或技术开发中,对技术思想、工程设计、技术成果进行探索、考察、检验的实践活动,也是实现技术原理、技术方案向技术实体转换的技术研究方法,它贯穿于技术研究与开发的全过程。

技术试验与科学实验是科学技术领域中两个不同的实践活动。两者既有共性,又有区别。共同之处在于,两者都属于探索性的实践活动,都不是在自然条件下进行的,而是利用科学仪器和设备等手段作用于研究对象,对研究对象进行简化、纯化、强化或模拟各种环境条件的处理,从而获取反映事物特性和规律的经验事实。两者的区别在于:从对象范围看,技术试验的对象范围主要是人工自然,科学实验的对象则极为广泛,几乎包括自然界的一切事物。从活动的目的看,技术试验要求能为生产直接服务,排除科学知识物化的障碍,寻求最佳的物化途径和结果,而科学实验并不考虑直接为生产服务。从认识关系看,技术试验重在从科学知识到人工物的过程,是从主观到客观的创建人工自然的过程,而科学实验重在获得关于自然规律的知识,重点表现出从客观到主观的认识过程。从成功概率看,技术试验可以借助科学知识和自身的技术原理加以指导,困难不在于找到合理的试验方法,而在于如何以较少的试验次数和人财物消耗达到预期效果,有较强的验证性质,成功的把握较高,而科学实验探索性强,成功概率相对要低一些。

技术试验常见的类型主要包括:

(1) 析因试验。它是根据技术发明中已经出现的结果,通过试验来分析和确定产生这一结果的原因。在许多场合,原因找到了,问题就会迎刃而解。由于技术发明是一个涉及众多因素的动态过程,某一结果的产生往往是若干因素综合作用所致,因而析因试验中能否抓住主要原因是能否成功的关键。

(2) 对比试验。它有两种基本形式,其一是在相同条件下比较不同技术的性能优劣,其二是在不同条件下比较同一技术的性能异同。可以通过对比试验来确认技术的优劣、材料的好坏、工艺的效果、适用的范围等。必须注意的是，要提高对比试验结论的可靠性，要严格控制比较的条件。

(3) 中间试验。也称试生产试验或半工业试验，是把实验室技术成果推向工业性生产的中间环节。实验室的成果是在条件控制严格、操作比较精细的环境下产生的，一旦扩大规模，条件变化大，就会出现新的情况。通过中试，以接近或相当于生产的规模进行，就能掌握可能出现的技术问题，为正式投产提供完备的技术资料。中间试验具有验证性和探索性的双重作用。

(4) 性能试验。技术研究中性能试验的目的，主要是检验研究对象是否具有所要求的性能以及如何运用技术措施去提高性能。性能概念的外延扩大，材料的强度、韧性、塑性、抗腐蚀性，机械装置的抗震性，汽车的能耗、速度、舒适度等一切工程技术的功能特性都属于性能范围，因而性能试验是技术研究中最基本的试验类型。

(5) 模型试验。这是一种间接性的技术试验，它首先在与原型相似的模型上试验，再把模型试验的结果适当地应用于原型。模型试验有物理模型和数学模型两种主要形式，前者以模型与原型之间的物理相似为基础，如飞机模型、水坝模型；后者以模型与原型之间的数学形式相似为基础，运用的模型是电路或模拟计算机。由于电子计算机技术的高度发展，数学模型试验得到越来越多的应用。

4. 技术预测方法

技术预测指对未来的科学、技术、经济和社会发展进行系统的研究，包括利用已有的理论、方法和技术手段，根据要预测的技术的过去、现在状况，推测和判断该技术发展的趋势或未知状况，确定具有战略性的研究领域，选择对经济和社会利益具有较大贡献的技术群。

据不完全统计，目前世界上关于预测的方法不下 200 种，大多数都可以在技术预测中使用。从不同的角度，可以对技术预测方法进行不同的分类。按照逻辑学的理论，可以把预测方法分为类比性预测、归纳性预测和演绎性预测。

(1) 类比性预测方法。两个技术系统之间具有相同或相似特征，已知一个技术系统的发展变化过程，根据类比原则，可以推出另一个技术系统的发展趋势。类比预测方法的逻辑基础是类比推理，是一种从个别到个别的逻辑方法，虽然具有较大的创造性，但其结论或然性也比较大。

(2) 归纳性预测方法。从各种不同的个别预测判断和陈述出发，经过归纳推理的逻辑步骤，概括出关于未来普遍的判断和陈述的过程。归纳是从个别出发到一般的逻辑过程，由于个别判断和陈述中包含某种一般性，因此归纳预测所得到的结论具有一定的可靠性。同时，必须注意，由于归纳方法本身的局限，其所得出的预测结论肯定也有一定的或然性。

(3) 演绎性预测方法。其逻辑基础是演绎推理，即根据有关预测对象的历史及现状数据建立相应的数学模型，并运用数学方法求解各种待定系数，从而得到一条预测对象发展趋势的曲线，并进一步外推获得预测对象未来特征的相关参数。趋势外推法、计算机模拟法等是常见的演绎性预测方法。一般来说，如果演绎依据的前提准确性高，使用的规则和程序合理，预测所得到的结论可靠性会比前两类预测方法要高一些。

必须指出，无论哪种预测方法都不是尽善尽美的，它们各有长处和短处。技术预测会遇到的科学和哲学问题有一些是非常棘手的问题，如事物的发展如果是混沌类型的，如何预测？技术的长期预测是否可能？技术预测与事物的演化方式是怎样的关系？要获得较为准确的预测结果，我们应当在技术预测中根据不同的预测对象和预测目标，有选择地运用某一种或某几种预测方法。

5. 技术评估方法

技术评估是对技术系统、技术活动、技术环境，包括技术计划、项目、机构、人员、政策等可能产生的作用、效果和影响进行预测与评价的行为，它从总体上把握利害得失，将被评估的系列技术活动的负面影响降至最低，使其活动的正面影响达到极大，从而引导技术活动朝着有利于自然、社会和技术的和谐发展的方向前进。

技术评估可以为技术开发提供理论依据，提高技术开发的计划性和主动性，而且还有利于实现技术先进性和合理性之间的统一。因此，技术评估是系统的、有序的、期望指导行动和未来的一项活动，与局部的、单项的技术方案评价不同，受到不同国家和地区政治、经济、文化等社会因素的影响，表现出长期性、综合性、社会性、批判性的价值取向。

技术评估按照评估机构有内部评估和外部评估的区分，按照时间进程有前期、中期和后期以及事后评估的区分。技术评估方法多达数百种，这里介绍几种常用的方法。

（1）矩阵技术法。它从系统的整体观念出发，站在事物普遍联系的高度，分析研究对象与各种因素之间的相互关联性。事物之间的相关性有随时间变化和不随时间变化两种，相应有不考虑时间变量的相关矩阵法和考虑时间变量的交叉影响矩阵法。相关矩阵法是把评估对象与多个评价因子之间的相互联系和相关程度以矩阵形式表示出来，进而获得各评估值以作出评判。交叉影响矩阵法是从技术之间的相关性出发，考察新技术开发对其他技术促进或抑制的情况，通过多轮的模拟统计，获得各技术发生的最终概率估计，这种方法兼有定性与定量结合的优点，相对比较全面。

（2）效果分析法。这类方法评估的重点是对象为未来效果即间接效果，而不是直接的第一次效果，常用的如效果费用分析法、模糊综合评价法。前者根据技术特性和寿命，分析研究开发、投资和实用各种阶段所需费用的关联性，作出效果评价。后者运用模糊数学的方法，借鉴模糊综合审计的成功经验，力图对模糊性事物的评价精确化。

（3）多目标评估法。技术通常是一个多目标的复杂系统，如质量好、成本低、产量高、污染少，都可以成为技术目标，这些目标往往相互矛盾，如何评估十分棘手。近年来出现的一些较为合理的多目标评估法主要有：折中评价法、化多目标为单目标法、功效系数法等。

（4）环境评价法。该方法评价的对象是生态学、审美学以及人类利益等涉及面非常广的问题，如在大城市附近建立石化项目将产生的环境效应问题评价。这种评价发生在技术开发和应用的实施之前，具体按照权重和评价分数分级排序的方法进行。

（5）技术再评估法。评估对象为已开发的或需要推广的技术，如农药、高层建筑、核能炼铁、基因重组等技术都被美国政府以法案形式列为技术再评估对象。技术再评估立足于长期、综合、根本的利益，从人的适应力、环境的吸收力、资源的有限性出发，重视价值观变化，重视技术的副作用和负面效果，把技术本身和社会效应两个最基本方面综合起来作出评估。

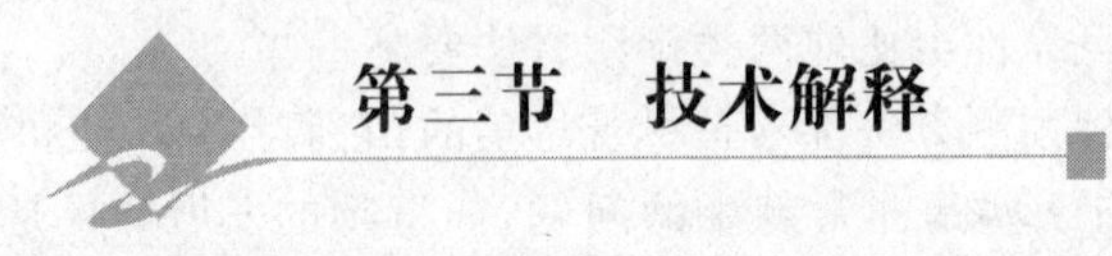

第三节　技术解释

技术解释的论域是人们旨在改变自然或改变社会的实践行为，它需要解释的不是一种自然现象，而是某种人工物怎样做，为什么应该这样做，这样做的结果会产生一些什么样的人造物，它对人们的需要起了什么样的作用。人们在设计、制造各种人工物及其论证过程中，都贯穿了一系列技术解释问题，因而技术解释是理解技术及其认识论的一个基本问题。

如果说，科学解释要解决的问题是认知理性和判断理性的问题，那么技术解释则是一种行为解释，它需要解决意志理性与实践理性的问题。本节分析技术解释中的两个重要问题：一是如何说明人们为什么要采取某种技术规则来规范其行为才能达到预期的目的；二是如何对人们的技术行为结果所造成的人工事物、人工过程、人工组织的结构与功能加以解释。

科学规律只能为相应的技术规则"奠基"，但不能推出技术规则及其有效性。科学规律也只是"奠基"技术规则的可能因素之一。技术规律也有自身的独立性。

一、技术规则的解释

技术活动是人类有目的的设计、制造人工物的活动。在这一活动中，人们根据一定的技术规则行事。这些技术规则表明，为了达到一定的目的，人们应该怎样做。它用某种普遍性的技术行为来加以描述，而这些行为是为了达到某种特定类型的目标。

1. 技术规则及其特点

如果说科学的研究是要建立关于自然客体、过程的类型与规律，那么以行动为导向的技术的研究就是要建立关于人类技术行为的稳定规范(norm)，即技术规则(rule)。作为人类某类技术行为的一个共同规范，技术规则体现为"目的-手段"链，是实现特定目的的行为规范。与科学规律相比较，它具有如下特点：

(1) 技术规则的论域是人类行动而不是自然事件。技术规则规定的是行动的过程，是人类行为状态的规范，如医生给病人开刀，就有一系列的操作程序，飞机维修则有相应的维修规程与手册。科学规律规定的是自然事件的过程，是自然事物状态空间的约束，它的论域是整个实在世界，如量子力学研究的是微观领域的粒子运动。

(2) 技术规则采用规范的陈述表述而不是事实陈述。行动规则的标准表述式是要说明为了达到预期目的人们应该怎样行动。它是由一系列的行动指令构成，并形成一定的行为规范。这就要求它以某种范围的全称陈述，而不是单称陈述来表示，以使其规范带有一定的普适性。如医生开刀的过程包含的一系列应该如何做的规定，它们对医生开刀行为起到规范性约束作用。科学规律则是用描述的或说明的陈述来表述，如开普勒行星运动三大定律对行星运动过程的描述。

(3) 技术规则的评价标准是效用而不是真假。科学的规律可以通过"真"或"假"的二值逻辑加以处理，也就是说科学规律有真假值，或者是真的，或者是假的。而技术规则体现为"目的-手段"链，是实现特定目的的行为规范。技术行为的背后蕴含着它所要达到的目标以及想要实现的意愿，从目的到实现目的的手段的选择与决策过程，其合理性取决于：目标的正确选择，目标-手段链的关系，理性的评价标准，对手段的选择以及由此导致的行动。目标的选择，涉及人类的意志与价值判定选择。从目的到手段的关联显然与因果链是不同的。为了实现目的，采取哪一种手段存在着选择与决策的问题，它的有效性取决于行为上的成功，以及人类自由意志与价值判断的选择，当然还包含了对具体环境的判别。正如邦格所指出，"只有当手段已经运用了而目标又达到了的情况下，规则才是有效的。只有当所规定的手段已经实施而所想要的结果并未达到时，那规则才是无效的。"[①]换言之，只有通过行动及其行动的成功，才能够判定手段是否实现了预定的目标。因此，技术规则无评价上的真假之分，只有有效用或无效用之别，有技术价值和无技术价值之别。科学规律的评价标准并不适用于技术规则的评价。

2. 技术规则的解释

对于当人们解决某种技术问题的时候为什么必须要采取某种技术行为规则必须有相应的解释。例如，为什么上飞机前必须接受安全检查，为什么医生在进行手术前必须进行彻底的消毒，为什么制造原子弹必须至少要提炼出 12 磅的 ^{235}U 核燃料，这里解释者可能是一些规律的陈述，也可以是一些类比、隐喻的说明，也可能是一些约定俗成的惯例，也可能是经验概括的直指。于是技术规则的解释便可能有因果解释或规律推理解释、功能类比解释、直指解释以及社会建构解释。这里我们主要介绍技术行为规则的因果解释，即说明由于什么自然界的因果规律在起作用，所以我们必须遵循规律"按规律办事"，才能得取某种成功，达到预期的结果。

冯·赖特(1994)，邦格(1998)以及 K. Kornwachs(1998)等人曾提出对技术规则的解释模型，这个模型的实质是一种实践推理。张华夏将此模式作了以下综合：[②]令 $A\rightarrow B$ 为一种因果规律。如果它可以用演绎规律解释模型来表示，假设 $P(x)$ 是 x 的原因事件，$Q(x)$ 是 x 的结果事件，则有 $P(x)\rightarrow Q(x)$，该形式除了表示一种逻辑蕴涵外，还表示有一种作用从原因事件传递到结果事件并引起结果事件。

设 $Q_1(B)$ 表示行动者意愿要实现事件 B，

设 $Q_2(A)$ 表示行动者要采取行动实现事件，

$Q_2(A)$ 与 A 不同，A 是一种事件，而 $Q_2(A)$ 是要实现这事件的一种行动，属于技术行为的范畴；同样 $Q_1(B)$ 与 B 不同，B 是一种事件，而 $Q_1(B)$ 是一种行为的愿望，也是属于技术行为的范畴。这样，技术规则的解释模型便可表述为

[1] 因果规律 $A\rightarrow B$

[2] 技术行为目标 $Q_1(B)$

[3] 技术行为手段 $Q_2(A)$

[4] 所以，有技术规则 $Q_2(A)\rightarrow Q_1(B)$

即，$(A\rightarrow B)\wedge Q_1(B)\wedge Q_2 A\wedge\cdots\rightarrow(Q_2(A)\rightarrow Q_1(B))$ (7-1)

K. Kornwachs(1998)指出，在技术实践上，我们常常不仅要实现一个事件，而且要防止一个事件，因此有一个负的技术规则。张华夏对此进行了一个综合，一个负的技术规则指在其他条件不变的情况下，为了不使 B 出现，我们必须不去实现 A，即防止 A 的出现，即 $Q_2(\neg A)\rightarrow Q_1(\neg B)$ 这个负的技术规则解释模型如下：

[1] 因果规律 $A\rightarrow B$

[2] 技术行为目标 $Q_1(\neg B)$

[3] 技术行为手段 $Q_2(\neg A)$

---

① BUNGE M. Philosophy of science and technology[M]//Treatise on basis philosophy: Part II. Boston: D. Reidel Publishing Company, 1985: 221.

② 张华夏，张志林. 技术解释研究[M]. 北京：科学出版社，2005：53-54.

[4] 所以有技术规则 $Q_2(\neg A) \rightarrow Q_1(\neg B)$

即，$(A \rightarrow B) \wedge Q_1(\neg B) \wedge Q_2(\neg A) \wedge \cdots \rightarrow (Q_2(\neg A) \rightarrow Q_1(\neg B))$ (7-2)

以原子弹的技术为式(7-1)加以例解：

[1] 因果规律。根据核物理，若^{235}U物质达到其临界质量(15千克)，则它将会产生链式裂变。

[2] 行为目标。行动者A们意图制造人工核裂变的原子弹。

[3] 行为手段。行动者A们要通过铀矿的提炼，制造出15千克^{235}U核燃料。

[4] 行为规则。为要制造了一颗原子弹，必须先制造出15千克^{235}U核燃料。

式(7-1)的解释模式表明，相应的因果律是相应的技术规则的基础，制造原子弹的技术规则是依据一定的科学规律来制定的。换言之，自然因果关系是技术规则的规范关系的基础与依据，后者的主要变量和关系特征来自前者。但要指出的是，这种关系不是演绎关系，前者不能逻辑演绎出后者，并作为后者的基础。作为事实陈述的因果规律，是真值的主体，可以用"真或假"的二值逻辑来表述，而且它的"真"是在一个理想化的抽象模型中成立的。而技术规则的成效是在综合的具体环境中成立，其有效性不仅需要具体的环境，而且需要技术试验的过程。显然，这是科学解释中的演绎-律则(D-N)模型不能解释的。但是，式(7-1)和式(7-2)的解释模式确实是因果解释模式，因为它说明，一种行为规则是依一定的因果关系建立的，要用因果律来说明它的合理性。

二、技术客体的解释

人类技术行为的主要结果，就是设计和制造了各种人工客体(artifacts，又可译为人工制品)，又称为技术客体(technological objects)，它区别于自然科学研究的对象——物理客体。我们在讨论技术客体时，将人工客体、人工制品当作同义语使用，只是更多侧重于工程实用制品，而不是艺术的或宗教的人工制品。理解技术客体首先需要获得关于它的基本描述，在此基础上，进一步展示技术客体解释的基本特点。

1. 技术客体的功能与结构

技术客体或人工客体在技术的研究中占有中心的地位，它是技术智能的终端产品。但是技术与"物"的关系表述一直是定义技术一个不容易处理的问题。因为人类创造、设计出来的各种各样的人工制品，如小到一把螺丝起子，大到一台电视，甚至是航天飞船，表面上看它们似乎都不具有任何共同的特征，难以给出一个类似于描述自然客体的本质定义。卡普的"器官投影"概念虽然从人工物起源上给出了关于技术的理解，但是仅仅把技术理解为人体的外在化、客观化是不够的。欧洲学者克劳斯与梅杰斯提出了技术人工客体二重性的技术哲学研究纲领，展示了理解技术客体的两个重要方面：功能与结构。

作为技术客体与自然客体区分的一个重要方面就是，客体需要借助于功能才成其为一种技术客体。我们在日常生活中给出的关于技术客体的许多名称，往往就是一种功能性的名称，如电视机、眼镜、体温计、汤匙……我们把各种技术装置、人工物的外部表现与性能，称之为人工客体的技术功能，或者说，凡是为了直接或间接满足设计者、制造者或使用者需要，服务于人类一定目的与意图的人工事物的外部表现与性能都可以称作技术功能，如空调的功能是制冷，螺丝起子的功能是拧紧或拧松螺丝。功能是理解技术客体一个不可或缺的重要方面,正如克劳斯所说[1],任何技术客体的一个本质的方面,就是它的功能(function),正是借助于功能客体才成其为一种技术客体。当我们说一个技术客体具有某种功能的时候,就意味着在人类的行为语境中,它可以作为实现一定目的的手段,体现着人类的意愿、信念和愿望。

从技术客体内部组成及关系来看,它是带有特定物理结构的物理客体,其行为是由自然规律来支配的,如空调本身就是依据冷凝、压缩等物理原理,由压缩机、蒸发器、冷凝器、风机等基本元件组成。在这一方面,技术客体与自然客体一样受到自然规律的支配,可以用纯粹自然科学语言来进行描述。例如,一部汽车的部件耦合,它的重量、燃料消耗、热功效率、外形、运行的阻力等,就是关于它的自然构型与自然机理方面的特性与描述,需要受到自然规律的约束,但不涉及人的目的与价值。表 7.2 展示了人工客体在结构与功能方面的区别[2]。

表 7.2 人工客体的结构与功能比较

特 征	人工客体的结构	人工客体的功能
论域的边界	客体内部的组成元素与关系	客体外部的关系与作用
与主体的关系	其性质与主体无关	其性质与主体相关
支配律则	自然界的要素或事件之间的因果关系律	人与自然关系的目的手段关系律
层次分析	将结构看做白箱进行分析,而将功能当作黑箱进行分析	将结构当作黑箱进行分析,而将功能当作白箱进行分析
评价性质	不作或不可作功效价值判断	可能或必须作功效价值判断

技术客体是人类设计的体现,是用来实现一定功能的,而物理客体则是功能的载体,凭借着功能物理客体才成为技术客体。如果一个技术客体只用物理概念来描述,它具有什么样的功能通常是不清楚的,而如果一个人工客体只是功能性地进行描述,则它具有什么样的物理性质也通常是不清楚的。借助物理概念与功能概念可以帮助我们对技术人工客体作出相对完整的描述。这样,就可以得到技术客体的两种描述模式:结构的描述模式和功能的描述模式。在作为物理客体的限度内,技术客体可以借助于它的物理的或结构的性质与行为来进行描述。这种技术的结构模式运用来自物理规律和物理结论的概念,只涉及自然变量,不作价值评价。技术客体的功能是以目的的方式来被描述的,如电视机的功能是产生动的图像,螺丝起子的功能是拧紧或拧松螺丝。现代物理学的语言中并没有功能、目的与企图这些概念,因此功能性的描述并不能只借助客体的物理描述而得到表达。技术功能的独特之处就在于它不涉及客体的任何物理性质,但是关于功能的理解不能离开人的目的与需要,或者说功能的概念需要在使用者的意向性行为的语境中来得到理解。因而,功能陈述涉及人为变量,而且可以作价值评价。

2. 技术客体的功能解释

人们设计和制造人工客体,是为了运用它来实现人们所需要的各种功能,因此功能描述和功能解释是理解人工客体的一个关键。如果说,结构是从内部的组成和关系上来认识客体或系统,那么功能便主要是从外部的关系与作用来认识客体或系统。技术客体的功能解

---

① KROES P. Technological explanations[J]. PHIL & TECH,1998,(3)3:18.

② 张华夏,张志林.技术解释研究[M].北京:科学出版社,2005:66.

释关注的是某个单元、某个客体、某个组织在整体中的作用与功能，它专注于这些客体、组织或过程的结果、产物或效果，尤其关注于它们对维持整体性质或整体行为方式的贡献。

技术客体的功能解释具有如下的特征：

(1) 功能解释是对技术客体的外部解释。主要是从事物在整体中的作用，从事物与事物之间的关系上了解事物，从目的与手段关系上了解事物。如向顾客解释一部智能手机时，首先需要说明它是干什么用的，详细说明它有哪些功能。而对于智能手机的设计者而言，如果不能够对各种功能作详细的了解和解释，就不可能设计和生产出满足用户需求的各种手机。因而，功能解释是从人工客体的外部关系上，特别是与设计者、制造者和使用者的需要和意愿的关系上来解释某一客体为什么是这样的，并不涉及技术客体的内部结构或工作原理。

(2) 功能解释是目的论解释。人工客体的技术功能是一个装置或一个零部件的外部表现与性能，它可以直接间接地追溯到满足其设计、制造和使用者需要，用以服务于人类一定的目的与意图者。因而，在功能解释中要说明为什么客体是这样的，无疑需要引入目的-手段来作为其解释项，而不是因果规律和作为原因的初始条件和作为环境的边界条件。

(3) 功能解释的逻辑包含了某种决策推理与选择的过程。一方面，要实现某种功能，显然，不仅仅只有单一的结构能够满足；另一方面，实现某种目的，人们也可以选择多种手段来实现。事实上，随着科学与技术的发展，要实现一种人们所需要的功能，必定有多种多样相互竞争着的技术客体可加以实现；反之，同一种技术客体，随着它的不断改进，会实现越来越多的功能，所以手段与目的的关系，人工客体的结构与功能的关系是多与一的关系和一与多的关系。这样功能解释的逻辑，必定包含选择与决策的因素。从形式上，它很可能有下列的解释模型。[①]

① 功能法则或目的手段似律性陈述：

$$(x)[F(x)\rightarrow O_1(x)\vee O_2(x)\vee\cdots\vee O_i(x),\cdots]$$

② 功能要求：F(a)

③ 评价与选择标准：$E_1(x), E_2(x), \cdots, E_n(x)$

④ 选定技术客体：G(a)

在这个推理中，④式 G(a)的陈述一般是采取规范判断或价值判断的形式："为了最适当地实现某种功能 F，我们应该设计、制造和使用技术客体 G"。而①式功能法则的表达形式，是一种描述性的表达形式：为了实现什么类的功能，我们可以采取什么类的技术客体。而②式的表达方式，也可以表述成一种事物特性与性能的描述的陈述。因此为了从①与②得到④必须加进一个价值判断与价值判断的标准即③。有了标准③，便可以大大缩短这个推理过程中事实判断与价值判断之间的鸿沟。但即使这样，从①、②、③推出④并不是演绎推理。因为在这里从前提到结论之间介入了意志的自由选择因素。

3. 技术客体的结构解释

如果说，人工客体的功能解释是从该客体对于达到人们的实践需要或愿望所具有的功能来解释它，那么结构解释则需要说明该客体何以能够实现特定的功能，即技术功能的结构解释。也就是说，当技术工作者发明和设计出某种人工客体来实现所需要的功能时，他们需要解释这种人工客体何以能够实现特定功能。要理解技术功能的结构解释，我们首先需要

① 张华夏，张志林. 技术解释研究[M]. 北京：科学出版社，2005：71.

理解自然客体的结构解释。

物理世界中自然客体功能的结构解释的逻辑模型大体上可以作如下的表述:①

解释项:元素结构描述:自然元素组成及其组成关系描述

元素结构规律语句集:自然规律

环境描述:具有某种物理功能的特定条件

对应规则:将元素结构概念转换为整体功能概念的事实陈述

……………………………………………(演绎解释)

被解释项:物理性状与功能描述

自然客体的结构解释,需要运用该客体的基本元素及其结构、元素在结构约束下的规律或其结构本身存在与状态变化规律,加上相应的特定条件和转换规则,来解释该客体的外部性能或功能。但是,由于技术客体既具有自然性和自然结构,也具有人为性和社会结构,因而技术功能的结构解释并不能直接套用自然客体的结构解释模型。具体分析如下:

第一,从元素、结构的描述这个解释项来说,人工客体除了包含自然元素与结构之外,还包含了人工设计的组件,人工设计的组件联结,以及一系列必须由人工的操作行动,才能实现它的功能。例如,一台空调机除了包含不同的金属元素及其自然结构外,它的各种组件都是自然界不存在的,它的组合或耦合方式也是人工的产物。如果这台空调机要实现制冷功能,它还需要相应的控制功能,即人的操作。

第二,从元素结构规律语句集来说,涉及三方面的因素。一方面,一个人工客体之所以能成功地实现它的功能,是因为它所依据的是自然规律,即物理、化学和生物学的普遍因果关系。另一方面,技术客体的运作,还需要第二类规律,即技术客体的工作原理。这一原理是为了达到某种实践目的,说明我们应该怎样做的问题。它们可以由科学发现来触发,但并不包含于自然规律之中。正如文森蒂所指出:"工作原理提供了科学与技术之间重要差别——它起源于科学知识实体之外,并以服务于某种先在的技术目的而存在着。一旦诸如汽叶片、推进器以及铆钉之类的物件的工作原理被设计出来,物理规律可以用来分析它们,我们甚至可以设计发明它们。但是物理规律无法包含这些原理,或自身蕴涵这些原理。"②此外,还需要说明人们调控该客体的技术行为规则陈述。

由此得到,技术功能的结构解释模型可以表述如下:

解释项:元素结构描述:自然元素与结构;人工组件结构的描述;一系列操作行为

元素结构规律语句集:自然规律;技术客体的工作原理;技术行为规则

环境描述:实现客体某种功能的特定条件

对应规则:将元素结构概念转换为整体功能概念的事实陈述

……………………………………………(归纳解释)

被解释项:功能描述 F

第三,解释项与被解释项之间的关系,并不构成演绎关系。其中,对应规则的表达是事实陈述,而被解释项,即技术客体的功能表达则是目的-手段的陈述,包含人们的意图、目的

① 张华夏,张志林.技术解释研究[M].北京:科学出版社,2005:72-73.

② VINCENTI W G. What engineers know and how they know it: analytical studies from aeronautical history[M]. Baltimore: Johns Hopkins University Press,1990:209.

与需要，是以规范的语言来表述的规范陈述。而我们知道因果性陈述并不能演绎地推出目的-手段陈述，因而，在该解释模型中，解释项与被解释项之间并不满足演绎解释关系。因果关系的成立只能为建立在这种因果关系上的目的-手段关系以很高的概率成立，因而，可以说其解释关系可以看做一种归纳性质的解释关系。

上述用对应原则来连接结构与功能之间的关系，然而，更合适的技术和工程特点的研究假设是：用技术原子，即原子结构-功能子来实现结构与功能之间的连接，也就是说，最基础结构 S_0 产生相应的基础功能 F_0，并记为 $S_0 \leftrightarrow F_0$，简记为 SF_0，于是，

$$C \wedge S \wedge L \wedge E \wedge SF_0 \cdots\rightarrow F$$

其中，C 表示元素，S 表示结构，L 表示规律，E 表示环境，F 表示功能；“∧”表示合取，“…→”表示实践推理，即在工程技术实践中这一推理是合理的，具有工具合理性或技术合理性。

对技术的评价不是二值逻辑，而是三值逻辑，它们是有效、不确定和无效，为方便，我们将有效、不确定和无效分别用三值逻辑的 T、I 和 F 来表示。经研究发现，赖欣巴哈三值逻辑中的直接否定(—)、标准蕴涵(⊃)适用于技术推理，符合工程技术的实践，利用这样的逻辑规则，从结构到功能的技术解释形式上具有演绎推理的意义。直接否定的真值表如表 7.3 所示。

表 7.3 直接否定的真值表

A	直接否定—A
T	F
I	I
F	T

析取、合取、标准蕴涵的真值表如表 7.4 所示。

表 7.4 析取、合取、标准蕴涵的真值表

A	B	析取 A∨B	合取 A∧B	标准蕴涵 A⊃B
T	T	T	T	T
T	I	T	I	I
T	F	T	F	F
I	T	T	I	T
I	I	I	I	T
I	F	I	F	I
F	T	T	F	T
F	I	I	F	T
F	F	F	F	T

于是，我们根据采纳的赖欣巴哈的直接否定与标准蕴涵逻辑来分析技术人工物从结构到功能的逻辑关系，上式可以表达为：

$$C \wedge S \wedge L \wedge E \wedge SF_0 \supset F$$

可见，技术解释可以实现形式化，这揭示了技术人工物的结构与功能之间的一般逻辑规律，该模式表明结构与功能之间的不确定关系是可以用三值逻辑表达的。有了形式推理，就可以对结构与功能进行各种形式的逻辑分析。[①][②]

---

① 吴国林. 论分析技术哲学的可能进路[J]. 中国社会科学，2016(10)：29-51.

② 吴国林，陈福. 技术解释研究——兼评皮特对哈勃望远镜的分析[J]. 东北大学学报(社科版)，2015(5)：441-448.

阅读材料

利用TRIZ方法解决发明问题的实例分析

1. 发明问题的情境分析与描述

发明创造过程从揭示和分析发明情境开始。所谓发明情境，是指任何一种工程情境，它突出某种不能令人满意的特点。“工程情境”一词在这里是广义的，它泛指技术情境、生产情况、研究情境、生活情境、军事情境和各种资源。下面以情境为例进行分析与描述。

“为了制作预应力钢筋混凝土，需要拉伸钢筋（钢条），然后在拉伸状态把钢筋固定在模型里并注入水泥。在水泥硬化后，把钢筋两头松开，钢筋缩短并使水泥收缩，从而提高了钢筋混凝土的强度。”

利用液压千斤顶拉伸钢筋，既麻烦又不可靠。建议采用电热拉伸法，即把钢筋通电加热，使其延长，并在这种状态下把它固定好。如果利用普通钢条作钢筋，一切都好办。把钢条加热到400℃就能得到一定的延伸拉长度，但是利用能承受更大力的钢丝做钢筋更有利。如果温度加热到700℃时，就能把钢丝拉伸到理论的计算值。但钢丝加温到400℃以上时就会丧失高强度的力学性能，即使短时间加热也不行。利用昂贵的耐热钢丝做钢筋，经济上又是一种浪费。

问题的情境就是如此。有很多问题与制作钢筋混凝土有关，在情境中只突出一点：拉伸钢丝作钢筋。当然，为了解决这一课题需要采取某些措施，然而，在情境内并没指出对原有技术系统需要改变什么。例如，可否回到利用液压千斤顶上，把它加以改进呢？可否改进耐热钢丝制作工艺，降低其成本呢？可否另找原则上新的钢筋拉伸方法呢？

情境对这些问题都没有给出答案。因此同一情境可产生不同的解决发明方法。对发明家而言，特别重要的是善于把情境变成最小化问题和最大化方法。

最小化问题可按下面方法从问题情境中得到，即在原系统中减去缺点或在原系统中加入所需要的优点（新的性质）。也就是说，最小化问题是通过对原技术系统的改变并加以最大限制（要求）而从情境中得到。相反，最大化问题则通过彻底取消限制（要求）而得到，即允许用原理上新的系统取代原系统。如当我们提出改进船的风帆时，这是最小化问题。如果问题是这样提出的：“应该找到在某些指标上、原理不同的运输工具代替帆船”，这就是最大化问题。

究竟要把该情境变成哪种问题，是最小化问题还是最大化问题，这是发明战略问题。显然，在任何情况下还是从最小化问题开始为宜，因为解决最小化问题能取得积极结果，同时，并不要求系统本身有什么实质性变化，从而易于实现和获得经济效益。解决和实现最大化问题可能需要付出毕生代价，有时在当时的科学知识水平上根本实现不了。因此，也像所有问题一样，解决发明问题应该指出“给定的条件”和“应得的结果”。

上述问题可表述如下：在制作预应力钢筋混凝土时，用电热法拉伸钢丝。但加热到计算值（700℃）时，钢筋丧失力学性能。怎样消除这一缺点？

这里有关原技术系统的说明，即是“给定的条件”，而指出必须保留一切，仅消除现有的缺点（最小化问题！）则属于“应得结果”。“给定的条件”可能包含多余的信息，不包含完全必要的信息。“应得结果”一般以管理矛盾和技术矛盾的形式表述，但不精确、不完整，有时甚至不正确。因此，解决问题应从建立问题模式开始，它能言简意赅、准确无误地反映问题的本质：技术矛盾和要素（原技术系统的各部分）以及它们之间的矛盾造成的技术矛盾。

本实例的模式是：给定热场和金属丝。如加热到700℃，金属丝得到需要的延长量，但会丧失强度。

可见，从问题过渡到问题模式时，首先，专门术语“电热法”“钢筋”等被排除了；其次，系统中所有多余要素也被删去。例如，在模式中再没有提到“制作钢筋混凝土”的字样，因为问题的实质不在于怎样拉伸钢丝、为什么拉伸，这都无关紧要。问题模式中只保留了足可表述技术矛盾所必要的要素。

每一技术矛盾均可用两种方式表述：“如果改善 A，B 则恶化”和“如果改善 B，A 则恶化”。在建立问题模式时，在其表述中应以改善（保留、加强等）基本生产作用（性能）为准。以两种表述为例：一种表述是：“如果钢丝加热到 700℃，钢丝就能得到必要的延长量，但丧失强度”；另一种表述是：“如果不把钢丝加热到 700℃，钢丝能保持强度，但不能得到必要的延长量”。在这两种表述中应采取第一种表述，因为这种表述能保障基本生产作用：即使钢丝延长。这就是为什么问题模式采取了“热场-钢丝”这种表述方式。

2. 利用冲突矩阵、发明原理解决发明问题及其实例分析

1）冲突矩阵

冲突矩阵将描述技术冲突的 39 个通用工程参数与 40 条发明创造原理建立了对应关系，很好地解决了设计过程中选择发明原理的难题。

冲突解决矩阵为 40 行 40 列的一个矩阵，其中第一行或第一列为按顺序排列的 39 个描述冲突的通用工程参数序号，其余 39 行 39 列形成了一个矩阵。矩阵元素中或空，或有几个数字，这些数字表示 40 条发明原理中推荐采用的原理序号。矩阵中的列所代表的是工程参数是需要改善的一方，行所描述的工程参数为冲突中可能引起恶化的一方。

冲突解决矩阵如图 7.3 所示。

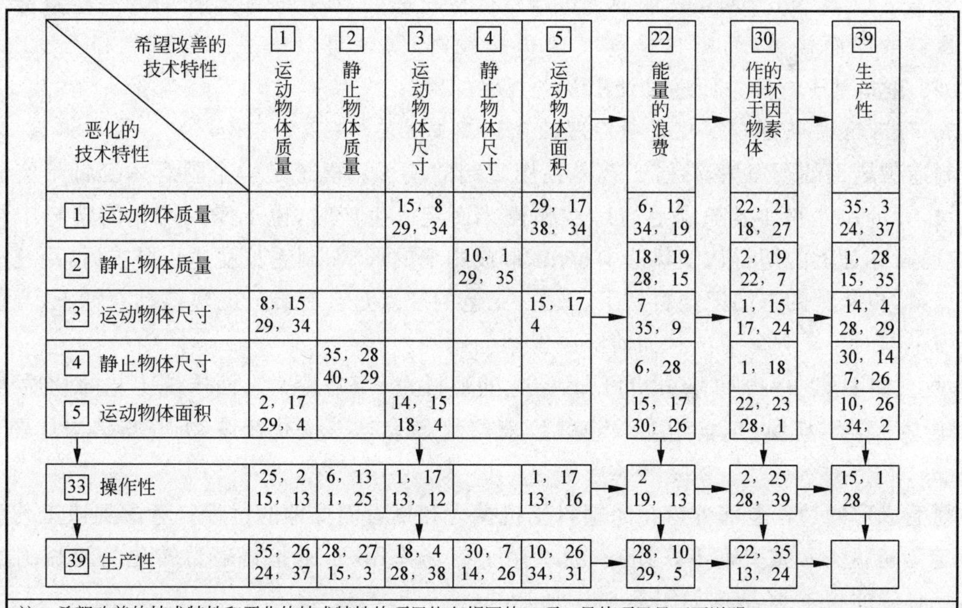

希望改善的技术特性 / 恶化的技术特性	1 运动物体质量	2 静止物体质量	3 运动物体尺寸	4 静止物体尺寸	5 运动物体面积	22 能量的浪费	30 作用于物体的坏因素	39 生产性
1 运动物体质量			15，8 29，34		29，17 38，34	6，12 34，19	22，21 18，27	35，3 24，37
2 静止物体质量				10，1 29，35		18，19 28，15	2，19 22，7	1，28 15，35
3 运动物体尺寸	8，15 29，34				15，17 4	7 35，9	1，15 17，24	14，4 28，29
4 静止物体尺寸		35，28 40，29				6，28	1，18	30，14 7，26
5 运动物体面积	2，17 29，4		14，15 18，4			15，17 30，26	22，23 28，1	10，26 34，2
33 操作性	25，2 15，13	6，13 1，25	1，17 13，12		1，17 13，16	2 19，13	2，25 28，39	15，1 28
39 生产性	35，26 24，37	28，27 15，3	18，4 28，38	30，7 14，26	10，26 34，31	28，10 29，5	22，35 13，24	

注：希望改善的技术特性和恶化的技术特性的项目均有相同的39项，具体项目见下面说明。

1—运动物体质量；2—静止物体质量；3—运动物体尺寸；4—静止物体尺寸；5—运动物体面积；6—静止物体面积；7—运动物体体积；8—静止物体体积；9—速度；10—力；11—拉伸力、压力；12—形状；13—物体的稳定性；14—强度；15—运动物体的耐久性；16—静止物体的耐久性；17—温度；18—亮度；19—运动物体使用的能量；20—静止物体使用的能量；21—动力；22—能量的浪费；23—物质的浪费；24—信息的浪费；25—时间的浪费；26—物质的量；27—可靠性；28—测定精度；29—制造精度；30—作用于物体的坏因素；31—副作用；32—制造性；33—操作性；34—修正性；35—适应性；36—装置的复杂程度；37—控制的复杂程度；38—自动化水平；39—生产性

图 7.3　冲突解决矩阵

应用矩阵的过程步骤如下：首先在39个通用工程参数中，确定使产品某一方面质量提高及降低(恶化)的工程参数A及B的序号，然后将参数A及B的序号从第一行及第一列中选取对应的序号，最后在两序号对应行与列的交叉处确定一特定矩阵元素，该元素所给出的数字为推荐解决冲突可采用的发明原理序号。例如，希望质量提高与降低的工程参数序号分别为No.3及No.5，在矩阵中，第3列与第5行交叉处所对应的矩阵元素如上图所示，该矩阵元素中的数字分别为14、15、18及4推荐的发明原理序号。

2）工程实例：开口扳手的设计

扳手在外力的作用下拧紧或松开一个六角螺钉或螺母。由于螺钉或螺母的受力集中到两条棱边，容易产生变形，而使螺钉或螺母的拧紧或松开困难。

开口扳手已有多年的生产及应用历史，在产品进化曲线上应该处于成熟期或退出期，但对于传统产品很少有人去考虑设计中的不足并且改进设计。按照TRIZ理论，处于成熟期或退出期的改进设计，必须发现并解决深层次的冲突，提出更合理的设计概念。目前的扳手容易损坏螺钉或螺母的棱边，新的设计必须克服目前设计中的这一缺点。下面应用冲突矩阵解决该问题。

首先从39个工程通用参数中选择能代表技术冲突的一对特性参数。

(1) 质量提高的参数：物体产生的有害因素(No.31)，减少对螺钉或螺母棱边磨损。

(2) 带来负面影响的参数：可制造性(No.32)，新的改进可能使制造困难。

将上述的两个通用工程参数No.31与No.32代入冲突矩阵，可以得到如下4条推荐的发明原理，分别为：No.4不对称，No.17维数变化，No.34抛弃与修复和No.26复制。

对No.17与No.4两条发明原理进行深入分析表明，如果扳手工作面的一些点能与螺母和螺钉的侧面接触，而不只是与其棱边接触，问题就可以解决。美国专利US Patent 5406868正是基于这两条原理设计出新型扳手的。

3. 利用物质-场原理解决发明问题的分析及工程实例

制造带刷毛的塑料块，传统工艺是使用定制的模子。模子是一个附有一套针形突起的金属块，针的尺寸和样式随刷毛的尺寸和样式而定。生产时，模子浸入熔化的塑料中再拉起，带动附在针上的塑料从塑料液中拉出，形成刷毛的形状，刷毛长度达到要求后，用气冷法冷却塑料，再从针的末端把塑料切下。这一工艺的缺点是会有部分的塑料粘在针上，当刷毛的粗细不同时需要频繁清洗。如何解决上述问题呢？

对上述问题进行物质-场分析可知，熔化的塑料为S_1(目标物)，而传统工艺的物质-场结构中缺少工具S_2与场F，为此引入S_2和F来控制S_1。这一变化反映物质-场结构如图7.4(a)所示。

刷毛成形的过程是部分熔化的塑料受机械力和重力而拉伸的过程。考虑到该工艺中如将F定为机械力和重力则不好控制，故选用了磁场作用，S_2则是将磁力转化为机械力的铁磁体。对应的物质-场结构如图7.4(b)所示。

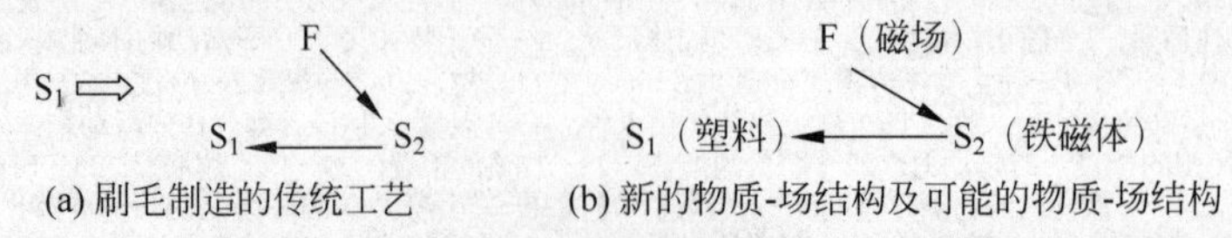

(a) 刷毛制造的传统工艺　(b) 新的物质-场结构及可能的物质-场结构

图7.4　利用物质-场原理解决刷毛制造问题

具体方案为：根据对刷毛的要求在熔化的塑料中加入磁粉，将原金属模替换为已磁化的磁体，置于塑料块带刷毛区的上方，磁粉在磁场作用下连同附带的塑料一起向上伸，形成刷毛，这一方法可以适应刷毛尺寸和样式的迅速改变。

由此可见，如果对系统的要求难以通过对现有物体的更改来满足，对系统引入新的物质和场也没有限制，则问题可以通过引入物-场结构中缺少的部分，合成一个完整的结构而得以解决。

4. ARIZ 算法及其解决问题实例分析

为了进一步有效应用解决发明问题的程序，提出了简化的 ARIZ 步骤，其流程如图 7.5 所示。

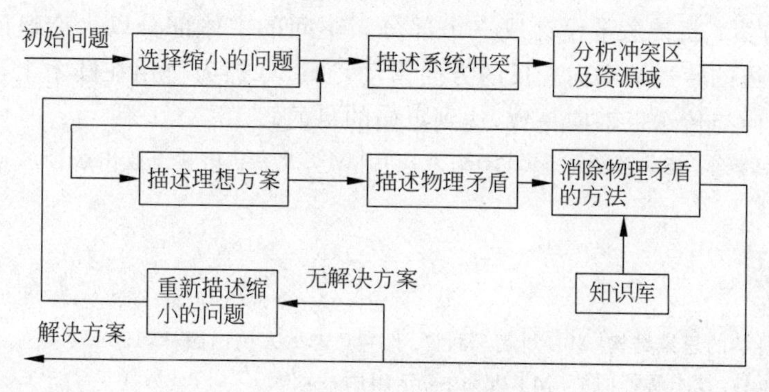

图 7.5　ARIZ 算法步骤

根据流程图，首先，对问题的初始描述一般比较模糊，创造者通过对问题的深入理解，将矛盾集中到较小的层面，描述一个缩小的问题。然后，以此为着眼点分析隐藏在系统中的冲突，找出冲突发生的区域，明确区域中有哪些固有资源，建立一个对应的理想方案。TRIZ 认为，一般而言，为了找到理想的解决方案，可以在冲突区域发现相互矛盾的物理属性，即物理矛盾。为此，应分析系统面临的物理矛盾，找出矛盾所在的部件，作为问题解决的关键。最后，在知识库(专家系统)的支持下开发具体的设计方案。如前所述，通过在不同的时间、空间或不同的层次上分隔物理矛盾，可以使问题得到解决。为了使解决方案尽可能接近理想方案，在具体方案的策划上，要尽量利用系统已有的资源，少增加额外的资源，在对系统改动最小的情况下达到目标。

考虑到现实问题通常有复杂的表象，创造者不一定在第一次分析时就能对问题作出正确的描述，该流程是一个循环结构。如果对一个缩小的问题作了全面的分析仍找不到解决方案，通常是因为对问题的初始描述或对缩小的问题的描述有误或不准确。因此，如果完整地进行了该流程而问题没有解决，建议回到分析的起点，进行更深入的调查研究，重新定义一个缩小的问题，再按上图的流程寻找解决方法。

(1) 工程实例：某纸厂用圆木做造纸原料。原木卸在海边的传送带上，并运往切削机进行加工。为了切削流程顺利完成，对圆木送到砍削机时的轴线方向作了规定。由于圆木卸下时杂乱地堆砌在传送带上，所以需要在传送过程中增加一个圆木定向的工序，要求使圆木轴线方向与传送带轴线方向一致。这一操作如果由机器人完成，则结构复杂，占据大片面积，可靠性也不高。有没有简单、可靠、成本低廉的解决方案？对这一问题用 TRIZ 作了分析。

(2) 缩小的问题：不对系统作主要改动，实现圆木定向。

（3）系统冲突：定向需要将圆木按要求方向加以排列的结构，但这使系统复杂化。

（4）问题模式：应利用系统中已有的要素实现定向功能。

（5）冲突区域及资源分析：冲突区域是传送带表面。系统在该区域的唯一资源是传送带。

（6）理想最终结果：传送带自身实现圆木定向。

（7）物理矛盾：为实现圆木定向，传送带表面的不同点应有不同的速度。为传送圆木，传送带表面应以同一速度运动。

（8）消除物理矛盾：将相互矛盾的要求分隔在不同的层面上，整个传送带以生产所需的速度向前运动，它的部件则以不同的速度运动。

（9）工程方案：将传送带设计成三个部分。中间的主体部分以生产速度运动，把圆木送往切削机，两边的传送带则向相反的方向错动，通过摩擦力作用在圆木上，调整圆木的姿态，使其轴线方向与传送带轴向一致，达到定向的目的。

资料来源：赵新军．技术创新理论（TRIZ）及应用[M]．北京：化学工业出版社，2004：40，105，125，213.（有删减与调整）

阅读文献

[1] 拉普．技术科学的思维结构[M]．刘武，等，译．长春：吉林人民出版社，1988.

[2] 张华夏，张志林．技术解释研究[M]．北京：科学出版社，2005.

[3] KROES P A. Technological explanations: the relation between structure and function of technological objects[J]. Technè, 1998, 3(3).

思考题

1．技术认识的方法论基础是什么？

2．技术方法与科学方法存在着什么不同？

3．技术思维与科学思维有何不同？

4．技术活动有哪些基本方法？

5．能否从科学规律出发直接对技术规则加以解释？

6．技术客体的功能解释具有何种特征？技术客体的结构解释是否能够演绎地推导出功能解释？

第八章　工程方法论

技术方法比科学方法复杂，工程又是建立在科学与技术的基础之上，工程方法就更为复杂。作为技术科学名家，钱学森强烈关注应用理论解决实际问题。从20世纪70年代末起，他花费很大精力推广系统工程。他认识到系统工程是适用于一切系统的组织管理技术，全部现代科学技术已经发展为一个紧密联系的整体，一个开放的复杂巨系统。工程是工程师的建造活动，工程基于工程师个人的经验，那工程是否需要方法呢？工程方法是唯一的还是具有多个选择方案呢？工程需要设计方案吗？工程方法如何分类呢？

工程方法分为一般方法和特殊方法，工程作为一个系统的集成结构，具有系统性的特点，因此工程方法是个集科学方法、技术方法、设计方法、运行方法、管理方法等多学科的方法论的集成。在这一章我们重点介绍工程的系统分析法、层次分析法以及工程环境分析法，通过道斯矩阵分析工程的优势、劣势、机会和威胁以及针对工程外部环境的PEST的分析法。最后介绍工程评估中的方法特别是工程风险评估方法。

第一节　工程方法的内涵和外延

一、工程方法的含义

工程实践包括两个要素：方法和过程。工程方法就是为工程目标的实现提供相关“如何做”的技术，比如如何做才能创造出电动汽车呢？需要汽车技术、电气技术、电子技术等相关技术。工程实践的过程是为了获得高质量的工程所需要完成的一系列任务框架，它规定了完成各项任务的工作步骤。比如，建筑工程实践就是从方案评估、工程选址、项目决策、可行性研究、地质勘测、初步设计、施工图设计，到建筑施工、设备安装、试运行、工程竣工、交付使用、项目后评价等全过程。以钱学森为代表的我国系统工程研究者们认为，系统工程是组织、管理系统的规划、研究、设计、制造、试验和使用的科学方法。工程方法是在人们长期工程认识和实践活动中形成的，并随着工程认识和实践活动的深入而不断发展。总的来说，所谓工程方法就是指工程主体在工程认识和实践活动中所采取的方式、规则、工艺与程序等的总和。

二、工程方法的分类

工程方法可分成特殊方法和一般方法。

特殊工程方法指适用于某个或某几个工程领域的方法。例如,材料工程中的高分子材料的特种加工技术,高聚物的现代研究方法;生产工艺、制造技术、工程规划、工程设计、技术经济管理等工程知识;采矿工程是研究矿床开采的工具设备和方法;冶金工程是研究金属冶炼设备和工艺方法;电力工程是研究电厂和电力网的设备及运行的方法;材料工程是研究材料的组成、结构、功能的方法;等等。

一般方法适用于各个工程领域,如选题方法、收集科技情报方法、试验方法、设计方法、评估方法、决策方法等。研究这些一般方法,特别是研究处理工程问题的基本思想和原则,则是工程方法论的主要任务。这里主要探讨的是工程方法中的一般方法。

第二节　工程的系统方法

工程作为人类活动的产物,是由多个环节相互作用而建构成的一个系统。所谓系统工程活动的过程就是将多种相互作用的因素结合在一起,通过对人力、资源、信息和能源的调配与控制,以实现工程主体的目标。除了工程活动内部的系统协调,还必须与其环境中的其他系统相协调,工程系统的环境包括自然环境和社会环境。自然环境包括地理位置、地形地貌、气候环境、生态环境、自然资源等。社会环境包括经济结构、产业结构、基础设施、政治生态、社会组织结构、文化习俗、宗教关系等。比如,青藏铁路的修建,不仅要考虑冻土问题,还需要考虑施工材料、自然环境保护等诸多问题;为保障野生动物的正常生活、迁徙和繁衍,青藏铁路全线建立了33个野生动物通道。2002年夏季,藏羚羊产仔迁徙时,施工单位停工为它们让道。野生动物通道的建设,充分考虑了沿线野生动物的生活习性、迁徙规律等,以保障野生动物的正常生活、迁徙和繁殖。在野生动物保护区内,铁路工程遵循"能避绕就避绕"的原则,施工场地、砂石料场的选址都经反复勘测确定,尽量避免破坏植被。工程的结构和功能要与自然环境和社会环境等系统的结构与功能相协调。以系统协调的项目管理方式进行工程管理,才能保证工程实施的成功和工程使用的安全。

一、工程活动的两重性

第一,物理性或技术性。任何一个工程活动都要依靠自然科学的原理,特别是需要核心技术和技术群应用的复杂工程更是要依靠各方面自然界规律的支撑。工程不是技术和装备的简单堆砌和拼凑,工程实践的过程有其自身的理论、原则和规律。

第二,意向性。工程体现不同利益主体的利益。工程主体不是一个人,而是一个集团。这个集团是由工程决策者、工程执行者、工程监控者及工程咨询者等组成,即包括总指挥、总经理、总工程师、总设计师、总会计师、工人、技师等。工程主体是工程活动的主导者、规划者、操作者和创新者。工程主体有不同的意向和价值取向。

二、工程的系统性

1. 工程要素的系统性

一项工程系统包括9个基本要素[①]。

---

① 王连成.工程系统论[M].北京:中国宇航出版社,2002:81-84.

(1) 用户：期望使用工程产品的人或组织。比如居民楼工程的用户就是期望使用该楼房的住户、商户和组织等。

(2) 目标：用户期望什么产品，应有哪些功能，如何工作，期望在什么条件下工作，带来什么价值，不希望它产生哪些消极后果。比如桥梁工程的目标就是修建一座可以通车的桥梁，应该具备安全通行车辆和行人的功能。

(3) 资源：实现用户期望目标的可利用的基本物资条件。比如桥梁工程物资条件包括木材、水泥、钢材等。

(4) 行动者：包括工程主承包商、子承包商、供应商、管理监督单位、后勤保障单位等。比如移动通信工程包括工程管理人员、工程开发人员、工程支持人员、工程测试人员等行动者，还包括管理单位、监理单位、承包商等行动者。

(5) 方法与技术：行动者使用的有效完成工程任务的手段和方法，这里面包括工程评估、工程分析和工程评估等一系列方法。例如，桥的上下结构是用多种材料造成的。材料的选择及如何剪裁配合，需要用到工程力学、流体力学等理论和技术。

(6) 过程：包括工程开始、中间经历的一系列阶段直到工程结束。

(7) 时间：整个工程的持续时间，每项工程活动起始和完成的时间，不同工程活动之间的时序关系。

(8) 活动：在工程过程的每个阶段，每个行动者做什么、做的依据、具体做法。

(9) 环境：包括广泛的、社会的、自然的背景。

2. 工程过程的系统性

工程过程的系统性表现在工程师所经历的设计、试验、施工、验收、使用、修缮、维护等工程生命周期内的所有阶段和步骤的有序集合。比如建筑工程从规划、设计图纸到施工完成，这还不算工程的结束，建筑工程的目的是为了应用，因此，使用也属于工程的过程阶段，在使用过程中的修缮和维护也属于工程在不同阶段的行为。因此，工程的系统性还表现在工程的过程的系统性。

3. 工程原理和方法的系统性

工程是多学科复杂系统，需要多学科的技术支撑，除此之外，工程还需要考虑自然环境、社会环境以及与其他工程的配套，除了技术系统的方法以及这些系统方法之间的协调，还需要其他学科的原理和方法及社会学科的方法，比如，经济学的考虑、社会学的考量以及管理学的原理和方法等。

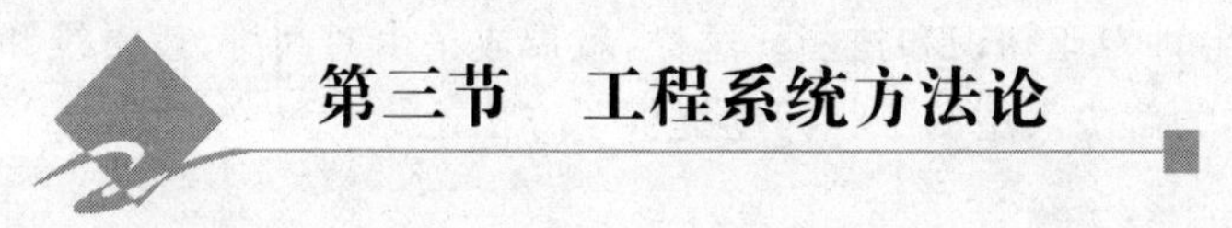

第三节　工程系统方法论

一、工程系统方法论概述

系统是由相互作用、相互影响的因素构成的整体。工程的系统分析一般需要从以下5个因素展开。

(1) 系统的构成要素：系统一般由两个或者两个以上的要素构成。

(2) 系统的结构性：系统各组成元素之间的相互关系和相互作用的总和，是系统各组成元素相互结合的方式。结构：要素在系统内部恒定的分布和排列，表现为系统内部相对稳定的组织形式和结合方式。比如系统的空间结构：建筑物的力学结构等；工程系统的时间结构：工期的时间序列等；工程系统的数量关系结构：桥梁工程各种原材料之间的比例关系等；工程系统的相互作用结构：各种工程的运行机制和体制等。

(3) 系统的功能性：系统在与环境的相互联系中所表现出来的系统总体的行为、特征、能力和作用的总称。认识一个系统，首要的是认识它的行为、特性、作用；制造一个系统，是要赋予它某种功能。利用某种功能，达到趋利避害，造福人类的目的。系统的功能是系统本身所固有的，但要在与环境的相互作用中才能表现出来。

(4) 系统的层次性：若干个由组成元素经相干关系构成的系统，再经过新的相干关系而构成新的系统的逐级构成的结构关系。

(5) 系统的环境：与系统发生相互作用又不属于这个系统的所有事物的总和。环境为系统提供生存条件，控制系统的发展变化；环境会诱发或迫使系统的结构发生变化，从而改变系统的功能。

二、工程的系统方法论

美国系统工程学家霍尔(A. D. Hall)于 1969 年提出一种系统工程方法论。它的出现，为解决大型复杂系统的规划、组织、管理问题提供了一种统一的思想方法，因而在世界各国得到了广泛应用。系统分析方法是指把要解决的问题作为一个系统，对系统要素进行综合分析，找出解决问题的可行方案的方法。它能在不确定的情况下，确定问题的本质和起因，明确目标，找出各种可行方案，并通过一定标准对这些方案进行比较，帮助决策者在复杂的问题和环境中作出科学抉择。

系统分析是咨询研究的最基本的方法，我们可以把一个复杂的工程看成一个系统，通过系统目标分析、系统要素分析、系统环境分析、系统资源分析和系统管理分析，可以准确地诊断问题，深刻地揭示问题起因，有效地提出解决方案和满足工程的需求。

系统方法论主要是在处理大型的工程系统问题中发展起来的。1930 年美国无线电公司在发展与研究电视广播网时，采用了系统方法。20 世纪 30 年代，美国贝尔电话公司在设计巨大工程时，提出和使用了系统概念、系统思想、系统方法这类术语。后来，贝尔电话实验室的工程师霍尔将系统工程定义为研究、设计、开发大系统的工程方法论体系。霍尔提出了系统工程三维结构，作为系统方法论的经典模型得到广泛应用。霍尔三维结构是将系统工程整个活动过程分为前后紧密衔接的 7 个阶段和 7 个步骤，同时还考虑了为完成这些阶段和步骤所需要的各种专业知识和技能。这样，就形成了由时间维、逻辑维和知识维所组成的三维空间结构，这为解决大型的工程问题提供了方法论。

1. 逻辑维

逻辑维是指时间维的每一个阶段内所要进行的工作内容和应该遵循的思维程序，某一系统工程，在使用系统思想方法来分析和解决问题时，从逻辑顺序上可分为 7 个步骤：①明确问题；②确定目标；③系统综合；④系统分析；⑤优化；⑥决策；⑦实施。

某锻造厂是以生产解放、东风 140 和东风 130 等汽车后半轴为主的小型企业，现在年生产能力为 1.8 万根，年产值为 130 万元。半轴生产工艺包括锻造、热处理、机加工、喷漆等 23 道工序，由于设备陈旧，前几年对某些设备进行了更换和改造，但效果不明显，生产能力仍然不能提高。厂领导急于要打破局面，便委托 M 咨询公司进行咨询。M 咨询公司采用系统分析进行诊断，把半轴生产过程作为一个系统进行解剖分析。通过限定问题，咨询人员发现，在半轴生产 23 道工序中，生产能力严重失调，其中班产能力为 120～190 根的有 9 道工序，主要是机加工设备。班产能力为 70～90 根的有 6 道工序，主要是淬火和矫直设备。其余工序班产能力在 30～45 根之内，都是锻造设备。由于机加工和热处理工序生产能力大大超过锻造工序，造成前道工序成为“瓶颈”，严重限制后道工序的局面，使整体生产能力难以提高。所以，需要解决的真正问题是如何提高锻造设备能力。

在限定问题的基础上，咨询人员与厂方一起确定出发展目标，即通过对锻造设备的改造，使该厂汽车半轴生产能力和年产值都提高 1 倍。

围绕如何改造锻造设备这一问题，咨询人员进行深入调查研究，初步提出了 4 个备选方案，即：新装一台平锻机；用轧制机代替原有夹板锤；用轧制机和碾压机代替原有夹板锤和空气锤；增加一台空气锤。

咨询人员根据对厂家人力物力和资源情况的调查分析，提出对备选方案的评价标准或约束条件，即：投资不能超过 20 万元；能与该厂技术水平相适应，便于维护；耗电量低；建设周期短，回收期快。咨询小组吸收厂方代表参加，根据上述标准对各备选方案进行评估。第 1 个方案(新装一台平锻机)，技术先进，但投资高，超过约束条件，应予以淘汰。对其余三个方案，采取打分方式评比，结果第 4 方案(增加一台空气锤)被确定为最可行方案，该方案具有成本低、投产周期短、耗电量低等优点，技术上虽然不够先进，但符合小企业目前的要求，客户对此满意，系统分析进展顺利，为该项咨询提供了有力的工具。

2. 时间维

一项工程，工作过程可分为 7 个阶段：①规划阶段(调研、工作程序设计阶段)；②方案阶段(项目计划阶段)；③研制阶段(系统开发)；④系统生产阶段；⑤安装试验阶段；⑥运行阶段；⑦更新阶段。

3. 知识维

它是完成上述工作阶段和步骤所需的各种知识和工程专业技术，包括相关的社会科学(如商业、法律等)、自然科学和工程技术。

三维结构体系形象地描述了系统工程研究的框架，对其中任一阶段和每一个步骤，又可进一步展开，形成了分层次的树状体系。

按照霍尔的三维模型，可以把工程系统方法论归结为图 8.1。

霍尔模型存在一个问题，就是系统与外界环境之间必然要产生物质的、能量的和信息的交换，而外界环境的变化必然会引起系统内部的变化。在霍尔的模型中没有体现出环境的重要作用。

环境包括两种：一种是自然环境，它包括地理位置、地形地貌、气候环境、生态环境、自然资源等；另一种是社会环境，它包括经济结构、经营管理环境、产业结构、技术环境、科技的发展状况、基础设施、政治生态、社会组织结构、文化习俗、宗教关系等。

沈阳夏宫是 1994 年建成的市民水上娱乐中心，投资两亿元人民币，是当时亚洲跨度最大的拱体建筑。夏宫建成后很长一段时间都被人们称为“沈阳最好玩的地方”，曾于 1997 年入选沈阳十大景观、辽宁省五十佳景，也一度被看做沈阳的地标性建筑之一，营业 5 年，共接待中外游客超过四亿人次。因所在地块被规划用于房地产开发，只有 15 年的夏宫在 2 秒内被炸成一堆瓦砾。

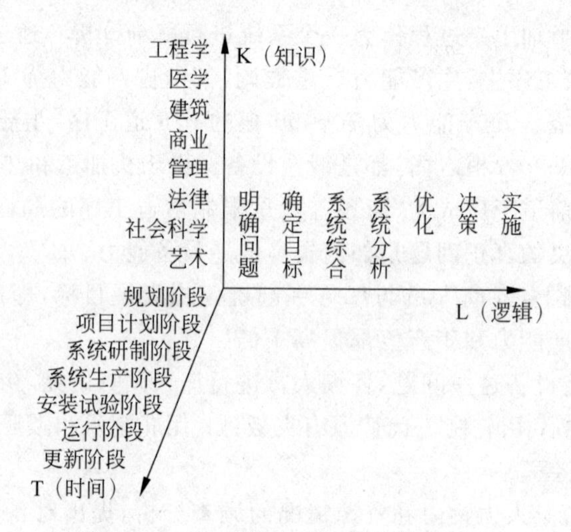

图 8.1 工程系统方法论的三维模型图

温州中银大厦矗立在温州黄金地段，且在 1998 年结项后被鉴定为主体质量不合格，无法投入使用，并由此牵出了温州金融系统有史以来最大的一桩腐败案，涉案金额 3000 多万元，涉案人员 43 名。因全面解决质量问题所需花费远超过新建一栋楼的资金，中银大厦被定向爆破拆除，并成为当年国内采取爆破拆除的最高“烂尾楼”。

以上两个例子都是建造工程的时候没有考虑到环境而导致拆除的例子。因此，工程的系统方法应该包括环境因素，这样工程系统方法论就有以下 4 个维度(见图 8.2)。

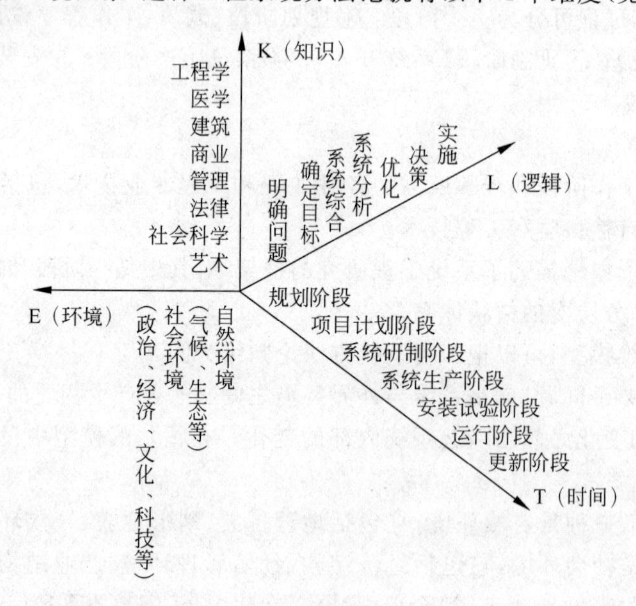

图 8.2 工程系统方法论的四维模型图

这种工程系统分析的思维结构增加了环境维，环境维是工程系统所处的环境，包括自然环境和经济环境、科技环境、政治环境等社会环境，这种工程四维结构体系形象地描述了系统工程研究的框架，对其中任一阶段和每一个步骤，又可进一步展开，形成了分层次的树状体系。这样，工程就形成了一种分层次、成系统的四维结构。

三、层次分析法

层次分析法(analytic hierarchy process，AHP)是美国运筹学家 T. L. Saaty 教授于 20 世纪 70 年代初期提出的，这种方法是将一个复杂的问题按照一定的原则分解为若干子问题，然后对每一个子问题作同样处理，是一种简便、灵活而又实用的多准则决策方法。它的特点是把复杂问题中的各种因素通过划分为相互联系的有序层次，使之条理化，且确定出该元素对上一层支配元素的相对重要性，进而确定每个子问题对总目标的重要性。鉴于工程系统的复杂性和多目标性等特点，在工程实践中经常用到层次分析法。研究一个工程系统可以在时间和空间上进行逐级分解。从工程系统的层次性出发，把系统与环境分开，由高层次到低层次进行逐级分解，把整个系统分解为一个金字塔式的树状层次结构。

一般来说，层次分析法将多目标问题分为三个层次，目标层、准则层和方案层，如图 8.3 所示。工程所要达到的最优结果就是目标层，把对工程的影响因素作为准则层，为了避免准则层的指标过于笼统，把准则层细化为一个个具体的方案，这就构成了方案层。

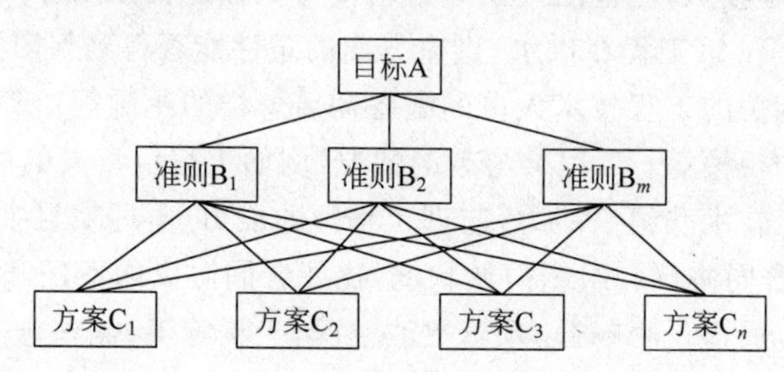

图 8.3　多目标问题的层次分析法

层次分析法解决问题时，首先根据工程的性质和欲达到的目的，将工程系统分解为不同的组成要素，然后按要素间的相互关联影响和隶属关系，由高到低排成若干层次；在每一层次按某一规定规则，对该层次各要素逐对进行比较，计算该层各要素对于该准则的相对重要性次序的权重以及对于总体目标的组合权重，并进行排序，利用排序结果，对问题进行分析和决策。层次分析法的应用十分广泛，诸如工程设计及规划、工程风险的规避和控制、工程方案的选择等都可以利用层次分析法进行决策分析。

比如，某城市准备建造防洪工程，那目标就是建造城市防洪工程，这就是目标层。建造过程中应该考虑到社会影响、经济影响、环境影响和施工管理，这些就是建造城市防洪工程要考虑的准则层面的内容。然后根据这些准备和需要考虑的指标来制定相应的方案，在制定的方案中经过定性定量的比较和分析，找到最佳的城市防洪工程建造方案。其层次分析法如图 8.4 所示。

工程，特别是大中型工程是一项极其复杂的系统工程，自然界的洪灾、地震，现实社会的冲突、战争，国家政策的调控、更改，市场机制的稳定、动荡，工程方案的选择、设计、施工、管理等各种因素都会在不同程度上影响工程的进展，工程项目还可以有不同的设计方案，又要考虑到工程成本、人员、环境等相关因素，因此工程项目要根据层次分析法计算出最优的工程方案。比如，我国想在某东南亚国家投资建造一座桥，目标就是要在该国建造一座桥梁。影响工程的因素主要包括以下准则层。

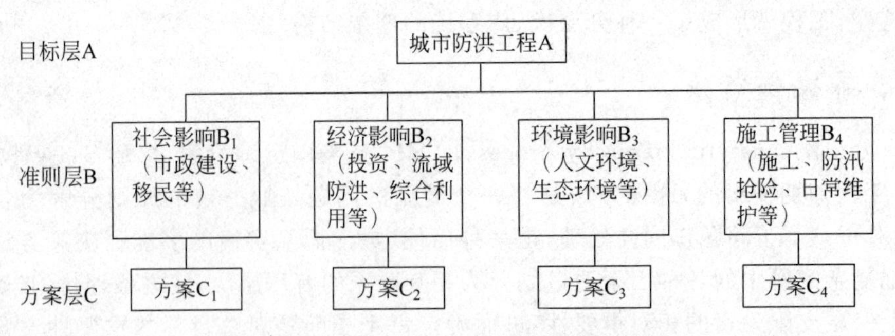

图 8.4　层次分析法在城市防洪工程中的应用

(1) 政治指标：该工程所在国与我国国家关系是否良好，该工程所在国的政局是否稳定，该国的经济政策、投资政策是否有大的变动等。

(2) 经济指标：国际汇率的变动情况，该国的通货膨胀率，该国的税收状况等。

(3) 自然环境指标：施工环境如何，地质结构怎样。是否容易发生地质灾害，特殊的地质结构是否会增加工程投入，当地的气候是否会使得工程延长工期等。

(4) 工程技术指标：该工程在供水、供电方面的条件能否得到保障；在该地建造桥梁的技术条件是否成熟，相关的工程技术人员的配备需要怎样的比例等；工程资金是否充足，场地位置和限制，项目的规模等；工程参与者的情况，例如工程负责人的能力，承包方、监理方的服务，承包方的施工技术和组织能力，监理工程师的能力，监理项目主管部门的职称程度，劳务人员的素质等；合同协议和组织协调状况，比如合同协议的责任和目标明确程度，设计意图，施工信息的交流渠道是否畅通，预算更改情况，工程施工、监理方的融洽程度等。

以上这四个部分作为该国际桥梁工程的准则层。在此基础上设计几种方案，作为该工程系统的层次分析的方案层。然后在综合评价、系统分析各种方案后，制定和采取最优方案。以上为层次分析法，有利于工程制定和采取最优方案。

四、工程环境分析法

1. SWOT 分析法

SWOT，即分析企业的优势、劣势、机会和威胁，又称为道斯矩阵，它作为态势分析法一般被企业用来作为战略规划的方法。我们借用此模型来分析工程环境。“SWOT”的具体标示内容如下：

“S”——strength（优势）

“W”——weakness（劣势）

“O”——opportunity（机会）

“T”——threat（威胁）

SWOT 分析的实质就是对工程内外部条件各方面内容进行综合和概括，进而分析组织的优劣势、面临的机会和威胁。工程分析不仅仅局限在分析工程的系统性和层次性，也应该从具体的工程实施的主体单位来分析某个具体工程的优势、劣势、机会和威胁等。

(1) 优势，是工程组织机构的内部因素，具体包括：有利的竞争态势；充足的财政来源；良好的企业形象；技术力量；规模经济；产品质量；市场份额；成本优势；广告优势等。

(2) 劣势，也是工程组织机构的内部因素，具体包括：设备老化；管理混乱；缺少关键技术；研究开发落后；资金短缺；经营不善；产品积压；竞争力差等。

(3) 机会，是工程组织机构的外部因素，具体包括：新产品；新市场；新需求；外国市场壁垒解除；竞争对手失误等。

(4) 威胁，也是工程组织机构的外部因素，具体包括：新的竞争对手；替代产品增多；市场紧缩；行业政策变化；经济衰退；客户偏好改变；突发事件等。

这里所说的环境包括工程的外部环境和内部环境两个部分。环境分析的主要任务是认清外部环境的发展趋势，并以此为背景来识别工程的内部结构与外部环境不相适应的部分，然后相应地加以改变，适应环境的发展。就是将与研究对象密切相关的各种主要内部优势、劣势、机会和威胁等，通过调查列举出来，并依照矩阵形式排列，然后用系统分析的思想，把各种因素相互匹配起来加以分析，从中得出一系列相应的结论，而结论通常带有一定的决策性。

SWOT 矩阵分析如图 8.5 所示。

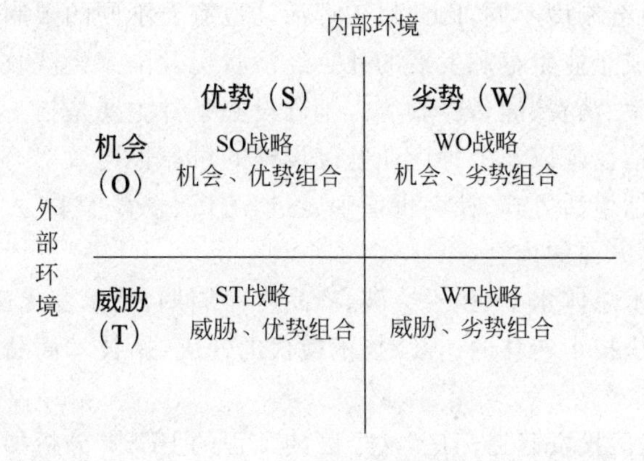

图 8.5　SWOT 分析法

例如，某个房地产工程的 SWOT 分析如下：

(1) 工程优势分析：①地理位置优势，坐落于商务特区，交通便捷、商业繁华，周围拥有充分的人气；②周边环境与配套优势，便利的交通，临近汽车站、火车站，附近有多家大型超市和商业区；③项目区位升值潜力优势，处于城市中央商务区(CBD)，地域优势明显，发展潜力和升值空间巨大；④项目产品优势，南北朝向，建筑风格新颖、科技含量高，规划有主题，可塑性强。

(2) 工程劣势分析：附近地铁施工，噪声比较大，同样原因导致停车场入口交通较混乱。

(3) 工程机会分析：经济持续高速发展，房地产行业发展势头良好。房地产近年持续表现出色，大大增强了开发商和消费者的信心，房地产作为支柱产业在国民经济中的地位更加明显。

(4) 工程威胁分析：价格较周边其他小区要高；本地区收入及购买力不高；整个市场房价在逐步上涨，而居民的收入没有明显看涨；土地增值税清算会对开发商施压，可能影响价格决策。

利用 SWOT 方法可以从中找出对工程有利的、值得发扬的因素，以及对工程不利的、要避开的东西，发现存在的问题，找出解决办法，并明确以后的发展方向。根据这个分析，可以将问题按轻重缓急分类，明确哪些是目前亟须解决的问题，哪些是可以稍微拖后一点儿的事情，哪些属于战略目标上的障碍，哪些属于战术上的问题，并将这些研究对象列举出来，依照矩阵形式排列，然后用系统分析的思想，把各种因素相互匹配起来加以分析，从中得出一系列相应的结论。而结论通常带有一定的决策性，是有利于工程顺利实施的决策和规划。

2. PEST 分析法

PEST 是分析宏观环境特别是工程外部环境的方法。“PEST” 的具体标示内容如下：

“P”——political & law（政治和法律）

“E”——economic（经济）

“S”——social & culture（社会和文化）

“T”——technological（科技）

其中，政治法律环境包括政府政策、政府管制、立法、国家政局等。政治法律环境泛指一个国家的社会制度，政府的方针、路线、纲领和政策，以及国家制定的法律、法规等。不同国家的历史传统不同、社会制度不同，因此对工程活动也有着不同的限制和要求。

经济环境是指构成企业生存和发展的社会经济状况及国家经济政策，包括经济增长、财政货币政策、利率、汇率、消费、通货膨胀等。基础设施条件主要是指一国或者一个地区的运输条件、能源供应、通信设施以及各种商业基础设施的可靠性与效率。

社会文化环境包括生活方式、社会价值观、习惯习俗、教育水平、人口增长、人口规模、劳动力资源、宗教信仰等方面的内容。

技术环境包括技术总体水平、技术突破、产品寿命周期、技术变化速度、政府在科研方面的投入、新发明的情况、技术转移的速度、技术换代的速度、新技术商品化、技术引进、技术转让等方面的内容。

比如，某人想在我国投资建造药厂，这个医药工程的 PEST 分析如下：

(1) 政治与法律环境。我国正在建立医（院）、药（房）分离制度和非处方药（OTC）的管理制度。我们正在实行 GMP（产品生产质量管理规范）认证。新型的社会保障体系将取代传统的公费医疗制度。我国加入 WTO 以后，中成药产品的出口前景将发生变化等。

(2) 经济环境。我国城乡居民收入持续上升，居民的保健意识不断提高。我国的资本市场不断发育、成长，企业的融资渠道和融资方式趋向多样化等。

(3) 社会、文化环境。我国国民教育水平逐步提高，越来越多的人愿以科学的眼光看待药品和保健品。人口结构呈现老龄化，老年人的保健和治疗问题受到重视等。

(4) 技术环境。我国各种新型的提炼技术可能在制药领域得到广泛的应用。1970 年以来的高技术下的药品设计迅猛发展，这样生物医学技术的发展可能形成一些互补性或是互为替代的产品。

工程决策的过程中应该综合考虑企业的外部环境和内容环境，通过分析具体工程的优势和劣势来决定是否建造该工程。

五、工程评估方法

工程评估是根据一定的价值指标对工程活动进行的价值评判，它是工程决策与判断工程社会实践程度的重要根据，是工程活动不可缺少的环节。[1] 一个工程项目必须有价值，

---

① 殷瑞钰，等. 工程哲学[M]. 北京：高等教育出版社，2013：195.

“所谓工程的价值，就是通过工程活动创造出来的一种特殊价值，它反映了工程活动及其成果究竟在何种程度上满足了人类的需要”[①]，从工程可以满足人类的不同层面上来讲，工程价值包括工程的经济价值、工程的政治价值、工程的生态价值、工程的人文价值、工程的社会价值等。工程评估的方法一般包括费用/效益分析法，这种方法多用于对工程经济价值的评价，在设计阶段对工程进行造价控制，就是对工程的功能和造价两个方面进行综合分析，优选的施工方案应是造价相对较低、功能评价相对较高，即价值系数最大的方案。因该方案满足必要的功能，消除了不必要功能的费用，这也是工程造价控制本身的要求。主要从经济视角来对工程可能达到的效果进行评价，另外，还可以对项目可行性、要解决的问题是否值得去做、解决问题的过程是否适当、结果是否令人满意等进行评估，从而使得工程的费用/效益达到最佳值。当然工程除了考虑本身的经济价值之外，还要考虑社会价值和生态价值。

例如，坐拥长江和黄鹤楼胜景的武汉外滩花园小区。2002 年 3 月，这个经有关部门立项、审批的住宅开发项目建成仅 4 年，却因“违反国家防洪法规”被强制爆破，造成直接经济损失 2 亿多元。这就是该工程没有考虑到防洪的生态价值而造成的。

任何一个工程的建设和运营，不仅形成一定的经济效益，还必然形成一定的社会效益。工程的社会评价是指系统调查和预测拟建项目的建设、运营产生的社会影响与社会效益，例如我国地方铁路的建设大都在矿产资源储量较为丰富，但交通不很便利、经济比较落后的偏远地区，建设地方铁路的目的是为了开发当地资源，从而带动当地经济发展。而铁路的修建，往往会有大量的征地拆迁，涉及铁路沿线各县区，政策性强，牵扯农民切身利益。如果在项目前期的协调工作不到位，势必引起很多的纠纷甚至冲突，导致延误工期，加大投资，从而降低项目的经济效益。

工程除要进行价值评估之外，还要进行风险评估。在工程系统评价中，风险和安全性评价是一个重要内容，工程施工风险的评估与管理对现代工程管理至关重要，在一定程度上决定了施工目标能否顺利实现。

核技术的应用可能导致核泄漏，转基因食品可能危害人体健康，三峡大坝等水利设施有溃堤的可能性，这些都可能导致风险的产生。Mike W. Martin 和 Roland Schinzinger 在 *Ethics in Engineering* 中提出：“风险是指不希望发生的事件或伤害发生的潜在可能”[②]。我们可以用 R 表示“风险的不确定性程度”；用 P 表示“风险发生的可能性”，也就是“风险发生的概率”；用 C 表示“事件发生的后果”。风险就可以表示为事件发生概率(probability)及其后果(consequence)的函数：

$$R=F(P,C)$$

工程风险指的是工程活动中的各种不确定因素的集合，指的是工程从设计、立项、施工、使用等整个过程中所有不确定性因素的集合，包括由自然环境因素、经济因素、政治因素、工程技术因素、人为因素等各种原因造成的经济损失、人员伤亡、心理创伤等可能性。工程风险源于工程活动的不确定性。工程中的各种要素本身存在不确定性；不确定的要素相互作用构成的工程整体往往具有更大的不确定性；由于工程主体认识、实践能力的有限性，由于工程行动过程的可变性，不确定的可能性不可避免地随机发生，造成工程行动的不确定性，

① 殷瑞钰，等. 工程哲学[M]. 北京：高等教育出版社，2013：196.

② MARTIN M W，SCHINZINGER R. Ethics in engineering[M]. New York：McGraw-Hill book company，1989：159-160.

也可能带来风险；已经竣工的工程在其使用过程中，也存在不可预见的不确定性。工程中的不确定性风险主要是由以下因素决定的。

首先，工程活动的复杂性。工程活动是一个包含工程本身、工程所处环境、工程管理人员和工程使用者等多重因素的复杂系统。工程结构中除了考虑技术因素外，还要考虑经济要素、政治因素、管理要素、社会要素、文化要素等。工程行动序列包括计划、决策、目的、运筹、施工、成本预算、风险控制、程序、管理、控制、标准、验收等一系列要素。工程的建造过程也是一个多学科集成应用的过程。例如土木建筑工程包含材料力学、理论力学、结构力学、流体力学、工程测量学、房屋建筑学、项目管理学、工程经济学等多个学科的知识和实践。工程中的各种要素本身存在不确定性，不确定的要素相互作用构成的工程整体往往具有更大的不确定性。工程具有系统性和复杂性的特点，工程实践的周期长，涉及因素多，导致工程具有不确定性。此外，工程涉及多个利益主体。工程项目建设过程涉及业主、投资商、承包商、分包商、咨询单位、设计单位、监理单位、政府职能部门、材料设备供应商及相关主体等，工程参与者众多，他们是代表不同利益集团的工程主体，这意味着工程本身的矛盾性。工程从方案评估、工程选址、项目决策、可行性研究、地质勘测、初步设计、施工图设计，到建筑施工、设备安装、试运行、工程竣工、交付使用、项目后评价等全过程，都处于变化和发展的状态，工程具有变动性。工程实施过程中，由于工程内部因素的变化、工程外部原因如社会因素、经济因素、政治因素、法律因素、环境因素等的影响和制约，工程可能难以按照设计方案按部就班进行，因此就必然要对工程目标、计划、方案进行相应的调整和优化，最终使工程实现质量优、安全好、费用省、工期短等工程目标。而要实现这样的目标，就需要工程主体对进度、费用、质量、安全等进行控制和调整，工程在其寿命期中一直处于发展和变化中。这些因素使得工程具有不确定性。

其次，工程主体认识、实践能力的有限性导致工程具有不确定性。工程主体的理论框架、认知结构、思维方法、经验背景的差异，以及主体的价值取向、主观态度在认识过程中会产生偏差，造成对工程不是全面、系统、动态的工程知识，只是个别性、僵化性和分离性的工程知识，还有可能是虚假的工程知识。

最后，工程也是设计、研发、试验、建造、使用、维护等复杂的动态过程，且工程项目一般周期长、规模大、涉及范围广、风险因素数量多且种类繁杂，致使其在寿命周期内面临的风险多种多样，而且大量风险因素的内在关系错综复杂、各风险因素之间以及与外界交叉影响。在工程的周期内，风险是无处不在、无时不有的。随着工程的进行，有些没有预料到的风险可能会发生并得到处理，同时在工程的每一个阶段都可能产生新的风险。工程成果在特定自然环境、社会环境下可能带来灾难性的风险，危及周围人群的生存，也可能存在不可预见的不确定性。

某个具体工程风险，比如桥梁倒塌的危险就是各项具体风险的总和，跟设计因素、施工因素、超重、天气、洪水、使用年限、桥墩承重等各方面的因素相关。因此，总的工程风险就是各方面因素造成的风险之和，总的工程风险就等于各个具体因素造成桥梁倒塌的概率的总和。工程风险的复杂性不仅仅表现在涉及多种因素，还表现在工程的整个过程中都存在风险。生物医药工程在方案设计和决策方面存在投资风险，在研发过程中存在风险，在建造操作过程中存在风险，在针对客户的应用过程中存在风险，在生物医药过程的运用的整个过程中存在环境风险，等等。除此之外，针对不同的工程主体还有不同的风险。工程主体一般包括工人、工程师、投资人和管理者这四类人员，他们在一起组成工程共同体，“如果把工程共同体比喻为一支军队的话，工人就是士兵，各级管理者相当于各级司令员，工程师是参谋部的参谋长，投资人则相当于后勤部长。”[①]工程师考虑的主要是设计、施工、使用风险，投资人考虑的主要是投资风险，管理者主要考虑的是管理风险，工人主要考虑的是施工风险等。因此工程风险涉及各方面的不同类型的风险以及工程共同体不同工程主体的风险，因此工程风险不是一个简单函数，它包含系统风险、过程风险、主体风险等，是多种风险的集合。

从以上论述我们可以看出，工程风险涉及工程活动中的各种不确定性因素（包括政治因素、经济因素、人为因素、自然因素等各方面的因素），不同的利益主体，不同阶段的风险，还涉及各种不同类型的损失，每个类型的风险出现的可能性又不相同，因此，对工程风险的认识必须运用整体论的观点，工程风险绝非单一的不确定性发生的可能性。我们用 n_E 表示各种可能事件，用 R_{Ei} 表示具体事件 E_i 的风险，用 P_{Ei} 表示具体事件 E_i 发生的概率，用 C_{Ei} 表示具体事件 E_i 的后果。那么工程风险可以表示为

$$R_{\mathrm{A}} = \sum_{i=1}^{n_{\mathrm{E}}} R_{\mathrm{E}i} = \sum_{i=1}^{n_{\mathrm{E}}} P_{\mathrm{E}i} \cdot C_{\mathrm{E}i}$$

比如，三峡大坝工程的风险就是经济风险、技术风险、环境风险、地震风险、航运风险、公众安全风险、社会稳定风险等各种风险的和，而不能简单还原为某个具体的风险，工程风险是个集成风险。

工程建造之间就是风险评估过程，风险评估时首先通过风险因素识别找出工程可能面临的所有风险因素和风险事件，然后采用定性和定量两大类方法对识别出的工程风险作进一步的分析，确定工程各种风险因素和风险事件发生的概率大小或概率分布，区分出不同风险的相对和绝对严重程度；将单个风险与单个风险评价准则、项目整体风险水平与整体评价准则对比，查看工程风险是否在可接受的范围之内，从而制定相应的应对策略对项目作出相应的调整。风险评估中一般运用德尔菲（Delphi）方法和关联树法。

1. 德尔菲法

德尔菲法又称为专家调查法，1946 年由美国兰德公司首创，是依靠专家的直观能力对风险进行识别的方法，即通过将调查意见逐步集中，直至在某种程度上达到一致，故又称专家意见集中法。其基本步骤为：①由工程风险管理人员提出灾害风险问卷调查方案，制定专家调查表；②邀请若干位专家阅读有关背景材料和工程设计资料，并回答有关问题，填写调查表；③风险管理人员收集整理专家意见，并把汇总结果反馈给各位专家；④请专家进行下一轮咨询填表，直至专家意见趋于集中，进而可以识别出重要的风险因素。在此基础上，综合考虑工程风险概率与后果，计算确定系统总风险的数值大小。然后根据相关风险接受准则和评价标准，对系统风险进行综合分析与评价，判断和检验系统风险是否可以接受，评价系统风险的等级水平，为风险应对与决策提供科学依据。风险决策就是按照风险评价指标舍弃不利方案，选出最优方案或较满意的方案，并加以实施过程，这是风险评估的最后一个步骤。

2. 关联树法

关联树法是利用树状图将工程风险由粗到细，由大到小，分层排列的方法。

① 李伯聪. 关于工程师的几个问题——“工程共同体”研究之二[J]. 自然辩证法通讯，2006(2)：45-51.

重大工程项目灾害风险因素如下图所示：

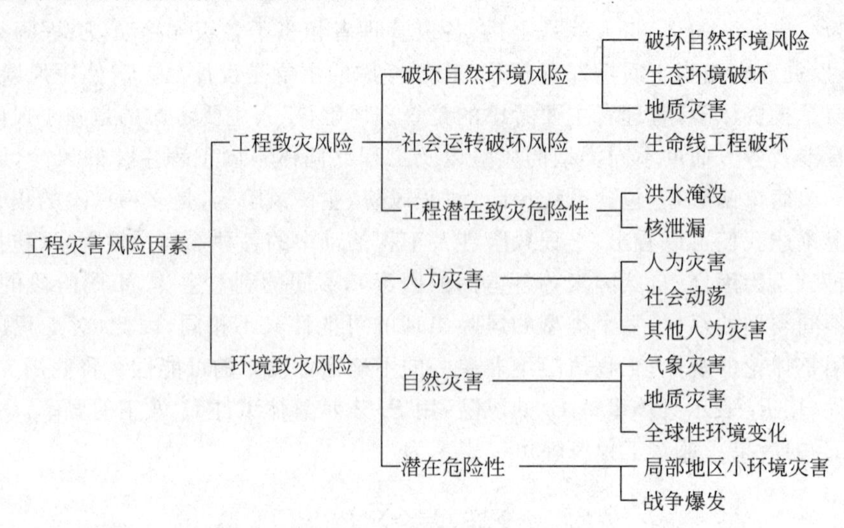

关联树法容易找出所有的风险因素，关系明确。

大量的不确定性和模糊性是工程的固有特点，而且大部分工程具有独一无二的特征，因此可考虑灰色系统理论等理论与传统风险评估方法耦合的研究，以进一步减小风险评估中的不确定性，提高其准确性。

工程需要多个活动主体的参与，需要历时一段时间，工程不是孤立的，工程与周围的环境密切联系，因此，不能孤立地谈工程。工程涉及工程主体的目的，涉及不同工程主体的协作，工程活动是一个开放的系统。需要运用各种工程方法才能保障工程的顺利建造，才能发挥工程的社会作用。

> 工程方法除了普遍意义的方法之外，在具体的工程建造过程中，还要运用哪些方法呢？
>
> 这里有一个关键问题，我们所用的工程方法是否是合理的？工程知识有没有必然性？

阅读文献

[1] 钱学森．创建系统学[M]．上海：上海交通大学出版社，2007.
[2] 钱学森，等．论系统工程[M]．上海：上海交通大学出版社，2007.
[3] 李伯聪．工程哲学引论[M]．郑州：大象出版社，2002.
[4] 王连成．工程系统论[M]．北京：中国宇航出版社，2002.
[5] 赵少奎，杨永太．工程系统工程导论[M]．长沙：国防工业出版社，2000.
[6] 杨汝清．工程系统设计与运作[M]．上海：上海交通大学出版社，2004.

思考题

1．结合专业实践，谈谈当代工程问题的系统性特点。
2．结合专业实际情况，谈谈当代工程问题的集成性特点。
3．结合专业实际情况，谈谈工程风险。
4．用系统方法论分析你熟悉的工程。

第四篇

马克思主义科学、技术、工程与社会论

科学不仅是理论形态，技术也不仅是理论形态与实践形态，而且科学技术与社会发生相互作用。马克思主义历来高度重视科学技术，把科学技术看做历史上起推动作用的革命的力量。科学技术的发展直接推动了社会各个方面的变革。过去的研究中更多的是关注科学、技术与社会的关系，近年来，将工程的因素纳入其中，研究它们之间更为广泛的相互作用和相互联系。事实上，现代工程离不开现代科学与现代技术。

在本篇，我们将研究作为社会建制的科学、技术和工程，研究科学、技术与工程的人文问题，研究科学与人文的关系，这要求我们高度重视和弘扬科学精神和人文精神。

第九章　科学、技术与工程的社会关联

科学、技术与工程，不仅需要从其自身展开研究，还需要从社会视角来审视。科学、技术或工程，都是社会中存在的现象，或者说它们本身就是构成社会的元素，那么它们的社会性是如何表现的？是否存在一个社会性日趋增强的过程？今天，当我们说科学、技术或工程都成为"社会建制"时，其含义是什么？当科学、技术和工程都以"社会共同体"的形式存在时，其中包含的社会关联是什么？当科技与工程作为一种动态过程展开时，又是如何体现为一种"社会运行"从而整体性地相互关联起来的？

科学、技术、工程与社会有着极为密切的关系，马克思主义历来十分重视这种关系，既看到科学、技术、工程的发展对社会所造成的巨大影响，也指出了社会背景对科学、技术和工程的发展所具有的基础性的条件。20 世纪 60 年代以来西方出现的"科学、技术与社会"即 STS(science, technology and society)的研究视角，也进一步将科学、技术和工程置于广阔的社会背景之中，将其视为互相影响和作用的现象，由此带来了新的科学观、技术观、工程观和社会观，形成一种现代科学技术工程与当代社会互动的图景。

第一节　作为社会建制的科学、技术与工程

科学、技术和工程与社会的关联，在今天的突出表现之一，就是它们均作为一种社会建制现象而存在。所谓"社会建制"，指的是组织编制和制度的总称，是指为了满足某些基本的社会需要而形成的相关社会活动的组织系统和制度体系，主要是指社会组织制度，它包括价值观念、行为规范、组织系统和物质支撑等要素。从社会建制的视角看待科学、技术和工程，目的是要看到：它们都是具有自身特点的社会活动，而科学、技术和工程活动的社会组织化、系统化、规范化、形式化，是科学、技术和工程之社会建制的主要内涵和标志。

一、作为社会建制的科学

最早的科学起源于人的好奇心，人类早期的科学活动中，靠个人志趣，少量资助，有小规模的实验室，经过少数人的艰苦奋斗，就能作出划时代的科学成就。而在 20 世纪中叶以后，重大科学成就大都是大科研集团的产物，或者是大集团协作的产物。科学的发现一般来说已经不再是个人行为，而是一种社会集团活动，并且日益发展成为一种庞大的"社会工程"或

“社会事业”，即所谓“大科学”，即由国家资助的、规模巨大的、拥有先进的实验技术装备，并对社会、生产、经济、生活、政治等起着前所未有作用的现代科学。

科学研究经过16世纪伽利略时代的个体活动到17世纪牛顿的松散群众组织皇家学会时代，又到爱迪生的“实验工厂”的集体研究时代，然后是20世纪40年代美国实现曼哈顿计划研制出原子弹的国家规模建制的时代，最后是今天国际合作的跨国建制时代。在当今，越来越多的跨学科、综合性大课题的出现，需要大规模的合作，需要跨公司，甚至跨国的协作，这些课题或项目的经费数目巨大，仪器设备复杂，情报资料海量等，表明了科学技术日益社会化、国家化甚至国际化，从而进入到大科学时期。如果没有国家的财力支持，不能把各方面的有关社会力量很好地组织起来，没有机构内部严密的科学管理和运行机制，科学事业的开展和成功是难以想象的，因此今天科学的任何重大发现都是社会协作的产物。

总之，所谓科学的社会建制，是指科学事业成为社会构成中一个相对独立的社会部门和职业的一种社会现象，它反映了科学的社会形象。[①]

科学是一种社会建制还表明科学已成为一项国家事业，科学研究活动进入国家规模。“二战”后各国政府认识到，国家必须制订科学计划，制定科学政策，设立国家科学基金等，还要使企业直接参与科学事业，实现科学家与企业家、政治家的结合。随着市场经济的发展，各方面的竞争成为推动科技发展的一个非常重要的源泉，科学从社会之外完全走到了社会的中心地位，所以它的动力机制、研究对象和研究方式都发生了很大变化，因此，科学为国家和企业所重视。近几十年来，跨国的科研活动有了很大发展，使不同国籍的科学家之间实现合作，科学成为一项国际事业或产业。越来越多的科学家把科学事业列入第四产业。或者说科学研究已经成为一项社会性事业，科学成为一种重要的社会建制广泛渗透到社会与经济的各个方面，国家、政府能不能使之协调发展和发挥作用，成为科学事业能否取得成就与进步的关键。

科学社会建制的承担者是科研组织，通常由学术带头人、科学和其他相关人员所组成。

科学作为一种社会建制的理论结晶，是科学社会学的形成。马克思和恩格斯有关科学与社会的关系的论述，对科学社会学理论的形成具有重要影响。德国社会学家M.韦伯于1919年发表了《作为一种职业的科学》一文，突出了科学作为一种社会建制的特征，论述了科学的社会功能。该文被看做是科学社会学研究的起点。1935年，美国社会学家R.K.默顿在《十七世纪英格兰的科学、技术和社会》的博士论文中，第一次提出科学作为一个社会系统有其独特的价值观的观点，并对科学系统进行了功能分析。1939年，英国科学家、科学社会学的创始人J.D.贝尔纳发表了《科学的社会功能》一书，从马克思主义的立场出发，全面阐述了科学的外部关系与内部问题；他在1954年又出版了《历史上的科学》一书，描述了科学的多重形象，提出科学“作为一种建制而有几十万计的男女在这方面工作”；他的研究不仅形成了科学社会学的英国传统，还吸引着许多经过自然科学训练的学者进行跨学科的研究。20世纪中叶以来，科学技术的巨大进展，对社会、经济、政治、军事、思想意识等方面产生日益重要的影响，也给人类带来了许多严重的社会问题，科学向人类社会提出了挑战，科学、技术与社会的关系日益成为人们关心的重要课题，科学社会学的影响由此也进一步扩大。

---

① 陈其荣.当代科学技术哲学导论[M].上海：复旦大学出版社，2006：456.

二、作为社会建制的技术

当“大科学”成为一种社会建制时，意味着技术也成为一种社会建制，因为“大科学”中常常就包含着“技术”，例如作为大科学的“曼哈顿计划”“阿波罗登月计划”“人类基因组计划”等，就包含了原子能技术、空间技术和生物技术，并且这些科学计划的重点就是相应的技术，在庞大的科技专业人员队伍中，其中技术人员的队伍占有极大的比例。

技术作为一种社会建制，像科学作为一种社会建制一样，是科学技术发展到一定阶段的必然产物，集中体现了技术是社会中的技术，技术发明，尤其是重大的技术发明，都需要在相关的组织系统中才能完成，需要国家建立起与科技活动相关联的各种制度安排，需要在资金、人员、实验室、仪器设备等方面得到政府、企业或其他社会组织的支持才能进行，这些形成了技术的社会建制的实体性物质保障；技术发明的成果还需要得到相关的法律、政策的保护和奖励才能获得社会的承认和进一步向生产应用和市场销售延展的可能，才能使技术发展的功能得到后续的延伸。

技术所具有的社会建制的特性，使得人们对技术的认识，从技术的本质、设计和结构，技术发展的一般规律、技术的价值等问题，进一步扩展到技术与经济、技术与文化、技术与心理、技术评估等问题，即深入认识技术活动的历史条件和社会条件，这也是“新技术社会学”所重点研究的内容。

在20世纪80年代中期的欧美形成了“技术的社会建构”(the social construction of technology，SCOT)或“技术的社会形成”(the social shaping of technology，SST)所组成的“新技术社会学”的研究阵营，这是由一批技术社会学家、技术史专家和科学社会学家所发起的一种对技术的新型研究。其之所以是新型的，是因为它一改传统的“技术决定论”只看到技术影响社会进而唯一地、单向地、线性地决定社会的视角，将技术纳入社会学分析的框架，用“无缝之网”的比喻来形容技术与社会之间的关系，提供了一种对技术的史学、社会学和哲学的互相沟通的理解。① 在整合自然科学和社会科学所关心的问题中，SST被认为发挥了积极的作用，“它对于科学、技术和社会、经济之间的关系提供了一种更开阔的理解，也拓宽了政策的纲领”②，为技术政策的制定提供了新的思路。这样，无论在理论上还是实际上，SCOT和SST对于认识和处理技术与社会的关系都作出了积极的贡献。

需要指出的是，在科学和技术建制化的过程中，逐渐形成了科学技术的体制目标，并在体制目标上形成了两者的不同，其中科学的体制目标体现于科学家从事科学活动的动机，是获得关于自然的知识及其在进一步认识自然时的作用，具有非功利性；而技术的体制目标在于利用科学发现进行技术发明，并应用于社会经济的发展，产生直接的社会经济效益，即利用知识谋利。其中，“知识”可以是技术专家自己创造的，也可以是科学家创造的。“利”是发明者获得的经济收益，从而具有功利性。

三、作为社会建制的工程

工程作为人类改造物质世界的物质性建造活动，与技术既有联系又有区别。工程和科

---

① BIJKER W E, et al. The social construction of technological systems[M]. Cambridge, MA: MIT Press, 1987: 3.

② WILLIAMS R, EDGE D. The social shaping of technology[J]. Research Policy, 1996: 25.

技活动一样，也具有社会建制的特征，这首先体现在工程所具有的社会性上，任何工程都会涉及社会的经济、政治、文化、环境等诸多方面的因素，都必须在一定的具体的社会条件下进行。可以说，工程与社会是相互建构的：人类的工程活动都要受到特定的社会结构和社会关系的制约；同时，任何工程活动及其成果又会对社会形成特定的影响，一定时代工程的集合则造就了这个时代的社会面貌。

建造是一种集体行为，凡称得上“工程”的，都是有一定规模的，人类集体性活动有一个显著的特点，即需要管理，而且在工程建造中各种要素的组合与集成本身就是一种管理，所以工程是在一种管理的状态下作为工程要素的技术的组合性运用，因此工程作为社会建制的特征尤为显著地体现为工程活动的组织性。工程活动通常有许多人参加，他们“在工程活动中各司其职，相互配合，每类人员都各有其自身特定的、不可取代的重要作用。在工程活动中，投资者进行投资活动、管理者实施管理活动、工程师要进行工程设计等技术活动、工人则具体进行建造和操作活动等。由此可以看出，工程活动实实在在地就是各种类型的人的社会性活动的集成或综合，是各相关主体以共同体的方式从事的社会活动，是多种形式、多种性质社会活动的集合。”①

为什么要强调科学、技术、工程具有社会建制的属性呢？是因为它们都是不能脱离社会而存在的现象，尤其在“大科学”“大技术”“大工程”的时代，今天的科学、技术和工程都是作为“社会事业”而被社会性地计划、安排和实施的，都是被社会所建构出来的。

工程需要管理，管理一定意义上成为工程的精髓，以至于也可以反过来用工程去说明管理的实质，现代管理的泰斗泰勒就是用工程来说明管理的，他说：“现代的工程学大概可以称之为一门精密科学”，不仅如此，“管理这门学问注定会具有更高于技术的性质。那些现在还被认为是在精密知识领域以外的基本因素，很快都会像其他工程的基本因素那样加以标准化，制成表格，被接受和利用。管理将会像一门技术那样被研习，不再是依靠从个人接触到的一些模糊观念，而将建立在一种被广泛承认、有明确界说和原已经确立的基本原则之上。”②今天，当我们说“用工程的方法解决某某问题”时，就是将该问题作为一个复杂的系统去加以科学化的管理（就像软件危机出现时搞“软件工程”那样），也就是要十分重视其中的管理问题了。

工程的管理也是工程各要素之间的协作。拿航天工程中的设计来说，“大多数航天工程师都不会对这样一幅设计图案感到陌生，该图描述了一架飞机的设计。这幅图案在仅一页纸上用大约六个框架，展示了负责飞机设计的人员由于其兴趣的不同而最终形成的不同视觉图像。结构工程师所注意到的是那些确保飞机机身不至于分离的巨大‘工字形’连接杠杆；负责飞机动力装置的设计人员则除了需要支撑飞机巨大的双引擎，很少展示结构。空气动力学家的作品尽可能地圆滑而细长，几乎没有为飞行员留下空间。飞机设计就是如此，它确实和设计方法有关。因为简要来说，工程设计是一个由不同人员共同参与的过程，每一位设计人员对设计对象都有各自的看法，不过，他们彼此间又需要通力合作，根据一定的要

① 殷瑞钰，等. 工程哲学[M]. 北京：高等教育出版社，2007：190.

② 泰勒. 科学管理原理[M]. 北京：中国社会科学出版社，1984：60.

求和目标，共同创造、想象、推测、提议、推演、分析、测试和开发新的产品。”①“在某些层面他们分享着一个共同目标，在另一个层面他们的兴趣又存在冲突。结果，为使他们的努力形成合力，谈判和‘交易’就显得很有必要。这样，设计就成了一个社会过程。”②扩展地看，任何一项工程，从它的规划、设计、决策、建设、运行等多种环节上看，都包含着经济、政治、文化等方面的社会建构性，体现着特定的社会条件和社会背景。

第二节　科学、技术和工程的社会共同体

随着科技和工程的建制化，也出现了相应的职业化、组织化和特殊的社会分层现象，科技工作者和工程师随之从其他社会角色中分离出来，成为一种特定的职业，在组织层面上建构起以科学家、工程师以及其他科学技术人员为活动主体的社会组织，包括学会、研究院、工业实验室、国家实验室、大学等社会组织结构，集合为有形或无形的共同体，这就是科学共同体、技术共同体和工程共同体，它们反过来也成为科学技术工程作为社会建制的重要标志，并进一步促进建立起相应的行为规范和准则，以协调科技、工程事业与其他事业的有序发展。

一、科学共同体

“科学共同体”(scientific community)是20世纪40年代英国科学家和社会学家波兰尼首先提出的概念，他认为今天的科学家已不能孤立地实践其使命，而必须在各种体制的结构中占据特定的位置，每一个人都属于专门化了的一个特定集团。科学家的这些不同的集团共同形成了科学共同体。这一概念在默顿那里得到进一步界定，他认为科学共同体的主体是从事科学事业的科学家群体，它通过科学交流维系其存在。默顿十分强调科学共同体的作用，认为科学的目的是获取可靠的知识，而科学共同体就是要对科学成果进行评价、分配和承认，在此基础上建立和发展科学家之间那种为获得可靠知识而必需的最佳关系，以保证科学这一社会系统的有效运行，其目标是增长准确无误的知识。他还提出科学共同体的准则及规范是：普遍性、公有性、大公无私和有根据的怀疑态度。库恩则把科学共同体与科学范式作为两个互释的范畴，认为拥有同一种或同一套科学范式的科学家构成科学共同体，或者说范式是被同一的“成熟的科学共同体”所拥有的东西。在同一科学共同体内部，人们有共同的信念、本体论承诺、共同的方法论和解题规则、手段……

总之，科学共同体是科学家集团的一般抽象存在形式，是由共同的信念、共同的价值观念、共同的规范组成的科学家群体，是科学社会组织的基础和核心。必须看到，科学共同体与科学家的行为规范是在科学的社会建制中相互联系并相互依赖的两个方面。具体地说，一方面，要实现科学建制的体制目标，科学家需要遵循共同的行为规范。共同的行为规范把科学家从分立的个体结合为互动的社会群体而形成科学共同体，他们在同一科学规范的约束和自我认同下，掌握大体相同的文献和接受大体相同的理论，探索大致相同的目标；另一方面，科学共同体还发挥着维护科学建制体制目标和行为规范的功能，离开了通过科学家的

---

① 布西亚瑞利. 工程哲学[M]. 沈阳：辽宁人民出版社，2008：15.

② 布西亚瑞利. 工程哲学[M]. 沈阳：辽宁人民出版社，2008：16.

自律、相互之间的交流与监督而构成的科学共同体，科学建制体制目标的实现、规范的维护和奖励的分配是无法完成的。

科学共同体是科学建制的核心，是由科学家组成的专业团体，其成员具有共同的追求目标，为加强交流、促进科学进步而结合在一起。科学共同体有多种功能，其中比较重要的包括科学交流、出版刊物、维护竞争和协作、把个人知识和地方知识变成公共知识、承认和奖励、塑造科学规范和方法、守门把关、培育科学新人、争取和分配资源、与社会的适应和互动、科学普及或科学传播等。科学共同体的功能主要表现在：它能形成持续的科学研究能力，对科学成果进行同行评议，为科学家提供更多的学术交流的机会等。

科学共同体有许多分类标准，如以学科、国籍、地区等来划分。但科学共同体内部的社会分层标准主要是两类：一是按人的属性如性别、年龄来分层；二是依据人的社会属性如收入、权力、权威和声望、教育程度、职业等来分层。随着科学整体化趋势的发展，越来越多的科学家由一个科学共同体转移到另一个科学共同体，或者在多门学科的交叉领域创立新的科学共同体。

相对于"无形学院"，"学派"往往是由具有共同学术思想的人们组成的一种科学家集团，它是由一代或几代具有较高学术水平和技能的科学家们团结在一个或几个科学大师的科学共同体中，"无形学院"和"学派"是两种重要而特殊的表现形式。早在20世纪60年代就有研究者发现，科学共同体可以看成由正式的社会组织和非正式的社会组织所组成，这些社会组织相互交织、相互作用，形成了十分复杂的社会结构。非正式组织是从正式组织中派生出来的，普赖斯将其称为"无形学院"，他认为无形学院介于一般科学共同体与科学技术实体研究组织之间，它也是以学术思想的沟通为基础的组织形式。任何一个大学科中都有这种小规模的由优秀人员组成的无形学院，他们通过互送未定稿、通信，或教学科研上的互访与合作来加强联系。作为一种地理上分散的科学家集簇，他们之间的相互作用甚至要比其他形式的相互影响更加频繁，而且这种非正式交流系统往往成为科学前沿创造出新知识的主要策源地。可见，无形学院对于科学知识的创新具有十分重要的作用。

相对于"无形学院"，"学派"往往是由具有共同学术思想的人们组成的一种科学家集团，它是由一代或几代具有高学术水平和技能的科学家们团结在一个或几个科学大师的周围，在某一研究方向上进行创造性的合作。科学学派中的主要成员通常围绕着共同的学术思想形成了公认的学术权威，有的学派以共同信守的思想或方法为线索，还可能产生世代相继的师承关系，地理上分散的科学家也有可能成为一个学派的成员，因此学派通常具有广泛的国际性。[①] 科学学派在科学发展中具有重要的作用，它通常是培育新的科学生长点的重要基地，是培养新一代科学家的摇篮，还是促进科学在竞争中更快发展的社会组织形式。

二、技术共同体

技术共同体可视为科学共同体的一个延伸概念。随着科学社会建制的形成，作为与科学紧密相连的技术也逐渐走向体制化。相对于科学共同体，同样也存在技术共同体。所谓技术共同体，是指在一定的范围与研究领域中，由具有比较一致的价值观念、知识背景，并从事技术问题研究、开发、生产等的发明家、技术专家和技术人员通过技术交流所维系的集合

① 曾国屏.当代自然辩证法教程[M].北京：清华大学出版社，2005：370-371.

体。这个集合体同样是相对独立的，有自身的评价系统、奖励系统等，可以不受外界的干扰。技术共同体的表现形式很多，如国际技术共同体、国家技术共同体、行业技术共同体等。

类似于科学共同体遵循共同的科学范式，技术共同体也是以共同的技术范式为基础形成的，而技术范式是根据一定的物质技术以及从自然科学中推导出来的一定的原理，解决一定技术问题的模型或模式。在同一技术共同体中，其成员追求的是大致相同的内在目标，所遵循的是大致相同的内部规范。

对技术共同体而言，“创新者网络”是技术共同体的重要形式。这个概念源自技术创新经济学，指技术专家之间，以及技术人员与科学家、企业家、市场销售人员等，围绕着技术创新活动联结成的合作互动的松散组织网络，该网络提供了技术专家与其他创新参与者直接互动的机会，对提高创新活动的效率具有重要作用。

技术共同体具有一系列特征：

其一，它是一种社会的亚文化群，具有自己独特的行为规范和价值构成，包括与一般群体或组织不同的精神气质，信奉、约束于某些特定的规范和价值标准。当然，随着技术的发展，这些独特的行为规则和价值规范不断超越种族、地域、文化和语言的障碍，在世界范围内趋同。而所有技术共同体的制度性目标都是解决实际应用问题，并增长一定的技术知识。

其二，技术共同体存在社会分层，在其内部，作出重大技术发明或技术创新者，将会处在共同体的上层，成为技术时代的技术精英，而一般的技术人员则处在技术共同体的下层。技术共同体是一个等级制的社会结构。

其三，技术主体的多元化。科学共同体基本仅由科学家组成，主体较为单一，且数量有限。而技术共同体的主体呈现多元化，广义的技术共同体是由与从事技术工作（研究、开发、生产、销售、管理等）相关的人员，包括发明家、工程师、技术专家、政府官员、资本家、技术人员等组成的人类集合体。这种技术共同体中的技术主体角色是多样化的，数量很大。由于技术共同体主体存在多元化，对技术成果的奖励也是广泛的，只是在资源分配和成果承认、奖励上，共同体还是偏向知名人士和有突出贡献的技术专家和工程师，并且形成类似于科学共同体中的“马太效应”。

其四，技术共同体成员得到承认的渠道是多样化的。科学家需要的是科学共同体的承认，而技术共同体成员可以得到技术共同体承认，也可以由专利得到承认，还可以得到整个社会的承认。①

技术共同体的标准及规范有：第一，普遍主义，它表明技术和科学一样具有普遍性，例如技术知识和技术成果是会为大家所熟知的，技术发明者或工程师的贡献会被永载技术史册；第二，私有主义，这主要是从财产权的角度看，虽然技术发明本质上是社会协作的产物，但由于其本身具有直接的经济利益，因此具有私有财产性质，在一定的时期内归发明者或者发明者所在集团所独有，并受到知识产权制度的保护；第三，实用主义，它表明技术以应用为目的，要将理论转化为直接的生产力，这种实用性某种程度上也是发明家从事技术活动的根本动力，而技术的物质化、齐一化、功能化则是对技术工作者的最直接的要求；第四，替代主义，这主要是指技术发明中的挑剔和替代的习惯和精神，技术的进步就是用一种新技术代替旧技术，技术的发展是不断替代的过程，是一种永无止境的改造或突破过程。技术共同体

① 张勇，等.技术共同体透视：一个比较的视角[J].中国科技论坛，2003(2).

的这些行为规范构成技术研发活动的核心观念。此外，技术共同体内还存有诚实、谦虚、竞争等一般价值规范和科学技术法规等强制性规范，它们共同构成了技术共同体的行为规范系统。[①]

三、工程共同体

简单地说，可以把直接参与到某项工程行动中来的人员总体称之为工程共同体，这种共同体是以共同的工程范式为基础形成的、以工程的设计建造和管理为目标的活动群体。工程共同体包括了多类成员：投资者、企业家、管理者、设计师、工程师、会计师、工人等，其中最主要的为工人、工程师、投资人（在特定社会条件下是“资本家”）和管理者四类人员。“如果把工程共同体比喻为一支军队的话，工人就是士兵，各级管理者相当于各级司令员，工程师是参谋部的参谋长，投资人则相当于后勤部长。”[②]所以在主体构成上，类似于技术共同体，工程共同体是一个“异质成员共同体”，而不像科学共同体那样基本上是由“同类成员”（即科学家）所组成的“同质成员共同体”。

工程共同体的基本目的或核心目标是实现社会价值（首先是生产力方面的价值目标，同时也包括其他方面——政治、环境、伦理、文化等方面——的价值目标），是为社会生存和发展建立“物质条件”和基础。工程共同体必须依靠和运用一定的“纽带”把“分立”的“个人”或“亚团体”结合成一个集体或团体。有了一定的、必要的纽带，工程共同体才可能成为一个有适当结构和功能的“社会实在”或“社会实体”。

> 库恩曾在其科学哲学的理论中提出“范式”这一概念，并认为科学中的“范式”与“科学共同体”在某种意义上所指相同。那么与技术共同体和工程共同体相对应，是否也有“技术范式”和“工程范式”呢？或许可以根据科学范式的含义去类似地看待技术范式和工程范式。

在组织形式上，工程共同体中存在着多样化的类型，最主要的有两个：第一个类型是“职业共同体”，例如由工人所组织的工会，由工程师所组织的各种“工程师协会”，由雇主所组织的“雇主协会”，其显著的功能在于维护职业共同体的职业形象和内部成员的合法权益，确立并完善规范，以集体认同的方式为个体辩护。第二个类型是那些可以具体承担和完成具体的工程项目的工程共同体，亦即由各种不同成员所组成的合作进行工程活动的共同体，可称其为“工程活动共同体”。与工程职业共同体是延续时间很长的共同体不同，工程活动共同体一般都是存在时间不长的共同体。工程活动共同体的生命周期可分为三个阶段：酝酿和诞生阶段、发育和生存阶段、解体阶段。第一阶段“出场”的共同体成员是倡议者、委托者和领导者。在第二阶段，工程实施共同体不但增加了人数，而且成员结构也发生了重大变化。在第三阶段，工程实施共同体既可能是“正常解体”，也可能是“非正常解体”。[③]

工程共同体中由于其价值观念和行为方式的共同性，还形成了一种特殊的文化现象：工程文化，它是更广泛的社会文化主体的一部分。工程文化的核心内容存在于由上述相关

---

① 张勇，等. 技术共同体透视：一个比较的视角[J]. 中国科技论坛，2003(2).

② 李伯聪. 关于工程师的几个问题——“工程共同体”研究之二[J]. 自然辩证法通讯，2006(2).

③ 李伯聪. 关于工程师的几个问题——“工程共同体”研究之二[J]. 自然辩证法通讯，2006(2).

人群所组成的工程共同体所从事的工程活动之中。不难发现，即使工程投资者与工人之间对资本的占有方面有着明显的不同，但是在工程活动中，工程共同体内的不同成员之间还是存在着一定的共同语言、共同风格、共同的办事方法，即存在共同的行为规则。作为行为规则，工程文化应该包括工程理念、决策程序、工程设计准则与规范、建造标准、工程管理制度、施工程序、操作守则、劳动纪律、生产条例、安全措施、审美取向、环境和谐目标、工程验收标准、维护条例，甚至还包括特殊的行业行为规范（例如保密条例、着装要求等）。由此可以一般地说：工程文化就是工程共同体在工程活动中所表现或体现出来的各种文化形态和性质的共同集合或集结。[①]

可以说，工程的各个环节都是文化的展现，工程本身就是一种特殊的文化活动，如长城和金字塔，都具有自身的文化内核。因此我们一谈论工程，就必然牵涉到文化。甚至可以说工程本身就是一种文化：是一种器物文化，它和制度文化与观念文化相对应，是工程活动中包含的制度、观念等层次上的文化要素。例如，工程文化明显包含着工程如何去做的一些指导性观念，因此是一种造物和做事的文化，所以行为规范、实践伦理、操作守则、管理理念以及技术视野等是其必包的内容。工程文化出了问题，工程就会出问题。"工程不只是达到他人目的的手段，它自身就是一种实质上有意义的活动"，它"具有内在的哲学品质"，正是因为如此，工程文化的具体要素对于工程师处理工程问题有着重要的价值，它"有助于工程更好地了解自身、服务社会"。[②] 文化改变工程，文化建构工程。工程文化在工程中的作用，就像企业文化在企业中的作用。它们形成了支配工程活动的"微观权力"：无所不在。如何设计、如何建设乃至如何使用，都无不渗透着工程文化。在这个意义上，要使工程事业得到健康顺利的发展，就必须建设好工程文化，建构起优良的工程共同体。

> 由于文化是社会的一个重要因素，因此文化将对科学、技术与工程产生重要影响。是否能从文化角度考察中国的科学、技术与工程的运行特点呢？

第三节　科技和工程的社会运行

科学、技术和工程作为社会建制和社会共同体的存在，既对社会产生了重大的影响，也对自身产生了深刻的作用，使三者之间也形成了内在的关联，成为有机统一的社会性运作过程或系统。同时，作为一项极其重要的社会事业，相互关联的科学、技术和工程又在政府和企业主导的研究与发展（R&D）活动中强化了它们之间的一体化运行。

一、科学、技术、工程在社会中的整体化

如前所述，科学、技术和工程都是社会现象，在今天还具有社会建制的特征，并成为社会共同体，正是这种社会化或社会性把它们紧密地联系在一起，成为趋向共同社会目标的一个整体性事业：人们在科学的平台上认识世界、形成科学知识；在技术的平台上构思如何利

① 殷瑞钰，等.工程哲学[M].北京：高等教育出版社，2007：225-226.

② MITCHAM C. The importance of philosophy to engineering[J]. Tecnos，1998，17(3).

用科学知识，形成改造世界的方法和手段；然后进一步走向工程，将科学知识和技术手段变成实在的造物活动或人工物产品，并实际地改变物质世界，造就出人工自然。在这个整体中，如果没有科学，技术和工程就只能停留在原始的或纯粹经验的水平，如果没有技术，科学就不能得到应用，包括不能在工程中得到应用，成为“没有技术含量”的工程；而如果没有工程，则科学认识世界的最终目的和技术改造世界的直接目的就不能实现。

在现实中，社会的生产是将科学、技术和工程连接在一起的纽带。科技和工程与生产的一体化更加紧密了科学与生产相结合、理论与应用相结合，是现代科技社会运行的一个重要趋势，这是一个以技术为中心的科学与生产相统一的过程，即科学←→技术←→生产的双向耦合、连锁循环发展的统一过程。在古代，生产实践是科学技术的主要源泉，生产和技术的关系非常密切，其结构模式为“生产→技术→科学”；近代以来，科学实验成为科学发展的主要源泉。科学和技术的关系日益密切，而且科学往往走在技术的前面，科学技术成为生产力，于是结构模式逐渐变为“科学→技术→生产”；到了现代，已形成“科学←→技术←→生产”三位一体化的双向、动态结构模式。一方面，科学的发展不断开辟出新的技术领域，产生出大批的新兴技术；另一方面，技术的改进和发展对基础理论不断提出新课题。基础研究、应用研究、技术开发、工业生产和市场销售之间的结合、交叉、反馈越来越紧密。现代科学、技术与社会生产的密切结合，对经济的繁荣和社会的进步已显示出越来越强大的推动作用。现代科学技术社会运行的这个特点充分说明，科学、技术、生产之间相辅相成，协同演进，形成三位一体的整体发展。[①]

三位一体的发展体现的正是科学、技术与工程的三元整合，因为现代科学技术活动过程基本上是从科学基础理论研究、技术科学研究、技术开发研究、工程科学研究到工程实施直到投产和推广的过程。整个过程同社会经济结构有着密切的联系。在大科学、高技术、新科技革命、知识经济时代，科学技术的整体功能是科学研究和技术开发相辅相成，成为科学技术体系结构的核心。现代科学在这一转变过程中逐渐形成了基础科学、技术科学、工程科学三个相互联系、相互制约的结构体系。可以说，“科学←→技术←→生产”的三位一体，其实质是科学技术工程的三位一体，只有实现了这样的三位一体，科学、技术和工程才能充分发挥出各自的和集合的效能，才能在三者之间形成良性的互惠、互促关系。

科学、技术、工程的整体化还体现在三者的彼此渗透上，这就是科学的技术化、工程化，技术的科学化、工程化，工程的科学化、技术化。“科学的技术化”既指在科学活动中包含着大量的技术科学研究、技术发展研究和技术应用研究，又指科学研究需要应用大量技术手段和工具，科学研究的重大进展越来越依赖于实验技术上的突破和现代技术的最新发明。“科学的工程化”则既指工程现象也被纳入科学的对象之中，形成所谓的“工程科学”；也指科学研究尤其是大科学项目常常需要采取工程管理的方法去开展，使得现代科学研究不仅带有技术的特点，而且带有工程的特点。“技术的科学化”既指已有的技术经验知识，借助科学理论指导而形成系统的技术知识体系，并上升为技术科学；又指技术进步以科学发展为先导，技术上的重要发明导源于基础科学研究的成果，而且许多传统技术日益转移到科学理论基础上而推陈出新。“技术的工程化”既指技术成果转化为工程中的应用，体现为实在的造物过程；又指技术尤其是重大技术的研发需要引入工程管理的手段才能有效推进。“工程的

---

① 谈新敏.自然辩证法概论[M].郑州：郑州大学出版社，2007：282-283.

科学化”和“工程的技术化”，则主要是指工程受科学原理和原则的指导，采用不断更新的技术手段、工具和方法，从而成为高科技的结晶。

这里尤其需要看到技术与工程之间在区别中的关联。工程的建造可以是复制，但真正的技术发明不能是复制；如果不从绝对的意义上理解，也可以说技术发明主要动脑，而工程建造主要动手；技术发明是探索，而工程是程序性执行。当然在实际的工程活动，绝对不包含发明的工程也是少见的，而对于那些重大的工程，甚至本身就是发明的温床，使得工程建造和技术发明相互交织，“你中有我，我中有你”。从技术发明和工程建造的这种关系还可以看出，工程建造应该是技术发明的目的和归宿，发明最后如果不落实到建造中，就是所谓科技成果未能转化为生产力。一个社会如果产生太多不能用于建造的发明，无疑是科技资源、人力资源和经济资源的浪费，在这个意义上来说，发明家不能为发明而发明，技术家不能为技术而技术，技术发明要和工程建造的需要紧密结合，这样，技术发明不能离开工程建造就具有极为重要的社会意义。

从上述的分析也可以看到，科学、技术和工程领域的交叉、研究对象的互渗、理论方法的互用，使得三者内部和三者之间的边缘性、横断性、综合性学科和领域大量涌现；现代科技和工程日益成为大科学、大技术、大工程，也使三者之间的传统界限日益模糊，彼此成为相互包含和渗透的领域，由此呈现出横向与纵向整合的多重趋向，导致现代科学技术工程的日趋一体化、立体化、整体化、综合化。正是在这种一体化过程中，形成了包括政府、企业、资本集团、科学技术研发机构等利益单元组成的社会综合体，影响和制约着科学技术发展的方向、规模和速度。

总之，现代科学技术和工程的发展一方面使科学技术工程一体化，但另一方面也使科学技术工程与社会的关系更加紧密，在科学技术工程社会化的同时出现一体化。

二、R&D中的科技与工程的一体化

“科学←→技术←→生产”三位一体化的双向、动态结构模式，也体现了研发活动（简称R&D）中基础研究、应用研究与技术开发三者之间相互联系与相互配合的密切关系。

R&D是研究（research）和开发（development）的统称，是指为增进知识总量（包括人类、文化和社会方面的知识），以及运用这些知识去创造新的应用而进行的系统的、创造性的工作，它也是目前在国家的水平上将科学技术活动整合起来的一种手段，是世界各国都已习惯的用来表示科学技术研究的概念，日本甚至直接用“研究开发”（RD）来表示，而在我们的中文中也有“研发”这一更简洁的概念。

R&D通常分为基础研究、应用研究和开发研究三个层次，对应于纯科学（理论科学）、技术科学（应用科学）和工程科学（工程技术）三种“科学”（即大科学），其中基础研究主要是获得基于现象和可观察的事实的基本原理的新知识而进行的实验性或理论性工作，不以任何专门或特定应用或使用为目的；应用研究是为获得新知识而进行的创造性的研究，它主要针对某一特定的实际目的或目标；开发研究指为增进知识总量（包括人类、文化和社会方面的知识），以及运用这些知识去创造新的应用而进行的系统的、创造性的工作。R&D也是科学技术从发现到发明再到创新（发明的商业化应用）的一个整体过程，行使了科学技术从认识世界到改造世界再到服务于人、满足人的需求的完整功能，它们之间的动态关系反映出科学与技术是辩证统一的整体。

例如，量子力学的研究是基础研究，因为它专注的目标是基本自然规律，与实用无关；它是20世纪前30年的一项研究领域。半导体的研究是发展研究，因为它专注的目标是用量子力学观念发展出可以广为应用的组件，是介乎原理与商品之间的研究；它是20世纪50年代的一项研究领域。芯片制造的研究是应用研究，因为它专注的目标是日新月异的芯片制造，它是20世纪70年代开始的一项研究领域。三者的统一，就是科学技术功能的完整实现。

再如生物工程，1953年发现DNA的双螺旋结构的工作是基础研究。以后几十年，一直到今天，世界上许多生物学家基于DNA的结构研究出来许多新观念与新技术，这是基础研究加发展研究。而基于这些观念与技术，近30年发展出了新工业：生物工程，这是发展研究加应用研究。这里面三种研究的分野不那么明显，但是大体上有上游（基础研究）、中游（应用研究）和下游（开发研究）的区分与整合，成为上、中、下三游的“一条龙”发展过程。

世界各国关于基础研究、应用研究的概念与划分的认识比较一致，但对开发研究有的认为还可以继续细分。例如我国有的学者把开发研究进一步划分为试验开发、设计试制和推广示范与技术服务三个部分。日本等一些国家则把开发研究加以延伸，细分为开发研究、设计研究、生产研究、流通研究、销售研究、使用研究和回收研究，共7个方面。把产品的开发、设计、生产、流通、销售、使用和回收的全过程，都视为开发研究的范畴，也就是说，日本的大科学研究概念是把研究过程完全融合到设计、生产、使用、消费的全过程之中，而这个总体过程是以设计研究为中心的，这对我们形成完整的科学研究观念有重要参考意义。

三种研究的动态统一无疑也是建立在互相区别、各有侧重的基础之上的，不同性质的科技活动和创新的不同阶段，有其不同的动力机制和自身规律，应当用不同的方式支持、组织和评价。例如基础研究及高技术前沿探索具有战略的意义，其研究周期长，风险大，一旦突破，对国家、社会，乃至人类文明的贡献无可限量，因此应该由国家组织精干队伍，建设研究基地，保证学术自由，给予稳定支持（乃至国际合作支持），同时进行必要的科学评估。国立研究机构和大学是这类研究的主要基地。但是对于应用研究和发展，应明确需求和市场导向，企业应是投资的主体和创新行为的主体。

鉴于三者之间的动态关系，如何处理它们之间的相对比重对于各国来说都是十分复杂的问题，一般在人口较少的国家（比如一千万人口以下的国家）和在发展中的国家，由于其资金比较缺乏，同时短期经济发展的压力又比较大，所以从基础向应用和开发倾斜的倾向会特别明显。可是另一方面又必须注意到技术和工程的发展的根源是科学，如对于现代信息技术和生物技术的发展起过先导作用的数理逻辑、量子力学与DNA双螺旋结构的发现等都是基础科学，因此不重视基础研究也是不行的。如何处理三者的相对比重的问题必须从每一个国家的历史发展和现时国情着眼，否则很难发现一般性的规律。

阅读文献

[1] 贝尔纳. 历史上的科学[M]. 北京：科学出版社，1959.

[2] 贝尔纳. 科学的社会功能[M]. 北京：商务印书馆，1982.

[3] 李伯聪. 关于工程师的几个问题——“工程共同体”研究之二[J]. 自然辩证法通讯，2006(2).

[4] BIJKER W E, et al. The social construction of technological systems[M]. Cambridge, MA: MIT Press, 1987.

[5]　MITCHAM C. The importance of philosophy to engineering[J]. Tecnos,1998,17(3).
[6]　WILLIAMS R,EDGE D. The social shaping of technology[J]. Research Policy,1996: 25.

思考题

1. 为什么说科学、技术和工程都是社会建制？
2. 科学共同体、技术共同体、工程共同体的含义各是什么？三者的区别和联系是什么？
3. 如何理解科学、技术和工程在社会关联中的整体性？
4. 科学、技术与工程在社会运行中的一体化主要表现在什么地方？
5. 如何从整体上把握科学、技术、工程与社会之间的关联？

第十章　科技进步与社会发展

从动态上看，科技进步与社会发展之间也是相互关联的，这就是说两者在变化的过程中是不断地相互影响的。那么科技的进步是如何影响社会发展的？人类社会的变迁与当代社会的特征在多大程度上是由科技所影响和塑造的？“科学技术是第一生产力”是如何体现这一关系的？另一方面，社会的发展对科技进步的影响表现在哪些方面？应该如何进行“科学技术的社会建构”？如何把握并利用科技与社会之间的双向影响来达到科技与社会之间的协调发展？如何既从质上也从量上对这种协调发展加以全面地理解？

科学、技术、工程与社会的一体化运行，集中体现为科技与社会之间的双向互动与协调发展，充分印证了马克思主义关于科学技术是生产力、是历史前进的火车头的思想，也就是恩格斯所指出的——马克思“把科学首先看成是历史的有力的杠杆，看成是最高意义上的革命的力量。”[①]这就是STS视野中的科技观，它一方面揭示了科学技术对社会产生的多方面的影响和冲击，另一方面呈现出社会对科学技术的多方位的建构和塑造，从中寻求合理有效的发展之路：通过科技的发展来促进社会的进步，以及通过建设有利的社会环境来大力发展科学技术，克服不利于科技顺利发展的社会因素和条件，建构起两者良性互动的积极关联。

第一节　科技发展的社会效应

科学技术对社会的发展有着重要的作用，越到现代，这种作用越是巨大，以至于成为决定现代社会特点和走向的决定性力量，成为第一生产力，成为人类社会变迁的重要根源，也成为国家和民族兴盛的关键。

一、科学技术与现代社会的特点和走向

科学技术，似乎总是与奇迹联系在一起的，它的使命就是使自然而然不能发生的事情得以发生。当我们说“蒸汽机改变了世界”“计算机使人类进入一个新的时代”“基因工程重塑生命”等时，就是用不同的词汇在刻画科技的奇迹。又如，当我们将人类社会的历史区分为

① 马克思恩格斯全集：第19卷[M].北京：人民出版社，1963：372.

“农业社会”“工业社会”“信息社会”，或“手工时代”“蒸汽时代”“电力时代”“核能时代”，再或“模糊时代”“毫米时代”“微米时代”“纳米时代”等时，就更是将科技置于社会变迁的核心地位，凸显了它在社会发展中极为重要的意义和作用，以至于“奇迹”这个词都难以充分地表达它的这一价值。

我们已经进入到一个由科学技术起基础作用的时代，科技及其应用塑造了我们时代的面貌，建构了我们的直接生存环境、生产方式、交往方式、思维方式和生活方式，可以毫不夸张地认为，现代社会的特征从总体上不能脱离开现代科技来加以说明，这就是现代社会的日益科学技术化。

我们也称今天的社会为知识经济的社会，或进入了知识经济时代。所谓知识经济时代，就是科技创新经济的时代，其经济是以知识为基础的经济，其知识是以科学技术为核心的知识。现代科学技术造成了现代社会的多方面变化，拿社会的经济生活来说，现代科技革命促进了生产的迅速发展和劳动生产率的明显提高，维持了经济的持续增长，使许多国家借助科技的力量建立了相当雄厚的经济基础。现代科技革命改变了当代世界的生产和资源配置，促进了新产业群的出现和壮大，使产业结构发生变化，也影响到工业内部的结构，在经济发达国家，煤炭、钢铁、纺织等传统工业相对萎缩，而电子、化工、航空、计算机等新兴工业发展迅速。现代科技革命还扩大了人类的活动领域，人类可以借助现代交通乃至航空工具上天入海，还可以“脱离”现实世界进入虚拟世界，使人的社会生活状况发生了极大的变化。

二、科学技术是第一生产力

将科学技术提高到生产力的高度来认识，可以使我们进一步从根基上看到科技对社会发展的重要作用。

“科学技术是生产力”是一个历史的命题，即科学技术作为生产力的重要性是一个历史发展的过程。在大机器生产方式确立以前，人类的生产主要凭借经验，因此，科学技术作为生产力的意义还不重要，甚至现代意义上的科学技术尚未成为生产力。大机器生产方式的确立(18 世纪 80 年代)“第一次使自然科学为直接的生产过程服务”，“第一次产生了只有用科学方法才能解决的实际问题”，“第一次达到使科学的应用成为可能和必要的那样一种规模”，“第一次把物质生产过程变为科学在生产中的应用”①，可见，马克思是把科学技术纳入生产力范畴的开创者，指出“劳动生产力是随着科学和技术的不断进步而不断发展的”②。马克思和恩格斯在研究资本主义机器工业生产方式时，考察科学技术与生产力的关系，对科学力量的认识产生了一个飞跃。在《共产党宣言》里，他们表述了自己对科学技术之生产力功能的看法：“资产阶级在它的不到一百年的阶级统治中所创造的生产力，比过去一切世代创造的全部生产力还要多，还要大。自然力的征服，机器的采用，化学在工业和农业中的应用，轮船的行驶，铁路的通行，电报的使用，整个大陆的开垦，河川的通航，仿佛用法术从地下呼唤出来的大量人口，——过去哪一个世纪能够料想到有这样的生产力潜伏在社会劳动里呢?”③一个重要的原因就在于科学的力量成为不费资本家分文的另一种生产力。在资本主

① 马克思.机器，自然力和科学应用[M].北京：人民出版社，1978：206.

② 马克思恩格斯选集：第 1 卷[M].北京：人民出版社，1972：256.

③ 马克思恩格斯全集：第 46 卷[M].北京：人民出版社，1980：211-212.

义制度取代封建主义制度的转换时期,资产阶级正是依靠科技进步,才冲破中世纪宗教神学禁锢的黑暗,使社会生产力得到前所未有的大发展,使得社会财富的创造"较少地取决于劳动时间和已消耗掉的劳动量",而主要地"取决于一般的科学水平和技术进步,或者说取决于科学在生产上的应用",从而科学技术成为生产力。并且,此后技术上的动力革命、材料革命、信息革命等都产生了生产力效应。

科学技术之所以是生产力,是因为它体现和渗透到生产力的各要素中,使各要素不断发生量和质的提高。如果说自大机器生产时代以来科学技术成为生产力,那么自20世纪中叶以来,由于其作用越来越重要,不仅是一般的生产力,而且逐渐成为第一生产力,即:它是生产力诸要素的主导要素,是决定生产力发展的第一要素,也就使在生产力中的重要性得到了空前的发展。此时科学技术具有指数效应,它极大地放大了生产力各要素,在这里没有比科技更重要的提高生产力的因素,从这个意义上说,它上升到了"第一"生产力的地位。

科学技术在现代社会之所以成为第一生产力,还是因为现代科学技术使人不断获得新的力量、形成新的生产能力。科技的每一次大发展,均带来生产力的大飞跃,科学知识与技术技能在生产活动中的重要性得到了空前的凸显。从劳动者来看,科技型人员将会成为主体劳动者,尤其是一些发达国家的劳动者行列中,高级科研人员和高级工程技术人员所占比重越来越大。由此导致了体力与脑力之比的重大变化:在机械化初级阶段是9∶1,在中等机械化阶段是6∶4,而到了全自动化阶段则成为1∶9,表明在生产活动中劳动者主要是依靠所掌握的科学技术知识从事脑力劳动,科学化的劳动者所具有的能力,远远超过普通人的能力,会创造出更多的使用价值。

为什么在现代社会中科学技术能成为第一生产力?因为在今天决定生产力水平的各种要素中,没有任何其他要素像科学技术这么重要,所以今天的时代也被称为"科学时代"和"技术时代",所以是否具有自主的科技创新能力、是否掌握影响这个时代产业和经济发展的核心技术,是一个国家是否居于一流强国的关键因素。

从科技对经济增长的贡献率来看,据统计,在发达国家科学技术对国民经济总产值增长速度的贡献,20世纪初为5%~20%,20世纪中叶上升到50%,20世纪80年代上升到60%~80%,目前有的国家已经超过了80%,科技进步对经济增长的贡献已明显超过资本和劳动力的作用,表明经济的发展主要取决于产品科技含量的提高,即内涵式扩大再生产,而不是外延式扩大再生产;现代科学技术已成为影响经济增长的决定性因素。

三、科学技术与人类社会的变迁

科技的发展不仅有自己历史时代的演变,而且往往可以造成历史时代的变迁,对人类物质文明、精神文明和政治文明起着推动作用。马克思认为科学是一种在历史上起推动作用的革命的力量、是历史的有力杠杆,并指出"手推磨产生的是封建主的社会,蒸汽磨产生的是工业资本家的社会"①,这表明了科学技术的发展所导致的人类社会的整体性变迁。

科学技术的发展,曾经为人类文明的进步立下了不朽的功绩。科学技术本身就是人类

---

① 马克思恩格斯文集:第1卷[M].北京:人民出版社,2009:602.

文明的重要组成部分，同时又是人类文明的强大发展动力。科学技术的发展，一方面可以转化为物质财富的创造，为物质文明增添新的内容，从而在物质面貌上改变世界；另一方面它还可以转化为社会智能，推动人类思维的发展，成为人类智慧的结晶，从而推动精神文明的进步。而科学技术中的中心技术往往标志着人类历史发展的一个时代。

概括起来，科学技术转化为生产力，推动社会生产的发展；它所造成的生产力的巨大发展，还必然引起生产关系的变革，进而还会引起社会意识的变化，引起从物质到精神、从社会结构到社会形态的变化。马克思就曾经列举了历史上的科技发展所带来的社会关系的全面变革："火药把骑士阶层炸得粉碎，指南针打开了世界市场并建立了殖民地，而印刷术则变成新教的工具，总的来说，变成科学复兴的手段，变成对精神发展创造必要前提的最强大的杠杆。"①

科学技术还造成了文明时代的变迁。自从有了制造工具的活动，人类就和科学技术结下了不解之缘。早期人类不懈地改进工具、努力发明新的技术手段，将手工工具的材料从石器推进到了铜器，后来又推进到了铁器时代，这些技术上的进步，提高了劳动生产率，缓慢地改变了社会面貌，将人类逐渐推进到了奴隶社会和封建社会，使以农业文明为标志的第一次生产力浪潮将人类社会最后推进到了近代文明的边缘。

近代文明是以18世纪以蒸汽机为动力手段的大工业的兴起为标志的，也是和新兴的资产阶级登上历史舞台联系在一起的。从此以后，形成了科技推动生产力的不可阻挡之势。19世纪后半叶，由于热力学、化学，特别是电磁学等理论科学新成果迅速转化为机械制造、化工、冶金、电力、电讯、内燃机等一系列的技术发明，社会生产力进一步提高。进入20世纪尤其是20世纪中叶以来，由于科学与技术之间的相互促进，更加显示了它们推动社会生产力发展的强大威力。科学技术创造了电子计算机和自动化生产装置等全新的劳动工具和工艺过程，极大地提高了劳动生产率和产品质量，还创造了新材料、发现了新能源，大大扩展了劳动对象和范围。尤其是人们在微小的芯片上刻印电路元件，加以装配后形成各种电子产品，奇迹般地创造了大量的社会物质财富。在这些产品上凝聚着大量的信息，包含着丰富的科学技术知识，这种转折也标志了所谓"信息文明"浪潮的兴起。

可以从如下几个角度来看科学技术的发展所引起的人类社会的变迁。

从主导产业上看，人类经历了从农业社会到工业社会再到信息(后工业)社会的变迁，未来还可能向生物技术为主导产业的社会过渡。与此相适应，作为技术手段的工具形态经历了从手工工具到机器再到自动机器的变迁，将来还会进一步过渡到智能自动机器。而从材料形态上看，则经历了从石器时代到钢铁时代再到高分子时代的变迁，目前可能发生的还有向复合材料、智能材料和纳米时代的趋近。而在能源形态上，我们经历了从柴草时代到煤炭时代再到石油时代的变迁，而下一阶段则是全面迈向清洁安全能源的时代。再从与能源密切相关的动力技术上看，我们经历了由主要使用人力到利用蒸汽作为动力再到使用电力的变迁，而电力的来源将向可再生的、无污染的绿色能源延伸。还可以从生存空间上看，我们经历了从陆地扩展到海洋(海洋技术)和天空(航空)的过程，目前和未来还要(通过航天技术)逐步扩展到越来越深远的太空。而所有这些技术的变迁，使得人类的文明经历了一个从古代文明到近代文明再到现代文明的历史性发展，社会随之出现一次又一次的飞跃。

① 马克思恩格斯文集：第8卷[M].北京：人民出版社，2009：338.

由上也可见，科技的发展至少为解开社会发展的奥秘提供了一把钥匙，从科技发展的线索，我们可以把握住整个人类社会发展的大致线索；而离开了科技的发展，就不可能认识人类社会发展的历史全貌。

第二节　科技发展的社会建构

要全面理解科学技术与社会的关系，不仅要看到科技对社会的影响，而且也要看到社会对科技发展的影响，即把科学技术真正看做是“社会中的科学技术”。是20世纪60年代出现的科学社会学使科学的社会背景得到了越来越大的重视，它把科学发展的社会因素作为主要的研究对象，引导我们看到科学技术是受社会所塑造的，复杂的政治、经济和其他社会因素共同构造了科学技术，也制约着我们对科学技术的选择。

一、科技发展的社会推动

科技发展受社会的影响，其首要的含义就在于：只有从社会中才能说明科技为什么会发展，即说明科技发展的动力问题。科技的发展无疑形成于社会的推动，是社会需要有科学和技术，才在社会中产生了科学技术，是社会需求的不断多样化，才导致了科学的多学科产生（如古代的天文学产生于航海的需求，几何学产生于丈量土地的需求）以及技术之人工制品的多样化，是社会需求水平的不断提高，才导致了科技水平的不断提高。尽管科技本身的发展也能形成一种内在的动力，但研究表明，科学尤其是技术创新最大量的还是来自于社会需求的拉动，因此只有社会需求才为技术的发展提供最根本、持久和强大的动力。恩格斯曾就社会需要推动科学发展作过精辟的论述，他说，“社会一旦有技术上的需要，则这种需要就会比十所大学更能把科学推向前进。”①这种论断同样适用于说明技术发展的动力。可以说，社会对科学技术的建构和塑造说到底就是社会需要决定科学尤其是技术的发展，利益群体的不同需求通过商谈而使具体的技术得以定型，因此社会需求的动力作用是社会对科技发展的一种根本性影响，也是解决科技发展问题的症结所在。

恩格斯曾经写道：“如果说，在中世纪的黑夜之后，科学以意想不到的力量一下子重新兴起，并且以神奇的速度发展起来，那么，我们要再次把这个奇迹归功于生产。”②在这里，社会的生产需求是科学发展的强大动力，同样也是技术发展的强大动力。这也表明，社会需求对科技的推动，从一般的层次上，拿技术形态的演变来说，就是因为人类提高生产能力的需求而推动了技术时代的变迁。而且，人类技术形态的更替，也只能从这里得到根本性的说明：从技术发展的历史可以看到，人类的技术水平从手工时代发展到机器时代，又从机器时代发展到自动化时代，就是不断提高劳动生产率的社会需求所推动完成的。

通常来说，社会一旦有了某种实际的需要，就迟早会造就出相应的技术，或者会影响先前的技术的后续发展方向，或规定其趋向什么样的目标加以改进，即为造就特定的技术提供社会“模具”。而没有这样的需求时，相应的技术也不可能超越社会的需要而产生和应用，这就是特定的技术之产生由社会的、时代性的需求所决定的关系。在今天，显而易见的是，社

① 马克思恩格斯选集：第4卷[M].北京：人民出版社，1972：505.

② 恩格斯.自然辩证法[M].北京：人民出版社，1971：163.

会需要是各种新技术及其产品成长的沃土，无论是现代信息技术，还是现代生物技术，或是新材料技术与新能源技术，之所以具有强劲的发展势头，根本的原因就是社会存在着对这些技术强劲和急迫的需求。

社会需要是多方面的，有经济的、政治的、军事的、文化的需求等。因此，科技的发展可以从社会的不同领域获得动力，形成科技发展的经济推动、政治推动和文化推动等。各种因素交织在一起对科技的发展施加推动，但其作用有大小之分，功效有久暂之别。其中，经济推动是对科技发展的一种最基本、最持久的推动，是人追求更多的物质财富而提高生产能力所引发的持续不断地对新科学、新技术的创制。恩格斯曾经说过："经济上的需要曾经是，而且越来越是对自然界的认识的主要动力"[①]，它同样也是对自然界的改造的主要动力，因此是科学和技术发展的主要动力。而政治上的需要当其成为经济的集中表现时，就会成为政府发展和利用科技最优先考虑的问题，此时它通过国家的意志体现出来，构成科技发展最强大、最急促的动力。这里尤其要提到作为政治需要(当然也包括经济需要)的一种特殊表现的军事需要。战争作为一种流血的政治，对新科学尤其是更先进技术的急迫需要，由于其生死攸关和成败一决的重要性，往往能成为科技发展最具爆发性的动力，所以现代战争往往成为现代技术的催化剂。科技发展的文化推动同样也是一个不可忽视的领域。文化可以说是科技发展的"遗传基因"。文化起到的动力作用虽不如经济和政治那样显著，但其客观存在却是不容否认的，像默顿所揭示的清教对17世纪英国科学发展的重要作用就深刻地表明了文化推动的地位。可以说，在科技发展的上述社会推动中，政治是一种自主的调节力量，经济是一种自发的必然力量，而文化是一种传统的精神力量，它们互相交织而构成科技发展的"合力"，从不同的方面、以多样化的方式影响或引导科技的发展。

二、科技发展的社会评价

对科技的社会评价，是对科技的价值衡量和判断，既反映了科技的实际社会效应，也包含了社会传统中的文化的积淀，成为在科技与社会的双向影响中可造成人们对待科技实际态度的一个重要变量，也是科技向着什么样的目标发展，或人们想要科技朝什么样的方向发展的一种向往。因此可以对现实社会中的科技发展产生重要影响，如影响公众对待科技的态度，影响决策者在制定科技政策和战略上的选择等。这就是所谓"评价性引导"，是社会对科技发展起塑造作用的一个重要方面。

具体来说，对于科学技术积极的社会评价可以唤起更多的人支持和参与科技的发展，而消极的评价则会导致对科技的拒斥和反对。一个公众普遍拒斥科技的社会，其科技的发展必然要经受额外的阻力，从而减缓其发展速度。例如2000年欧盟对境内16000名民众所作的调查显示，只有46%受访者对生物科技的正面角色感到乐观，低于1996年的50%及1993年的53%。而到了今天，欧洲人甚至出现了普遍反对基因作物的趋向。鉴于公众的强烈反对，欧盟已立法对转基因植物的种植、销售、进口作了种种限制，从而也波及美国的转基因作物，种植面积出现了减少的趋向。可见对基因工程技术的对抗已经不仅仅存在于普通的公众之中，甚至还影响了政府的决策和实际的运作。

对科学技术的社会评价通常有物性、人性和政治等基本向度。物性标准通常是最大量、

① 马克思恩格斯选集：第4卷[M]．北京：人民出版社，1972：484．

最基本的一个评价侧面，在这个侧面上，人们主要是对科技的发展给社会物质文明和人类性的物质生存状况的利弊功害进行评价，此外，像环境和安全也是其中的重要组成部分。应当说，这种评价对公众和决策者的影响最大。

对科技的人文评价，也就是用人性的或精神的标准去评价科学技术。人文评价使科学技术形成一定的文化形象。有的学者曾把科学技术的社会形象归为三种：一种是斯芬克司式形象，即把科技看成是希腊神话中带翼的狮身女怪，视科技为荒诞怪物；另一种是把科技看成是宙斯式形象，视科技为至高无上、威力无比的巨人；还有一种是撒旦式形象，即圣经中的魔鬼，它带给人类灾难，使人性堕落。科学技术的这些不同的文化形象对科技本身起不同的作用，斯芬克司的形象（如中国古代社会）就阻碍科技的发展，提供的是负动力；而宙斯式形象（如工业革命时期的近代欧洲）则在一定程度上为科技的发展提供正向的动力；而扼杀人性的撒旦形象（如今天的一些科技发达国家）对科技的发展则不时会带来麻烦，尤其是它会影响公众对待科技的态度，从而直接影响科技的现实发展。

对科技的政治评价可分为实际和学术两个层次，从实际层次上，科技的政治评价表现为对国家安全等政治性意义的评价，从学术上则有各种理论学说对科技所进行的政治批判和负载政治价值的分析，后者是从特定的社会集团（如阶级）的利益出发而进行的评价，例如将某种科技视为更多地倾向于为某一社会群体服务而对另外的群体带来不幸。对科技的这种“偏向性”，有的将批判的锋芒指向不合理的社会制度，如马克思；有的则指向科技本身，形成所谓的技术文化批判理论，如法兰克福学派。

三、科技发展的社会选择

对科技尤其是对技术的社会选择，主要是对其发展方式的选用、实施和判决性的鉴定，是技术从发明到商业性应用中贯穿的一种“要或不要”的社会抉择和判别；社会选择也是贯穿在使用过程中的对技术的实践检验，它构成决定技术命运的一种社会活动；选择还可以看做在技术发展的一个相对完整的周期中，社会对技术塑造的一种总结，社会对技术的各种影响最后都综合到对技术所进行的社会选择上，它是对技术发展主观影响和客观影响的叠加，也是技术继续受到社会塑造的根据。

选择是社会塑造技术的集合，技术发展的各个环节都存在着社会的选择，如在发明时，发明什么和创造什么本身就是一种选择。又如在技术创新阶段，如果企业是创新主体的话，这就是企业家的选择，选择进行什么样的生产要素的新组合，选择将什么样的新技术投入商业性的运用。企业家对新技术的价值的认识、对预期利益的计算、对市场的把握、对风险的承受能力就起了重要的作用。不同的企业家有可能作出不同的创新选择。

如果说技术是在包括一系列环节上的社会选择中形成的，那么最终的选择就是市场和用户的选择。无论是发明家、设计者还是企业家所作的选择，都要反映用户的选择，用户的选择是判决性的选择，其他的选择都要以其为依托。当然技术推动的模式又说明，发明和设计的选择在有的情况下也能引导用户的选择，新技术创造新产品引起新的需要。从一定意义上来说，没有发明设计的选择就没有消费的选择，因为没有被选择的东西提供出来也就不可能有选择，所以即使是起最终作用的用户的选择，也是与发明和设计的选择相依存的。

社会选择体现的对技术的塑造使得它在技术发展中必然具有极为重要的作用，它促进了技术与经济社会的一体化，用市场的力量将研究和开发强制性地导向服务于经济和社会发展的轨道之上，使与社会需要脱节的技术在社会的选择中被淘汰；而切合了社会需要的技术通过从初级到高级的选择成长壮大，产生出不断增殖的社会效应，因此，这种“有选择的保留”形成了技术与经济社会发展相结合的机制。

社会选择对技术发展的意义还在于形成技术的优胜劣汰的机制，形成公平的技术评价标准：只有社会选择最能说明技术的优劣和价值。它尽管不是最合理的却是为最多人所接受的标准，尽管是相对合理的但又包含着绝对的意义，因为只有经得起选择的技术才有进一步发展的机会，而在选择中被淘汰的技术，总有不为社会所接纳的地方，所以选择将技术的“适者”与“不适者”区分开来。科技成果转化率可以视为技术被社会选择的成功率，可视为技术与经济结合的紧密程度，可视为科技与经济一体化的程度。

社会选择有可能形成技术资源的优化配置，如对科技人员的流向的调节，使最有社会价值的技术领域成为对技术力量和资源最有吸引力的领域，一个社会最优秀的人才通常有最大的概率流向这些领域。目前计算机技术、生物技术、新材料技术领域集中了最大量的优秀科技人才就是明证。

社会选择同时也改变技术，在选择中用户的具体要求和技术及相应的产品与这种要求的差距显现出来，从而为技术的具体改进指出方向，所以选择在技术的发展中起着十分重要的作用，而作为总结的社会选择并不意味着技术发展的终结，而是对技术继续塑造的根据和新的起点，从选择中对技术提出新的要求形成技术发展的新的动力，导致技术向更高的水平发展。每一轮选择实际上是技术不断发展的一个环节，是技术水平不断提升的中继站。

四、科技发展的社会调节

科学技术进入“大科学”和“大技术”时代后，科技活动就成为政府主导下的研发活动，成为动用一定规模人力、物力、财力的巨大复杂系统，其健康持续地运行，必须通过科学技术的政策、法规与组织机构对其进行制度化与合理化的调节控制。从科技规划和科技政策的角度看，就需要考虑如何用有限的资源取得最佳的效果，面对诸多的研发领域和发展方向，政府就要作出科技上的决策，考虑什么“有所为”，什么“有所不为”，这就是对科技发展所进行的社会调节。

科技发展的社会调节包括社会对科技的发展进行有所侧重的调整和引导，即希望科技产生什么样的发展，当然也有过程中和产生结果后的追踪决策，在这个意义上，可以把调节看做一种特殊的社会选择，一种在发展科技时做什么或不做什么、这样做或那样做的事先选择。社会调节是由社会的管理机构（尤其是国家政府）针对本国和本地的实际状况，有意识对科技施加的趋于特定目的的作用，如社会对发展科技的人力、物力、财力进行协同管理，寻求最佳的配合。这种协调是社会通过权力、管理和其他资源对科技发展的自觉导向作用，是一种主动的引导。

可以从多方面来看社会对科技发展调节的具体意义：

其一，社会的自觉调节可以使科技有目的和针对性地发展。调节可以针对问题的所在而进行，通常是制定专门的措施对目标问题加以专门的解决。如针对我国科技成果转化难的问题专门制定促进转化的措施，使科技的发展与经济产生更为紧密的结合。在这个意义上，有目的的社会调节可以刻意造就科技发展的某种局面和程度。

其二，社会的自觉调节也可以使科技形成有重点的发展，尤其是形成在有限经济和科技力量下的重大发展。社会的调节可以使科技的研发力量按目的合成，集中全国力量组织实施科技项目和工程，使那些需要举国上下甚至多国合作的研发和投资的战略性产业技术得以优先进行，甚至可以在经济实力极其有限的情况下做出重大的科技成果，如我国的“两弹一星”、大型物理装置、共生矿的综合开发、大规模农作物优种选育等大科技工程都是利用国家规划集中力量和资源完成的。从更大范围来看，社会的调节还可以形成跨国的科技合作和交流，在世界性的尖端领域从事突破性的研发，或在意义重大的方向上共同努力。

其三，通过社会的自觉调节还可以走向科技之间协调发展的格局，如调节可以有意识地形成科技的带头部门，可以使科技发展的门类形成合理的布局和生态，使科技自身有序协调地发展。同时，这种调节也可以调整科技发展的方向，如从侧重于基础研究到侧重于应用研究、从侧重于发展军事技术到发展生产技术等，形成科技发展范式的转移。这种调节还可以促进与科技发展相关的各个行为主体之间的联系与合作，这也是有效利用宝贵的创新资源、实现要素新结合、促进创新广泛开展、获得创新的最大社会效益的重要途径。

其四，社会调节还可以对科技的发展问题向前延伸和向后延伸，形成对科技发展的全程重视，造就科技发展的有利环境，维持科技持续发展。拿技术来说，其发展的全部过程不仅是发明、创新和扩散，还有先前的研究和人力资本的造就以及整体实现的后续效果（如环境效应）的评价。比如重视基础科学和教育，引导社会为技术发展的这些重要准备阶段加大投入，以增强技术发展的后劲。因此“科教兴国”就是这种全程性调节的战略，“知识创新工程”也有这种作用。

另外，政府还通过制定科技发展战略、政策和规划等对本国的科技发展加以宏观调控和导向，并通过科技政策和法律、科技管理体制、运行和激励机制及相关措施来营造有利于科技发展的软环境，它是一个国家科技竞争力成长的重要支撑要素。从科技发展的另一端延伸来说，其整体实现的环境效应也要由社会调节加以引导，对环境效益好的技术大力扶持，可以对可持续发展产生重要意义。许多国家通过对研究发展和专门产业部门的有意识支持，以及通过国家的科技发展战略、科技政策和法律的自觉调节，造成了科技和经济的振兴，表明了主动调节对科技发展的积极意义。

总之，社会调节可以加强科技的有序、合理、协调、加速、持续和全面的发展，在提高人类自觉性的当代有着引导科技更合乎人类目的发展的重要意义。

五、科技发展的社会制约

社会制约是一个含义极广的概念，几乎所有能够作为科学技术环境条件的社会因素，无论是主观的还是客观的、是硬件类的还是软件范畴的，都是科技发展的制约要素，由它们来允许什么、限制什么以及禁止什么科技发展。科技的发展不能超越社会资源或社会条件的制约，因为科技就是由这些要素塑造的，在这个意义上讲，认清科技发展的环境及制约要素，成为科技能否成功地发展的关键环节；而对社会制约的分析，就是对科技如何在社会中发展的分析。

科技发展的社会制约可以从物质基础制约、制度环境制约、人文条件制约以及它们之间的综合集成几个方面去加以分析。

物质基础制约主要包括纳入社会生活范围的自然条件的制约和经济水平与经济实力的制约。就后者来说，无论什么时候，科技活动的规模和水平都是以社会的经济状态为其存在条件的。一般来说，从经济是科技发展最基本最持久的推动、是科技发展的保障条件，又是科技进步的归宿来看，经济水平制约着创造和利用新技术的水平和规模。今天，在国家的意义上，经济强国和科技强国成为二位一体的现象，除了表明科技发展对经济的推动作用外，也同时说明了雄厚的经济实力是维持科技在世界领先地位的必不可少的物质条件，在这个意义上讲，经济弱国是不可能成为科技强国的。

社会制度是社会要素之间的关系和安排，是社会运行的规程和秩序，广义的制度不仅有区分社会形态层次上的社会制度，而且还有社会各个领域中的管理体制和组织形式，它们对科技的发展也起着十分重要的制约作用。从历史上看，只有由一定的生产关系决定的一定的社会经济形态产生后，才能为技术和科学的迅速发展创造相应的制度条件。马克思认为这就是资本主义的经济形态。具体到产权制度上也可以说明这种制度性制约关系。产权制度确定了经济体系中不同成员的责权利关系，因此产权制度的优劣对技术发展的影响很大，它有配置资源的功能，有收入分配的功能，规定了人们生产劳动和产品分配的原则。合理的产权制度能够确保利润归于创新者，因此对技术创新就有激励的功能，或者说，不同的产权制度会产生不同的技术创新激励效应。如同著名的制度经济学家诺思所指出的，设计不当的制度会阻碍创新，而有助于创新的制度是推动创新的重要力量。技术的变化需要人们不断对制度进行改革、调整或进行制度创新，技术创新与制度创新之间存在着相互依赖、相互制约的关系。

科学技术的发展不仅要受到物质和制度条件的制约，而且要受到精神条件和人的状况的制约，我们将其统称为“人文条件”制约，这是一种比起前两种制约来更为隐性的制约。这也表明了社会对科技的塑造归根到底就是人对科技的塑造，因此超越人文环境中对科技发展的负面限制，将其转化为科技的社会形成过程中的积极推进因素，往往是比创造物质条件和制度条件更为艰巨的过程。中国传统的人文条件就曾经严重地制约过我们的科技发展。人文制约最终是落实为其“载体”——人即科技活动参与者的制约，包括用户、发明家、科学家、企业家、政治家、舆论工作者等，他们的人文素养、对待科技的态度等都形成了现实的制约力量，并构成不同的“利益群体”塑造着技术乃至科学的不同发展状况，因此需要“把科学当作整个文化的一个部分来对待”[①]。

强调科技发展的社会建构在今天还具有什么特别的意义呢？可以说，处于科技追赶时期的后发国家，容易按“就科技抓科技”的思路去强化科技发展的意识，但这些国家的科技发展不理想，往往是社会性的不利制约造成的，根源在于缺乏培植创新能力的文化土壤。所以改善相关的社会条件，通过发展社会来发展科技，是按“科技的社会建构”的思路来促进科技的发展。

综合各方面的分析可以看到，对于科技的发展，有很多社会因素都起到了制约的作用，往往没有一个单独的参与者能起决定作用（如用户就不能绝对地决定技术，也只能在被发明出来的技术中进行选择），而且物质条件和制度、文化等因素也不能忽视。可以说，对科技发展来说，不存在一个单独的唯一的塑造力量。在实际中，社会对科技发展的制约是一个众多

① 贝尔纳. 科学的社会功能[M]. 北京：商务印书馆，1982：24.

因素共同作用的过程。从这种综合制约的视角来看，科技水平的差异就是由多方面的社会性因素造成的，社会的经济、政治和文化情景，物质与精神的资源，历史和制度的条件等共同构造科技发展的可能性空间，也具体制约着现实中科学技术的演变轨迹，在这个意义上，可以把科技看做社会行为和结构的特殊形式，一旦社会条件加以改变，就可以造成科技发展状况的改变。

第三节　科技与社会的协调发展

科技影响着社会的变化，社会也影响着科技的发展，两种效应之间的良性的动态的集合，就是科技与社会之间的协调发展，这也是“科学发展观”的一个重要方面。

一、科技与社会的双向互动

上面的论述表明，科技与社会之间是相互影响和相互作用的。我们所追求的当然是两者之间良性的相互影响，而它的动态表现就是科技与社会的协调发展。在协调发展的格局下，科学技术和社会都可以走向繁荣，而如果两者的发展不能彼此协调，则它们的发展都会受挫。

“协调”是事物与事物之间的一种关系，一种相互之间的和谐与正向配合的关系；而“协调发展”是处于发展状态的事物之间的相互促进、同步向前变化的动态关系，“科技与社会的协调发展”同样指的是这种关系，其中包含着层层递进的深刻内涵。

首先，协调发展是科技与社会之间的良性互动。科技与社会进入协调状态之后，双方都能从对方的发展中获益。既然对方的发展对自己有利，那么通过自己的适应性调整而使己方适宜于对方的发展，也是为自己的发展创造条件，从而带来另一方的积极响应和更好的发展，双方便在同一性的关系中良性地互相促进。科技创新与社会创新就可以处于这种状态：科技创新不仅向社会创新提出要求，而且也为社会创新的进行提供物质条件，而社会创新则以更合理的制度条件和社会环境为科技创新提供新的支撑。

其次，协调发展是科技与社会之间具体的历史的统一。其具体的统一是指某种具体的科技尤其是某项具体的技术和某种具体的社会环境相对接，或某些适用而并非最先进的技术在有着特殊国情的某一国家发挥有效的作用，而不是抽象地谈论最先进的技术置入社会，造成格格不入的局面。所谓历史的统一是指发展中的技术与历史性变动中的社会相对接。在不同的历史阶段产生协调的技术和社会水平是不一样的，历史地看技术和社会的低水平不意味着没有协调，如果技术与社会在历史发展的一定阶段上都处于较低的水平，相互之间也可以产生适应性的协调，就如原始时代的技术与原始社会之间是相互协调的一样。于是，判断技术与社会是否协调，就不是一种抽象的分析，而是一种历史的、动态的、系统的分析，即针对具体问题所作的具体分析。这一关系同样也揭示，某些相同的社会手段，在某些国家和某个时期对推动科技的发展十分有效，但在另外的国家和时期就不奏效。

最后，协调发展反映了科技尤其是技术的自然属性和社会属性之间的相互契合。技术虽然是人造的器物和维持器物运转的软件，但技术的物性面决定了它有自身发展的规律，内含有自然物的规律、自然力的规律，它有自然属性，技术的制作和运用都必须遵循自然规律。人使用技术，就是要使技术的自然功用转变为一种社会功用或为人的功用，使其改变了存在的形式而以“社会产物”或“社会角色”的方式出现，能做到这一点，显然是人有效地认识了相关的自然物性并掌握了将其转化为技术这种社会形式的内在机制，所以它标志着人与自然的一种能动性的亲和关系：依赖自然而又利用自然，尊重自然而又让自然为自己服务，表明社会的人有效地利用了技术的物性功能而产生出对社会发展有力的推动，这也说明了技术为社会所认同和接纳，社会因技术而产生了相应的调适，技术引起了社会的相应变化。而这两个方面的合成，正是技术与社会的协调发展。

正因为这种内在的对应关系，所以正确地处理人与自然的关系是获得科技与社会协调发展的本体论基础。人如果以不尊重自然的方式发挥科技的力量，如以破坏生态平衡和污染环境的方式去发挥科技的作用，一方面持续发展的条件会被摧毁，另一方面技术本身的自然物性基础也会遭到破坏。因此，科技与社会发展的协调同人与自然的协调应是本质上相一致的关系。

二、科技与社会协调发展的度量分析

为了造就一种科技推动社会发展、社会支持科技进步的格局，必须重视科技与社会的协调发展问题。但即使协调状态本身，也存在着不同程度的区别，这就是协调发展的所谓度量问题。在世界和时代的背景下考察一个国家或地区科技与社会协调的情况，就可以从量（程度）上区分出高协调、中协调、低协调和不协调几种不同的情况。

高协调：社会体制或环境能激发巨大的科技创新能力，不断造就出世界一流的科学成果和高新技术，社会能顺利实现科技成果的转化和应用，科技进步成为经济增长的首要因素；科学技术已经成为第一生产力，社会对新技术的接受没有困难。在当今高协调的国家，社会和科技之间形成了强大的互相推动作用，有利而协调的社会环境塑造了科技强国，强大的科技实力也造就了经济上的强国。科技发展与社会发展在这样的状态中相关性极强。

中协调：社会体制和环境能激发较大的科技创新能力，能顺利地引进和吸收世界一流技术，基本能实现科技成果的转化和应用，科技进步是经济增长的重要因素。在这样的国家，科技发展与社会发展有较好的相关性。

低协调或协调的初级阶段：社会体制和环境能够激发出一定的科技创新能力，但程度不高，使得在主导性产业尤其是生产制造业中的核心技术相当程度上要依赖引进，虽有引进先进技术的动力，但不能较好地吸收和消化，还很少能在此基础上进行再创新；有实现科技成果转化的愿望但存在着社会性的困难，因而成果转化率较低；科技进步在经济增长中具有了一定的作用，但还远不如其他因素发挥的作用大，科学技术还远没有成为第一生产力，来自生产和经济活动领域对科技进步的需求不足，或者说，科技发展与社会发展之间虽有了一定的相关性，但相关性还较弱。

不协调：社会基本或根本不能激发任何科技创新能力，与先进技术基本不相容或极其不相容，由于基本没有科技成果出现，所以成果转化还没有成为问题提出来，科技进步对经济的增长基本没有作用，或者说，科技发展与社会发展基本没有相关性，大部分欠发达国家就属于这种类型。

高协调也是一种强相关协调，即科技与社会之间的互相依赖与促进的程度达到了极高的水平，是量上的最高水平，对此也存在着判别的客观标准：科技发展是否成为经济增长的主要途径，反过来社会的经济发展是否形成对科技进步的内生需求；科技创新是否能为社会创新提供源源不断的资源，反过来社会发展是否提供科技创新的强大动力和有利环境，是否在社会体制上形成了激励和保护技术发明与创新的有效机制（如社会环境是否形成对知识产权的有效保护）；（高新）科技的发展是否成为人的全面发展的重要促进手段，反过来人的科技素养和人文素养是否提高到足以构成科技发展的源源不断的智力资本，如此等等。这种强相关协调是各国在新技术革命背景下都在努力趋向的状态。

三、科技兴国与国兴科技的和谐统一

科技与社会的良性互动与协调发展，反映在国家与科技的关系上，就是科技兴国与国兴科技的统一。

科技兴国表明了科学技术对于一个国家的发展和强大的决定性作用，近代以来陆续出现的世界经济政治强国，很大程度上是因为把握住了科技革命的机遇，借助新的技术提升了生产力，壮大了经济实力。例如英国作为近代第一个世界强国，就是借助于在这个国家首先发明的蒸汽机而率先由手工时代进入到机械化时代，使其工业生产占据了世界第一位，成为“世界工厂”；作为后起的工业国家，德国的优势在于能够利用最新的科学技术成就来加速工业的发展。19 世纪七八十年代，它用极短的时间就完成了以蒸汽动力为标志的第一次产业革命，而且还率先发起了第二次产业革命，煤和钢铁的产量成倍增长，到 1895 年，它在主要行业的产品产量压倒了英国，它的机械制造业、电气工业、化工业、光学工业也在欧洲占据优势，成为超过英国的世界经济强国。美国作为一个年轻的国家，建国初期其科学技术基础几乎是零。通过大量从欧洲引进技术和工业，美国很快在应用科学方面初具规模。起源于欧洲的电力技术革命也被引入到美国，并且在这片土地上得以完成；与此同时，美国还完善了欧洲的钢铁和化工技术，开发和发展了与生活文明密切相关的汽车、航空和无线电技术，经过几十年的工业技术革命，1894 年在经济总量上跃居世界第一位，直到今天，它一直保持着世界最发达国家的地位，这与它始终把发展科技放在突出的战略地位分不开。据统计，战后西方世界的重大科技发明有 65%出自美国，75%是美国最先付诸应用。当前，美国十分注意抢占重大高科技领域的制高点，在绝大多数高新技术领域都居世界领先地位，并带动了大批新兴产业的发展，为其经济的持续发展奠定了基础。

可见，科技发展对这些强国的崛起发挥了关键的作用。可以说，我国在进入现代化建设的快车道后，在观念上明确了科技现代化是四个现代化的关键，提出了“科学技术是第一生产力”的论断，制定了“科教兴国”的战略，使公众充分认识了科学技术在社会发展中的重要作用，对全社会树立重视科技的观念起了重要作用，将国家的强盛和发展立足到了依靠科技进步的根基之上。

另一方面又必须看到，在科技与国家之间，不仅有科技兴国的关系，而且也有国兴科技的关系，这说明科学技术在一个国家是否能顺利地发展，还有赖于国家的支持，有赖于政府所制定的科技政策，有赖于社会所形成的制度环境和文化土壤。国家及社会的状况如何，决定着科技及其发展的状况如何，国家和社会如果不能提供良好的基础和条件，无论怎样就科技本身重视科技也是搞不好科技的。因此，在科技与社会关系问题日益凸显的现代背景下，必须对这种双向的影响十分重视，忽视了任何一方的作用，都会造成科技或社会发展的挫折。

目前，我们的科技发展或社会发展在取得了巨大成就的同时，还存在这样那样的问题，尤其在彼此间相互促进方面还没有达到理想的状态，例如科学技术对经济增长的贡献率还比较低，科技发展面临的社会性制约还比较大，我们还面临诸多由科学技术发展带来的一系列环境、资源问题，这都需要我们进一步加深对科技与社会相互关系的认识和把握，从科学技术与社会协调发展的关系角度重新组织和制定发展战略与政策，从理论和实践上都做到正确处理两者之间的互动关系。

这里有一个问题：我们说科技进步，这里的“进步”是什么意思？科技本身是进步的，还是科技在社会环境中成为进步的？从另一角度看，如果科技本身不能保证自身是进步的，那么，我们如何让科学技术成为进步的？科学技术是不是越先进越好？

阅读文献

[1]　马克思. 机器，自然力和科学应用[M]. 北京：人民出版社，1978.

[2]　贝尔纳. 科学的社会功能[M]. 北京：商务印书馆，1982.

[3]　默顿. 十七世纪英格兰的科学、技术与社会[M]. 范岱年，等译. 北京：商务印书馆，2000.

[4]　殷登祥，威廉姆斯，沈小白. 技术的社会形成[M]. 北京：首都师范大学出版社，2004.

[5]　MACKENZIE D, WAJCMAN J. The social shaping of technology[M]. 2nd ed. [S. l.]: Open University Press, 1999.

[6]　WESTRUM R. Technologies and society, the shaping of people and things[M]. [S. l.]: Wadsworth, Inc., 1991.

思考题

1. 科学技术的社会功能主要有哪些？
2. 为什么说科学技术是社会建构的？
3. 如何从科技与社会的双向影响中全面理解科技与社会的关系？
4. 科技与社会协调发展的内涵和意义是什么？
5. 从协调程度上分析科技与社会的关系对我们认识当前中国的科技发展状况有何启示？

第十一章 科技与人文

社会是由人组成的，科技与社会的关联必然延伸为科技与人的关联，从而形成科技发展的人文效应，并进一步形成科技与人文的"两种文化"的问题。那么科技发展对人的形成和发展究竟有哪些方面的作用？当我们说"科技是双刃剑"时，也意味着科学技术对于人的生存和发展不仅有积极的意义，也包含负面影响，那么应当如何理解和对待这种负面影响？当科技作为一种文化而人文学科作为另一种文化并形成"两种文化"的关系时，如何才能避免两种文化的分裂而走向两种文化的融合？

科技与人文是科技与社会关系的一个重要方面。科技所创造的奇迹不仅改变了自然和社会，而且也改变了人本身：从最初的工具的发明和使用最终完成了人从动物界的提升，实现了人的体内的进化，到不断改进的技术不断地延长着人的肢体、感官以至大脑，实现着体外的新进化，再到由新技术带来的新的生活方式、工作方式、交往方式、思维方式、情感方式……这一切都表明技术无不直接或间接地影响着人自身，产生种种的"人文效应"，由此也引发了科技与人文的"两种文化"问题，社会的协调发展也在很大程度上要依赖于两种社会文化的融合，离开科学技术的发展，社会就只能处于原始的落后的状态，而离开优良的人文文化和崇高的人文精神，社会的发展就会陷于无序，社会成员也会因为"精神食粮"的匮乏而陷入普遍的精神空虚，所以两种文化充分而协调的发展，对社会的进步是缺一不可的。

第一节 科技发展的社会效应

人是社会的基础和构成要素，社会发展的关键和实质是人的发展，而这种发展是和科学技术的发展紧密联系在一起的。如同马克思所说：自然科学通过工业日益在实践上进入人的生活，改造人的生活，并为人的解放作准备。

一、人猿揖别的标志

如果严格意义上的科学是近代才产生的话，那么技术则是从人一诞生就存在的，远古人类就是依靠原始技术使自己与其他动物区别开来，因此说它是人猿揖别的标志，是人之为人的根据，人不同于动物的地方就在于能够制造和使用工具，从某种意义上说人与技术是互相创造的：人创造了自己所使用的技术，同时对技术的使用和改进也创造了人本身，形成了真正意义上的人。

需要指出的是，“技术创造人”和“劳动创造人”这两个命题，在实质上是一致的。因为技术在现实中是制造工具或使用工具的活动，而劳动也是制造和使用工具的活动，是技术得以实现和发挥的活动。恩格斯曾说，“劳动是从制造工具开始的”①，因此真正的人类劳动是和技术分不开的，劳动在人诞生中所起的作用，同样也归功于技术。恩格斯在《劳动在从猿到人转变过程中的作用》一文中，对于人的各种器官如何因劳动而逐渐改变给予了清晰的论述。

制造和使用工具的活动还使人具有了人特有的内在标志——意识活动能力。无论是制造工具，还是使用工具去改变对象物，都是在将现存的自然物加以改变后为自己服务，于是人就不得不向自己提出怎样改变自然物来使其符合自己需要的问题，即必须在观念中把握被改造的对象经过改造后会是什么样子，也就是在意识中进行制造和使用工具的“预演”，这就是我们通常所说的“实践目的”。随着实践活动从简单到复杂的发展，人的实践目的、人的意识活动随之从简单到复杂地向前发展。于是，“有意识”“能思维”便成了人区别于动物的重要特征，而且，“人离开动物越远，他们对自然界的作用就越带有经过思考的、有计划的、向着一定的和事先知道的目标前进的特征。”② 显然，人在这一方面从动物界中分化出来，也是借助于制造和使用工具的技术活动来完成的。

从人的形成的历史完全可以看出，人类从动物界中提升起来，成为超越于任何只能被动地适应自然的新型物种，是凭借了技术以及使用技术的劳动才成为可能并转变为现实的。没有技术，没有人类制造和使用工具的活动，人就永远只能和自然混沌不分，永远只能与动物为伍。

二、人的社会进化的手段

人猿揖别后，还不断发生着社会的和文化意义上的进化，也即社会性的进化，而科学技术则是这种进化之强大的也是必不可少的手段。可以说，自从人从动物界分化出来之后，在他身上所发生的许多变化在很大程度上就是借助科学技术来进行的。人不仅用科学技术从体外武装了自己，从而产生了体外的新进化（例如借助种种工具和仪器延长了自己的肢体、感官甚至大脑），而且还可以从其他方面来改变人，包括从体内改变人，使其发生体内新进化。

人的体外进化首先表现为人的手脚在体外的延长。斧、锄、起重机、机械手等人类所创造的生产工具，无不是人类肢体的进化。这些工具使肢体的能力得到补充和加强，从而使其生理功能在体外得以延伸和发展，并且这种延伸和发展随着科技的高速发展越来越趋向无限。这是根本不同于改变肉体组织和结构而实现的肢体本身的进化，但它的的确确是一种新型的肢体进化方式。人的体外进化其次表现为人的感觉器官在体外的延长。例如借助于望远镜、显微镜、雷达和航天飞机等设备，人的视力不仅能超越银河系，而且又能深入到微观世界。尤其是网络技术的飞速发展，使人类足不出户便可知晓天下大事。人的体外进化还表现为人脑在体外的延长，这是人的体外进化的一个重大发展。电子计算机之所以

① 马克思恩格斯选集：第3卷[M]. 北京：人民出版社，1972：513.

② 马克思恩格斯选集：第3卷[M]. 北京：人民出版社，1972：516.

被称为电脑，就是因为它放大和部分代替了人脑的功能。这种人造的外脑已越来越成为人脑在功能上不可或缺的辅助手段。可见技术成为人体外延长的直接载体，借助各种工具，人不断延长了自己的肢体、感官和大脑，成为具有越来越强大的认识世界和改造世界的能动主体。

人的体内进化主要是指人的精神方面的进化，包括思维方式的演变和文化知识水平的提高两方面。这些变化都是与科学技术的发展密不可分的。不同的科学技术发展水平，影响和形成了不同的思维方式。在农业社会，与个体劳动和手工业劳动水平相适应，产生了以经验为中心的思维方式；在工业社会，与机械发达水平相适应，分析型思维方式成为主导；在信息社会，系统型的思维方式日益得到重视。从科学技术的发展到思维方式的转变，其中间的桥梁是科技文化知识水平的提高。

而生物技术和医疗技术的快速发展使得对疾病的预防、诊断和治疗都得到了革命性的变化。尤其是人类基因图谱的破译，将对人类预防和治疗一些先天性疾病有着实质性的进展；克隆技术和干细胞技术的突破也将会使器官的培植和生命的复制成为可能。一般来说，技术越发达，人类的寿命将越延长，或者说可以在更长生存时间中更健康地生活，这也可以说是某种意义上的体内进化。

三、提高人的能力的基础

人作为一个整体的能力最主要地体现在实践能力和认识能力两个方面。随着人的实践能力和认识能力的提高，人类便不断向前发展。

人的实践能力，在人刚刚从动物界分化出来不久、当人还处于原始人阶段时是极为低下的。只是随着人的不断进化，随着人的技术水平的不断提高，创造出了越来越先进的实践工具，才使得人的实践能力得到了不断的提高。在这个不断提高的过程中，工具技术的职能越来越多，代替了人在先前的实践活动中必须从事的一些体力劳动，进而还代替了人的部分脑力劳动，技术便不断地实现着对人的体力劳动的解放进而到脑力劳动的解放。具体来说，第一次技术革命使生产方式实现了机械化，第二次实现了电气化，第三次实现了自动化，主要是使人类从繁重的体力劳动中解放出来；而现在是进一步实现信息化和智能化，主要是使人从简单的脑力劳动中解放出来。在这个过程中，人一次又一次地从充当工具手段的地位中摆脱出来；当人通过技术的手段创造出了形态越来越高级的人工运动之后，人自身的实践能力也借助于人工运动被极大地放大与强化了。因此，人工运动不只是简单地取代了人的行动，而是在工具载体上以大得多的规模和快得多的速度扩展了人的行动，使人的实践能力超出于自身在人的创造物上的施展和发挥。因此，技术以强有力的手段帮助人们实现不断增长着的目的意图，使人的实践能力不断提高。

> 当然，在看到科学技术提高人的能力的同时，也要看到因为技术替代人的一些活动而使相应的能力使用的机会变少甚至不再使用，于是发生“用进废退”式的退化，这提醒我们需要合理恰当地使用技术。

技术在提高人的实践能力的同时，也促进了人的思维认识能力的提升，这是因为人的思维认识能力是和人的实践能力同步增长的。正如恩格斯所说：“如果人脑不随着手、不和手一起、不部分地借助于手相应地发展起来的话，那么单靠手是永远也造不出蒸汽机来的。"[1] 马克思也揭示了技术与人的认识发展的这种关联性："工业的历史和工业的已经产生的对象性的存在，是一本打开了的关于人的本质力量的书，是感性地摆在我们面前的人的心理学"。[2] 因此，一部技术发展的历史，可以说同时也是一部人类思维及认识能力发展的历史，人创造出了什么工具，就说明他思维认识达到了什么水平。换句话说，人们不断变革和更新工具的行动，也要求他们不断加深对客体的认识，只有加深了对人的认识，才能指导他们制造出更高水平的工具。

技术的积极人文效应的又一个重要表现，在于它从低级到高级的演进中也推动了人的主体地位及自由程度的不断提高。人在没有发明和掌握任何技术以前还不称其为人，这时他们几乎和动物一样盲目地受着自然之必然的支配。人在创造技术的同时也用技术创造了自己，才使自己在技术的装备下成为自己环境的主人，从而获得了作为主体的地位。因此，人作为具有主体性的人从而踏上自主的历程，在一开始就是受助于技术的。随着技术从低级向高级的发展，人借用技术而能够驾驭和利用的自然力就越来越大，人将其纳入到人工系统中所构成的支配外物的力量也就越来越强大，人所能摆脱的外界的限制和束缚也就越多，这就意味着人的被动性减少而主体性、自由度得到了提高。技术越发展，由它造成的人工运动就越高级，就越能代替人的复杂的行动，人就转入从事更高级、更复杂的行动，不断实现从体力解放到脑力解放，随之而获得更大的自主性、能动性和创造性，即提高着自己的主体性。而一个总的结论就是，科学技术的发展对人的"自由而全面的发展"有着不可磨灭的功勋。

四、人的生存条件改善的依托

科学技术促进人的发展的一个重要方面，还在于它不断改善人的生存条件，提高人的物质生活水平。人们发明技术，从事生产，追求更高水平的实践能力，最终目的无非是改善自己的生存状况，提高生活质量，使人们的生活方式朝着更富足、更充实、更美满的方向发展，减少乃至消除人类在物质生活上的贫穷和精神生活上的单调，让人们在生活中能更多地体验到人生所应有的幸福和快乐，使人作为劳动主体和享乐主体的双重价值都能实现。

纵观人类发展的历史不难看出，人所创造的技术水平，在很大程度上决定着他们的生活水平，人类生存状况和生活质量的改善，是随着技术的发展而进行的。因为技术决定着人类的实践能力，即生产物质财富的能力，决定着能为社会的物质生活提供多少财富，从而决定着人们的物质生活能达到什么样的水平，由此进一步决定了人们的精神生活能达到什么样的水平。如同培根所说，在所有的能为人类造福的财富中，我发觉，再也没有什么能比改善人类生活的新技术、新贡献和新发明更伟大的了。

原始农业和畜牧业的兴起，改变了渔猎时代食物来源的不稳定性，进入靠人工控制动植物的生长和繁殖来取得生活资料的时代，人类生存的根基变得更加可靠和有保障。而工业手段则使人类突破天然物品的限制，并以大生产的方式为人提供大量的消费品。到了信息时代，在提供了比机器时代高得多的劳动生产率的基础上，新的科技手段为人类生产出更多的物质财富，使人们的物质生活更加富足。信息时代涌现出来的一系列工程技术，如海洋工

① 马克思恩格斯选集：第3卷[M].北京：人民出版社，1972：457.
② 马克思恩格斯全集：第42卷[M].北京：人民出版社，1979：137.

程、生物工程、材料技术等，也不断为人类增加着获取财富的领域和手段。现代科学技术将进一步消除由于物质的匮乏所造成的贫穷。

信息时代还使人们的物质生活在更加富足的基础上，进一步向个性化的方向发展，使生活成为更有个性的活动，使消费成为真正丰富多彩的领域。我们知道，大机器生产时代，产品是批量生产的，同一种产品批量生产的数目越大，成本才越低，“经济效益”的这种必然要求使得人们只能大量地使用格式划一的消费品，很难满足富有个性的多样化需要。而在使用了电子计算机的智能生产系统中，设计并不断改变产品的样式、品种成为一种十分容易的事情。于是，人们完全可以根据自己的兴趣、爱好生产出符合自己个性要求的丰富多彩的消费品来，使物质生活能够更充分地实现和满足人的多样化需要。

第二节　科学技术的人文问题

科学技术主要是一种物质的力量，但对人的精神世界和人文追求也产生着直接或间接的影响，科学技术与人的存在状况和未来发展紧密相连，而人自身的观念、价值和态度又对科学技术的性状与走向产生着重要的作用，这就是科学技术所具有的人文关怀问题，或者说是科学技术的精神效应。

一、科学技术与人的善与恶

人类从事科学研究和技术发明，从认识上是满足探索自然的好奇心，从实践上是为了减轻劳动的重负，提高生产效率和生活水平，以增加人间善的总量。而事实上，科学技术的发展确实也为人做到了这一点。所以人类从事科学技术的总体动机或目的是“善意的”。但是，人所从事的活动经常有事与愿违的时候，创制和发展科学技术也不例外。比如当科学技术为人提高了劳动生产率，增加了物质财富后，便煽起了人的更大贪欲，而贪欲被视为人间丑恶的根源。不仅如此，有的科学技术还产生出来直接服务于这一为恶的目的，那些为了扩充自己侵略和掠夺他人、他国之实力的越来越具大规模杀伤力的武器就是在这种动机驱动下发明和投入使用的，由战争机器所制造的罪恶从此成为人类最大的不幸。

有鉴于此，有的人文思想家认为科技从最初就起因于人的恶的一面，比如卢梭就认为所有科学的起源都是卑劣的，例如天文学来自迷信的占星术，几何学来自于贪婪和吝惜，物理学来自于虚荣的好奇心。为此，卢梭引用了古埃及的传说，说是一个与人类的安谧为敌的魔鬼发明了科学。于是他主张人类应该摒弃科学技术，返回自然的原始状态，过一种远离文明的纯朴生活，这样才能保持道德的、善的本性。又如荣格把科学技术的根本标志和特征概括为无所不及、无所不在的掠夺性开发，正是这种特征使它自己发展成为一个暴君，并且把人也变成压榨和杀人的野兽，从而使整个生命获得了不同的节奏和形象，人变成技术的产物。而法兰克福学派的主要代表人物马尔库塞则认为科学技术先验地具有奴役、控制、异化这样一种“原罪”的性质，技术理性的工具主义、单面性、功利主义以及对现实的顺从态度等特征使它自身成为统治者的工具；科学技术的目的性及功利性还剥夺了真、善、美的普遍有效性，人们失去了对周围世界进行判断的能力，只剩下了服从，这一切造成了人的个性的毁灭，使人们失去了批判性与否定性，也失去了认识自我及超越现实的愿望。

科学技术引起人道德败坏也被视为其恶的一面。例如，还是卢梭认为，科学和艺术的进步起了败坏风尚的作用，导致了人类的衰落，使人损失时间、游手好闲、怠惰奢侈，从而引起风尚解体和趣味腐化；它削弱人的战斗品德，破坏德行；随着科学和艺术近于完善，人们的灵魂败坏了，人的美德随着科学与艺术的光芒在地平线上升起而逝去，因此，他把科学和道德看做互不相容的东西，因为科学使老于世故、把一切只当作工具来使用的理性取代了道德，人与人之间尔虞我诈、仇恨和告密，取代了本能的相亲相爱。在他看来，与其有知识或有科学艺术而无道德，还不如有道德而无知识或无科学艺术，所以他竭力主张以自然的、善良的天性代替"文明"的罪恶。

当然，这种极端的看法显然是难以成立的。从一种全面的视野来看，科学技术对于人的善恶状况的改变是双重性的，它既可以增加人类善的总量，也可以增加恶的总量；它既可以为人行善提供越来越强大的手段，也可以为人作恶提供更便利的条件，使人行善和作恶的能力同步增长。所以，它不会笼统地使人变得更善或更恶，它可能使一部分人变得更善，如那些真正培育起科学精神和人文精神的人，那些把科学作为为人类谋福利的事业而为之献身的人，科学技术掌握在他们手中无疑会加快人类走向美好境界的进程。当然它也可能使一部分人变得更恶，科学技术如果为他们服务，无疑会加剧人间的恶。显然，科学技术不可能存在于一个纯净的环境里，只为善人所用，从而只发挥好的作用。科学技术的发展也不可能自然而然地为我们创造出这样的环境来。我们还需要通过合理而公正的社会系统的健全，通过积极的人文精神的培育，来增强人类"惩恶扬善"的社会手段和自觉意识。因此，我们绝不能将科技的人文后果全部归结为科学技术本身所使然，人自身的精神道德境界以及社会制度环境等诸多"非科技因素"都对其结果产生着综合的影响作用。

二、科学技术与人的尊严

人的尊严也是人文关怀的一个重要问题，科学技术对人的尊严无疑也起着重要的影响作用。尤其是 1997 年 IBM 的计算机"深蓝"战胜国际象棋世界冠军卡斯帕罗夫之后，更引起过一场科学技术的发展是否有损人的尊严的争论。

科学技术涉及的人的尊严，主要有这样两种：①人相对于自然物的尊严，表现为人可以部分地利用、控制自然物为自己服务，从而显示出人高于其他物种的优越地位，显然，此时的尊严主体是指整个人类；②人相对于人工制造物的尊严，尤其是人和科学技术手段在某种性能的较量中所表现出来的优越性，此时的尊严主体可以是整个人类，亦可以是个体的人。

显然，科学技术十分有利于人的第一种尊严的提高，并且人的第一种尊严的提高是和科学技术的强大成正比关系的，这已在上面论及科学技术提高人的实践能力之处予以阐释。但是，科学技术一旦强大起来，通常表现为工具的性能日益优越起来，就必然形成对人的第二种尊严的威胁，这种情况尤其发生在科技时代的变革之际。例如，人在机器面前就常常显得渺小，甚至"作为微不足道的附属品而消失了"①。而自动控制的机器出现以后，它可以在一定程度上脱离人的直接把握而独立地完成设定的任务，这种技术不仅在"体力"的性能上可超过人，而且在局部的智能上(如存储信息的容量和加工信息即运算的速度上)也能超过人。正是在这样的进展中，才有了人会不会在将来被计算机所全面超越的担忧。

可见，科学技术对人的尊严来说，起着一种二律背反的作用，它的演进使得人的第一种

---

① 马克思恩格斯全集：第 23 卷[M]. 北京：人民出版社，1975：464.

尊严不断提高，而第二种尊严则日益受到威胁；换句话说，伴随着科学技术的发展，当人在自然界面前越来越强大时，在自己的科技手段面前却似乎越来越弱小。显然，我们不能采取终止科学技术的发展乃至倒退的方式去维护我们的第二种尊严，因为那必然导致第一种尊严的丧失，而一旦丧失了第一种尊严，人将不"人"，只能沦为与一般物种无别的与自然混沌不分的蛮荒状态。

在面临人工智能越来越超越人的智能、人在许多方面越来越不如人工智能时，我们丧失了在智能机器面前的"尊严"；但如果智能机器是为我们服务的，那么由人工智能技术"武装"起来的人类则具有了更强大的改造世界的能力。所以我们对人工智能采取何种人文评价，取决于我们更看重哪种"尊严"，还取决于我们能否使人工智能被人类所控制。

人的尊严还可能由于科学技术导致人失落崇高而受到损害。被莎士比亚称为"宇宙的精华""万物的灵长"的人，在科学技术的不断作用下，尤其是在高技术的"改造"下，已经或有可能将要改变自然赋予的"原貌"，以及在同自然万物对比中的神圣性。例如有的科幻作品将人类未来的样子描述为一个大脑袋和几个能敲击键盘的手指的怪物。这是完全丢掉了我们习以为常的美，还是改变了美的标准，或是认为根本就不再需要什么美，只要有科学和技术就足够了？如果人的未来是这样一种景象，我们能接受吗？我们的关于人的人文理念、关于人的美感形象、关于人的神圣地位，在现在的高技术和未来更高技术的作用下，是否会逐渐被风化掉？

当然，从原则上，人的美学标准和"神圣性"观念都是可以随着现实的变化而变化的，所以将来如果人真的发生了这样的变化，虽然与今天的"人文"理念相悖，我们也不能企求某一个时段的人文标准作为跨时空的永恒标准。这样来看待人的未来形象，或许就不会担心其崇高的失落或尊严的丢失了。

三、科学技术与人的自由

人文价值的核心问题就是人的自由问题，因为一切人文价值，如人的尊严、地位、神圣不可侵犯、追求崇高理想等，可以说都要以人的自由为基础，由此，科学技术与人的自由问题无疑是一个重要的人文关怀问题。

在不少人文主义思想家的眼里，科学技术对人的自由起着极为严重的负面作用，因此在这个问题上，他们对科学技术是持批判态度的。如德国哲学家施本格勒(1880—1936)认为机器破坏了人类文明的传统，其神秘而凶恶的威力使得从工人到厂主到技术创造者都变成了"机器的奴隶"，"人的生活变得越来越是人工的"[①]。卡莱尔、容格、埃吕尔、伽达默尔、弗洛姆等人也作了类似的批判。而存在主义对于科学技术给人的自由所造成的剥夺和损害，则有着更为深刻的揭示。在其看来，今天的科学技术已经不只是机械力的凝结器，所支配的已经不只是烟囱林立的大城市，而是人原先没有转让的内在生命；科学技术对智力的支配，已经一般地扩展到操纵人的心理生活，人的全部生活都变成了技术的或工艺的综合体，人在"自动化"中被异化，技术反过来反对人，人变成了一种手段、应加工的原料，任何生命的存

① 施本格勒. 技术·文化·人[M]. 石家庄：河北人民出版社，1987：34.

在，现在都依赖于这架已调整好的机器的整体动作，科学技术成了控制人、奴役人的异己力量。法兰克福学派的代表人物们则认为，随着科学技术的发展而实现的人类从自然界的分离，以及人类日益增长的对自然界的统治和支配，对于人类的解放并未带来必然的进步，因为科学技术造成的劳动分工使人类受到越来越大的压迫，当科学技术提高了人统治自然的力量时，却也同时增强了一些人对另一些人的统治力量。科学技术还使人丧失了批判的否定的能力，抹杀了人的内心自由和精神上的判断力，把人变成"单面的人"，人的个人需要、愿望和爱好都受无孔不入的科技传媒手段的操纵。

其实，关于人在科技手段（如机器）面前"主人"地位和"自由"状态的丧失，马克思早在19世纪就有过深入的揭示，他将其概括为"机器的资本主义使用"，并对机器给它的直接使用者——工人所造成的深重不自由作出了激烈的批判。他指出，"一切资本主义生产既然不仅是劳动过程，而且同时是资本主义增值过程，因此都有一个共同点，即不是工人使用劳动条件，相反地，而是劳动条件使用工人"；因此"机器劳动……侵吞身体和精神上的一切自由活动。甚至减轻劳动也成了折磨人的手段，因为机器不是使工人摆脱劳动，而是使工人的劳动毫无内容"。如果将使用手工工具的工场和使用机器的工厂相比较，就会发现"在工场手工业和手工业中，是工人使用工具，在工厂中，是工人服侍机器，在前一种场合，劳动资料的运动从工人出发，在后一种场合，则是工人跟随劳动资料的运动"[①]。

现代高科技出现后，人虽然从机器的束缚中解放了出来，获得了更大的自由，但又面临一些新的不自由。因此，科学技术尤其是高技术是使我们更自由了还是更不自由了？这可以说是科学技术所引发的一个最复杂的人文问题。如果辩证地看人在科技手段或工具中的位置，就应摈弃那种非此即彼的理解：要么人是绝对支配工具的，要么人是绝对受其支配的。人在科学技术面前，也必须以双重身份去对待它：人既是主人，是目的，科学技术是为它服务的，是帮助人实现目的的手段；同时，人也有受科学技术支配的一面，他要尊重工具系统的性能，服从它对自己提出的操作要求；人只有使用工具技术才能获得自由，而人不服从它就无法使用它。正因为如此，人的地位越高，就越要依赖于科学技术，越要否定自己心目中那种超越一切的绝对自由，使自己似乎失去在工具技术面前的"自由"。人屈从于工具技术，暂时失去自由，暂时降低了自己的地位，是为了更大的自由。我们必须寻求一种合理的沟通，这样才能用一种坦然的心态去看待在科学技术发展背景下人的自由的丰富含义。

第三节 呼唤两种文化的融合

从文化形态上看，科学技术与人文之间还形成了"两种文化"的关系，成为当今时代的一个被广为关注的问题。在两种文化的对话和讨论中广泛地达成了这样一个共识，那就是反对将科学与人文完全分离和绝对对立起来，倡导两种文化之间更加广泛的对话、更加宽容的理解、更加融洽的合作，也就是走向科学与人文的融通，其最高境界就是科学精神与人文精神的融合。

① 马克思恩格斯全集：第23卷[M].北京：人民出版社，1975：463.

一、从科技与人文到两种文化

从“大科学”的角度看,科技文化也可以表述为“科学文化”,科学文化是围绕科学活动所形成的一套价值体系、思维方式、制度约束、行为准则和社会规范。早在16、17世纪,当自然哲学家、博物学家们已经开始组建学会,将理性探索与经验研究结合在一起形成新的科学方法,并提出科学共同体的理想、信念和宗旨之时,科学文化便登上了历史舞台,科学家成为科学文化的引领者和实践者。经过18、19世纪的科学社会化进程,科学技术成为一种与人类前途命运息息相关的建制化社会活动,科学文化也广泛渗透进现代社会和现代文化之中,成为大众文化的一部分,深刻影响着社会上的每一个人。①

人文文化则是从人文的角度认识世界所形成的成果,人文的角度是一种有别于科学角度的认识视角,所关注的是人的价值、人的生存状况、人的精神追求,集中的体现有善恶、尊严、正义、公平、美德等,所形成的文化成果是文学、哲学、宗教、史学等,这些文化成果就与科学技术形成“两种文化”。

科学与人文之间无疑是有区别的,这种区别也反映在两种文化的主体即人的身上。偏重于科学和偏重于人文的人在思维、情感、性格、气质等方面也会形成一定的差异,这就是所谓典型的科学知识分子与典型的人文知识分子的特质问题。莱斯利·史蒂文森在《多面孔的科学》中,就将典型的科学家与传统的文学家、艺术家、浪漫型人之间的特质进行了有趣的对比,构成14个方面的两两对照,这就是:理性—感觉(左端为典型的科学家的特质,右端为后者的典型特质,下同),抽象—具体,概括—特殊,有意抑制—自然而然,决定性—自由,逻辑—直觉,简化—杂多,分析—综合,原子主义—整体主义,实在性—表面化,乐观主义—悲观主义,男性化—女性化,阳刚—阴柔,左脑—右脑。②

科学与人文对峙的现象,在19世纪50年代末60年代初,被英国的C.P.斯诺以“两种文化”进行了直接的表达。斯诺从自己的观察中看到,从事科学文化的人(如科学家)和从事人文文化的人(如文学家)之间,几十年来几乎完全没有相互交往,无论是在智力、道德或心理状态方面都很少有共同性,这就使得整个西方社会的精神生活日益分裂为两个极端,一极是文学知识分子,另一极是科学家。由于两者在教育背景、学科训练、研究对象以及所使用的方法和工具等诸多方面的差异,他们关于文化的基本理念和价值判断经常处于互相对立的位置,而两个阵营中的人士又都彼此鄙视,甚至不屑于去尝试理解对方的立场,使得两种文化的代表者经常存在着敌意和反感,他们彼此间都有一种荒谬的歪曲的印象,从而使得两种文化之间存在着一条互不理解的鸿沟。斯诺认为这种分裂不利于整个社会的发展。他认为两种文化的分裂很大程度上是由于教育的太专门化所造成的,因此出路只有一条,就是改变现行的教育制度和教育方法。

其实,在学科偏向上,两种文化的问题无非是“主要偏向于科学”还是“主要偏向于人文”的差别,如若没有一定的方式加以缓解与补充,就会加深为斯诺所说“沟壑”,产生出“两大阵营”的互不理解乃至互相蔑视,导致两种典型特质的尖锐冲突,即一种智力上的人类性内耗,妨碍人类文明的和谐发展及整体性提升。

---

① 韩启德.我对科学文化和科学精神问题的看法[J].科技导报,2012(26):2-3.

② STEVENSON L,BYERLY H. The many faces of science[M]. Boulder,CO: Westview Press,2000: 32.

二、从分裂到融合

从历史上看，人类对科学和人文的关系有着漫长的认识历程，从古希腊两种哲学传统的开创，到文艺复兴时期世俗人文主义的兴起，再随着科学在近代的飞速发展，对科学技术的崇拜进而出现的科学主义对人文文化的淹没，以及人文学者对科学"霸权主义"的反抗，在争取人文学科独立地位的同时，又有了矫枉过正的拒斥科技理性的人本主义，甚至发展成为专门揭示科技局限性和负效应的反科学主义，引起了对科学和人文之间关系和地位的无休止论辩，这就是科学与人文之间的分离，这种分离是人类一度将自己的对象世界加以分别把握而缺少贯通的必然结果。

经历了漫长的"分析时代"后，人类获得了越来越多的对于世界的分门别类的知识。然而在步入现代文明的过程中，分化了的两极越来越感到单面的局限性，感到对方的互补性，也看到自然世界和社会世界及精神世界的统一性，从而感到一个新的综合时代正在到来。

科学与人文相互融合的通道是多种多样的，两个知识部门之间的交叉对接、互贯互渗，形成了如同雨后春笋般的边缘学科、横断学科、交叉学科，它们横跨两门乃至更多的学科，使不同领域的知识、方法互相"杂交"，生长出"博采众长"的"后代产品"，形成跨越于"两个世界"的新的知识，产生出认识世界的新方法、新观念、新成就。

两种文化的分裂在个体或社会性的群体中，都可以区分为不同的层次，一般可以由浅入深地分为知识、思维方式和精神三个层面的分裂，相应地也就存在三个层次上的融合。

知识层面，通常学习和爱好科学的人欠缺人文知识，学习和爱好人文学科的人欠缺科学知识，这是知识爆炸时代的必然现象，但只要不对"另一种知识"怀鄙夷的态度，而是尽可能加以适度地弥补，就可以在一定程度上缓解这种分裂。

思维方式层面，在方法论上，通常搞科学的人推崇理性的、精确的、逻辑的、抽象的、实证的方法，而拒斥人文学科所采用的感悟的、模糊的、直觉的、形象的、情感的方法，搞人文的学者反过来也一样。实际上，对世界的认识，事实与价值之间、描述与评价之间、科学方法与人文方法之间是互补的，任何一种极端的方法，都不可能全面地揭示我们所面对的这个人与对象相互作用的复杂世界，所以不能将一种方法视为普遍适用或者能够取代对方的方法，而是要尊重另一种方法的价值和意义。

精神层面，形成两种文化的最高提升：科学精神与人文精神。科学精神形成于科学工作者的科学活动，科学研究有其客观性和精确性的要求，使得"求实""求真""探索""创新"等成为贯穿于科学活动中的文化精髓，也成为能够保证科学事业成功的必要条件，这样的"精神素养"也成为影响人们从事其他活动的重要引导。而人文精神则是人类在创造人文文化的过程中，或者是在"内审"自身的价值与人生的过程中形成的一些核心观念，所强调的是对人的价值的尊重，对精神生活的追求，对善和美的推崇，其核心是以人为本。两相比较，科学精神的核心是对真理的执着追求，科学精神的精髓是崇尚理性，如果缺乏科学精神，就会不实事求是，不求真实，不求对事物的精确认识，不尊重客观实际，不求效率和效益；而如果缺乏人文精神，用工具理性追求一切，只图利益或效益最大化，就会缺少人文关怀，高效益低情感；或只求真而不求善和美。克服两种文化的分裂就是要从实质上达到两种精神的融合，使人成为全面发展的人。

两种文化除了层次上的融合,还可以从其他方面来寻求吗?例如从领域上看,两种文化的融合就还可以继续细化为“科学与人文的融合”“技术与人文的融合”“工程与人文的融合”,每一种融合中都有各自不同的侧重点,所以不同领域中的从业者需要根据自身的特殊性去做好两种文化的融合。

总之,我们每一个局限在特定“部门”的个体,都需要不时地走出自己的领域,走进另一个因过度紧张而无暇顾及的知识圈层与文化氛围,去那里吮吸自己所需要的另外一些“精神营养”,然后当我们再回到自己的领域时,或许得到了只局限在自己的天地中所无法得到的智慧与启迪,或许在精神创造的事业中、在探求未知的活动中、在发明器物的实践中,或在与人的日常交往中、在平凡生活的历程中,能有更新的收获与体验。这样,作为现代社会的人,才能走向一种全面的深刻,一种健全的认知,一种两极的统合,即真正兼备科学素质和人文素质的人。

三、走向融合的路径

两种文化的分裂不利于人的全面发展,也不利于社会的进步,因此现代社会倡导科学与人文融合的呼声越来越强烈。实现两种文化的融合,既有可能性方面的根据,也有切实可行的具体的途径。

1. 观念互启

科学的观念和人文的观念可以通过互相借用、互相启发和互相融会贯通来促成两种文化的相互渗透,甚至导致新观念、新思想的创生。如哥白尼深受古希腊哲学中和谐思想的影响,相信大自然的对称性、简单性以及通过数和几何学规则所呈现出来的秩序性,“和谐美”的观念对于哥白尼的研究起了十分重要的作用,成为他提出太阳中心说的重要启示。又如达尔文受马尔萨斯“人口论”的启发,将“生存竞争”的观念引入到自己的进化论中,从而用“自然选择”“适者生存”“不适者淘汰”的理论解释了生物进化的动力和机制问题。

2. 方法互用

较之观念上的互相启发来说,科学与人文在方法上的互相借用,是一种更加自觉的和社会化的行为,也是一种相对更加集中的现象。当一门学科的方法可供移植而为其他学科所用时,这门学科具有的思想文化影响力就比仅仅“输出”了一两个观念的学科的影响力要大得多,比如系统论因其系统的方法被科学和人文的广大领域所运用而产生的思想文化影响,就比“人口论”的影响更为广泛和长久,以至于我们无论讲到“社会的持续发展”,还是“环境的综合治理”,再或是“人的全面发展”“经济的协调增长”等,都无不在运用着系统的思维方法。皮亚杰把“方法的交换”作为科学与人文的一个重要“衔接区”(“第二个基本衔接区”)他列举到人文科学将越来越多地应用统计方法、概率方法,以及在自然科学领域里发展起来的抽象模式,以至于“如果说有一股人文科学自然科学化的倾向的话,那么,也有一股相反的倾向,即某些自然科学的人文科学化!”①方法上的双向互用确实构成了两种文化交融的重要方式。

3. 学科互构

学科整合可以说是科学与人文达到交融的最综合的层面,在这个层面上,横跨两大领域

---

① 皮亚杰.人文科学认识论[M].北京:中央编译出版社,1999:54-55.

的观念和方法上的互相借用,就不是个别的和偶然的现象了,而是大量的必要的方式,因此在这个意义上,就不再是什么“互相借用”了,而是“共同使用”。

科学与人文在学科上的整合可以有不同的方式和情况。方式之一是同一学科兼具科学与人文的双重属性,或称学科自身的复合。建筑学和语言学就是这样的学科;方式之二是科学与人文不同领域的学科通过“1+1”的方式合构为一门新的复合型学科,如“生态伦理学”“神经语言学”“数理语言学”“数理经济学”“社会生物学”“计量历史学”“行为地理学”“心理控制论”等就是如此;方式之三是从一个领域的特定视角去观察和探究另一个领域的学科文化,从而对某一领域做出只局限于自己的视界时无法作出的认识,在此基础上也整合出新的横跨科学与人文领域的学科,比如分别从哲学、美学、伦理学的角度审视科学而形成的“科学哲学”“科学美学”“科学伦理学”就是这样的学科;方式之四是一些新兴的综合学科或“工程”,本身就需要来自科学和人文众多学科的人员参与,才能开展全面的研究。在这些领域中,科学工作者与人文工作者的合作成为经常性和必然性的活动。如认知科学、环境科学、安全科学、生态学、功效学、青年学、老年学等都显示了这种特点。

上述所有路径体现在人才的培养过程中,就是科学教育和人文教育两种教育的融合。关于科技与社会的 STS 教育就是让科学家了解人文文化,使人文学者懂得科学文化,通过文化的桥梁彼此理解和沟通。通过文理兼容的全面教育培养真正兼备科学素质和人文素质的人,并消除只局限于一种教育所造成的两种文化的分裂和两种知识分子的互不理解,使社会与人的发展更加和谐有序。

阅读文献

[1]　卢梭. 论科学与艺术[M]. 何兆武,译. 北京:商务印书馆,1963.
[2]　萨顿. 科学史和新人道主义[M]. 上海:上海交通大学出版社,2007.
[3]　斯诺. 两种文化[M]. 纪树立,译,上海:生活·读书·新知三联书店,1994.
[4]　卡西尔. 人文科学的逻辑[M]. 沉晖,等译. 北京:中国人民大学出版社,2004.
[5]　李尔凯特. 文化科学和自然科学[M]. 北京:商务印书馆,1986.
[6]　夏皮尔. 理由与求知[M]. 上海:上海译文出版社,1990.
[7]　奈斯比特,等. 高科技·高思维[M]. 尹萍,译. 北京:新华出版社,2000.
[8]　舒尔曼. 科技文明与人类未来[M]. 李小兵,等译. 北京:东方出版社,1997.
[9]　任定成. 科学与人文读本:大学卷[M]. 北京:北京大学出版社,2004.
[10]　COLE S. Consensus in the natural and social science, from *Making Science*[M]. Cambridge, MA: Harvard University Press, 1992.

思考题

1. 科学技术对人的发展有何积极意义?
2. 科学技术对人的善恶问题有何影响?
3. 如何认识科学技术在“人的尊严”和“人的自由”方面的人文效应?
4. 两种文化的关系是什么?
5. 科学精神是什么? 人文精神是什么?
6. 结合专业实际,谈谈如何实现科学精神与人文精神的融合。

第十二章 工程的社会人文向度

较之科学与技术，工程与社会和人的关系更为直接，因此对工程造福而不是造祸于人的要求也就更为严格。为此，需要清楚地理解工程的社会与人文效应究竟是什么？为什么本是为人服务的工程不仅具有善的属性，而且具有恶的可能？工程伦理对于工程技术人员的意义何在？我们如何才能尽可能确保工程给社会与人带来进步和幸福？

工程作为人的实践活动，作为社会存在的必要条件，不仅改变着人与自然的关系，而且体现着人与社会的关系以及人与人之间的关系，所以富含着社会与人文向度的价值和意义，成为我们全面认识和把握工程现象的一个重要方面。在前面的章节中所论述的工程作为一种社会建制，以及工程社会共同体的存在，也展示出工程之社会性的重要特征；而科学技术与人文文化的关联，使得作为科技之延伸的人类工程，也必然存在着其人文关怀和人文价值方面的问题，这些问题使我们更加充分了解工程的重要组成部分。

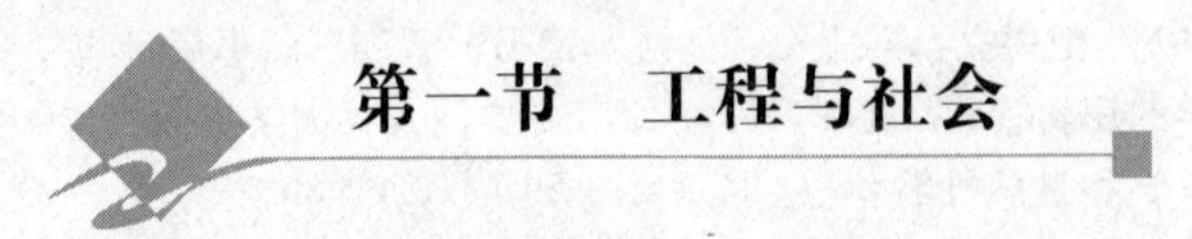

第一节 工程与社会

一、工程的社会性与"社会史"

通常，工程是以自然物为对象、将自然物建造为人工物的活动，但工程绝不因此仅具有自然性，工程和科学技术一样，自始至终都具有社会性，都是在社会中进行和完成的，必须从社会的角度去认识工程，才能形成完整的工程观。

工程的社会性一方面体现为工程所具有的强大的社会功能，它构成社会存在和发展的物质基础，工程水平和工程活动方式的变化作为生产力发展的一个组成部分，会导致社会结构的变化和社会形态的演进，一个时代工程的状况影响着社会的面貌和特征，如此等等。

工程的社会性在另一方面体现为它是在社会中形成的。工程需要在一定的社会环境中进行，工程的风格包含了特定的文化、折射了特定的社会政治背景；而且特定工程的生命周期也是社会性的，"它们的生命周期极大地依赖于它们所存在的技术-社会环境。"[①] 在分析工程的这种社会背景时，可以发现其中所包含的利益冲突和社会矛盾，它们不仅在工程中存

① HARMS A A，etc. Engineering in time[M]. London：Imperial College Press，2004：168.

在,有时常常成为工程得以开展的主要问题,工程共同体的成员需要达成目标认同、行动协调、紧密配合、利益共享,才能使工程活动得以顺利进行,由此"管理者和工程师不但必须高度重视研究和解决各种技术规范方面的问题,而且必须同时高度重视研究和解决各种社会规范——包括职业道德规范方面的问题。对于工程活动来说,工程活动的社会性是其内在本性的表现。只有正确理解和把握工程作为社会活动的性质和特点,促进工程与社会之间的和谐,重视对工程中多种社会行动的有效集成,构造出良好的工程秩序"①。总而言之,工程是一个汇聚了科学技术和经济、政治、法律、文化、环境等要素的系统。在这个意义上,一个国家要走向工程强国,就不仅仅是工程界的事业,而且是一项全社会的宏伟事业,必须通过社会的良性建构才能完成的事业。正是在这个意义上,社会的每一分子,都是工程强国之社会建构的参与者,都担负着这样或那样的社会性建构责任。

所以,工程的社会性实际上体现了工程与社会的双向作用与互相建构,这样的关系跟科技与社会的关系具有相似性,关于科技如何影响社会以及社会如何影响科技的那些认识角度和方面,同样也适合于分析工程对社会的影响和社会对工程的影响。

工程的社会性或工程的社会侧面也是不断发展的,由此而形成"工程社会史"。例如从工程的社会组织程度上,随着工程规模的扩大和合作性需要的增强,可以勾画出"个体工程—简单协作工程—系统工程—大系统与超大系统工程"这样几个阶段;从工程的社会驱动上,工程实践的人造器物是由社会和生活的需要推动而产生的,从石器到陶器再到铁器等,无一不是对更高造物能力和生活水平的追求而产生的,但这种追求或驱动也呈现一个社会性扩展的过程:例如从维持生存的驱动扩展到财富增值的驱动,从物质驱动到精神驱动(宗教性、装饰性),对工程的社会驱动因素日益多元和复杂。甚至从古代社会起,就可以列举出驱动工程的政治因素有:权威、安全、边界、政策、福利、正义、统治,经济因素有生活、贸易、劳动、财富、金融、制造、商业,宗教因素有死亡、超自然、灵性、仪式、信仰、崇拜等。包括服务于象征性的目的,如出于宗教的或政治的目的的礼仪建筑的出现,加入了更多的艺术、美学、精神因素等,例如具有美学意义的神殿、露天剧场、青铜雕塑、公共广场、庭院、密集的屋群的出现,标志着工程建造物的社会内涵更加丰富。从古代亚述及巴比伦之金字形神塔(顶上有神殿)(公元前3500年),到埃及的金字塔(公元前2500年);从英格兰的索尔斯堡大平原上的巨石柱(公元前2700年),到埃及的方尖碑(约公元前2133—前1786年),这些出于宗教性、纪念性、装饰性等复杂目的而兴建的大型结构工程,反映了即使在古代,生产力的发展也使得社会对工程的需求更加复杂多样,也折射了人类工程水平和工程文化的演变。

由于社会需求的动力作用是逐渐增强的,所以在最初,工程的进步极其缓慢:在史前和历史早期,"人类的进步多半不是出于需求的压力,而是用于机会的持续。"②一旦需求成为持续的动力,则工程的发展就进入加速的时代。与此同时,工程对社会的影响也日趋重大和多元化,在今天的过程活动中,人们在看到工程的积极的社会效果时,也越来越关注工程的负面社会效果,包括生态环境问题、贫富问题(如数字鸿沟)、文化问题(工程中的文化多样性与文化趋同和文化交融)等,一种更全面的工程社会观或工程理念随之诞生,此时"工程的理

① 殷瑞钰,等.工程哲学[M].北京:高等教育出版社,2007:191.

② 辛格,等.技术史:第Ⅰ卷[M].上海:上海科技教育出版社,2004:40.

论和实践发生了重要变化，工程日益卷入到科学关注的焦点，尤其去适应社会的需要和期待。”[①]“传统的工程建立在物质的、几何的和经济的考虑之基础上，而当代的工程则还要牵涉到心理学的、社会学的、意识形态的以及哲学的和人类学的考虑”，于是工程变得“跟更宽广的世界相联系”[②]。

人们对工程的社会性的认识也有一个历史演变的过程，由此形成了“工程思想史”，它展示了不同的个人如何构思和评估人类的制造活动；或针对什么是工程所作的解释而形成“工程解释史”；再或者也是工程的变迁所引起的工程思维方式的变迁史。尤其需要指出的是，当工程作为改造自然的手段时，就发生了人如何认识自己与自然的关系问题，于是成为工程思想史的核心。至少我们看到在这个侧面上，古代的手工工具时代主导的是敬畏自然的思想；近现代机器时代主导的是征服自然的观念，而当代信息时代人类普遍接受和追求的观念是人与自然和谐共存。

二、工程与科技的紧密结合

在工程与社会的关系中，科学技术也可以视为一种特殊的社会因素，而工程与科技的紧密结合，也体现出工程之社会性特征的一个方面。

工程与科学有着不同的分工，“科学家发现已经存在的世界；工程师创造从未存在的世界。”[③]正是这种分工，也构成了它们之间的联系：科学是工程的理论基础和原则，工程知识以科学解释为基础，尤其是，如果没有相应的科学理论，就没有现代工程，例如基因工程、航空航天工程、原子能工程等都是如此。

更广泛地看，在当代工程中，科学与工程更为紧密地整合，工程的科学方法出现，人造物发展的加速，器具的分化加剧，工程系统日益复杂，自然的保护和资源的保护等被日益重视，工程正在成为“全球适应的进化系统”，而体现于其中的最根本的特征也是整个当代社会的技术特征：信息化。它体现在工具形态上，就是自动机器乃至智能机器的出现，使得生产工程得以无人化或高度信息化，如CIMS（计算机集成制造系统）和柔性制造系统问世，工程中的人主要从事信息的收集、分析和监控工作，繁重的体力劳动被工具系统所取代，为工程的人性化提供了充分的技术保证。

> 随着社会的全面信息化，工程的信息化与智能生产、互联网＋工程等正在成为信息技术时代工程的技术新特征，同时也是工程的社会新特征。工程领域的从业者如何更加深刻地理解人类工程活动的这一新特征？需要在哪些方面增强能力、提高素养，才能在自己所从事的工程活动中顺应这一趋势并促进工程的信息化？这些是成为信息时代合格工程师所需要自觉思考的问题。

工程与科技的关系也呈现出一个历史的发展过程。拿“工程科学史”来说，就呈现出一个由古代的经验型工程到现代尤其是当代的科学型工程的演进过程。古代工程中“能工巧匠”的经验发挥了核心性的作用，虽然古代能工巧匠的发明创造从现代科学的角度分析也是

---

① HARMS A A，etc. Engineering in time[M]. London：Imperial College Press，2004：141.

② HARMS A A，etc. Engineering in time[M]. London：Imperial College Press，2004：171.

③ 布西亚瑞利. 工程哲学[M]. 沈阳：辽宁人民出版社，2008：1.

符合科学原理的，但那些发明创造并不是在科学原理的指导下创造出来的。“而现代社会的工程师……不仅要有丰富的实践经验，而且要有科学理论的指导和‘武装’。”[1]由此形成的一个规律是，在时间上越靠近现在，工程的科技含量就越大，或者说工程与科技的联系就越紧密，变得日益专业化和以科学为基础。

在一定意义上，工程是技术的集合，技术是工程活动的构成元素，建造无非是采用过去的和现在的发明（旧的和新的技术）进行人工造物的过程；工程无非是技术的实施，是将常规的或创新的技术应用于建造活动之中，由此体现出两者之间的紧密联系。人类工程水平的提高主要体现为工程技术的发展，其历史过程构成“工程技术史”，从“造物的技术水平”这个视角看，就经历了“打磨—建造—制造—构造—重组再造”的演变。“打磨”是指整个石器时代打凿、磨制石器工具的造物活动，仅对材料的表面加以改变，是造物的初始阶段；“建造”是对居所的构筑，从而是建筑意义上的造物，对材料施加了机械性的改变，并以土木工程为代表；“制造”是现代工业意义上的造物，对材料主要施加的是物理性改变，以冶金工程以及各种“无机工业品”的生产工程为代表；“构造”是另一种现代工业意义上的造物，对材料施加化学性的改变，通过对物质的分子进行分解、化合后的重新组合而人工地构造出新的物品，以化学工程和各种“有机工业品”的生产工程为代表；“重组性再造”是当代科技水平上的造物，是对物质和物种的传统“始基”加以“打破”之后重组进而再造，如对原子的重组再造所形成的核工程（既包括裂变也包括聚变）中的造物，对基因（物种的始基）的植入、拼接、修饰的重组而再造所形成的基因工程或遗传工程中的造物等，目前人类可以通过人工嬗变获得新的原子、通过基因改造获得新的物种，就分别代表了在非生命界和生命界两个领域中从根基上达到了再造新物的工程能力。

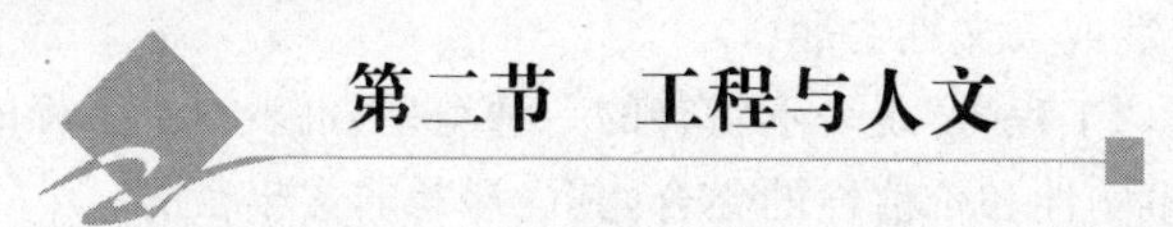

第二节　工程与人文

工程作为人的社会性建造活动，也是为人而进行的建造活动，工程的价值和意义就在于满足人的需要、为人服务，工程从多方面、多维度成为人的一种存在方式，由此形成了工程的人文指向，产生了工程的伦理和人文教育问题。

一、从工程的人文向度到工程善

工程是人类活动中从业人员最多、创造物质财富最多、对人类的生存和发展影响最大的一项事业，尤其是它直接关乎人们的福利和安全，因此需要有生命神圣、人最宝贵的人本意识和人文关怀贯穿其中，即让工程造福于人，真正实现工程的人文价值。

工程的人文向度中，工程的善恶问题是最基本的问题。如果科学涉及的主要是真假问题，那么工程主要涉及的就是善恶问题。在现实中我们处处可以看到：人为自己建造的工程，不仅有为自己造福的功能，而且不时会给自己带来人为的灾祸和苦难，使得工程无论是对人类的积极的“建设性”影响还是消极的“破坏性”影响都有可能发生，如果“把倾向于保存和推进人的幸福的行为称作善的，倾向于扰乱和毁灭人的幸福的行为称作恶的”[2]，那么工

① 徐匡迪.树立工程新理念，推动生产力的新发展[N].学习时报，2004-12-21.

② 包尔生.伦理学体系[M].北京：中国社会科学出版社，1988：190.

程的善恶也就是工程为人造福还是造祸的问题。工程的这种善恶双重性也被称为“工程的价值负载”。无论这种善恶是工程本身所内含的，还是由使用者的不同动机和方法所造成的特定效果，它都从直观的层面上在我们的评判中形成了对工程的区别：一种是我们所乐意的工程及其效果，另一种是我们所不乐意的工程及其效果，即使我们从理论上不去确定工程是否前置性地属善或属恶，至少也可以看到工程既可被善用也可被恶用，我们可称前者为“工程善”，后者为“工程恶”。对工程的人文要求，或工程的人文性，就是要实现工程善的功能，这是工程活动的最高道德境界，所有工程伦理的规范都应该是工程善的辐射和实施，或者说工程伦理的使命就是引导工程活动的所有参与者弘扬工程善和抑制工程恶。

人类从事工程活动的初始动机，是为自己提供有用的建造物（人工制品），或用这样的建造物来满足自己的（物质生活）需要，即给自己带来“福祉”，即“工程发端于人类想象去服务于自己的目的”[①]。所以我们才通常定义工程是满足人的需要的造物活动，是生活所需的建造人工自然的活动，是人类文明的物化标志。因此从起源上，工程应具有善的本性，工程是用来“求善”而不是“求效”（商业上的利益）的。

但工程活动发展到一定的阶段，随着商品的出现和商业社会的来临，工程成为商品之后，工程的建造者和使用（消费）者之间就发生了分离，工程的建造者不一定会消费自己建造的工程，而只是按照不同的比例获取建造过程中所生产出来的经济利益。这一方面极大地提高工程活动的效率和效益，推动了人类工程事业的迅速发展，另一方面，工程的手段性和目的性由此发生分离，使其成为资本增值的中介、追逐利润的手段，由利益驱动的工程恶就可能由此滋生。于是，如何保证工程的终极目的在追逐利益的商业社会中不被遗忘，如何使工程的建造方基于社会分工而致力于工程的直接目的（求利）不致掩盖一切，就成为工程活动中一个重要的社会性或人文性主题。

作为一个复合词，“工程善”既表示了善的一种类型，也表达了工程的一种属性或应该内秉的一种追求，它是事实性和价值性的集合，其内涵是非常丰富的。

从本体论上看，工程善是一种具有实在性的善。作为一种道德观念和精神追求，善是一种主观的存在。但这种主观的存在又无时不处于“外化”和“对象化”的过程中，于是就有了“行为善”和我们这里所说的“工程善”。因此，工程善是主观意义的善的一种对象化，这种对象化的善还包括技术善、制度善等。在这个意义上，工程善是普遍的一般的善在工程领域中的表现，是附着在工程物和工程活动过程中的人的善良意志，从而也可以说是善的物化形态：一种通过工程展现出来的人为自己造福的特殊实现方式，也是人利用人造物来实现合理需求之满足的外在表征。工程的特点决定了工程善是一种现实性、实践性或物质性的善，是一种实际地走向改变世界的善，一种被“应用”的善（正如工程伦理是一种实践的应用的伦理一样）。如果说“科学技术是第一生产力”，那么工程就是这种生产力的物质性凝结，并且作为生产活动的终端性产品直接提供给用户去使用，达到生产力造福于人的功能，因此工程也就是人工性的具有最大物质现实性力量的造福手段，由此而形成的工程善也可视为“生产力善”的完成。从工程既是设计也是活动还是建造物的全景图来看，工程善也是体现在工程的过程和效果中的动机善，从而是一种动机善、过程善和效果善的集合，并使善具有了实在性。可以说，没有这样的工程善，就没有人类物质文明的进步，也没有物质生活水平的不断

---

① HARMS A A，etc. Engineering in time[M]. London：Imperial College Press，2004：1.

提高。此外，由于工程通常是具有一定规模的造物活动，所牵涉的社会因素十分广泛，因此工程善也必须建立在这些社会因素的良善状态的基础上，从而成为诸如管理善、制度善、技术善、文化善等的有机合成。

从反面看，工程善就是工程恶的对立面，因此我们也可以从工程恶的反面来理解工程善。工程恶也可以从多种维度加以理解，如从人本维度，它表现为自觉或不自觉地通过工程而残害生命、损害健康；从可持续发展的维度，它表现为自觉或不自觉地通过工程而破坏生态、污染环境；从工程质量的维度，它表现为劣质工程，或"豆腐渣工程"；从制度维度，它表现为工程腐败，如此等等。当然，各种维度间又是有关联的，如工程腐败常常导致伪劣工程，"豆腐渣"工程实质上是"腐败工程"；质量、安全事故表面上是技术问题，深层的则是权力机构腐败，是有关官员与承包人之间的"权钱交易"。在这个意义上工程善就是对工程恶的克服。这也是著名德籍美国学者汉斯·尤纳斯(Hans Jonas)所主张的一种选择，他认为当代道德行为的根本任务并不在于实践一种最高的善(这或许根本就是一件狂傲无边的事情)，而在于阻止一种最大的恶。因而，最重要的工程善就应该是避免工程恶，首先是避免最大的工程恶。无论是我们通常所说的工程事故，还是范围更大的工程灾难和工程悲剧，都是这种工程恶的载体或直接表现。如果说实现工程善常常显得比较抽象，那么避免工程恶就是对工程善的具体的实现，它可以使高大的理想落实为具体的可操作的行为。

二、工程伦理与工程的人文教育

工程善要成为工程共同体的一种自觉意识，就需要工程伦理意识的培育，认识到伦理诉求是工程活动的一个内在规定。

在蕴含于工程中的初始动机和终极目的被工程的商品属性掩盖之后，工程善的观念很难成为工程建造者的自觉意识，而是常常仅被当作一种被迫的外在的要求，尤其是当工程的"管理者不倾向于认真地考虑伦理问题"时，或"真正的道德顾虑……在管理决策中所起的作用是非常小的"①时尤其如此。因此，回归工程善需要刻意进行工程伦理的教育，特别是要使工程师负起更大的责任，彻底改变在工程活动中"只问功效，不问善恶"的状况。工程的社会影响之巨大以及工程师在确保工程的正向功能的发挥中所具有的特殊作用，使得社会迫切地需要使工程善同时也成为工程师的一种个人意识，由此形成工程师的"良心"，这种良心是比被动的责任更积极的一种实现工程善的内在驱动。

工程伦理的终极导向就是为人类建造"好工程"，这个问题在今天尤其突出："过去，工程伦理学主要关心是否把工作做好了，而今天是考虑我们是否做了好的工作。"②工程伦理学所关注的"好工作"和"好工程"，就是一种对工程善的倡导。

工程选择的道德维度(也称"工程标准")与经济维度(也称"管理标准")之间、工程为之服务的社会目标和企业的商业目标之间不时发生冲突。这就是伦理学家汉斯·伦克所揭示的工程的这两个维度的不一致性：前者侧重于技术可行性、安全导向、功能和运行状况、技术方案的完整；后者侧重于赢利性、市场可行性、时机、投资能力。可以说，求效在终极性上也是一种求善，但在直接性上常常导致恶，例如资本是一种求效驱动最为强烈的东西，于是

① 哈里斯，等.工程伦理：概念和案例[M].北京：北京理工大学出版社，2006：145.

② 米切姆.技术哲学概论[M].天津：天津科学技术出版社，1999：86.

常常可见其每一个毛孔都带着血和肮脏的东西。此时，作为工程建造系统的一个特殊要素的工程师，则具有特殊的伦理地位和责任。

工程师是对工程的技术性和质量负责的主体要素。基于现代分工，工程师以建造为职业，但其建造的直接职责和对工程的使用、消费也是分离的；然而他们又不像雇主那样是工程所产生的利益的主要拥有者，而只是作为解决技术问题的工程建造者。在整个建造者系统中，就经济关系来说他从属于雇主，甚至工程师本身也如同工程一样是雇主用来获取利益的手段。经济上的这种从属地位使得他们在价值和伦理观上也一度处于从属地位，除了追求效率以外似乎也没有独立的价值取向和职业行为准则，因而工程师的主要义务是服从。于是可以看到，"对雇主（或委托人）的忠诚"在很多国家都是工程伦理的一个基本原则。但是，一方面由于工程恶的现代展现，尤其是具有巨大杀伤性和破坏力的原子武器的开发与使用，另一方面由于雇主在工程价值的取向上处处表现出求效重于求善，使得工程师的特殊担当凸显出来。于是，现代工程中求善与求效之间的张力常常聚焦在工程师的身上，于是工程伦理在很大程度上也成为工程师的伦理，而工程善也具体化为工程师的善。

我们在未来的工程职业中是否会面临工程的经济效益与社会效益发生冲突时的选择？这种选择是否也折射了工程师本人对工程善的坚持？我们做一个秉持何种价值观和道德观的工程师？这是"工程与人文"所提出的问题，也是工程的人文教育所要回答的问题，并且是工程伦理所要形成积极导向的问题。

现代工程师的一个重要使命，就是要在工程的求效与求善中取得平衡，在遵循工程标准与遵循管理标准中取得一致，在服从普遍的伦理道德要求与服从雇主之间取得协调；也就是在使工程造福于消费者与使工程为自己和雇主取得利益之间达到一种内在的统一。当两种标准处于实质性冲突时，一个可以被普遍接受的规范是："管理标准不应该超过工程标准，尤其是在事关质量，甚至是安全的问题上。"[①]或者说，"工程师具有双重的忠诚：对组织的忠诚和对职业的忠诚。他们对职业的忠诚超过了对组织的忠诚。"[②]美国工程师专业发展委员会(ECPD)伦理准则的第一条就要求工程师"利用其知识和技能促进人类福利"，其"基本守则"的第一条又规定"工程师应当将公众的安全、健康和福利置于至高无上的地位"[③]。这些要求都表明了工程师必须首先是道德人，工程善应该是工程师的一种内在要求和从事工程活动的一种前置性责任，这种责任正在成为具有复杂性的工程伦理中一种日趋稳定的精神积淀。

更广义地看，工程的伦理教育还包含对工程与社会、工程与人文、工程与环境等关系的认识和把握，如果不能协调工程与社会、人文和环境的关系，就不可能设计和建造出令人满意的工程，如一心要征服自然而"不关心环保的工程师，他可能会设计出对环境有很大破坏性的项目"[④]，因此工程伦理就自然延伸到社会责任、人文精神和环境意识等。这也是工程

---

① 哈里斯，等. 工程伦理：概念和案例[M]. 北京：北京理工大学出版社，2006：148.

② 哈里斯，等. 工程伦理：概念和案例[M]. 北京：北京理工大学出版社，2006：146.

③ SHRADER-FRECHETTE K. Ethics of scientific research[M]. Lanham MD：Rowman & Littlefild Publishers，1994：155-156.

④ 哈里斯，等. 工程伦理：概念和案例[M]. 北京：北京理工大学出版社，2006：72.

的人本意识。“工程师必须对人的关注胜过对物的关注”，必须克服因为主要是与物质对象打交道而可能形成的“见物不见人”的狭窄视野，亦即需要有更宽广的视野“来容纳非工程考虑的因素”[①]。而作为一种底线性的要求，工程师无论是在解决设计还是建造中的技术难题时，除了不故意伤害外，尤其要着力避免工程活动中的疏忽，必须将能够避免各种安全隐患的要求置于核心的位置。

所以，为了更多地实现工程善，需要在工程共同体中大力普及工程伦理观念，其中包括在工程的管理者那里，要公正合理地分配工程活动带来的利益、风险和代价；在工程专业的人才培养中，要注重工程伦理的教育，通过这种教育来实现工程人才的人文精神的养成，并意识到在工程活动的整个过程中都蕴涵着道德问题、渗透着伦理因素，从而能够在今后的工程实践中，有基本的伦理准则和标准为自觉指导，在责任冲突时能够作出明晰判断，履行工程师的人文责任，尤其是自己对技术的质量、安全性与可靠性的责任，能够对职业准则、社会团体、雇主和技术使用者负责，用“以人为本”的价值理念和精益求精的专业良知，以向社会和公众高度负责的态度，去完成工程技术工作。

阅读文献

[1]　哈里斯，等．工程伦理：概念和案例[M]．北京：北京理工大学出版社，2006.
[2]　爱因斯坦．对加利福尼亚理工学院学生的讲话[M]//爱因斯坦文集：第3卷．北京：商务印书馆，1979.
[3]　布西亚瑞利．工程哲学[M]．沈阳：辽宁人民出版社，2008.
[4]　殷瑞钰，等．工程哲学[M]．北京：高等教育出版社，2007.
[5]　辛格，等．技术史：第Ⅰ卷[M]．上海：上海科技教育出版社，2004.
[6]　HARMS A A，etc. Engineering in time[M]. London：Imperial College Press，2004.

思考题

1．工程的自然向度与社会人文向度的关系是什么？
2．什么是“工程善”？为什么要追求工程善？
3．工程伦理的价值和意义是什么？
4．结合专业谈谈工程师和工程共同体成员的人文关怀和伦理责任有哪些。

---

①　哈里斯，等．工程伦理：概念和案例[M]．北京：北京理工大学出版社，2006：146.

第五篇

中国马克思主义科学技术观与创新型国家

中华民族是一个伟大的民族，但是，近代以来，特别是鸦片战争以来，中国逐渐沦为一个半殖民地半封建的国家。后来又有八国联军侵华，特别是日本帝国主义的入侵，使中国的灾难更加深重。面对民族危亡，许多仁人志士都在寻找救国的道路。然而，最终只有中国共产党人领导中国人民承担了这一伟大的历史重任，经过新中国成立、改革开放等一系列伟大的行动，中华民族终于屹立于世界民族之林，中国人民正在实现民族的伟大复兴。中国共产党人高度重视科学技术的伟大作用，科学技术不仅是生产力，而且是第一生产力。

在本篇，我们将探讨毛泽东、邓小平、江泽民、胡锦涛、习近平的科学技术思想，揭示中国马克思主义科学技术观的历史形成、基本内容和主要特征，关注核心技术的重大作用，分析核心技术与基础研究的关系，分析中国特色的国家创新体系，建设中国特色的创新型国家。

第十三章　中国马克思主义的科学技术思想

新中国成立后，我国的科学技术取得了突飞猛进的发展。改革开放以来，形成了举世瞩目的中国道路，中国道路正成为发展中国家实现梦想的新范式。我国科学技术发展所取得的巨大成就，是与中国共产党人提出符合中国国情的科学技术思想密不可分的。否则，我们无法作出合理解释。当前世界上一些市场经济或儒家文化的国家或地区的发展处于困境，而在中国共产党的强有力的领导下，中国经济和社会发展正引领世界潮流。因此，我们必须认真思考当代中国共产党人的理论创新，而不是相反，将自己的理论创新悬置一边。

毛泽东、邓小平、江泽民、胡锦涛、习近平为代表的中国共产党人在马克思主义科学技术思想的指导下，结合人类发展的时代特征和不同时期科学技术发展所面临的问题，高瞻远瞩地洞察着科学技术发展对人类社会发展的重要作用和意义，创造性地提出了符合中国基本国情的科学技术发展指导理论，逐步形成了中国马克思主义的科学技术思想，推动着我国科技、经济和社会的全面发展。

第一节　毛泽东的科学技术思想

毛泽东的科学技术思想是毛泽东思想的重要组成部分。作为一个思想家、战略家，作为中华人民共和国的缔造者和中国社会主义事业的开拓者，毛泽东在新中国社会生产力不发达、科学技术相对落后的条件下，提出了一系列关于科学技术发展的理论观点，形成了毛泽东的科学技术思想。

一、科学技术促进生产力发展

早在 19 世纪下半叶，马克思、恩格斯就意识到科学技术在推动人类社会生产力发展中的重要作用，马克思指出“生产力中也包括科学技术”，[①]恩格斯说，“在马克思看来，科学是一种在历史上起推动作用的、革命的力量。任何一门理论科学中的每一个新发现，即使它的实际应用甚至还无法预见，都使马克思感到衷心喜悦，但是当有了立即会对工业、对一般历

① 马克思恩格斯全集：第 46 卷下[M]．北京：人民出版社，2003：221.

史发展产生革命影响的发现的时候，他的喜悦就完全不同了。”[①]马克思、恩格斯认为，资本主义制度确立后西方社会之所以能取得如此迅猛而巨大的进步，就在于科学技术的发展，是机器的采用，是化学在工业和农业中的应用，是轮船的行使、铁路的通行、电报的使用，使得整块整块的大陆得以开垦，大量人口仿佛用法术般从地下呼唤出来。

新中国成立后，百废待兴，为了改变旧中国贫穷落后的面貌，不再受帝国主义的欺凌，我们必须发展科学技术，发展现代工业，发展社会生产力。毛泽东多次强调，社会主义就是要解放生产力。我们要使生产力得到发展，就必须依靠和发展科学技术。毛泽东系统总结了世界各国科学技术发展的经验，指出："资本主义各国，苏联，都是靠采用最先进的技术，来赶上最先进的国家，我国也要这样。”[②]毛泽东认识到，科学技术对于推动生产力发展至关重要，我国的经济社会要向前发展，就必须首先发展科学技术，依靠科学技术，并且指出“科学技术这一仗一定要打，而且必须打好。过去我们打的是上层建筑的仗，是建立人民政府、人民军队。建立这些上层建筑干什么呢？就是要搞生产。搞上层建筑搞生产关系的目的就是为了解放生产力。现在生产关系是改变了，就要提高生产力。不搞科学技术，生产力无法提高。”[③]因此，在毛泽东看来，科学技术就是生产力，科学技术促进生产力发展。

二、向科学进军

毛泽东提出社会主义建设要依靠科学技术，号召向科学技术进军，目标是世界科学技术前沿，努力接近与赶上世界科学发展的先进水平。他曾经提出："我国人民应该有一个远大的规划，要在几十年内，努力改变我国在经济上和科学文化上的落后状况，迅速达到世界上的先进水平。”[④]为了捍卫国家的独立和安全，毛泽东高瞻远瞩，果断提出我国必须发展自己的尖端技术，指出我们“要下决心，搞尖端技术。外国有的，我们要有，外国没有的，我们也要有”[⑤]。为了巩固国防和保卫国家安全，我们不仅要有飞机、大炮，我们还要造原子弹，造人造卫星，因为“今天这个世界上，我们要不受人家欺负，就不能没有这个东西”[⑥]。

早在朝鲜战争结束后，毛泽东就已经开始筹划“两弹一星”的研制工作。到了1955年1月，为了推动我国核弹事业的发展，毛泽东亲自召开会议研究我国原子能科学发展问题。此后，根据毛泽东的指示，我国成立了国防部第五研究院作为研制原子弹的常设机构。1956年，在毛泽东的关怀和领导下，我国还成立了科学技术规划委员会，制定了《1956—1967年科学技术发展远景规划纲要》。这一规划提出了“重点发展、迎头赶上”的方针，并把发展原子能、火箭、喷气技术、计算机技术、遥控技术等科研项目列为重点。

筹划“两弹一星”研制、搞我国自己的尖端技术、成立国防部第五研究院、成立科学技术规划委员会……这一系列的计划与举措，标志着我国开始了全面探索适合本国国情的科学技术的发展道路。

---

① 马克思恩格斯选集：第3卷[M].北京：人民出版社，1972：575.
② 毛泽东文集：第8卷[M].北京：人民出版社，1999：126.
③ 毛泽东文集：第8卷[M].北京：人民出版社，1999：351.
④ 毛泽东文集：第7卷[M].北京：人民出版社，1999：2.
⑤ 毛泽东文集：第8卷[M].北京：人民出版社，1999：351.
⑥ 毛泽东文集：第8卷[M].北京：人民出版社，1999：351.

三、开展群众性的技术革新和技术革命运动

"一切为了群众、一切依靠群众、从群众中来、到群众中去"的群众路线是中国共产党人开展革命和建设工作的一条基本路线方针，也是革命和建设事业取得胜利的一个重要法宝。发展科学技术同样要依靠人民群众的智慧和力量。毛泽东指出："技术革新和技术革命运动现在已经成为一个伟大的运动，急需总结经验，加强领导，及时解决运动中的问题，把运动引导到正确的、科学的、全民的轨道上去。"①只有深入工厂，深入企业，深入农村，深入到群众，深入到工人阶级的队伍中去，依靠人民群众的智慧和力量，开展群众性的技术革新和技术革命运动，才能迅速改变我国科学技术落后的面貌，推动我国科学技术的快速发展。

毛泽东认识到，"在生产斗争和科学实验范围内，人类总是不断发展的，自然界也总是不断发展的，永远不会停止在一个水平上。"因此，我国的科学技术要发展，尖端技术要实现，就需要依靠人民群众的智慧和力量，不断地进行技术革新和技术革命，"我们不能走世界各国技术发展的老路，跟在别人后面一步一步地爬行。我们必须打破常规，尽量采用先进技术"，②只有这样，我们的目标才会实现，只要这样，我们的目标就一定会实现。1958年1月，毛泽东在杭州会议上又提出，"要把党的工作重点放到技术革命上去，从1958年起，在继续完成政治思想革命的同时，着重搞好技术革命"。稍后，毛泽东在起草的《工作方法六十条草案》中再次重申了"把党的工作重点放到技术革命上去"的观点。

四、自力更生与学习西方先进科学技术

毛泽东为我国科学技术发展确定的根本原则是自力更生为主，争取外援为辅。毛泽东说："我们的方针是，一切民族、一切国家的长处都要学，政治、经济、科学、技术、文学、艺术的一切真正好的东西都要学。但是，必须有分析、有批判地学，不能盲目地学，不能一切照抄，机械搬用。"③

一方面，发展科学技术，我们必须坚持独立自主、自力更生的基本原则。20世纪50年代初，国防部第五研究所成立时，毛泽东就作出批示，指出我国发展科学技术必须坚持"自力更生为主，力争外援和利用资本主义国家已有的科研成果"的科研方针，从而使我国尖端技术的研发从一开始就立足于自己。在我国原子能研究单位初创之时，毛泽东又特别强调我们必须依靠自己的力量，并满怀信心地说，依靠自力更生，"我们自己干一定能干好"。当中苏关系恶化后，苏联单方面撕毁合同，并从我国撤走了技术专家，给我国的科技发展造成了巨大困难，在这种情况下，毛泽东以中华民族不畏艰难的英雄气魄鼓舞广大科技工作者，更加激发了我们自力更生发展科学技术的决心。

另一方面，自力更生，并不是闭关自守，盲目排外。相反，毛泽东十分重视在科技领域的引进，并且把争取外援、向外国学习、对外开放、洋为中用作为发展我国科学技术的重要指导思想。他说："我们提出向外国学习的口号，我想是提得对的。"④他指出，一切民族、一切国

---

① 毛泽东文集：第8卷[M].北京：人民出版社，1999：152-153.

② 毛泽东著作选读：下卷[M].北京：人民出版社，1986：849.

③ 毛泽东文集：第7卷[M].北京：人民出版社，1999：41.

④ 同③.

家的长处我们都要学,并且政治、经济、科学、技术、文学、艺术的一切真正好的东西都要学。20世纪五六十年代,我国现代科学技术力量仍然十分薄弱,基于此,毛泽东指出:“在技术方面,我看大部分先要照办,因为那些我们现在还没有,还不懂,学了比较有利。”[①]可见,对于吸收和利用外国先进科学技术,毛泽东主张,我们虽不立足于外援,但是要力争外援,尽量利用外国先进技术。

五、建立宏大的工人阶级科学技术队伍

毛泽东一再强调要造成一支宏大的工人阶级科技队伍。为了建成社会主义,工人阶级不能没有自己的技术干部的队伍。他指出:“无产阶级没有自己的庞大的技术队伍和理论队伍,社会主义是不能建成的。”[②]

中华人民共和国成立后,工人阶级成了我国的领导阶级,这样就有可能而且有必要建立一支自己的知识分子队伍。正是在这样的情况下,毛泽东提出工人阶级要造就自己的知识分子队伍。1956年1月毛泽东在全国知识分子工作会议结束时讲话指出:“现在我们革什么命,革技术的命,革没有文化、愚昧无知的命,所以叫技术革命、文化革命。”为此“中国要培养大批知识分子,要有计划地在科学技术上赶超世界水平”,只有这样,才能把我国“建设成为世界上一个科学、文化、技术、工业各方面更好的国家”。[③]

在1956年9月中共八大预备会议上毛泽东又提出,“我们计划在三个五年计划之内造就一百万到一百五十万高级知识分子”。[④] 在最高国务会议上讲话时他又指出:“一个阶级的政权,它没有知识分子是不行的。美国没有那样一些知识分子,他的资产阶级专政怎么能行?无产阶级专政,要造就无产阶级自己的知识分子。”在《一九五七年的夏季形势》一文中,毛泽东提出,“为了建成社会主义,工人阶级必须有自己的技术队伍,必须有自己的教授、教员、科学家、新闻记者、文学家、艺术家和马克思主义理论家的队伍。这是一个宏大的队伍,人少了是不成的。这个任务在今后十年到十五年内基本解决。”他要求“共产党员、青年团员和全体人民,人人都要懂得这个任务,人人都要努力学习。有条件的,要努力学技术,学业务,学理论,造成工人阶级知识分子的新部队(这个新部队,包括从旧社会过来的真正经过改造站稳了工人阶级立场的一切知识分子)。”他强调指出:“这是历史向我们提出的伟大任务。在这个工人阶级知识分子宏大新部队没有造成以前,工人阶级的革命事业是不会巩固的。”[⑤]

毛泽东作为中国共产党和新中国的奠基者,为新中国的成立和建设奠定了坚实的伟大基础。他作为大国领袖,让中国真正独立起来,受到世界各国的尊重。他的理论创新必将影响现代中国的未来。当然,他的科技思想,更具特质。

---

① 毛泽东文集:第7卷[M].北京:人民出版社,1999:42.

② 毛泽东文集:第7卷[M].北京:人民出版社,1999:309.

③ 薄一波.若干重大决策与事件的回顾:上册[M].北京:中央党校出版社,1991:507.

④ 建国以来毛泽东文稿:第7卷[M].北京:中央文献出版社,1992:102.

⑤ 毛泽东选集:第5卷[M].北京:人民出版社,1977:463.

第二节　邓小平的科学技术思想

邓小平的科学技术思想是邓小平理论的重要组成部分。邓小平结合改革开放和当代科学技术发展的新态势，提出了一系列关于科学技术发展的理论观点，形成了邓小平的科学技术思想。

一、科学技术是第一生产力

早在100多年前，马克思就首次科学地阐明了社会生产力的全部内涵，并指出"生产力当然包括科学在内"。第二次世界大战以来，尤其是近几十年来，科学技术在推动世界经济社会发展中所起的作用日益突出，科学技术日益成为第一生产力。邓小平根据世界科学技术经济发展的新趋势，概括了人类实践所提供的新经验和新成果，第一次明确提出"科学技术是第一生产力"[①]这一当代马克思主义的重大理论命题，成为邓小平科学技术思想的理论核心。

纵观当今世界经济社会的发展我们可以看到，科学技术日益渗透于经济发展和社会生产的各个领域，成为推动现代生产力发展的最活跃的因素。现代科学技术的发展使科学技术与社会生产的关系日益密切，科学技术与生产活动紧密结合，使科学技术转化为生产力的周期日益缩短，科技产业化的速度日益加快，使得科学技术作为生产力在现代经济社会发展中发挥出越来越巨大的作用。邓小平以深邃的目光和战略家的远见指出："马克思讲过科学技术是生产力，这是非常正确的，现在看来这样说可能不够，恐怕是第一生产力。"[②]

二、科学技术为经济建设服务

邓小平指出："科学技术主要是为经济建设服务的。"[③]在邓小平看来，一方面科学技术必须面向经济建设。这是因为经济建设发展的需要是推动科学技术发展的原动力，与此同时，科学技术存在和发展的基础在于它能够应用于经济建设、服务于经济建设。正如恩格斯所说的那样，"社会一旦有技术上的需要，这种需要就会比十所大学更能把科学推向前进。"[④]所以，科学技术一定要面向经济建设，要根据经济建设的需要来确定自己的研究方向，要把发展国民经济作为自己的主战场。另一方面，经济建设必须依靠科学技术。现代社会的发展是以科学技术为支撑的经济的发展，依靠科学技术，西方国家在"二战"后迅速恢复了国民经济，并在20世纪六七十年代获得了高速发展。我国的社会主义现代化建设也必须依靠科学技术，无论是提高社会生产率还是提高国民经济效益，无论是发展工业还是发展农业，都离不开科学技术。邓小平强调："四个现代化，关键是科学技术的现代化。没有现代科学技术，就不可能建设现代农业、现代工业、现代国防。没有科学技术的高速发展，也就不可能有国民经济的高速度发展。"[⑤]

---

① 邓小平文选：第3卷[M].北京：人民出版社，1993：274.

② 邓小平文选：第3卷[M].北京：人民出版社，1993：174.

③ 邓小平文选：第2卷[M].北京：人民出版社，1994：240.

④ 马克思恩格斯选集：第4卷[M].北京：人民出版社，1995：732.

⑤ 邓小平文选：第2卷[M].北京：人民出版社，1994：86.

三、尊重知识、尊重人才

邓小平强调“尊重知识，尊重人才”[①]，他提出“把尽快地培养出一批具有世界第一流水平的科学技术专家，作为我们科学、教育战线的重要任务”[②]。

发展科学技术，实现现代化，离不开知识，离不开人才。当今世界各国综合国力的竞争归根到底是知识和人才的竞争。因此，我国只有通过发展现代教育，培养广大掌握现代科学技术知识和文化的知识分子，才能推动科学技术和经济社会迅速向前发展，推动实现现代化的进程。邓小平说：“发展科学技术，不抓教育不行。靠空讲不能实现现代化，必须有知识，有人才。”因此“一定要在党内造成一种空气，尊重知识，尊重人才”[③]。

四、发展高科技，实现产业化

邓小平认为，“中国必须发展自己的高科技，在世界高科技领域占有一席之地”。[④] 他提出了“发展高科技，实现产业化”的号召，进一步明确了我国发展高科技的指导方针，形成了高科技发展的战略思想。

20 世纪 80 年代以来，高科技得到了迅猛的发展，对世界各国的经济社会发展都产生了巨大的影响。邓小平在提出“当今的世界是开放的世界”和“科学技术是第一生产力”的同时，对高科技对世界各国产生的重大影响也给予极大的关注。他强调指出，任何时候，中国都必须发展自己的高科技，要在世界高科技领域占有一席之地。高科技的发展和成就，反映了一个国家和民族的能力，也是国家兴旺发达的标志。现代世界的发展，特别是高科技领域的发展，一日千里，中国不能不参与。

科学技术要转化为现实的生产力，才能推动国民经济的发展。为此，在邓小平的关心和指导下，我国开始组织大规模的高科技研究，开发和兴办一批高科技产业。我国相继制定了新技术革命对策、高技术研究与发展计划纲要、火炬计划等一系列发展高技术产业、建立高新技术开发区的政策和措施。所有这些都为我国发展高科技、实现产业化创造了有利条件。

五、进行科技体制改革

邓小平为我国的科技体制改革的原则、内容及任务指明了方向。长期以来，我国科学技术研究与经济的发展存在着较为严重的“两张皮”的现象。为了解决经济与科技发展相脱节、促进科技与经济发展相结合，我们不仅要进行经济体制改革，还要进行科技体制改革。正如邓小平强调指出的那样，“经济体制，科技体制，这两方面的改革都是为了解放生产力，新的经济体制应该是有利于科技进步的体制，新的科技体制，应该是有利于经济发展的体制，双管齐下，长期存在的科技与经济脱节的问题，有可能得到比较好的解决”。[⑤]

在邓小平进行科技体制改革思想的指导下，我国开始改革科研拨款制度，放松对科研机构的管制，改革科研单位管理模式，开放技术市场，支持和鼓励民营科技企业发展，建立高新

---

① 邓小平文选：第 2 卷[M]. 北京：人民出版社，1994：40.
② 邓小平文选：第 2 卷[M]. 北京：人民出版社，1994：96.
③ 邓小平文选：第 2 卷[M]. 北京：人民出版社，1994：84.
④ 邓小平文选：第 3 卷[M]. 北京：人民出版社，1993：279.
⑤ 邓小平文选：第 3 卷[M]. 北京：人民出版社，1993：108.

技术产业开发试验区等，这一系列的科技体制改革，从根本上解决了长期存在的科学技术与经济相脱节的问题，使科学技术和经济都有了长足的发展。

六、学习和引进国外先进科学技术成果

邓小平指出：“科学技术是人类共同创造的财富。任何一个民族、一个国家，都需要学习别的民族、别的国家的长处，学习人家的先进科学技术。”[①]我国要扩大对外开放，增强国际交流，吸收先进成果，追踪科学技术前沿，填补科学技术空白。

近代人类社会的发展告诉我们，发展经济，推动科学技术的发展，建设一个现代化的国家，绝不能把自己置于封闭状态和孤立的地位。邓小平说，“总结历史经验，中国长期处于停滞和落后状态的一个重要原因是闭关自守。经验证明，关起门来搞建设是不能成功的，中国的发展离不开世界。”“你不开放，再来个闭关自守，五十年要接近经济发达国家水平，肯定不可能。”[②]

新中国成立后，我们的国情是“一穷二白”，二十年社会主义建设探索又走过了一段曲折的弯路。十一届三中全会后，我国实行改革开放和建设中国特色社会主义。进行社会主义现代化建设，我们缺乏资金，更缺乏经验和技术，因此我们必须在自力更生的基础上扩大对外开放，利用外国智力，引进和吸收外国的先进技术来帮助实现我国经济社会的发展。邓小平认识到，西方各国经济的发展都离不开对外开放，我们科学技术落后，要推动经济社会的发展，更需要对外开放，学习和利用西方先进的科学技术。我们不能有自卑心理，更不能把学习外国看成是一件耻辱的事。邓小平反复强调，我们一定要坚持洋为中用的方针，积极吸收世界上真正先进的东西，特别是自然科学方面，主张凡是我们引进的技术设备都必须是先进的、现代化的。为此，我们在科技引进上要采取点“拿来主义”的态度。据统计，从改革开放至1991年夏，我们共引进国外技术和设备达4000余项。邓小平坚信，聪明的中国人在自力更生的基础上，不搞关门主义，积极吸收外国的先进成果，并进行创新，那么我们就有希望。

> 邓小平年轻时在法国勤工俭学，具有世界眼光和魄力。正是他，让中国走上了市场经济的中国特色社会主义道路，他让中国富起来了。

第三节　江泽民的科学技术思想

江泽民的科学技术思想是“三个代表”重要思想的有机组成部分。江泽民在世纪之交科学技术迅速发展，知识经济初见端倪的新形势下，提出了一系列关于科学技术发展的理论观点，形成了江泽民的科学技术思想。

一、科学技术是先进生产力的集中体现和主要标志

江泽民指出：“科学技术是第一生产力，而且是先进生产力的集中体现和主要标志。”[③]这一重要论断，指明了科学技术在先进生产力发展中的关键地位和作用。

---

① 邓小平文选：第2卷[M].北京：人民出版社，1994：91.

② 邓小平文选：第3卷[M].北京：人民出版社，1993：78.

③ 江泽民文选：第3卷[M].北京：人民出版社，2006：275.

20世纪90年代后期,在计算机技术和互联网技术的推动之下,人类社会呈现科技一体化、科技信息化的迅速发展趋势,推动着人类经济迅速朝前发展。在国内,我国的经济体制改革到了关键的时刻,传统工业化模式的弊端日益凸显,能源短缺、环境污染、生态破坏等矛盾和问题日益严峻和恶化。针对国内发展所面临的实际问题和国外发展的趋势,江泽民提出中国共产党必须始终代表先进生产力的发展要求。而采用科学技术,特别是采用高新技术和适用技术,就是先进生产力。知识经济时代的到来,科学技术知识不仅是生产要素的重要组成部分,而且逐渐成为经济生产的支柱和主要产品,知识分子成了社会劳动的主体,知识创新成了生产发展的杠杆。因此,人类进入知识经济时代后,科学技术的生产成为经济生产的基本特征,科学技术的创新成为经济发展的支撑。从国际上看,国家间的竞争说到底是综合国力的竞争,其关键是科学技术的竞争。江泽民指出,当今世界科技进步是经济发展的决定性因素,我们必须充分估量未来科学技术,特别是高技术发展对综合国力、社会经济结构和人民生活的巨大影响,把加速科技进步放在经济社会发展的关键地位,使经济建设真正转到依靠科技进步和提高劳动者素质的轨道上来。我们进行的是社会主义现代化建设,社会主义的根本任务就是发展生产力,而社会生产力的发展必须依靠先进的科学技术。

二、实施科教兴国战略

江泽民指出:“科教兴国,是指全面落实科学技术是第一生产力的思想,坚持教育为本,把科技和教育摆在经济社会发展的重要位置,增强国家的科技实力及向现实生产力转化的能力,提高全民族的科学文化素质,把经济建设转到依靠科学技术进步和提高劳动者素质的轨道上来,加速实现国家繁荣强盛。”①

从国际形势来看,进入20世纪90年代以来,世界科技革命方兴未艾,科学技术加快发展,科学技术群不断涌现,人类开始步入知识经济时代,世界许多国家特别是西方发达国家都在加紧调整科技和经济发展战略,增强以科技和经济实力为基础的综合国力,国际竞争越来越激烈。从国内形势来看,我国经济体制改革稳步推进,社会主义市场经济体制逐渐建立和完善,各项改革措施顺利进行,国民经济整体上保持持续、快速、健康发展,民族团结、社会稳定,各项事业蓬勃发展。但是,我国的整体科技水平和经济实力还依然比较薄弱,与西方发达国家相比还有较大的差距,经济增长方式仍以粗放型为主,产品结构和产业结构不合理等经济发展中的一些深层次问题尚待进一步解决。人口、资源、环境等问题对经济发展的压力不断增大。

立足国情、放眼未来,我国经济社会的发展既有机遇也面临挑战。只有冷静思考沉着应对,抓住机遇迎接挑战,把科技进步和教育普及作为推动和加速经济、社会发展的强大动力,努力实施科教兴国战略,我们才能在21世纪实现中华民族的振兴。

三、科学技术创新是经济社会发展的重要决定因素

江泽民反复强调,“创新是一个民族进步的灵魂,是一个国家兴旺发达的不竭动力”,②并认为“如果自主创新能力上不去,一味靠技术引进,就永远难以摆脱技术落后的局面。一

① 江泽民文选:第1卷[M].北京:人民出版社,2006:428.

② 江泽民文选:第3卷[M].北京:人民出版社,2006:64.

个没有创新能力的民族，难以屹立于世界先进民族之林”。[①]

纵观当今科技发展趋势，我们可以看到，世界科学技术发展日进千里，科技创新越来越成为社会生产力解放和发展的重要基础与标志，越来越决定着一个国家、一个民族的发展进程。正如江泽民所指出的：“科技进步与创新是发展生产力的决定因素，是经济和社会发展的主导力量。”[②]一个国家，一个民族，如果没有创新意识，缺乏创新能力，不重视创新意识的培养，不关注创新能力的开发，就难以兴盛，难以屹立于世界先进民族之林。因此，江泽民强调指出：“要树立全民族的创新意识，建立国家创新体系，增强企业的创新能力，把科技进步与创新放在更加重要的战略位置，使经济建设真正转移到依靠科技进步和提高劳动者素质的轨道上来。”[③]

当前，我国技术装备整体水平仍比较落后，经济增长中的科技含量不高，科技成果转化率低。由于创新能力不足，不少产品没有自主知识产权，不得不依靠大量进口。因此，加快科技进步与创新已经成为促进产业结构、经济结构调整，实现社会生产力更大发展的迫在眉睫的任务。基于对这些问题的深谋远虑，江泽民提出了两条切实可行的方案。他说：“从我国的实际出发，加快科技进步，一是要用现代技术改造传统产业，这是实现工业化必然要经历的过程，这项工作远没有完成；二是要发展高科技，实现产业化，努力占领科技制高点，这件事我们才刚刚起步。这两个方面的任务是当前和今后一个时期科技进步的主攻方向。”[④]只有通过科学技术的创新，才能推动我国经济社会跨越式发展。

四、重视和关心科学技术人才

江泽民高度重视科学技术人才在科学技术进步和创新中的重要作用，多次强调创新的关键在人才。他说：“科技要发展，人才是关键。”[⑤]“科技进步、经济繁荣和社会发展，从根本上说取决于提高劳动者的素质，培养大批人才。”[⑥]

江泽民高度肯定了科技人才在社会主义现代化建设中的地位与作用，指出：“科学技术人员是新的生产力的重要开拓者和科技知识的重要传播者，是社会主义现代化建设的骨干力量。”[⑦]“科技和经济的大发展，人才是最关键、最根本的因素。”[⑧]“当今和未来世界的竞争，从根本上说是人才的竞争。”[⑨]

江泽民指出：“我们一定要把培养高素质的优秀科技人才摆在重要战略地位。通过深化改革，进一步为优秀人才脱颖而出创造良好环境。”[⑩]首先，要尊重知识，尊重人才，这是我党知识分子政策的基本点。要充分调动广大科技人员的积极性、主动性和创造性，采取切实措施，为他们创造良好的工作、学习和生活条件，要保护知识产权，允许和鼓励技术等生产要

① 江泽民文选：第1卷[M].北京：人民出版社，2006：432.
② 江泽民.论科学技术[M].北京：中央文献出版社，2001：171.
③ 江泽民.论科学技术[M].北京：中央文献出版社，2001：101.
④ 江泽民.论科学技术[M].北京：中央文献出版社，2001：171.
⑤ 十三大以来重要文献选集：中卷[M].北京：人民出版社，1991：788.
⑥ 江泽民文选：第1卷[M].北京：人民出版社，2006：233.
⑦ 江泽民.论科学技术[M].北京：中央文献出版社，2001：58.
⑧ 江泽民.论科学技术[M].北京：中央文献出版社，2001：105.
⑨ 江泽民.论科学技术[M].北京：中央文献出版社，2001：197.
⑩ 江泽民.论科学技术[M].北京：中央文献出版社，2001：168.

素参与收益分配，形成一整套有利于人才培养和使用的激励机制。要建立开放、流动、竞争、合作的科技人员管理制度。要积极创造条件，热忱欢迎海外留学和留居海外的科技人员以各种形式为祖国现代化建设服务。要重视和积极引进国外智力，做好国际人才交流工作。

江泽民还特别强调指出："青年科技人才，是我国科技事业未来发展的希望。"①"我们一定要大力培养和任用年轻人，这应成为我们推动科技创新、知识创新和其他各个方面的创新工作的重要指导思想。"②

江泽民敏锐地指出："推动科技进步和创新，关键是人才。"③"尊重知识，尊重人才，充分调动广大科技人员的积极性、主动性和创造性，是解放科技生产力的前提。"④这是因为，知识分子是人类科学文化知识的主要继承者和传播者，是我国工人阶级中掌握现代化科学文化知识较多的主要从事脑力劳动的一部分，是先进生产力的开拓者和教育科学文化工作的基本力量，在改革开放和现代化建设中承担着重要的历史责任。因此，江泽民谆谆告诫我们："在社会的各种资源中，人才是最宝贵、最重要的资源。"⑤"能不能充分发挥知识分子的才能，在很大的程度上决定着我们民族的盛衰和现代化建设的进程。"⑥

当今时代是高科技迅速发展、日新月异的时代，世界各国在各个领域都展开激烈的竞争。国际间的竞争，实质上是以经济和科技实力为主要内容的综合国力的竞争，而综合国力的竞争说到底是人才的竞争，人才是这场竞争的核心和关键。面对这样的形势，面对这样一个充满矛盾和激烈竞争的世界，江泽民不无忧虑地强调指出："全党同志、全国人民对这个问题一定要有清醒的、足够的认识，增强紧迫感、危机感，自觉地把经济建设转到依靠科技进步和提高劳动者素质的轨道上来。"⑦他要求各级党委和政府："一定要不断促进和积极扶持各类优秀人才脱颖而出，并十分珍惜和用好人才。"⑧"要尽可能创造条件，鼓励科技人员坚韧不拔地向现代科学技术的深度和广度进军，继续攀登世界科技发展的高峰。"⑨

五、科技体制改革和科技法制建设

江泽民指出："如何促进科技与经济的有机结合是我国经济和科技体制改革需要着力解决的根本问题。"⑩"在我国加强科技法制建设，就是要按照依法治国、建设社会主义法治国家的要求，努力建设有中国特色的科技法制，保证党和国家的科技工作方针得到全面贯彻落实，推动建立适应社会主义市场经济体制和科技自身发展规律的新的科技体制。"⑪

---

① 江泽民.论科学技术[M].北京：中央文献出版社，2001：141.
② 江泽民.论科学技术[M].北京：中央文献出版社，2001：112.
③ 江泽民.论科学技术[M].北京：中央文献出版社，2001：172.
④ 江泽民.论科学技术[M].北京：中央文献出版社，2001：23.
⑤ 江泽民.论科学技术[M].北京：中央文献出版社，2001：7.
⑥ 江泽民.论科学技术[M].北京：中央文献出版社，2001：35.
⑦ 江泽民.论科学技术[M].北京：中央文献出版社，2001：23.
⑧ 江泽民.论科学技术[M].北京：中央文献出版社，2001：27.
⑨ 江泽民.论科学技术[M].北京：中央文献出版社，2001：10.
⑩ 江泽民.论科学技术[M].北京：中央文献出版社，2001：52.
⑪ 江泽民.论科学技术[M].北京：中央文献出版社，2001：97.

我国科技体制普遍存在科技与经济脱节、各地区各部门自成体系、分工过细、机构重复、力量分散等弊端，江泽民指出，“这是同社会主义制度和社会主义市场经济的要求相违背的，是同社会化大生产的需要相违背的，也是同科技创新自身的规律相违背的。”[①]因此我们必须深化科技体制改革，“深化科技体制改革的中心一环是继续解决科技与经济脱节的问题，建立有利于科技进步、有利于经济发展的充满生机和活力的新机制。”[②]

深化体制改革，优化制度环境，必须以法制为保证，为此江泽民指出，我国还须加强科技法制建设，“就是要按照依法治国、建设社会主义法治国家的要求，努力建设有中国特色的科技法制，保证党和国家的科技工作方针得到全面贯彻落实，推动建立适应社会主义市场经济体制和科技自身发展规律的新的科技体制，促进科技生产力的解放和发展，充分发挥科学技术对经济社会发展的巨大推动作用。”[③]人类的历史和现实反复证明，一个国家法制工作的好坏，直接影响着它的科技、经济发展和社会进步。我们要全面建设小康社会，把我国建设成为富强、民主、文明、和谐的社会主义现代化国家，这就要求我们必须始终坚持把发展科学技术、加速科技进步和创新放在经济社会发展的关键地位，下大力气、下苦功夫加强法制建设，为科技进步和创新的实现提供坚实的法制保障。

六、科学技术伦理问题是人类在21世纪面临的一个重大问题

江泽民指出：“在二十一世纪，科技伦理问题将会越来越突出。核心问题是，科学技术进步应服务于全人类，服务于世界和平、发展和进步的崇高事业，而不能危害人类自身。”[④]

科学技术是一把“双刃剑”，在推动人类社会发展的同时，科学技术也会以人类意想不到的方式对人类社会的发展造成破坏。正如恩格斯所言，“但是我们不要过分陶醉于我们对自然界的胜利。对于每一次这样的胜利，自然界都报复了我们。每一次胜利，在第一步都确实取得了我们预期的结果，但是在第二步和第三步却有了完全不同的、出乎预料的影响，常常把第一个结果又取消了。”[⑤]江泽民不仅看到了科学技术应用于社会生产所带来的正面效应，还看到了科学技术会给人类生产生活带来的负面效应。江泽民指出：“帝国主义利用先进科学技术推行霸权主义政策，剥削和侵略第三世界国家。我们掌握先进的科学技术，是为了促进经济发展和社会全面进步，捍卫国家主权和安全，维护和平，实现最大多数人民的利益。”[⑥]因此，只有在社会主义条件之下的科学技术应用，才会给人类带来真正的和平与发展，给人类带来真正的幸福。江泽民预计，到了21世纪，科学技术伦理的问题将会越发突出，必将引起人们的高度关注，所以他指出科学技术伦理的核心问题就是“科学技术应服务于全人类，服务于世界和平、发展与进步的崇高事业，而不能危害人类自身”。[⑦]

---

① 江泽民. 论科学技术[M]. 北京：中央文献出版社，2001：153.

② 江泽民. 论科学技术[M]. 北京：中央文献出版社，2001：22.

③ 江泽民. 论科学技术[M]. 北京：中央文献出版社，2001：97.

④ 江泽民. 论科学技术[M]. 北京：中央文献出版社，2001：217.

⑤ 马克思恩格斯选集：第3卷[M]. 北京：人民出版社，1972：517.

⑥ 江泽民文选：第1卷[M]. 北京：人民出版社，2006：98.

⑦ 江泽民. 论科学技术[M]. 北京：中央文献出版社，2001：217.

第四节　胡锦涛的科学技术思想

胡锦涛的科学技术思想是科学发展观的重要组成部分。胡锦涛在经济全球化的背景下，立足于我国科学技术与社会发展的现实需要，提出了一系列关于科学技术发展的理论观点，形成了胡锦涛的科学技术思想。

一、提高自主创新能力，建设创新型国家

胡锦涛多次强调，“自主创新能力是国家竞争力的核心。……必须把建设创新型国家作为面向未来的重大战略”。[①] 他提出了推进国家创新体系建设、重点领域实现跨越式发展和提高自主创新能力等一系列建设创新型国家的重要措施。

胡锦涛的科学技术思想全面、深刻、系统地回答了中国为什么要自主创新，以及如何走自主创新的科技发展之路等一系列问题，为我们走中国特色自主创新道路和建设创新型国家提供了思想理论指导。胡锦涛在多次讲话中强调：“自主创新能力是国家竞争力的核心，是我国应对未来挑战的重大选择，是统领我国未来科技发展的战略主线，是实现建设创新型国家目标的根本途径”。[②] 21 世纪是科学技术迅速发展的世纪，我们要在本世纪实现民族振兴的伟大目标，就必须依靠自主创新发展我国的高科技，实现我国科学技术的跨越式发展。2005 年 10 月，在十六届五中全会第二次会议上，胡锦涛又指出：“要努力建设创新型国家，把增强自主创新能力作为科技发展的战略基点和调整经济结构、转变经济增长方式的中心环节，大力提高原始创新能力、集成创新能力和引进消化吸收再创新能力，努力走出一条具有中国特色的科技创新之路。”[③]在“十七大”报告中胡锦涛明确指出：“提高自主创新能力，建设创新型国家。这是国家发展战略的核心，是提高综合国力的关键。”[④]

二、加强科学技术人才队伍建设，实施人才强国战略

胡锦涛指出：“走中国特色自主创新道路，必须培养造就宏大的创新型人才队伍。人才直接关系我国科技事业的未来，直接关系国家和民族的明天。”[⑤]

人才是我国社会主义建设事业能够取得胜利的重要智力保证，创新型人才更是我国实现科学技术自主创新的关键。胡锦涛指出，“创新型人才是新知识的创新者、新技术的发明者、新学科的创建者，是科技新突破、发展新途径的引领者和开拓者，是国家发展的宝贵战略资源。”因此我国“走中国特色自主创新道路，必须培养造就宏大的创新型人才队伍。人才直接关系我国科技事业的未来，直接关系国家和民族的明天。”[⑥]同时建设创新型国家也需要大批受过良好教育的创新型人才。“没有一支宏大的创新型科技人才队伍作支撑，要实现建

---

① 十六大以来重要文献选编：下卷[M].北京：人民出版社，2006：62.

② 胡锦涛.坚持走中国特色自主创新道路，为建设创新型国家而努力奋斗[N].人民日报，2006-01-10(1).

③ 十六大以来重要文献选编：中卷[M].北京：人民出版社，2006：1094.

④ 胡锦涛.高举中国特色社会主义伟大旗帜，为夺取全面建设小康社会新胜利而奋斗[N].人民日报，2007-10-25(1).

⑤ 十六大以来重要文献选编：上卷[M].北京：人民出版社，2006：502.

⑥ 胡锦涛.在全国人才工作会议上的讲话[N].人民日报，2004-02-21(1).

设创新型国家的目标是不可能的。”[①]因此，“建设创新型国家，关键在人才，尤其在创新型科技人才。”[②]

三、深化科学技术体制改革

胡锦涛为深化科学技术体制改革提出了明确的指导方针，提出“要始终把科学管理作为推动科技进步和创新的重要环节，不断提高科技管理水平”。[③]

改革开放所取得的经验告诉我们，要发展就要解放思想锐意改革，因此，要推进我国科学技术事业的不断发展，建设自主创新型国家，就必须深化科技体制改革，加快建立中国特色的国家创新体系。胡锦涛在全国科技大会上的重要讲话中指出：“深化科技体制改革，进一步优化科技结构布局，充分激发全社会的创新活力，加快科技成果向现实生产力的转化，是建设创新型国家的一项重要任务。要继续推进科技体制改革，充分发挥政府的主导作用，充分发挥市场在科技资源配置中的基础性作用，充分发挥企业在技术创新中的主体作用，充分发挥国家科研机构的骨干和引领作用，充分发挥大学的基础和生力军作用，进一步形成科技创新的整体合力，为建设创新型国家提供良好的制度保障。”[④]深化科技体制改革必须要有科学的思路，为此，我们必须优化科技管理，完善科技资源配置方式，建立健全有关法律法规和建立竞争机制等。我国现代化建设的实践表明，越是现代化，越是高技术，越要加强科学管理。正如胡锦涛指出的那样，“要始终把科学管理作为推动科技进步和创新的重要环节，不断提高科学管理水平。”[⑤]

四、重视科学技术和环境的和谐发展

胡锦涛指出：“大力发展能源资源开发利用科学技术”。我国经济社会建设在迅速向前发展，对能源资源的需求量异常巨大，在资源短缺能源危机的国际大背景下，我们必须大力发展资源能源技术，为我国的发展提供资源能源支撑。与此同时，在开发利用资源能源的过程中，我们要处理好与生态环境的关系。胡锦涛在“两院”院士大会上指出：“大力加强生态环境保护科学技术。要系统认知环境演变规律，提升生态环境监测、保护、修复能力和应对气候变化能力，提高自然灾害预测预报和防灾减灾能力，发展相关技术、方法、手段，提供系统解决方案，构建人与自然和谐相处的生态环境保育发展体系，实现典型退化生态系统恢复和污染环境修复，有效遏制我国生态环境退化趋势，实现环境优美、生态良好。要注重源头治理，发展节能减排和循环利用关键技术，建立资源节约型、环境友好型技术体系和生产体系。”[⑥]在“十七大”报告中胡锦涛又指出：“加强能源资源节约和生态环境保护，增强可持续发展能力。……开发和推广节约、替代、循环利用和治理污染的先进适用技术，发展清洁能源和可再生能源，保护土地和水资源，建设科学合理的能源资源利用体系，提高能源资源利

---

① 胡锦涛．在中国科学院第十五次院士大会、中国工程院第十次院士大会上的讲话[N]．人民日报，2010-06-08(1).

② 胡锦涛．在中国科学院第十五次院士大会、中国工程院第十次院士大会上的讲话[N]．人民日报，2010-06-08(1).

③ 十六大以来重要文献选编：下卷[M]．北京：人民出版社，2006.

④ 胡锦涛．坚持走中国特色自主创新道路，为建设创新型国家而努力奋斗[N]．人民日报，2006-01-10(2).

⑤ 胡锦涛．高举中国特色社会主义伟大旗帜，为夺取全面建设小康社会新胜利而奋斗[N]．人民日报，2007-10-25(1).

⑥ 胡锦涛．在中国科学院第十五次院士大会、中国工程院第十次院士大会上的讲话[N]．人民日报，2010-06-08(1).

用效率。”[①]只有这样，才能实现我国经济社会的持续健康发展。

五、选择重点领域实现跨越式发展

胡锦涛指出：“要坚持有所为有所不为的方针，选择事关我国经济社会发展、国家安全、人民生命健康和生态环境全局的若干领域，重点发展，重点突破，努力在关键领域和若干技术发展前沿掌握核心技术，拥有一批自主知识产权。”[②]

要实现跨越式发展，我们就要坚持有所为有所不为的方针。一方面，在关系国民经济命脉和国家安全的关键领域，在国防和具有自然垄断性的基础行业、提供公共产品和服务的公益性行业，国有经济必须占支配地位，在重要竞争性领域，国有经济可以控股，也可以参股，通过少量国有资本控制和影响更多的社会资本；另一方面，国有资本要从一般竞争性行业逐步退出，让更多的社会投资主体进入，依靠多种经济成分解决现阶段面临的社会经济发展问题。

要实现跨越式发展，我国必须坚持重点发展、重点突破、重点跨越原则，要加大对信息、生物、能源、纳米和材料等关键性领域实施重大科技研究的支持，积极促进战略高技术及产业的发展。胡锦涛认为，应着力突破制约我国产业升级的核心技术、关键技术、共性技术，推动产业从规模优势向技术优势转变，抢占未来发展先机。

六、大力发展民生科学技术

胡锦涛指出：“我们必须坚持以人为本，大力发展与民生相关的科学技术，按照以改善民生为重点加强社会建设的要求，把科技进步和创新与提高人民生活水平和质量、提高人民科学文化素质和健康素质紧密结合起来，着力解决关系民生的重大科技问题，不断强化公共服务、改善民生环境、保障民生安全。”[③]

胡锦涛提出以人为本的科学发展观，其科学技术思想也充分反映了以服务人民，以人为本的宗旨。胡锦涛认为，在科学发展观视野下，科学技术的发展就是要把人民群众的利益放在首位，让科学技术发展的成果惠及广大人民群众，为人民群众造福。胡锦涛指出：“坚持以人为本，让科技发展成果惠及全体人民。这是我国科技事业发展的根本出发点和落脚点。建设创新型国家是惠及广大人民群众的伟大事业，同时也需要广大人民群众积极参与。要坚持科技为经济社会发展服务、为人民群众服务的方向，把科技创新与提高人民生活水平和质量紧密结合起来，与提高人民科学文化素质和健康素质紧密结合起来，使科技创新的成果惠及广大人民群众。”[④]胡锦涛在“两院”院士大会上指出：“我们必须坚持以人为本，大力发展与民生相关的科学技术，按照以改善民生为重点加强社会建设的要求，把科技进步和创新与提高人民生活水平和质量、提高人民科学文化素质和健康素质紧密结合起来，着力解决关系民生的重大科技问题，不断强化公共服务、改善民生环境、保障民生安全。”[⑤]

---

① 胡锦涛．高举中国特色社会主义伟大旗帜，为夺取全面建设小康社会新胜利而奋斗[N]．人民日报，2007-10-25(1).

② 十六大以来重要文献选编：下卷[M]．北京：人民出版社，2006：119.

③ 胡锦涛．在中国科学院第十五次院士大会、中国工程院第十次院士大会上的讲话[N]．人民日报，2010-06-08(1).

④ 胡锦涛．坚持走中国特色自主创新道路，为建设创新型国家而努力奋斗[N]．人民日报，2006-01-10(2).

⑤ 胡锦涛．在中国科学院第十五次院士大会、中国工程院第十次院士大会上的讲话[N]．人民日报，2010-06-08(1).

第五节　习近平的科学技术思想

党的十八大以来，立足于“中国梦”和实现中华民族的伟大复兴，习近平提出了一系列“绿水青山就是金山银山”的科学技术发展与创新的思想。

一、科技是国家强盛之基，必须坚定不移走科技强国之路

习近平在纪念全民族抗战爆发七十七周年仪式上的讲话中指出，“历史是……最好的清醒剂。中国人民对战争带来的苦难有着刻骨铭心的记忆。”[①]回首历史，特别是立足科技视野回顾1840年鸦片战争以来我国的历史，我们可以从中深刻地感触到科技在民族兴盛与国家富强中所处的地位和所起的作用。习近平认为，“近代史上，我国落后挨打的根子之一就是科技落后。”[②]一个民族要兴盛、一个国家要强大，就必须高度重视发展科学技术。习近平在中共中央政治局第九次集体学习时强调，“科技兴则民族兴，科技强则国家强。”[③]简言之就是“科技是国家强盛之基”。[④] 实际上，党的十八大以来，他多次高度阐扬了科技发展创新的重要性。要全面建成小康社会和实现中华民族伟大复兴的中国梦，“我们就必须……坚定不移走科技强国之路。”[⑤]这不仅是习近平基于苦难历史的痛定省思，更是他精准把握科学技术在当今社会发展中的战略地位的洞见。

二、实施创新驱动发展战略，科技创新是关键

党的十八大以来，习近平多次立足国家全局高度论及实施创新驱动发展战略。众所周知，我国长期以来所形成的粗放型发展模式尚未根本改变，经济和科技发展没能很好地实现联姻协作，没能产生同频共振的联动效应。为了充分发挥科技创新激励经济增长的乘数效应，增强科技创新对经济发展的推动力度，实施创新驱动发展战略，习近平敏锐指出，“实施创新驱动发展战略，……是加快转变经济发展方式、破解经济发展深层次矛盾和问题的必然选择，是更好引领我国经济发展新常态、保持我国经济持续健康发展的必然选择。”[⑥]换言之，实施创新驱动发展战略，是既立足现实又面向未来的重大战略，是激发经济发展内生动力和活力的根本举措。如何筑建这项宏大工程？习近平的一系列相关论述给我们指明了现实路线：一是实施创新驱动发展战略要具备世界视野，既要紧扣世界科技发展脉搏，又要认清我国科技发展现状，把发展需要和现实能力、长远目标和近期工作统筹考量，定位切合实际的发展方向和目标。尤其是要全方位、宽领域地加强国际间的科技交流合作，积极参与全球科技创新网络平台的构建，同世界各国携手应对科技发展面临的挑战，实现各国科技事业的共荣发展。二是实施创新驱动发展战略，科技创新是关键，要务必紧紧扼住科技创新这个“牛鼻子”，加快形成我国经济社会发展的强大动力源。

---

① 习近平. 在纪念全民族抗战爆发七十七周年仪式上的讲话[N]. 人民日报，2014-07-08(1).
② 习近平. 在中国科学院第十七次院士大会、中国工程院第十二次院士大会上的讲话[N]. 人民日报，2014-06-10(1).
③ 习近平. 敏锐把握世界科技创新发展趋势，切实把创新驱动发展战略实施好[N]. 人民日报，2013-10-02(2).
④ 习近平. 在中国科学院第十七次院士大会、中国工程院第十二次院士大会上的讲话[N]. 人民日报，2014-06-10(1).
⑤ 习近平. 在中国科学院第十七次院士大会、中国工程院第十二次院士大会上的讲话[N]. 人民日报，2014-06-10(1).
⑥ 习近平. 为建设世界科技强国而奋斗[N]. 人民日报，2016-06-01(1).

三、深化科技体制改革，破除一切制约科技创新的思想障碍和制度藩篱

我国科技的发展仍然不能很好地适应当前经济社会发展的内在要求，要破解科技发展困境，在习近平看来，唯有深化科技体制机制改革才是真正出路。正如他在中国科学院第十七次院士大会、中国工程院第十二次院士大会上的讲话中指出的那样，要“深化科技体制改革，破除一切制约科技创新的思想障碍和制度藩篱”，[①]“让市场真正成为配置创新资源的决定性力量，让企业真正成为技术创新主体。”[②]然而长期以来，我国科技体制机制的不健全、不完善严重阻绊了我国科技事业的纵深发展。所以，当务之急就是要去积极探寻可以充分激发科技发展活力的创新资源配置机制，既可让国家发挥强有力的导控作用，又可让企业极尽发挥科技创新的自主性和能动性，从而彻底“消除科技创新中的‘孤岛现象’[③]”。[④]

此外，还要健全和优化科技创新人才的培育机制，正如习近平在会见清华大学经济管理学院顾问委员会海外委员时所强调：“我们将……兼收并蓄，吸取国际先进经验，推进教育改革，提高教育质量，培养更多、更高素质的人才。”[⑤]他还进一步表示：“党中央作出了建设世界一流大学的战略决策，我们要朝着这个目标坚定不移前进。”[⑥]

四、必须大力培养造就规模宏大、结构合理、素质优良的创新型科技人才

随着世界科技日新月异的发展，在世界综合国力的较量中拥有多少创新型科技人才已成为衡量一个国家科技进步和生产力发展水平的硬性指标和重要参数。无论是全面建成小康社会还是奋力实现中华民族伟大复兴的中国梦，高科技创新型人才无疑是关键。因此，培养一大批符合社会主义现代化建设需要的高科技人才，特别是培养一批青年科技创新人才，对于我国科技进步和经济发展均具有极为重要的现实意义。对此，习近平多次强调，要寻觅和培育创新拔尖人才，尤其是“我国要在科技创新方面走在世界前列，必须在创新实践中发现人才、在创新活动中培育人才、在创新事业中凝聚人才，必须大力培养造就规模宏大、结构合理、素质优良的创新型科技人才”。[⑦] 与此同时，我们要实行更加开放灵活的人才政策体系，积极引进各类创新人才，“要广泛吸引海外优秀专家学者为我国科技创新事业服务。”[⑧]

五、绿色科技是人类建设美丽地球的重要手段

党的十八届五中全会上，习近平提出了创新、协调、绿色、开放、共享的发展理念。如何

① 习近平. 在中国科学院第十七次院士大会、中国工程院第十二次院士大会上的讲话[N]. 人民日报，2014-6-10(1).

② 习近平. 敏锐把握世界科技创新发展趋势，切实把创新驱动发展战略实施好[N]. 人民日报，2013-10-2(2).

③ 孤岛现象一词源于电路理论中的孤岛效应，孤岛效应原指电路的某个区域有电流通路而实际没有电流流过的现象。

④ 习近平. 当好改革开放排头兵创新发展先行者，为构建开放型经济新体制探索新路[N]. 人民日报，2015-03-06(1).

⑤ 习近平会见清华大学经管学院顾问委员会海外委员[N]. 人民日报，2013-10-24(2).

⑥ 习近平. 青年要自觉践行社会主义核心价值观——在北京大学师生座谈会上的讲话[J]. 中国高等教育. 2014(10)：4-7

⑦ 习近平. 在中国科学院第十七次院士大会、中国工程院第十二次院士大会上的讲话[N]. 人民日报，2014-06-10(1).

⑧ 习近平. 在中国科学院第十七次院士大会、中国工程院第十二次院士大会上的讲话[N]. 人民日报，2014-06-10(1).

实现我国经济社会的绿色生态发展？习近平指出，“绿色科技……是人类建设美丽地球的重要手段。”①绿色科技既与绿色发展的基本原则相一致，又与生态文明建设的精神实质相契合，有利于节约资源、减少生态破坏和环境污染，促进人与自然的和谐发展。在十八大之前，习近平就开始关注绿色科技的创新发展，在2010年博鳌亚洲论坛年会开幕式上他曾指出，“要加快开发低碳技术，推广高效节能技术，提高新能源和可再生能源比重，为亚洲各国绿色发展和可持续发展提供坚强的科技支撑。”②党的十八大后，习近平进一步指出，改革开放以来我国GDP高速增长，但经济发展快而不优，问题的症因就是资源要素利用、配置方面的科技创新力度严重不足。习近平所指的科技创新更多是在强调绿色科技的发展创新。在他看来，破解绿色发展难题，必须充分倚重绿色科技创新。唯有通过绿色科技创新，才可以高效地利用和配置各种资源要素，减少生产全过程中的废弃物排放，促进经济发展的良性运行，实现全社会的绿色发展，从而营建天蓝、地绿、水清的美丽中国，形成人与自然和谐发展的新格局。

习近平的独特生活和实践经历，使他具有过人的政治智慧和领导才能。中国特色社会主义进入新时代，意味着近代以来久经磨难的中华民族迎来了从站起来、富起来到强起来的伟大飞跃，迎来了实现中华民族伟大复兴的光明前景；拓展了发展中国家走向现代化的途径，给世界上那些既希望加快发展又希望保持自身独立性的国家和民族提供了全新选择，为解决人类问题贡献了中国智慧和中国方案。

阅读文献

[1]　毛泽东. 实践论[M]//毛泽东选集：第1卷. 北京：人民出版社，1991.
[2]　毛泽东. 矛盾论[M]//毛泽东选集：第1卷. 北京：人民出版社，1991.
[3]　薄一波. 若干重大决策与事件的回顾[M]. 北京：中央党校出版社，2008.
[4]　邓小平文选：第3卷[M]. 北京：人民出版社，1993.
[5]　江泽民. 论科学技术[M]. 北京：中央文献出版社，2001.
[6]　胡锦涛. 坚持走中国特色自主创新道路，为建设创新型国家而努力奋斗[N]. 人民日报，2006-01-10(1).
[7]　习近平. 论治国理政[M]. 北京：外文出版社，2014.

思考题

1. 什么是中国马克思主义的科学技术思想？它与马克思、恩格斯的科学技术思想有什么样的联系与区别？

2. 如何理解人才对于发展科学技术的重要性？毛泽东、邓小平、江泽民、胡锦涛、习近平的人才队伍建设思想有何异同？

3. 为什么说“科学技术是第一生产力”？科学技术如何服务于经济建设？

4. 简述发展科学技术与保护生态环境之间的辩证关系。

5. 简述我国如何实现科学技术的跨越式发展。

---

① 习近平. 让工程科技造福人类、创造未来[N]. 人民日报，2014-06-04(1).

② 习近平. 携手推进亚洲绿色发展和可持续发展[N]. 人民日报，2010-04-11(1).

第十四章　中国马克思主义科学技术观的内容与特征

任何思想都是时代发展的产物，有着鲜明的时代特征。在社会主义建设实践中形成的中国化马克思主义科学技术思想有着丰富的内容和鲜明的特征。这些内容与特征，我们同样可以在世界强国范围内进行审视。

中国马克思主义科学技术观是中国共产党人集体智慧的结晶，是对毛泽东、邓小平、江泽民、胡锦涛、习近平科学技术思想的概括和总结，是他们科学技术思想的理论升华和飞跃，是他们科学技术思想的凝练和精髓。中国马克思主义科学技术观的基本内容为：科学技术的功能观、战略观、人才观、和谐观和创新观。中国马克思主义科学技术观的主要特征是：时代性、实践性、科学性、创新性、自主性、人本性。

第一节　中国马克思主义科学技术观的历史形成

一、毛泽东、邓小平、江泽民、胡锦涛、习近平科学技术思想形成的背景

毛泽东、邓小平、江泽民、胡锦涛、习近平的科学技术思想是在各自不同的时代背景下进行社会建设和发展科学技术的实践中形成和发展起来的。

1. 毛泽东科学技术思想形成的背景

新中国建立之初，工农业停留在自然经济水平，科学技术远远落后于资本主义发达国家，这种社会经济背景为毛泽东科学技术思想的形成提供了客观依据。

我国自古就是一个农业大国。当人类历史的脚步进入近代，西方社会通过产业革命、工业革命逐步实现工业化纷纷步入工业社会之时，中国却闭关锁国，日趋保守，仍然踯躅在刀耕火种的农业社会。1840 年，中国的大门被西方的大炮打开后，却逐渐陷入外敌入侵、战火纷争国家动荡的泥潭，国家的工业化进程徘徊不前。1949 年 10 月新中国成立时，百废待兴，科技经济发展一片破败景象。为了改变旧中国贫穷落后的面貌，实现中华民族的富强，以毛泽东为代表的中国共产党人提出"向科学进军"、建设"四个现代化"等一系列科学技术观点，逐渐形成了毛泽东科学技术思想。

2. 邓小平科学技术思想形成的背景

20世纪80年代，我国科学技术工作面临着国内改革开放、国外参与竞争的双重压力，正是在这样的一个关键时刻，邓小平的科学技术思想应运而生。

随着改革开放的深入进行，我国的经济社会建设全面展开。然而，落后的科技事业严重制约着我国经济的发展。为了打开科技事业发展的新局面，结合我国国情和历史教训，邓小平发展了马克思主义关于科学技术是生产力的思想，并且提出了"科学技术是第一生产力"的论断。邓小平指出："从长远看，要注意教育和科学技术，否则，我们已经耽误了二十年，还要再耽误二十年，后果不堪设想。……马克思讲过科学技术是生产力，这是非常正确的，现在看来这样说可能不够，恐怕是第一生产力。"①

国际上，"二战"后西方国家经历了20世纪六七十年代的黄金发展期，科学技术和经济社会均获得了巨大的发展，日本依托科技创新和国际贸易一跃成为世界第二大经济体，中国周边国家和地区也取得了长足的发展，经济社会不断进步。在对外开放之后，我们面临激烈的国际竞争。在这样的背景下，为了发展我国生产力，建设中国特色社会主义，实现现代化，邓小平逐渐提出并形成了以"科学技术是第一生产力"为核心的科学技术思想。

3. 江泽民科学技术思想形成的背景

世纪之交，科学技术飞速发展、知识经济初见端倪，我国经济与社会的发展，为江泽民的科学技术思想形成与发展奠定了坚实基础。

进入20世纪90年代后，世界范围内的生产力发展出现了许多新的特征，生产发展科技化、科技发展信息化等趋势日益明显。江泽民敏锐洞察世界局势的变化后深刻指出："当今世界，科学技术突飞猛进，知识经济已见端倪，综合国力竞争日趋激烈。"人类正在经历一场全球性的深刻的科学技术革命。正是在这种鲜明的时代背景下，江泽民作出了"科学技术是第一生产力，而且是先进生产力的集中体现和主要标志"的重要论述，将我们对科学技术重要性的认识提升到了一个新高度，并确定了"科教兴国"的战略，形成了江泽民科学技术思想。

4. 胡锦涛科学技术思想形成的背景

胡锦涛科学技术思想的产生有其特定的科学技术发展的时代背景。21世纪，经济发展与科学技术竞争全球化，胡锦涛提出我国提升自主创新能力、建设创新型国家的科学技术思想。

纵观当今世界，人类新的科学发现、新的技术突破以及重大技术创新不断涌现，科学技术在经济社会发展和人类文明进程中发挥了更加明显的基础性和带动性作用。一方面，科学技术的发展使社会生产方式和人类生活方式发生了剧烈而深刻的变化；另一方面，经济全球化所带来的科技发展的全球化趋势日益凸显，对人类历史进程产生着广泛深刻的影响。然而，在旧的国际经济秩序中，西方发达国家在科技上占据着主导优势，控制着重要的科技资源。面对严峻的世界科技形势，胡锦涛紧紧抓住当代科技发展的时代脉搏，站在时代的前沿，高瞻远瞩，及时把握世界经济和科技发展的新情况、新特点，提出了科学技术跨越式发展、建设自主创新型国家等一系列科学技术思想。

与此同时，改革开放30多年来，虽然我国经济社会建设取得了举世瞩目的伟大成就，但

---

① 邓小平文选：第3卷[M]. 北京：人民出版社，1993：174.

我们也必须清醒地看到，我国科技竞争力依然相对薄弱，还难以适应日趋开放和激烈的国际竞争。目前我国面临着经济的增长过度依赖资源能源消耗、环境污染严重、经济结构不合理、高技术产业发展滞后、自主创新能力较弱、企业核心竞争力不强等诸多困难和问题。为了解决我国发展所面临的困难，使我国这样一个发展中国家具有强大的创新能力，实现生产力的跨越式发展，胡锦涛指出："我们必须认清形势，居安思危，奋起直追，按照科学发展观的要求，加快发展我国的科学技术。"①

5. 习近平科学技术思想形成的背景

习近平的科学技术思想是对当今世界科技迅猛发展、经济全球化进程日益加快的新形势与我国经济社会和科技发展现实境况的审思回应。

一方面，习近平科技思想的产生离不开对当今世界科技迅猛发展、经济全球化进程日益加快新形势的科学审思。

另一方面，习近平的科技思想亦是对我国经济社会和科技自身发展的现实境况所作出的积极回应。

二、毛泽东、邓小平、江泽民、胡锦涛、习近平科学技术思想的与时俱进

1. 毛泽东科学技术思想的与时俱进

毛泽东将马克思、恩格斯的科学技术思想与中国具体实践相结合，强调中国社会主义建设要重视科学技术工作，提出了向科学进军的号召，开创了马克思主义科学技术观中国化的理论先河。

1956 年，生产资料私有制的社会主义改造基本完成，党和国家决定把工作重心转移到经济建设上来，为此，毛泽东提出了"技术革命"的概念，指出："要进行技术革命、文化革命，革技术落后的命，革没有文化、愚昧无知的命"，并号召全党努力学习科学知识，同党外知识分子团结一致，为迅速赶上世界科学先进水平而奋斗。此后，毛泽东反复强调建设社会主义要不断进行技术革命，要全党努力学习科学技术。毛泽东领导并制定"四个现代化"的奋斗目标，认为实现"四个现代化"的关键是实现科学技术现代化。毛泽东还领导制定了"百家争鸣、百花齐放""洋为中用、古为今用"的科技发展政策，推动了我国科学技术的发展。

2. 邓小平科学技术思想的与时俱进

邓小平科学技术思想是改革开放新时期，中国共产党领导全国人民向现代科学技术进军和进行社会主义现代化建设的行动纲领，提出"科学技术是第一生产力"②重要思想，对毛泽东科学技术思想有所发展和创新，为中国马克思主义科学技术观奠定了坚实的理论基础。

在人类社会第三次科技革命浪潮的影响下，进入 20 世纪 80 年代后，科学技术开始全方位、多层次、加速地推动经济的发展。邓小平敏锐地洞察到了科学技术在社会生产力发展中的作用的变化，在对这种变化进行深入的研究和思考后，他深刻地指出："现代科学技术正在经历一场伟大的革命，近三十年来，现代科学技术不只是在个别科学理论上、个别生产技术上获得发展，也不只是有了一般意义上的进步和改革，而是几乎各门科学技术领域都发生

① 胡锦涛. 充分发挥科技进步和创新的巨大作用，更好地推进我国社会主义现代化建设[N]. 人民日报，2004-12-29(1).

② 邓小平文选：第 2 卷[M]. 北京：人民出版社，1993：274.

了深刻的变化，出现了新的飞跃，产生了并且正在继续产生一系列新科学技术。当代自然科学正以空前的规模和速度应用于生产，使社会物质生产的各个领域面貌一新。特别是由于电子计算机、控制论和自动化技术的发展，生产自动化的程度正在迅速提高。同样数量的劳动力，在同样的劳动时间里，可以生产出比过去多几十倍的产品。社会生产力有这样的巨大的发展，劳动生产率有这样大幅度的提高，靠的是什么？最主要的是靠科学的力量，技术的力量。"[1]为了适应新科技革命的发展，推动我国社会生产力的快速增长，邓小平发展了马克思主义关于科学技术是生产力的思想，提出了"科学技术是第一生产力"的科学论断。

3. 江泽民科学技术思想的与时俱进

江泽民在继承邓小平科学技术思想的基础上，提出了"科学技术是先进生产力的集中体现和主要标志"，[2]并实施科教兴国战略，全面落实科学技术是第一生产力的思想，为中国马克思主义科学技术观的发展作出了重大贡献。

20 世纪 90 年代后，知识经济初见端倪，科学技术迅猛发展，信息科学技术、生命科学技术、新能源和可再生能源技术、新材料科学技术、海洋科学技术、环保科学技术、管理科学技术等一批高科技异军突起，这些高科技无不具有知识高度密集、学科高度密集、技术高度密集的特点，科学与技术的联系越来越紧密，形成了科学的技术化、技术的科学化、科学技术一体化的发展趋势。高科技迅速地转化为生产力，高科技产品的商品化、产业化、国际化在社会发展中的地位和作用越来越突出。同时，互联网伸向全球各地，克隆技术震惊世界，预示着新的高科技将进一步发展，更直接地向经济、政治、军事、文化甚至宗教等各个领域渗透，从根本上变革人们的生活方式、思想观念，改变社会结构，变革整个世界。

江泽民纵览世界科技发展的大势，深刻地指出，"人类正在经历一场全球性的科学技术革命"，认为"科学技术在 21 世纪必将更深入、更快速地向前发展，必将对人类社会和人自身的发展产生更加深刻的影响。我们必须充分估量未来科学技术对经济和社会发展的巨大作用"。在这样的时代背景下，江泽民在继承和发展邓小平科学技术思想的基础上，形成了江泽民科学技术思想。

4. 胡锦涛科学技术思想的与时俱进

胡锦涛全面继承和发展了毛泽东、邓小平、江泽民的科学技术思想，提出了提升自主创新能力和建设创新型国家重要战略，充分反映了中国马克思主义对科学技术发展规律认识的不断深化，逐渐形成了中国马克思主义科学技术观的系统化的理论体系。

进入 21 世纪后，人类科学技术发展更是一日千里，科技与生产日益紧密结合在一起推动着世界经济迅速向前发展。在我国改革开放取得了阶段性的胜利成果之后，经济发展层次较低、科技水平落后的状况依然存在。要想在日趋激烈的国际竞争中掌握主动而立于不败之地，尤其是从根本上扭转我国在国际科技竞争中相对劣势的局面，推动我国经济科技的跨越式发展，胡锦涛提出我们必须走具有中国特色的自主创新道路，实现我国的跨越式发展的科学技术思想，将中国马克思主义科学技术思想推进到了一个新的发展阶段。

5. 习近平科学技术思想的与时俱进

在新的历史起点上，习近平深刻认识到科技发展与创新对实现中华民族伟大复兴的重

---

① 邓小平文选：第 2 卷[M]. 北京：人民出版社，1993：84.

② 江泽民文选：第 3 卷[M]. 北京：人民出版社，2006：275.

大意义，在团结带领全党、全国各族人民实现中国梦的伟大征程中，将科技发展与创新摆在国家发展全局的核心位置，强调“科技是国家强盛之基，创新是民族进步之魂”、[①]“实施创新驱动发展战略决定着中华民族前途命运”，[②]要求“集中力量推进科技创新，真正把创新驱动发展战略落到实处”，[③]形成了系统完整的科技发展与创新思想，回答了为什么要创新、谁来创新、怎么创新和为谁创新的根本问题，极大丰富和发展了中国化马克思主义的科学技术思想。

三、中国马克思主义科学技术观的内涵

毛泽东、邓小平、江泽民、胡锦涛、习近平的科学技术思想，是在中国共产党领导我国科学技术事业发展和进行社会主义现代化建设的伟大实践中，逐渐形成、发展和完善的。

中国马克思主义科学技术观是基于马克思、恩格斯的科学技术思想，对当代科学技术及其发展规律的概括和总结，是马克思主义科学技术论的重要组成部分。

中国马克思主义科学技术观是中国共产党人集体智慧的结晶，是对毛泽东、邓小平、江泽民、胡锦涛、习近平科学技术思想的概括和总结，是他们科学技术思想的理论升华和飞跃，是他们科学技术思想的凝练和精髓。

中国马克思主义科学技术观的内涵丰富，涉及科学技术的功能、目标、机制、战略、人才和方针等重大问题，是一个科学、完整的思想理论体系。

第二节　中国马克思主义科学技术观的基本内容

一、科学技术功能观

中国马克思主义深刻认识到科学技术的经济和社会功能。

新中国成立初期，毛泽东果断提出：要下决心，搞尖端技术，要研究原子弹。造成旧中国落后挨打的一个重要原因就是西方国家的船坚炮利，而我国科学技术落后，新中国要屹立于世界的东方，就必须尽快发展科学技术尤其是尖端技术，依托科学技术尤其是军事科技的发展巩固国防、保家卫国。

邓小平多次强调中国现代化的关键在于科学技术的现代化。邓小平认为，在四个现代化的相互关系中，科学技术现代化居于首要地位，只有实现科学技术现代化，才能实现农业、工业和国防的现代化。因此，邓小平高屋建瓴地指出，“没有现代科学技术，就不可能建设现代农业、现代工业、现代国防。没有科学技术的高速发展，也就不可能有国民经济的高速发展。”[④]

江泽民在强调科学技术强国富民重要作用的同时，还多次指出世界范围的经济竞争、综合国力竞争，在很大程度上表现为科学技术的竞争。1989 年江泽民就已经指出，“世界范围

---

① 习近平.在中国科学院第十七次院士大会、中国工程院第十二次院士大会上的讲话[N].人民日报，2014-06-10(1).

② 中共中央文献研究室.习近平关于科技创新论述摘编[M].北京：中央文献出版社，2016：25.

③ 中共中央文献研究室.习近平关于科技创新论述摘编[M].北京：中央文献出版社，2016：23.

④ 邓小平文选：第 2 卷[M].北京：人民出版社，1993：274.

的竞争、综合国力的竞争，在很大程度上表现为科学技术的竞争。”[①]1991年他再次指出，“国际间的竞争，说到底是综合国力的竞争，关键是科学技术的竞争。”[②]1999年江泽民又意味深长地说，“我们要在未来激烈的国际竞争和复杂的国际斗争中取得主动，要维护我们的国家主权和安全，必须大力发展我国的科技事业，大力增强我国的科技实力，从而不断增加我国的经济实力和国防实力。”[③]

胡锦涛进一步认识到一个国家只有拥有强大的自主创新能力，才能在激烈的国际竞争中把握先机、赢得主动。胡锦涛指出：“实践告诉我们，高度重视和充分发挥科学技术的重要作用，努力以科技发展的局部跃升带动经济社会发展，是加快发展的一个重要途径。”“对影响国家发展和安全战略全局的尖端科技，必须主要依靠自己的努力来取得突破，这样才能牢牢掌握推动经济社会发展和科技发展的战略主动。”[④]

习近平也认识到科学技术对于国家强盛的重要性，认为“科技是国家强盛之基”，[⑤]他还特别强调科技发展要惠及民生，通过科技创新提高医疗卫生技术水平，为人们身体健康提供保障；通过农业科技创新提高粮食产量，解决人们的吃饭问题，保障国家粮食安全；通过科技创新解决环境污染问题，“既要绿水青山，也要金山银山”，为人们提供优美的生活环境。

二、科学技术战略观

中国马克思主义将科学技术战略提升至国家层面，予以高度重视。

毛泽东认为，要优先发展工业科技提升我国的生产能力和防卫能力，并大力发展尖端军事科技提升我国国家地位和影响力。1950年5月，中国科学院建立了以原子核研究为主的近代物理研究所，开始向最尖端的核技术进军。1955年5月，在中央书记处扩大会议上毛泽东指出：“这件事(指原子能技术)总是要抓的，现在到时期了。该抓了。”不久毛泽东又指出：“我们已经进入了这样一个时期，就是我们现在所从事的、所思考的、所钻研的是社会主义工业化，钻社会主义改造、钻现代化国防，并且开始要钻原子能这样的历史新时期。”[⑥]后来在制定1956—1967年科学技术发展的长远规划时，在毛泽东的关怀与领导下，采取了“重点发展，迎头赶上”的方针，并把发展原子能、火箭、喷气技术、计算机技术、遥控技术等科研项目列为重点。1956年4月，我国成立了航空工业委员会，提出了发展尖端武器的初步设想。1958年又成立了国防科委，毛泽东亲自审批了中央军委关于核武器研究情况的报告。20世纪60年代，当苏联撕毁合同，撤走专家之后，毛泽东当即批示：“对尖端武器的试制工作，仍应抓紧进行。不能放松或下马。”由此看出，毛泽东是十分关注和重视尖端技术的发展的，实践证明这是非常有见地和完全正确的。

邓小平提出了既坚持自力更生，又虚心学习世界先进科学技术的科技方针。邓小平十分重视依靠自己的力量来发展我国的科学技术，他把“独立自主、自力更生”当作我国发展科学技术事业的立足点，指出：“提高我国的科学技术水平，当然必须依靠我们自己努力，必须

---

① 江泽民.论科学技术[M].北京：中央文献出版社，2001：20.

② 江泽民.论科学技术[M].北京：中央文献出版社，2001：64.

③ 江泽民.论科学技术[M].北京：中央文献出版社，2001：146.

④ 胡锦涛.在庆祝我国首次载人航天飞行圆满成功大会上的讲话[J].新华月报，2003(12).

⑤ 习近平.在中国科学院第十七次院士大会、中国工程院第十二次院士大会上的讲话[N].人民日报.2014-06-10(1).

⑥ 毛泽东文集：第5卷[M].北京：人民出版社，1999：14.

发展我们自己的创造，必须坚持独立自主、自力更生的方针。"[①]"因为不靠自己不行，主要靠自己，这叫做自力更生。"[②]但是邓小平也清醒地认识到，独立自主不是闭关自守，自力更生更不是盲目排外，他认为"在自力更生的同时，还需要对外开放，吸收外国的资本和技术来帮助我们发展。"[③]

江泽民把科教兴国战略确定为 21 世纪我国实现现代化的发展战略。他指出："科教兴国，是指全面落实科学技术是第一生产力的思想，坚持教育为本，把科技和教育摆在经济、社会发展的重要位置，增强国家的科技实力及向现实生产力转化的能力，提高全民族的科技文化素质，把经济建设转移到依靠科技进步和提高劳动者素质的轨道上来，加速实现国家的繁荣强盛。"[④]在党的十五大上，江泽民同志再次提出把科教兴国和可持续发展战略作为跨世纪的国家发展战略，进一步把科教兴国上升到国家战略的高度。

胡锦涛对创新型国家进行了系统论述，把增强自主创新能力作为科学技术发展的战略基点和调整产业结构、转变增长方式的中心环节。2006 年 1 月 9 日在全国科学技术大会上，胡锦涛在《坚持走中国特色自主创新道路为建设创新型国家而努力奋斗》的讲话中提出了"到 2020 年建成创新型国家，使科技发展成为经济社会发展的有力支撑"的战略思想。他指出，要提高科技创新能力，要特别注重对经济增长有巨大促进作用的科技研究，坚持把提高科技自主创新能力作为推进结构调整和提高国家竞争力的中心环节，从战略上，着手实施建设创新型国家战略。

习近平强调我国科技发展要"下好先手棋，打好主动仗"，在科技发展上要坚持有所为、有所不为，提出优先支持的科技领域一定要能够促进经济发展方式转变，给经济增长点开辟一片新的天地，突破制约我国经济社会可持续发展的瓶颈问题。此外，习近平反复强调要尊重知识，重视人才，提出要不拘一格降人才，发挥科技人才创新积极性，在全社会充分营造勇于创新、鼓励成功、宽容失败的社会氛围。

三、科学技术人才观

中国马克思主义非常重视人才在科学技术发展中的关键作用。

毛泽东提出，我们要搞技术革命，没有科技人员不行，并对科学家委以重任。毛泽东指出："搞技术革命，没有科技人员不行，不能单靠我们这些大老粗，这一点要认识清楚，要向全体党员进行深入的教育。"[⑤]并强调发展科学技术必须调动广大知识分子的积极性和充分发展他们的聪明才智。毛泽东虚心向钱学森、钱三强、李四光、竺可桢、谈家桢等科学家请教，提出，建立"科学中央"的设想，认为"中央委员会中应该有许多工程师，许多科学家"。

邓小平对科技人才非常重视，对科技人才的地位、科技人才的选拔、科技人才的培养教育、科技人才的使用管理作了一系列精辟的论述。早在 1978 年邓小平就曾经指出，"我们常说，人是生产力最活跃的因素。这里讲的人，是指有一定的科学知识、生产经验和劳动技能

---

① 邓小平文选：第 3 卷[M]. 北京：人民出版社，1993：91.

② 邓小平文选：第 3 卷[M]. 北京：人民出版社，1993：78.

③ 邓小平文选：第 3 卷[M]. 北京：人民出版社，1993：108.

④ 江泽民文选：第 1 卷[M]. 北京：人民出版社，2006：428.

⑤ 薄一波. 若干重大决策与事件的回顾：上册[M]. 北京：中央党校出版社，1991：507.

来使用生产工具、实现物质资料生产的人。”①20 世纪 80 年代后，我国开始全面建设中国特色社会主义事业，科技队伍有了很大发展，但同西方发达国家相比力量仍然薄弱，为此邓小平反复强调，“我们向科学技术现代化进军，要有一支浩浩荡荡的工人阶级的又红又专的科学技术队伍，要有一大批世界一流的科学家、工程技术专家。造就这样的队伍，是摆在我们面前的一项重要任务。”②

江泽民十分重视人才在实施科教兴国战略中的地位和作用，明确提出，实施科教兴国战略，关键是人才。江泽民认为，开拓先进生产力，人才是关键，科学技术的发展，推动科学技术的进步和创新，都离不开人才，因此我们必须大力培养和使用年轻人才，并建立完善的人才激励机制，吸引国际专家和人才。

胡锦涛进一步肯定了作为新生产力开拓者的科技人才不可替代的地位，并多次强调我国必须抓紧抓好培养造就科技领军人才的紧迫战略任务。胡锦涛强调指出我国必须“努力造就世界一流科学家和科技领军人才”。③ 认为科技领军人才在科研中起到不可替代的作用，是科研带头人，是科研团队协同合作的纽带，是科研的组织管理者。“创新型科技人才特别是领军人物都具有成长成才、实现科技创新所必需的一些基本素质和特点，……国际一流的科技尖子人才、国际级科学大师、科技领军人物，可以带出高水平的创新型科技人才和团队，可以创造世界领先的重大科技成就，可以催生具有强大竞争力的企业和全新的产业。”④

一个国家要想在科技创新方面走在世界前列，就必须善于发现人才、培育人才和凝聚人才。因此，习近平指出，我国“必须大力培养造就规模宏大、结构合理、素质优良的创新型科技人才”，⑤要把人才资源开发放在科技创新最优先的位置。习近平认为，那些把毕生精力献给我国科技事业的科学院院士和工程院院士为代表的我国科学技术界、工程技术界的杰出人才是“国家的财富、人民的骄傲、民族的光荣”。⑥ 为此，习近平嘱托各级党委和政府，要在政治待遇上、工作环境上、生活安排上主动关怀、积极支持、热情关心以院士为首的科技工作者，努力当好“后勤部长”。

四、科学技术和谐观

中国马克思主义高度关注人与自然和谐问题，形成了科学技术和谐观。

毛泽东指出：“这是科学技术，是向地球开战……如果对自然界没有认识，或者认识不清楚，就会碰钉子，自然界就会处罚我们，会抵抗。”⑦毛泽东认为，进行社会主义建设，很重要的一个问题就是搞好综合平衡，不同行业之间要平衡，行业内部不同部门之间要平衡，最重要的是保持和平环境。

邓小平指出科技发展不仅是提高社会生产力的重要手段，也是处理环境问题的有效方式。邓小平认为，通过科学技术在社会生产中的应用，经济发展了，生产力提高了，我们才有

---

① 邓小平文选：第 2 卷[M]. 北京：人民出版社，1994：87.
② 邓小平文选：第 2 卷[M]. 北京：人民出版社，1994：91.
③ 胡锦涛. 高举中国特色社会主义伟大旗帜，为夺取全面建设小康社会新胜利而奋斗[N]. 人民日报，2007-10-25(1).
④ 胡锦涛. 在中国科学院第十五次院士大会、中国工程院第十次院士大会上的讲话[N]. 人民日报，2010-06-08(1).
⑤ 习近平. 在中国科学院第十七次院士大会、中国工程院第十二次院士大会上的讲话[N]. 人民日报，2014-06-10(1).
⑥ 习近平. 在中国科学院第十七次院士大会、中国工程院第十二次院士大会上的讲话[N]. 人民日报，2014-06-10(1).
⑦ 毛泽东文集：第 8 卷[M]. 北京：人民出版社，1999：72.

更多的资源和精力去处理好环境问题。

江泽民指出，我国科技发展必须坚持环境保护。江泽民认为，环境保护是实现国家经济社会安全、全面建设小康社会目标、贯彻“三个代表”重要思想的可靠保证，我国要坚持环境保护与经济发展相协调、环境保护与人口增长相协调、防治污染与生态保护并重的方针，促进环境科学技术的进步。

胡锦涛指出，要“发展相关技术、方法、手段，提供系统解决方案，构建人与自然和谐相处的生态环境保育发展体系”。[①]

江泽民、胡锦涛还重视科技与经济社会的和谐发展。江泽民指出：“科学技术进步应服务于全人类……而不能危害人类自身。”[②]胡锦涛强调发展民生科技，构建和谐社会。

21世纪，绿色科技潮涌而来，绿色发展成为全球主流战略，基于此，习近平高瞻远瞩地提出创新、协调、绿色、开放、共享等五大系统和谐发展理念。习近平认为，绿色发展理念是我国未来发展的内在要求和建设社会主义生态文明的必由之途，“绿水青山就是金山银山”，只有绿色科技、生态发展，才能实现人、社会、自然之间的真正和睦共处。

五、科学技术创新观

科学技术创新是中国马克思主义科学技术观的重要内容。

毛泽东指出，“我们必须打破常规，尽量采用先进技术，在一个不太长的历史时期内，把我国建设成为一个社会主义的现代化的强国”。[③] 只有通过打破常规，进行一系列的技术革新和技术革命，才能迅速推动我国社会生产力的发展，改变我国贫穷落后的社会面貌。只有通过发展尖端技术，发展核技术，搞“两弹一星”，才能扭转旧中国落后挨打的被动局面。

邓小平提出要善于学习和引进，更善于创新，自力更生创新，树立高起点上创新的雄心壮志。邓小平认为，由于我国科学技术落后，需要学习世界先进的科学技术，“要引进国际上的先进技术、先进装备，作为我们发展的起点。”[④]我们在引进国外先进技术改造企业发展经济的同时，不仅要学会，更要在学会的基础上有所提高和创新。

江泽民站在知识经济时代的高度，把创新提到了关系国家民族兴衰存亡的高度。江泽民认为，在21世纪，创新意识对我国的发展至关重要，一个没有创新的民族是难以屹立于世界民族之林的。我们必须始终高度重视科技创新，坚持创新，敢于创新，始终把创新作为推动我国科技进步、经济社会发展和民族复兴的动力源泉。

胡锦涛则强调，我国必须把增强自主创新能力作为发展科学技术的战略基点、作为调整产业结构和转变发展方式的中心环节，把建设自主创新型国家作为面向未来的战略选择，更加自觉、更加坚定地走中国特色的自主创新道路。

习近平认为我国科学技术必须坚持“创新、创新、再创新”[⑤]的发展导向。2014年6月，习近平在两院院士大会的讲话上强调，“面对科技创新发展新趋势，世界主要国家都在寻找科技创新的突破口，抢占未来经济科技发展的先机。我们不能在这场科技创新的大赛场上

---

① 胡锦涛.在中国科学院第十五次院士大会、中国工程院第十次院士大会上的讲话[N].人民日报，2010-06-08(1).
② 江泽民文选：第3卷[M].北京：人民出版社，2006：104.
③ 毛泽东文集：第8卷[M].北京：人民出版社，1999：341.
④ 邓小平文选：第2卷[M].北京：人民出版社，1994：133.
⑤ 习近平.在中国科学院第十七次院士大会、中国工程院第十二次院士大会上的讲话[N].人民日报.2014-06-10(1).

落伍，必须迎头赶上、奋起直追、力争超越。”①

第三节　中国马克思主义科学技术观的主要特征

一、时代性

中国马克思主义科学技术观是由毛泽东、邓小平、江泽民、胡锦涛、习近平各自所处的历史条件所决定的，是对时代背景实事求是的反映，因此他们的科学技术思想都镌刻了时代的烙印，反映了时代的需求。

“二战”后，世界各国都把国家工作的中心转移到恢复国民经济建设上来，尤其是西方国家，在50年代基本医治了战争的创伤，到了20世纪六七十年代，在电子革命、信息革命等第三次科技发展浪潮的推动之下，占领了科学技术发展的制高地，从而推动本国经济社会迅速向前发展。而我国在抗日战争胜利后又历经三年内战，至新中国成立初期，经济萧条，科学技术发展落后，社会一片破败景象。为了改变旧中国贫穷落后的面貌，扭转落后挨打的局面，毛泽东号召“向科学进军”，提出建设“四个现代化”，并强调我们必须发展自己的尖端技术，搞“两弹一星”。

十一届三中全会后，我国进行改革开放和建设中国特色社会主义。面对在改革开放和建设中国特色社会主义实践过程中所遇到的困难和问题，邓小平提出以“科学技术是第一生产力”为核心的一系列充满时代感和使命感的科技观点。

世纪之交，在知识经济初见端倪、科学技术日益作为先进生产力显现、国际经济科技竞争日趋激烈的时代背景下，江泽民提出中国共产党必须始终代表先进生产力的发展要求，大力发展科学技术，实施“科教兴国”战略。

进入21世纪新时期，我国经济发展取得了举世瞩目的成就，开始了全面建设小康社会的伟大进程，但经济、科技、社会、环境发展不协调等问题和矛盾也日益突出，针对经济社会快速发展过程中涌现出来的矛盾和问题，胡锦涛提出以人为本的科学发展观，强调实现科学技术的跨越式发展，建设自主创新型国家。

二、实践性

中国马克思主义科学技术观的形成和发展建立在国内外科学技术发展的实践基础之上，并随着科学技术实践的发展而日趋完备。

19世纪，随着英、法、德、美等西方主要资本主义国家第一次工业革命的完成和物理、化学、生物学、地质学等学科的确立及在工业发展中的应用，科学技术在生产力发展中的作用日益显现，在这样的背景下，马克思提出生产力也包括科学。进入20世纪尤其是“二战”后，依托信息、电子、原子能、航空航天等科学技术的发展，西方资本主义国家不仅恢复了国民经济生产，还在第三次科技浪潮的推动下出现了六七十年代的黄金发展时期，西方资本主义国家经济社会的发展推进到了一个新的阶段和高度。随着新中国的成立和社会主义制度在我国的确立，为了改变旧中国落后挨打的被动局面，毛泽东号召“向科学进军”，提出发展我国

① 习近平. 在中国科学院第十七次院士大会、中国工程院第十二次院士大会上的讲话[N]. 人民日报. 2014-06-10(1).

的尖端技术。十一届三中全会后，我国进行体制改革和实行对外开放，学习和利用国外先进科学技术建设中国特色社会主义，我国科学技术也循序渐进地向前发展，逐步在经济社会建设领域发挥突出作用。进入20世纪90年代后期，随着我国逐渐摆脱贫困并逐步进入小康社会，先进生产力的发展成为现实需要。21世纪是中国人抓住机遇大有可为的新的历史时期，经过三十年改革开放和现代化建设的积累，我们取得了巨大成就，但新的矛盾和问题层出不穷，因此，随着时代的发展，胡锦涛提出科学发展观，建设自主创新型国家。

三、科学性

中国马克思主义科学技术观的科学性，一方面是基于实践基础之上产生的；另一方面还表现在它是一个完整的科学体系。

中国马克思主义科学技术观是在经济发展科技进步的实践基础上形成和发展起来的。社会主义制度确立之后，我国科学技术不发达，经济文化落后，基于这样的基本国情，以毛泽东为代表的中国共产党人开始了社会主义建设的探索，开展社会主义经济建设，发展教育和科学技术，搞技术革命和尖端技术，形成了毛泽东科学技术思想。十一届三中全会后，我国实行改革开放，引进国外技术发展我国经济，发展高科技，在建设中国特色社会主义的实践中形成了邓小平以“科学技术是第一生产力”为核心的科学技术思想。世纪之交，人类步入知识经济时代，在综合国力的竞争日益表现为科学技术竞争的时代背景下，形成了江泽民科学技术思想。进入21世纪，在贯彻落实科学发展观的全面建设小康社会的实践中，形成了胡锦涛科学技术思想。

中国马克思主义科学技术观是一个完整的科学体系。从毛泽东提出“向科学进军”到邓小平提出“科学技术是第一生产力”，从江泽民的“科教兴国”到胡锦涛“提高自主创新能力，建设创新型国家”，他们的科学技术思想各具特色又一脉相承，以马克思主义为理论指导，以实事求是为精髓，以自主创新为基本立足点，以为人民服务和实现人的全面发展为价值目标，指导我国科学技术进步，推动我国经济社会发展。

四、创新性

在指导科学技术发展的战略方针上，中国马克思主义科学技术观坚持继承与创新相结合的原则，但更强调创新。

毛泽东提出必须发展自己的尖端技术，不断进行技术革新和技术革命，认为“我们不能走世界各国技术发展的老路，跟在别人后面一步一步地爬行。我们必须打破常规，尽量采用先进技术”。[①] 邓小平高瞻远瞩地指出我们要发展高科技，并组织大规模的高科技研究，开发和兴办一批高科技产业，相继制定了新技术革命对策、高技术研究与发展计划纲要、火炬计划等一系列发展高技术产业、建立高新技术开发区的政策和措施。江泽民强调科技创新，认为“创新是一个民族进步的灵魂，是一个国家兴旺发达的不竭动力。没有科技创新，总是步人后尘，经济就只能永远受制于人，更不能缩短差距”[②]。胡锦涛认为我们必须“坚持走中

---

① 毛泽东著作选读：下卷[M].北京：人民出版社，1986：849.

② 江泽民文选：第3卷[M].北京：人民出版社，2006：64.

国特色自主创新道路，为建设创新型国家而努力奋斗。”[①]他强调指出：“自主创新能力是国家竞争力的核心，是我国应对未来挑战的重大选择，是统领我国未来科技发展的战略主线，是实现建设创新型国家目标的根本途径”，[②]并提出一系列建设创新型国家的重要举措。习近平提出“科技是国家强盛之基，创新是民族进步之魂”，[③]我国科技事业的发展必须“创新、创新、再创新”。[④]

五、自主性

中国马克思主义科学技术观一贯强调“独立自主，自力更生”，把坚持自主发展、自主创新作为国家科学技术发展的长远方针。

20 世纪 50 年代初毛泽东就指出我国发展科学技术必须坚持“自力更生为主”的基本方针，强调我国尖端技术的发展必须首先立足于自己。正是通过中国人民的自力更生和艰苦奋斗，在异常困难的情况下，我国“两弹一星”研制成功。改革开放后，我国开始全面学习和利用西方先进科技，但邓小平始终认为我们必须立足自身，强调“中国必须发展自己的高科技，在世界高科技领域占有一席之地”。[⑤] 如果我们不能立足自身，发展自己的高科技，我们就无法成为一个有重要影响的大国。江泽民也清醒地认识到，虽然国外的先进科学技术能够对我国的经济发展起到一定的促进作用，但西方发达国家是不可能转让最先进的核心技术的，即使转让一些非核心技术，也会设置很多极为苛刻的条件，一味依靠技术引进而不加以转化、吸收、创新，将永远无法摆脱技术落后的局面。因此，江泽民始终强调指出我国必须把发展科学技术的立足点放在依靠自身力量的基础之上。江泽民指出：“我们不能花钱买一个现代化”，因此“必须把引进和开发、创新结合起来，形成自己的优势”，只有如此，我们才能“在科技方面掌握自己的命运”。[⑥] 胡锦涛也明确提出，我国必须提高自主创新能力，建设创新型国家。

六、人本性

中国马克思主义科学技术观的人本性，主要表现在强调科学技术造福于民，服务于人的全面发展上。人的全面发展是科技经济和社会发展的最高价值目标，科学技术的发展与应用必须以人为本，始终把人的全面发展作为出发点和归宿，强调人的地位，肯定人的价值，维护人的尊严和权利，为人类的幸福服务。正如胡锦涛鲜明指出的那样，科学技术的发展必须“坚持以人为本，让科技发展成果惠及全体人民……要坚持科技为经济社会发展服务、为人民群众服务的方向，把科技创新与提高人民生活水平和质量紧密结合起来，与提高人民科学文化素质和健康素质紧密结合起来，使科技创新的成果惠及广大人民群众。”[⑦]

习近平科学发扬了胡锦涛的科技人本理念，进一步提出“要把科技创新与提高人民生活

---

① 胡锦涛.坚持走中国特色自主创新道路，为建设创新型国家而努力奋斗[N].人民日报，2006-01-10(1).

② 胡锦涛.坚持走中国特色自主创新道路，为建设创新型国家而努力奋斗[N].人民日报，2006-01-10(1).

③ 习近平.在中国科学院第十七次院士大会、中国工程院第十二次院士大会上的讲话[N].人民日报.2014-06-10(1).

④ 习近平.在中国科学院第十七次院士大会、中国工程院第十二次院士大会上的讲话[N].人民日报.2014-06-10(1).

⑤ 邓小平文选：第 3 卷[M].北京：人民出版社，1993：279.

⑥ 江泽民文选：第 1 卷[M].北京：人民出版社，2006：79.

⑦ 胡锦涛.坚持走中国特色自主创新道路，为建设创新型国家而努力奋斗[N].人民日报，2006-01-10(1).

质量和水平结合起来，在……关系民生的重大科技问题上加强攻关，使科技成果更充分地惠及人民群众”。[①] 2014 年 5 月，习近平在上海考察时再次强调，“要加大科技惠及民生力度，推动科技创新同民生紧密结合”。[②] 同年 6 月，他在国际工程科技大会上指出：“工程科技与人类生存息息相关……工程造福人类。”[③]在此后的两院院士大会上他又进一步指出：“科技成果只有同……人民要求……相结合，才能真正实现创新价值。”[④]

中国要成为一个负责任的世界大国，科学技术是第一抓手。只有掌握和创造关键核心的科学技术，中国才能对世界和平和发展作出重要贡献。文化软实力必须建立在硬实力基础之上。

阅读文献

[1] 薄一波.若干重大决策与事件的回顾[M]. 北京：中央党校出版社，2008.

[2] 邓小平文选：第 3 卷[M]. 北京：人民出版社，1993.

[3] 江泽民.论科学技术[M]. 北京：中央文献出版社，2001.

[4] 胡锦涛.坚持走中国特色自主创新道路，为建设创新型国家而努力奋斗[N]. 人民日报，2006-01-10(1).

[5] 中共中央文献研究室.习近平关于科技创新论述摘编[M]. 北京：中央文献出版社，2016.

思考题

1. 简述邓小平“科学技术是第一生产力”科学论断提出的背景。
2. 如何理解中国马克思主义科学技术思想的与时俱进？
3. 简述中国马克思主义科学技术思想的科学内涵。
4. 如何理解中国马克思主义科学技术思想的科学性？
5. 如何理解中国马克思主义科学技术思想的人本性？
6. 如何理解创新、协调、绿色、开放、共享的发展理念？

---

① 习近平.科技工作者要为加快建设创新型国家多作贡献[N]. 人民日报，2011-05-28(1).

② 习近平.加快科技体制改革步伐[EB/OL]. [2017-05-06]. http://news.xinhuanet.com/politics/2016-02/29/c_128761312.htm.

③ 习近平.让工程科技造福人类、创造未来[N]. 人民日报，2014-06-04(1).

④ 习近平.在中国科学院第十七次院士大会、中国工程院第十二次院士大会上的讲话[N]. 人民日报，2014-06-10(1).

第十五章　创新型国家建设

“落后就要挨打”，这是近代中国形成的一个基本共识。反过来讲，能否找几个例子说明，一个落后的国家，其人民生活幸福，且生活有尊严？为什么美国是世界上唯一的超级大国，多次进行世界上的局部战争？在全面建成小康社会的重要阶段，我们国家为什么在提出未来发展的“五大发展理念”中要以创新为首？“创新”在引领时代发展中起到什么样的作用？我们国家科技创新的现状是什么样的？目前建立创新型国家的瓶颈是什么？等等诸多问题，需要我们认真思考。

创新是一个民族进步的灵魂，是一个国家兴旺发达的不竭动力，自主创新能力是支撑和保证一个国家崛起的核心竞争力。提高自主创新能力，建设创新型国家，是时代赋予我国的一项长期、艰巨的伟大事业。在十八届五中全会上，中共中央总书记习近平同志提出了创新、协调、绿色、开放、共享的“五大发展理念”，把创新提到首要位置，指明了我国发展的方向和要求，代表了当今世界发展潮流，体现了我们党认识把握发展规律的深化。以创新的理念为基础，建设创新型国家，核心是把增强自主创新能力作为发展科学技术的战略基点，走出中国特色自主创新道路，推动科学技术的跨越式发展。在本章，我们将讨论创新型国家的背景、内涵，如何建设创新型国家，讨论核心技术与产业创新的关系。

第一节　创新型国家的内涵与特征

一、创新型国家的基本内涵

半个多世纪以来，世界上众多国家都在各自不同的起点上，努力寻求实现工业化和现代化的道路。一些国家主要依靠自身丰富的自然资源增加国民财富，如中东产油国家；一些国家主要依附于发达国家的资本、市场和技术，如一些拉美国家；还有一些国家把科技创新作为基本战略，大幅度提高科技创新能力，形成日益强大的竞争优势，国际学术界把这一类国家称之为创新型国家。

理论上，创新型国家是指把科技创新作为国家发展基本战略，大幅度提高自主创新能力，形成日益强大的竞争优势，从而在国际社会中保持强大竞争力的国家。它主要依靠科技创新来驱动经济发展，以企业作为技术创新主体，通过制度、组织和文化创新，积极发挥国家创新体系的作用。创新型国家区别于依靠自身丰富自然资源增加国家财富，以及主要依附发达国家资本、市场和技术的国家。

国家创新能力目前大多用创新综合指数来评价。创新综合指数指标体系一般包括投入指标和产出指标两大类，在这两类指标体系中，最为重要的有：①全社会研发投入占国内生产总值的比重；②研发人员数量；③对外技术依存度；④国际科学论文被引用数；⑤本国人专利年度授权量等。

二、创新型国家的特征

创新型国家的主要表现是：整个社会对创新活动的投入较高，重要产业的国际技术竞争力较强，投入产出的绩效较高，科技进步和技术创新在产业发展和国家的财富增长中起重要作用。所以，按照现在权威的表述，创新型国家应至少具备以下4个基本特征：①科技进步贡献率较高，至少在70%以上；②创新投入高，国家的研发投入即R&D(研究与开发)支出占GDP的比例一般在2%以上；③自主创新能力强，国家的对外技术依存度指标在30%以下；④创新产出高。世界上公认的20个左右的创新型国家所拥有的发明专利数量占全世界总数的99%。是否拥有高效的国家创新体系是区分创新型国家与非创新型国家的主要标志。人们往往用相关创新投入和产出的指标从一个侧面来衡量国家的创新程度，一般来说，创新型国家的创新综合指数明显高于其他国家。

1. 社会特征

第二次世界大战结束以后，伴随着经济全球化的加速推进和民族国家发展高潮的出现，形成了一类以创新驱动经济和科技发展的国家，如美国、日本、芬兰、韩国等。这些国家把科技创新作为基本战略，大幅提高自主创新能力，形成日益强大的竞争优势，这些国家在创新投入、知识产出、创新产出和自主创新能力等方面远远高于其他国家。这些创新型国家的形成不是偶然的，它们具备一定的社会特征，主要包括以下几个方面：

(1) 社会总体生产力水平高度发达，能够从事相对专门化的科技创新产品生产。

(2) 科学技术发展已经达到很高的水平，为不断的原始性创新提供理论支撑和技术平台。

(3) 社会经济发展开始提出突破自然资源与空间制约的要求，为原始性创新提出客观与现实的要求。

(4) 科学技术与社会经济发展已经高度国际化，从而形成具有等级梯次的国际经济体系，形成了从高端到低端的技术发展链条。

(5) 具备完善的创新文化环境。一项新技术的诞生、发展和应用，最后转化为生产力，离不开观念和文化的引导与支持，可以说，观念创新是建设创新型国家的基础。因此，创新型国家注重通过教育制度的改进，培养全民创新文化；通过价值体系的完善，培育有利于创新的文化氛围。

2. 共同特征

创新型国家的出现不是偶然的，它是人类社会发展到一定阶段的产物。纵观创新型国家的形成过程可以发现，虽然不同国家由于历史文化、经济体制及自然资源禀赋的不同而形成了不同的发展道路，但是它们形成创新型国家的过程存在诸多共性，这些共性构成了创新型国家形成的基本特征：

(1) 科技共性指标特征。目前,世界上公认的创新型国家有20个左右,包括美国、日本、芬兰、韩国等。这些国家的共同特征是:创新综合指数明显高于其他国家,科技进步贡献率在70%以上,研发投入占GDP的比例一般在2%以上,对外技术依存度指标一般在30%以下。此外,这些国家所获得的三方专利(美国、欧洲和日本授权的专利)数占全世界总量的绝大多数。

(2) 创新型国家的建立必须以工业化为基础。创新型国家除了具有强大的科技力量之外,还在于这些国家的工业化早已经完成旧产业结构调整,整个国民经济体系处在世界前列。但这并不是评判创新型国家的唯一标准。一些国家和地区成功地实现了传统工业的转型,如韩国、芬兰和新加坡,也包括中国台湾。这些国家和地区的一个共同特征是,所有的传统产业都已经升级或者干脆退出(芬兰)和替代,产业结构实现了完整的优化和重组,科技的贡献率超出了70%,国家的研发投入占GDP的2%以上,在一些领域利用知识产权的立法实现对技术标准和专利的控制。这些国家的制造业表现出"微笑曲线"和"双驱动"形态。因而这些国家成为创新型国家。对于现阶段的中国而言,建设创新型国家,首先应该聚焦于科技进步能力的提升,在此基础上,将提升自主创新能力定位为提升科技进步能力的重要途径之一。建设创新型国家的过程,同时也是实现当今时代的经济现代化和从工业社会国家向后工业社会国家转变的过程。因此,建设创新型国家必须在工业社会后期阶段,在基本完成工业化的基础上进行。

(3) 将自主创新作为促进国家发展的主导战略。依靠科技创新提升国家的综合国力和核心竞争力,建立国家创新体系,走创新型国家发展之路,是创新型国家政府的共同选择。当今世界创新型国家的共同特征是,将科技自主创新作为促进国家发展的主导战略。例如,美国1990年出台了第一个国家技术政策,明确了民用工业的22项关键技术。克林顿政府期间,政府直接发动了"信息调整公路计划",并提出了美国的国家目标之一是在科学技术方面保持全面领先。长期以来,日本一直坚持走"技术立国"之路,但20世纪90年代中期后便改弦更张,明确提出将"科技创新立国"作为基本国策。2002年,英国启动了10年科技发展规划,这是英国历史上第一次由政府主持制定的科学技术长远发展规划。2004年,韩国科技部提出,逐步由对发达国家"模仿、追赶"型的研发模式转变为"创新"型模式,力争10年内进入世界科技8强和经济10强。

(4) 国家创新体系是创新型国家建设的基础。创新型国家注重以政府为主导建设国家创新体系,以有效整合各种资源,加强体系内各个创新主体的互动。例如,美国国家创新体系的执行机构主要由私营企业、大学、政府科研机构、非营利性科研机构及科技中介服务机构等组成。大学担负着人才培养的重要任务,并承担国家主要的基础研究任务;政府科研机构主要承担国家要求的基础研究和关键技术的开发;私营企业是美国技术创新的主要执行者;非营利性研究机构是其他三类研究机构的有益补充;科技中介服务机构主要包括技术转让机构、咨询和评估机构、政策研究机构、风险投资公司等,它们对美国国家创新体系架构发挥桥梁与纽带作用。在国家创新体系中,国家主要通过经费投入和政策法规体系发挥主导作用。首先,加大国家对科技开发的投入,积极引导企业增加R&D投入比例,以增加企业自主创新能力。其次,建立和完善激励创新的政策和法规体系。各个创新型国家都根据政府和市场的定位,确立了公法与私法在实现自主创新战略中的作用,构建创新型国家法律体系。按照有利于科技开发、有利于科技成果的运用、有利于科技人员的创造性活动的要求，实施对科技创造性活动的法律保护。在宪法制度、行政管理法律制度、产权和市场管理法律制度、科技和教育管理法律制度等方面实施了有利于推进自主创新的调整。在政策上，根据自主创新的要求，完善产业技术政策，调整和优化产业结构；淘汰落后技术和设备，鼓励发展高新技术产业和新兴服务业；完善创新激励政策，包括财税、金融和采购扶持政策及分配激励政策等。最后，加强创新服务。例如，芬兰政府成立了由芬兰总理担任主席的芬兰科技政策委员会；成立了为企业研究与开发提供咨询服务和经费资助的芬兰技术发展中心；并在全国先后建立了10个促进产学研结合的科技园。

> 我国的科技创新水平相对落后，一方面要完善以政府为主导的创新体制建设，另一方面对于提高科技人员的创新思想，还要从源头上抓起，这与拥有多少知识并不是直接相关的，关键是思维方式的转换，还需要进一步解放思想。

(5) 企业是创新型国家建设的核心主体。企业既是国家经济实力的基础和支柱，更是科技创新的主体。企业的科技创新能力既是企业自身发展壮大的根本动力，也是提升国家竞争力的重要因素。科技创新能力不仅在于能产生什么样的科研成果，更重要的是在成果转化、产业化应用和市场开拓方面，企业具有把选择适合市场的科技成果转化为产品的先天优势，有直接面向市场并了解市场需求的灵敏机制，有实现持续的科技创新的条件。所以，创新型国家都把增加企业创新能力作为提升国家竞争力的重要措施，其创新体系都是以企业为主体。例如，私营企业和机构是美国技术创新的主要执行者，其R&D经费约占美国研发总支出的70%。一般来说，创新型国家的企业技术开发投入占销售收入的比例在3%以上，高新技术企业在10%以上。

(6) 具备完善的市场经济体制。所有创新型国家都是市场经济体制比较完善的国家。只有完善的市场经济体制，才能一方面为企业提供不断创新的激励机制，另一方面直接检验创新成功的价值。创新主体只有不断获得创新的回报，才有不断创新的动力。市场经济体制不仅为创新提供激励，更重要的是为创新提供方向。[①]

第二节　创新型国家建设的背景

21世纪是经济全球化、信息化、网络化的时代，传统的经济发展模式已经发生重大的变革。从国际上来看，创新型经济将逐渐成为经济发展的主流形态。创新已经成为美国、日本和欧洲等发达国家发展战略的重心，创新型国家成为科技强国的重要标志。我国经过改革开放30多年的探索，在经济发展和科技创新等方面积累了大量的经验，正在逐步成为未来世界经济发展的核心。中国作为工业化的大国要想在经济全球化的竞争中获得长远的发展优势，必须对现有的增长模式、经济结构、工业结构等进行调整。在这种国际国内背景下，我国提出了增强自主创新能力、建设创新型国家的伟大战略，这一战略的提出对提高自主创新能力、转变经济增长方式、实现可持续发展、全面建设小康社会具有重大的理论和实践意义。

① 陈劲，等.创新型国家建设——理论读本与实践发展[M].北京：科学出版社，2010：33-36.

一、世界新科学技术革命使传统经济发展模式发生重大变革

当今时代,人类社会步入了一个科技创新不断涌现的重要时期,也步入了一个经济结构加快调整的重要时期。发轫于20世纪中叶的新科技革命及其带来的科学技术的重大发现发明和广泛应用,推动世界范围内的生产力、生产方式、生活方式和经济社会发展观发生了前所未有的深刻变革,也引起全球生产要素流动和产业转移加快,经济格局、利益格局和安全格局发生了前所未有的重大变化。进入21世纪,世界新科技革命发展的势头更加迅猛,正孕育着新的重大突破。信息科技将进一步成为推动经济增长和知识传播应用进程的重要引擎;生命科学和生物技术将进一步对改善和提高人类生活质量发挥关键作用;能源科技将进一步带来深刻的技术变革;空间科技将进一步促进人类对太空资源的开发和利用;基础研究的重大突破将进一步为人类认知客观规律、推动技术和经济发展展现新的前景。

在世界新科学技术革命推动下,知识在经济社会发展中的作用日益突出,国民财富的增长和人类生活的改善越来越有赖于知识的积累和创新。科技竞争成为国际综合国力竞争的焦点。当今时代,谁在知识和科技创新方面占据优势,谁就能够在发展上掌握主动。世界各国尤其是发达国家纷纷把推动科技进步和创新作为国家战略,大幅度提高科技投入,加快科技事业发展,重视基础研究,重点发展战略高技术及其产业,加快科技成果向现实生产力转化,以利于为经济社会发展提供持久动力,在国际经济、科技竞争中争取主动权。

21世纪的经济发展形态是以创新型经济为主导、知识经济为主要表现形式的经济形态,这一新经济形态的重要标志是创新,并将以全球化竞争的形式出现。创新在21世纪已成为全世界共同关注的焦点,当今世界,市场竞争与资源竞争日益加剧,知识经济的迅速崛起,使全球化、信息化、可持续发展成为社会经济发展的主题。纵观人类历史,科学技术与经济、社会的关系从来没有像今天这样紧密。这充分说明现代经济、社会的发展更加依赖于科学技术的进步,如全球面临的资源、环境、生态、人口等重大问题的解决,都离不开科学技术的重大突破;同时科技创新也日益改变着人类的生活方式。

当前,我国已进入全面建设小康社会的新阶段,经济社会可持续发展面临着人口、资源、环境等问题的严重制约,这决定了我们必须坚持科学发展观,依靠科技进步实现经济增长方式的根本转变,加快经济结构的战略性调整,坚定不移地走以科技创新为主导的新型工业化道路,实现经济社会全面、协调、可持续发展。这就要求我们必须加快实现科技发展的战略转变,一方面要立足实际,针对我国经济、社会发展中的重大关键难题,进一步加大科技的支撑力度,实现从资源依赖为主向科技创新驱动为主的转变,真正使科技创新成为经济社会发展的内在动力。同时要着眼未来,对未来20年的科学技术发展超前部署,积极抢占国际科技产业竞争的制高点,依靠科技创新引领经济社会的全面协调持续发展。这是我国实现现代化的重大战略抉择和必由之路。

二、科学技术竞争成为国际综合国力竞争的焦点

进入21世纪,经济全球化浪潮风起云涌,国际竞争更加激烈。为了在这场竞争中赢得主动,依靠科技创新提升国家的综合国力和核心竞争力,建立国家创新型体系,走创新型国家之路,成为世界许多国家政府的共同选择。在这种新形势下,国际的竞争归根结底是科技的竞争,是科技实力的竞争,也是科技创新能力的竞争。世界上一些主要国家,无论是发达

国家还是新兴工业化国家，都把科技创新作为一项主要的战略选择。

在新科技革命的推动下，知识在经济社会发展中的作用日益突出，国民财富的增长和人类生活的改善越来越依赖于知识的积累和创新。科技竞争成为国际综合国力竞争的焦点。当今时代，谁在知识和科技创新方面占据优势，谁就能够在发展上掌握主动。世界各国尤其是发达国家纷纷把推动科技进步和创新作为国家战略，大幅度提高科技投入、加快科技事业发展、重视基础研究、重点发展高新技术及其产业，加快科技成果向现实生产力转化，以利于为经济社会发展提供持久动力，在国际经济、科技竞争中争取主动权。

从世界范围来看，美国、日本等发达国家把科技创新作为基本发展的战略，在世界市场上获得了突出的竞争优势。发达国家的研究和开发投入占 GDP 的比重一般都在 2%以上，科技进步对经济的贡献率多在 70%以上，对外技术的依存度大多保持在 30%以下。加强知识产权保护，巩固跨国经营企业的垄断地位，维护知识产权背后的超额垄断利润，已成为西方发达国家壮大自身实力、遏制竞争对手的有力武器。在国际市场上，对于发展中国家来说，不仅事关国防安全的关键技术难以引进，而且涉及主导产业和装备制造业的尖端技术也难以引进。事实一再证明，真正的核心技术是买不来的，实现全面建设小康社会的奋斗目标必须依靠我们自己的力量建立自主创新的技术发展体系，推动产业技术实现跨越式的发展。面对世界科技发展的大势、面对日趋激烈的国际竞争，我们只有把科学技术真正置于优先发展的战略地位，真抓实干，急起直追，才能把握先机，赢得发展的主动权。

目前，全球化竞争进一步加剧。全球化竞争的首要表现是科技的竞争。国家主导的科技政策和战略规划备受重视，各国纷纷提出科技创新的新理念、新政策、新规划。2006 年 2 月，美国发布“美国竞争力计划”，大幅增加对研发、教育与创新的投入，促进知识增长，提供开发新技术所需的工具，以保障美国在各科技领域继续保持世界领先地位，保障美国的强大与安全。欧盟启动“第七框架计划(2007—2013 年)”，投入规模比第六框架计划几乎翻番，通过集成优先研发领域、整合欧洲研发机构、强化研发基础设施，优先发展健康、生物、信息、纳米、能源、环境和气候、交通、社会经济科学、空间和安全等技术，应对全球竞争。日本自 2006 年 4 月起，组织实施“第三期科学技术五年计划”，突出“创造人类的智慧”“创造国力的源泉”“保护健康和安全”等理念，重点投资基础研究、生命科学、信息通信、环境、纳米和材料、能源、制造技术、社会基础技术、尖端技术 9 个领域。当今世界，企业竞争、经济社会持续发展、综合国力较量集中表现为科技创新能力的竞争。各国都把提升科技创新能力作为提升国际竞争力的核心要素和战略基点。

三、我国已具备建设创新型国家的科学技术基础和条件

建设创新型国家的重大战略任务，是建立在科学分析我国基本国情和全面判断我国战略需求的基础之上的，也是建立在充分发挥我国社会主义制度的政治优势和充分发挥我国已经拥有的经济科技实力的基础之上的。经过新中国成立以来特别是改革开放以来的不懈努力，我国社会主义市场经济体制初步建立，经济社会持续快速发展，科技人力资源总量和研发人员总数位居世界前列，建立了比较完整的学科体系，部分重要领域的研究开发能力已跻身世界先进行列。我们已经具备了建设创新型国家的重要基础和良好条件。

科学技术的重大突破不断引发主导技术的更新换代，导致国际经济竞争格局的变迁，这为后发国家以重点领域的突破带动国家竞争力的整体跃升、实现跨越发展，带来了历史性机

遇。科技强，则经济强；科技兴，则国兴。近年来，世界许多国家都高度关注新的科技革命所带来的深刻变化，纷纷制定新的科技发展战略规划，力争以科技创新的优势在激烈的国际竞争中占有一席之地。我们必须紧紧抓住科学技术日新月异的大好机遇，充分发挥社会主义制度集中力量办大事的优势，统筹规划，协调布局，集中一切可能的资源，力争在较短时间内使我国的科学技术水平跃上新的平台，努力在不远的将来实现创新型国家的宏伟目标。这是我们迎接新时期科技发展挑战的重大抉择。

为了在竞争中赢得主动，依靠科技创新提升国家的综合国力和核心竞争力，我国把推进自主创新、建设创新型国家作为落实科学发展观的一项重大战略决策。我国《国家中长期科学和技术发展规划纲要(2006—2020 年)》提出：到 2020 年，全社会的研究开发投入占国内生产总值(GDP)的比重要从 1.35%提高到 2.5%以上，科技进步贡献率要从 39%提高到 60%以上，对外技术依存度降低到 30%以下，本国人发明专利年度授权量和国际科学论文被引用数均进入世界前 5 位，进入创新型国家行列。

因此，为了实现进入创新型国家行列的奋斗目标，我们要突出抓好以下几个方面的工作。一要实施正确的指导方针，努力走中国特色自主创新道路。走中国特色自主创新道路，核心就是要坚持自主创新、重点跨越、支撑发展、引领未来的指导方针。二要坚持把提高自主创新能力摆在突出位置，大幅度提高国家竞争力。三要深化体制改革，加快推进国家创新体系建设。四要创造良好环境，培养造就富有创新精神的人才队伍。五要发展创新文化，努力培育全社会的创新精神。

近年来我国科技发展和改革取得了显著的成就：

一是科技投入不断增大。2014 年，我国共投入研究与试验发展(R&D)经费 13015.6 亿元，比 2013 年增加 1169.0 亿元，增长 9.9%；R&D 经费投入强度与国内生产总值之比为 2.05%，比 2013 年提高 0.04 个百分点。按研究与试验发展人员(全时工作量)计算的人均经费支出为 35.1 万元，比 2013 年增加 1.6 万元。其中基础研究的经费支出为 613.5 亿元，比 2013 年增长 10.6%；应用研究经费支出 1398.5 亿元，增长 10.2%；试验发展经费支出 11003.6 亿元，增长 9.8%。基础研究、应用研究和试验发展占 R&D 经费总支出的比重分别为 4.7%、10.8%和 84.5%。[①] 研究开发投入大幅度增加的结果，是我国科研基础设施明显改善，许多实验设备水平居于世界一流。

二是科技人力资源规模快速扩大。《中国科技人力资源发展研究报告(2014)——科技人力资源与政策变迁》报告指出，我国科技人力资源总量从 2002 年的 2959 万人增长到 2014 年的约 8114 万人，保持世界科技人力资源第一大国的地位。从年龄结构来看，29 岁以下的科技工作者是我国现有科技人力资源的主体；从学科结构来看，2012—2014 年理工农医类科技人力资源，在本科层次和研究生层次新增人员占新增总量的比例分别为 93%和 59%，其中工科人员数量最多；从学历结构看，截至 2014 年，我国博士、硕士、本科、专科科技人力资源所占比例分别为 0.8%、4.7%、37%和 57.5%。[②]

---

① 国家统计局. 2014 全国科技经费投入公报[EB/OL]. [2017-06-07]. http://www.stats.gov.cn/tjsj/tjgb/rdpcgb/qgkjjftrtjgb/201511/t20151123_1279545.html.

② 光明网. 我国科技人力资源总量世界第一[EB/OL]. 2016-04-22 [2017-06-07]. http://news.gmw.cn/2016-04/22/content_19802787.htm.

三是科技工作者对党和国家事业的支持程度有所增强。第三次全国科技工作者状况调查显示，95.5% 的科技工作者认为必须坚持党的领导，70.0%的科技工作者积极关注国家出台的政策方针，93.9%的科技工作者赞同“国家实施创新驱动发展战略，为科技工作者施展才华提供了更加广阔的天地”。同时，科技工作者的知识产权意识、对经济社会发展的关注程度明显提高。总体来看，广大科技工作者拥护中国共产党的领导，热爱祖国和人民，忠诚于党和国家的事业。①

四是科技人才高学历化趋势明显。科技工作者队伍中研究生以上学历占比从 2003 年的 11.4% 增加到 2008 年的 25.7%，再增加到 2013 年的 33.5%，科技工作者队伍长期保持高学历化趋势。其中，高校和科研院所研究生以上学历分别占 81.2%、47.6%，高学历特征尤为明显。近年来高等教育的扩张使得研究生毕业人数快速增长，2002 年之前累计研究生毕业总数为 76 万人，2003—2007 年累计毕业人数达 102 万人，2008—2012 年累计毕业生达 201 万人，表明科技工作者队伍高学历化的趋势仍将持续。

五是科研人员国际化水平较高。第三次全国科技工作者状况调查表明，6.1% 的科技工作者有过一年及以上的海外留学或工作经历，其中科研院所的科研人员有海外经历的比例为 8.3%，高校的科研人员有海外经历的比例为 21.7%。科研院所和高校的科研人员参加国际学术团体的比例分别为 4.1%、11.0%；2012—2014 年曾在国际学术会议上宣读论文的比例分别为 12.9%、34.8%；发表 SCI 论文的平均值分别为 0.8 篇、2.0 篇。②

六是潜在的科技亮点不断涌现。近年来，我国科技工作始终坚持“自主创新、重点跨越、支撑发展、引领未来”的指导方针，以自主创新为主线，取得了一批喜人的科技成就。③ 2017 年 10 月 18 日，习近平总书记在党的十九大报告中，专门点赞科技成果。例如，神九、天宫成功对接，圆满完成“神舟”十号载人航天飞行任务；“天宫”二号是继“天宫”一号后中国自主研发的第二个空间实验室，也是中国第一个真正意义上的太空实验室，搭载了空间冷原子钟等 14 项应用载荷，以及失重心血管研究等航天医学实验设备，配备在轨维修技术验证装置、机械臂操作终端在轨维修试验设备，开展空间科学及技术试（实）验；建立在贵州黔南州平塘县克度镇的“天眼”（“天眼”是 500 米口径球面射电望远镜（FAST）的“江湖名号”），它的主要职责是接收遥远星空传来的电磁波，从理论上来说，它能看到 137 亿光年以外的电磁信号；“蛟龙”号作为一艘由中国自行设计、自主集成研制的载人潜水器，2012 年就在马里亚纳海沟成功下潜至 7062 米深的海底，刷新了作业型载人潜水器的世界纪录；2016 年 8 月发射的墨子号，是全球首颗量子科学实验卫星，它的发射已经让中国团队在量子太空竞赛中领先一步；2015 年年底发射升空的“悟空”是一颗暗物质粒子探测卫星，它在太空中开展高能电子及高能伽马射线探测任务，探寻暗物质存在的证据，研究暗物质特性与空间分布规律；历经 9 年攻关，拥有自主知识产权的喷气式大型客机 C919 于 2017 年 5 月 5 日在浦东机场首飞，C919 飞机的机体从设计、计算、试验到制造全是中国人自己完成；“神威 · 太湖之光”凭借系统峰值性能、持续性能、性能功耗比等位列世界第一的关键指标，蝉联世界超级计算

① 中国科协调研宣传部，中国科协发展研究中心．第三次全国科技工作者状况调查报告[M]．北京：中国科学技术出版社，2014.

② 同①.

③ 王春法，等．增强自主创新能力 建设创新型国家[M]．北京：人民出版社，2006：3.

机冠军之位 ……

在进行创新型国家建设的同时，工匠精神也值得我们学习与关注。2016 年 3 月 5 日，国务院总理李克强作政府工作报告时说，“要鼓励企业开展个性化定制、柔性化生产，培育精益求精的工匠精神”。倡导工匠精神既是对产品精心打造、精工制作的理念和追求，更重要的是要鼓励不断吸收最前沿的技术，创造出新成果。

对于个人，工匠精神就是一种认真敬业的精神。每个人都要树立起职业精神，认真工作、对产品负责、精益求精、注重细节，致力于打造属于我们国家的一流产品。对于企业家而言，工匠精神可以看作一种企业家精神。因为创新是企业家精神的内核。一个好的企业，离不开产品创新与技术创新，从创新中寻找活力与生机，是促进创新、形成良性循环的必要过程。在创新型国家的建设过程中，要想实现“中国智造”“中国创造”“中国精造”，需要大力提倡“工匠精神”。

> 传统的工匠与当代的工匠有什么区别？由此而来的问题是，当代的工匠精神与传统的工匠精神是否一样？当代的工匠精神与科学精神有什么关系？

四、我国科学技术发展同世界先进水平仍有较大差距

新中国成立以来特别是改革开放以来，党和国家采取了一系列加快我国科技事业发展的重大战略举措，经过广大科技人员的顽强拼搏，我们取得了一批以“两弹一星”、载人航天、杂交水稻、陆相成油理论和应用、高性能计算机、人工合成牛胰岛素、基因组研究等为标志的重大科技成就，拥有了一批在农业、工业领域具有重要作用的自主知识产权，促进了一批高新技术产业群的迅速崛起，造就了一批拥有自主知名品牌的优秀企业，全社会科技水平显著提高。这些科技成就，为推动经济社会发展和改善人民生活水平提供了有力的支援，显著增强了我国的综合国力和国际竞争力。最明显的表现是我国经济年保持 8%以上的稳定快速增长速度，取得了举世瞩目的成就。

同时，我们也必须清醒地看到，我国正处于社会主义初级阶段，经济社会发展水平不高、人均资源相对不足、经济增长严重依赖资金高投入、能源高消耗的状况没有得到根本改变，部分核心技术、关键技术受制于人的状况没有根本改变，进一步发展还面临着一些突出的问题和矛盾。从我国发展的战略全局看，走新型工业化道路，调整经济结构，转变经济增长方式，缓解能源资源和环境的瓶颈制约，加快产业结构优化升级，促进人口健康和保障公共安全，维护国家安全和战略利益，我们比以往任何时候都更加迫切地需要坚实、有力的技术支撑。

因此，在国际竞争的格局中，我国既有许多明显的优势，但更多地面临着发达国家占有科技经济优势的巨大压力。长期以来，我国产业升级主要依靠技术引进，许多重大关键技术受制于人，在未来的发展中处于被动地位。总体上看，我国的科技总体水平与主要发达国家之间还存在较大差距，同我国经济社会发展的要求还有许多不相适应的地方，主要是：国家创新体系建设任务繁重，制约科技创新的体制和机制障碍明显存在，促进科技创新的政策协同体系尚未完全建立；关键技术自给率低，自主创新能力不强，特别是企业核心竞争力不强；农业和农村经济的科技水平还比较低，高新技术产业在整个经济中所占的比例还不高，产业技术的一些关键领域存在着较大的对外技术依赖，不少高技术含量和高附加值产品主

要依赖进口；科学研究实力不强，优秀拔尖人才比较匮乏；科技投入不足且资源分散，体制机制还存在不少弊端。种种问题的存在，直接制约着我国整体创新能力和核心竞争力的提升。我们必须从事关国家和民族兴衰的战略高度认识建设创新型国家的重要性，通过中长期科技规划的制定，形成我国未来20年科学技术发展的指导思想、发展方针和重大战略部署，进一步强化体制和机制创新，不断丰富推动科技创新的政策体系和文化环境，依靠自主创新形成强大的具有中国特色的核心竞争力，为我国参与激烈的国际竞争提供保障。

目前，我国科技创新能力较弱，与发达国家的各项差距的具体的表现有：

第一，研发经费投入不断增长，但经费使用结构不合理。《中国科技统计年鉴》显示，1994年中国的研发经费投入为306亿元，研发投入强度为0.64%。到了2014年，中国研发经费投入攀升至13015.6亿元，研发投入强度也上升为2.05%，研发投入强度年均增幅7.05%。2014年以色列的研发投入强度达到4.2%，日本、韩国、瑞典的研发投入强度为3.4%～3.6%，美国为2.8%，“金砖国家”印度、南非、巴西、俄罗斯的研发投入强度分别为0.9%、1%、1.3%、1.5%。显然，我国研发投入强度逐渐递增，但研发经费的支出结构却存在着一系列问题。2014年，中国基础研究、应用研究和试验发展占研究与试验发展经费总支出的比重分别为4.7%、10.8%和84.5%。中国企业在基础研究中的投入也是微乎其微。相比于基础研究的投入不足，中国应用研究投入下滑的问题更为严重。2014年，中国企业、政府属研究机构、高等学校经费支出所占比重分别为77.3%、14.8%和6.9%，全国研发经费中来源于政府的资金占比为20.3%。中国科学技术发展战略研究院研究员宋卫国认为，目前政府的大部分科技经费还是投向了研发成果应用转化领域，今后政府的科技经费支出要倾向于研发投入，投向有原始创新能力的项目。此外，国家还应该继续执行研发费用加计扣除政策，扩大适用企业范围，特别是要把这项政策在中西部地区贯彻落实。①

第二，研发产出数量增长明显，但科技创新对经济增长的贡献偏低。清华大学技术创新研究中心在2014年9月发布的《国家创新蓝皮书》指出，我国研发人员总量占到世界总量的25.3%，超过美国研发人员总量占世界总量的比例(17%)，居世界第一。2015年，国家知识产权局共受理发明专利申请110.2万件，同比增长18.7%，连续5年位居世界首位。共授权发明专利35.9万件，其中，国内发明专利授权26.3万件，比2014年增长了10万件，同比增长61.9%。2015年底，国内(不含港澳台)有效发明专利拥有量共计87.2万件。但与创新型国家相比，我国人均研发人员数量仍然很低，且缺乏高端的技术人才和创新型人才。同时，国家统计局等部门于2015年12月发布的《2014年全国科技经费投入统计公报》显示，我国已成为仅次于美国的第二大科技经费投入大国，但研发投入效益差距很大，主要体现在科研成果转化率。相关资料显示，虽然我国的专利数量和论文数量达到世界第二，但我国的科技成果转化率平均仅为25%(2016年升至约30%)，这与发达国家60%～80%的水平还有相当大的差距。此外，国际创新型国家的科技创新对GDP的贡献率高达70%以上，美国和德国甚至高达80%，而我国的科技创新对GDP的贡献率目前只有40%左右。可见，我国科技创新领域明显存在总量高而人均数量低的问题，科技创新总体水平仍然较低。

第三，创新型国家建设的政策体系不断完善，但政策环境和执行机制尚待优化。近年

① 史额黎. 研发经费占GDP比重写入地方政府工作报告[EB/OL]. 2016-02-16[2017-06-07]. http://news.sohu.com/20160216/n437494018.shtml.

来，我国创新型国家建设法律制度取得了长足进步。首先，除了《专利法》《著作权法》《商标法》等传统的知识产权法律制度，通过修改《科学技术进步法》《促进科技成果转化法》等，初步形成了与创新型国家建设有关的法律制度框架。其次，一系列与科技创新相关的行政法规、部门规章和其他规范性文件构成了较为全面的科技法规政策体系。此外，各省、市、自治区也通过地方性法规和地方政府规章，对与创新型国家建设有关的地方科技法治进行了有益探索。但与此同时，我国科技创新法律制度建设还存在诸多不足。这体现在：第一，在我国创新型国家建设过程中，中共中央及国务院文件、领导讲话、有关部门规章和其他规范性文件广泛存在，全面系统、科学完备的法律制度尚未建立。第二，与创新型国家建设最具关联性的《科学技术进步法》和《促进科技成果转化法》宣示性规定过多，可操作性不强。例如，《科学技术进步法》第59条规定："国家逐步提高科学技术经费投入的总体水平；国家财政用于科学技术经费的增长幅度，应当高于国家财政经常性收入的增长幅度。全社会科学技术研究开发经费应当占国内生产总值适当的比例，并逐步提高。"但增长和提高的具体幅度为何，没有增长和提高时，有何法律责任，均无明确规定。第三，规范之间缺乏体系化协调，甚至存在相互矛盾的地方。例如，关于课题结余经费如何处理的问题，科技部、财政部、国家计委、国家经贸委于2002年1月联合发布的《关于国家科研计划实施课题制管理的规定》中明确规定：已完成并通过验收课题的结余经费，经归口部门批准后，可留给依托单位，用于补助科研发展支出；而科技部于2005年11月发布的《关于严肃财政纪律、规范国家科技计划课题经费使用和加强监督的通知》则规定，超过课题总经费5%或额度在20万元以上的课题结余经费，必须按原渠道上缴。二者存在明显的矛盾。①

第四，企业作为创新主体的地位明显增强，但核心技术对外依存度高且知名的品牌少。创新型企业是我国企业创新发展的标杆，也是创新型国家建设中企业成为创新主体的重大举措。2015年中国GDP占世界的比重为15.5%，中国制造业已经连续6年超过美国成为全球制造业第一大国，中国220多种工业品产量居世界第一位，但中国依然是"制造大国、品牌小国"。目前我国仍未摆脱世界制造工厂的境遇，还处于国际制造业生产链的中低端甚至末端，如大型客机全部依赖进口，光纤制造设备、高端医疗设备依赖进口，集成电路设备80%依赖进口，轿车制造设备、数控机床70%依赖进口，与创新型国家对外技术依存度一般在30%以下的水平相比还有很大差距。而且我国的自主创新知名品牌也远远不如欧美发达国家。据联合国经济合作与发展组织统计，国际知名商品已经高达8.5万种，其中90%为先进的工业国家和创新型国家所拥有。② 2016年《世界品牌500强》排行榜入选国家共计28个。从品牌数量的国家分布看，美国占据500强中的227席；英国、法国均以41个品牌入选，并列第二；日本、中国、德国、瑞士和意大利是品牌大国的第二阵营，分别有37个、36个、26个、19个和17个品牌入选。中国没有一个品牌进入前10强，国家电网居国内品牌最前列，排名36。因此，我国创新企业面临的主要问题是，一方面过剩产能已成为制约中国经济转型的一大问题；但是与此同时，名牌产品产出、供给不足。

---

① 谭启平．创新型国家建设须认真对待的四个法治问题[EB/OL]．2016-07-28[2017-06-08]．http://epaper.gmw.cn/gmrb/html/2016-07/28/nw.D110000gmrb_20160728_1-11.htm? div=-1.

② 创新型国家建设报告课题组(执笔人：胡赛全、孙颖)．优化创新环境 增强创新活力 坚持改革开放[M]// 詹正茂．创新型国家建设报告(2011—2012)．北京：社会科学文献出版社，2012：2-4.

总之，我国科技事业发展的状况，与完成调整经济结构、转变经济增长方式的迫切要求还不相适应，与把经济社会发展切实转入以人为本、全面协调可持续的轨道的迫切要求还不相适应，与实现全面建设小康社会、不断提高人民生活迫切要求还不相适应。我们必须下更大的气力、做更大的努力，进一步深化科技改革，大力推进科技进步和创新，带动生产力质的飞跃，推动我国经济增长从资源依赖型转为创新驱动型，推动经济社会发展切实转入科学发展的轨道。这是摆在我们面前的一项刻不容缓的重大使命。①

所以，在全面建设小康社会步入关键阶段之际，根据特定的国情和需求，我国提出，要把科技进步和创新作为经济社会发展的首要推动力量，把提高自主创新能力作为调整经济结构、转变增长方式、提高国家竞争力的中心环节，把建设创新型国家作为面向未来的重大战略。同时我们也要认识到，要使我国进入创新型国家行列，是一项极其繁重而艰巨的任务，也是一项极其广泛而深刻的社会变革。在建设创新型国家的过程中，中国人民既是自主创新实践的主体，也是自主创新成果的享有者和受惠者。建设创新型国家，就要改革一切阻碍自主创新的不合理规定和体制，形成勇于自主创新的社会氛围，建立和完善鼓励自主创新的机制和制度，建设一个富于创新精神的学习型社会，进一步开创全面建设小康社会、加快推进社会主义现代化的新局面。

第三节　核心技术及其与产业创新的关系

产业创新是获得竞争性产业优势的基础。产业创新需要以技术为基础，在产业发展中起关键作用的核心技术。

一、核心技术与产业创新的含义

对于现代产业来说，其核心技术并不像厨师的厨艺那么简单，但配方同样重要，比如可口可乐的配方。一般人理解的核心技术就是配方、工艺次序或参数的秘密。实际这是误解，真正的核心技术是一个完整的技术链条，链条越长，技术壁垒越高。技术是由技术要素相互作用生成的。技术要素包括经验型要素、实体型要素与知识型要素。对于现代产业来说，其核心技术显然不是简单技术，而是复杂技术。复杂技术是一个系统，其演化具有复杂的过程。

所谓核心技术，是指在一个技术体系中，该技术决定技术体系或技术产品的质量，具有控制整体技术体系的作用。从技术的组成来看，现代核心技术主要表现为实体型核心技术（表现为技术产品等）与知识型核心技术（表现为技术知识等）。核心技术可以出现在传统产业技术中，也可以出现在现代产业技术中。直言之，核心技术就是人们运用（特殊的）工具、材料、符号，创造技术人工物（生活资料和生产资料）的最关键的、最主要的技能和方法，以及在这个过程中积累形成的（独特的）技术知识和技术传统。从产业发展角度讲，核心技术是主导产业发展、能够产生经济社会效益的技术。掌握了核心技术就意味着能够形成稳定、优质的产品。核心技术可以分为单项的核心技术、整体的核心技术、过程的核心技术等。对于

① 胡锦涛.坚持走中国特色自主创新道路 为建设创新型国家而努力奋斗——在全国科学技术大会上的讲话（2006年1月9日）[M]//增强自主创新能力 建设创新型国家.北京：人民出版社，2006：5.

一个产业来说，真正的核心技术，一定是能够形成竞争优势产业的技术，而且不容易被别人所模仿。

对于核心技术，沈绪榜院士认为，不同的人有不同的理解。但在市场经济的今天有一个认识似乎是共同的，那就是要能赚大钱的技术。从这个认识出发，有人把计算机技术按照利润率大小分为三个层次。美国搞的主要芯片和主要软件利润率为25%～35%，算第一个层次。日本、中国台湾地区搞的配套芯片和专用设备，利润率为15%～25%，算第二个层次。而我国大陆搞的主要是组装整机，实际上就是把人家的东西装配到一起，利润率为8%～12%，算第三个层次。[①] 每一层次都有独特的核心技术，但并不是每个层次的独特核心技术都能发挥同样的核心作用。

近代以来，产业多是指一些具有相同特征、能重复进行、具有相当规模的经济活动的集合或者系统。产业是一种有组织的劳动，其实质是生产。[②] 有组织的生产成为一个社会部门，有组织的劳动将创造出社会价值，可能全部或部分具有商业价值或市场价值。所谓生产，就是借助脑力劳动或体力劳动用工具（或符号）创造各种生活资料和生产资料。强调“产业”的重复性和规模性，是产业的一般特点，但并不能用它来作为判断产业的标准。马克思洞见到产业确证了人的力量，他说：“我们看到，工业的历史和工业的已经生成的对象性的存在，是一本打开了的关于人的本质力量的书，是感性地摆在我们面前的人的心理学。”[③]“通过工业——尽管以异化的形式——形成的自然界，是真正的人本学的自然界。”[④]产业确证了人的类本质、人的现实本质和人的需要本质。

一个国家是否发达，最终要通过产业来显现。一个有竞争优势的国家，必定具有产业竞争优势。一般来说，产业创新是一个系统的概念。产业中生产要素的重新组合就是创新，但还必须强调产业价值的实现。产业创新包括知识创新、技术创新、制度创新和市场创新，需要完整地实现产业价值。产业创新包括从生产要素到产品市场的全过程，其中每一环节较之原有环节的根本性变化，都称为创新。具有竞争优势的产业，一定有核心技术相伴。产业创新是产业创新主体（企业、高校、科研院所等）通过技术创新或组织创新等，改造旧产业或开创新产业，从而实现产业突破性进步的过程。

二、核心技术之源

发达国家的创新能力源自基础研究的投入和以应用问题产生的基础研究，并形成独有的核心技术。

1945年7月，时任美国科学研究与开发办公室主任的布什（V. Bush）在《科学：永无止境的前沿》这一著名研究报告中，强调了他的非常著名的观点：“一个在新基础科学知识上依赖于其他国家的国家，它的工业进步将是缓慢的，它在世界贸易中的竞争地位将是虚弱的，不管它机械技艺多么高明。”美国等发达国家具有强大的原始创新能力，这种能力的获得除了依靠其庞大的研发经费投资外，也与其政府科研管理体制、科技与产业政策以及机

---

① 沈绪榜. 计算机核心技术随想[J]. 科学中国人，2002(10)：9.

② 吴国林，等. 产业哲学导论[M]. 北京：人民出版社，2014.

③ 马克思. 1844年经济学哲学手稿[M]. 北京：人民出版社，2000：88.

④ 马克思. 1844年经济学哲学手稿[M]. 北京：人民出版社，2000：89.

构、企业和大学的宏、微观管理与运作机制相关联,而重视基础研究的投入,是其形成独有核心技术的根本。

美国布鲁金斯学会于1997年出版了斯托克斯(D. E. Stokes)的学术著作《基础科学与技术创新——巴斯德象限》[①],该书一出版就受到了高度关注,作者提出了一个新的科学研究模型——科学研究的象限模型(见图4.2),超越了科学研究的线性模型。其中的巴斯德象限,代表了以应用目标为导向所引发的基础研究上的创新,从而实现了基础研究与应用研究在某种程度上的统一。因为巴斯德在生物学上许多前沿性基础工作的动力是为了解决治病救人的实际难题。这种新的科学研究模式在科研资源稀缺的条件下对科学研究、技术创新和区域发展都具有重要的现实意义。

上述研究表明,当代核心技术之源有两个,一个来自基础科学研究的应用,另一个来自应用引起的基础研究,进而导致发明核心技术。

为了保持其核心技术的领先,美国公司大多将生产部门转移到新兴市场国家,而将核心研发部门(R&D)留在美国总部,投入大量人力、物力从事研究工作。

统计表明,2003—2004年,美国、日本、法国、韩国等发达国家或新兴工业国家,其基础研究经费占总研究开发经费的13.3%~24.1%。从研究开发的结构来看,2010年我国共投入R&D经费7062.6亿元,从活动类型看,全国用于基础研究的经费投入为324.5亿元,占总投入R&D经费的4.6%;应用研究经费893.8亿元,占总投入R&D经费的12.7%;试验发展经费5844.3亿元,占总投入R&D经费的82.8%。2014年,全国共投入研究与试验发展(R&D)经费13015.6亿元,从活动类型看,全国用于基础研究的经费支出为613.5亿元;应用研究经费支出1398.5亿元;试验发展经费支出11003.6亿元。基础研究、应用研究和试验发展占研究与试验发展(R&D)经费总支出的比重分别为4.7%、10.8%和84.5%。[②]可见,中国投入研究开发(含基础研究)的总经费增加了,但是,中国的基础研究在总研究开发中所占的比重仍未超过5%,基础研究仍然相当薄弱。

从国际上看,美国、日本等发达国家的研发投入水平大约为3%,一般的中等发达国家约为2.0%~2.5%,发展中国家一般不会超过1%。2010年全国研发内部投入占GDP的比重为1.76%。2014年,全国研发投入达13015.6亿元,研发投入占GDP达到了2.05%。可见,中国的研发投入强度基本达到中等发达国家水平。

在过去的10多年中,自主创新战略促发了中国研发投入的大幅度增长。2000—2014年,中国研发投入占GDP比重(研发强度)由0.90%上升到2.05%。无疑,中国加大对技术创新的投入,也取得了突出的效果。比如,华为手机成为世界名牌,高铁成为中国走向世界的新名片,大飞机C919试飞成功,量子卫星"墨子号"于2016年成功发射,等等。但是,我国基础研究还相当薄弱,核心技术仍然严重短缺,在许多技术革命的基础性行业(如集成电路、基础软件、汽车发动机、液晶面板、飞机发动机等)中,关键核心技术仍然严重依赖外国。

---

① 斯托克斯. 基础科学与技术创新——巴斯德象限[M]. 北京:科学出版社,1999:63-64.

② 国家统计局,科学技术部,财政部. 2014年全国科技经费投入统计公报[EB/OL]. 2015-11-23[2017-07-08]. http://www.stats.gov.cn/tjsj/tjgb/rdpcgb/qgkjjftrtjgb/201511/t20151123_1279545.html.

目前，中国还是一个发展中国家，大学、企业的基础研究都相当不足，这是一个基本事实。虽然我国加大了科技投入的强度，但不可能马上产生效果；而且整体国民的科学、人文素养，科技创新的制度设置，也有相当不足，“官本位”、部分封建落后文化等并没有得到根本改变。只有当社会主义核心价值观中所倡导的民主、自由、公正真正落实到科技领域和日常生活，中国的创造精神才能够得到极大增强。

三、核心技术驱动产业创新

中国长期地加大研究开发投入，为什么中国企业还没有形成基于核心技术的产业创新呢？其中一个重要原因就是没有正确认识到基础研究在产业核心技术中的作用。事实上，核心技术的背后是基础研究积累的结果。从国外引进的技术越先进，越复杂，这些技术包含了大量的基础性原理，这就是来自于基础的科学研究。从整体上看，中国企业创新仍然是跟着市场走，即使在经济较为发达的广东，也缺乏培育基于产业驱动的基础研究，也很少有引领下一代技术的企业研发规划。

由于发展中国家没有掌握产业的核心技术，因此，发展中国家的企业，首先是进行反求工程，使技术本地化，以模仿式创新等开发新的产品。这一阶段主要是对工艺进行不断的消化吸收和小改进，还不是产品创新。只有对技术进行较好的消化吸收后，才能进行自主的产品创新。

进行技术创新的有效方法就是技术积累、技术引进、吸收与再创新。据资料统计，在工业发展过程中，日本、韩国引进技术设备与消化创新投资之比高达 1∶10，形成了“引进一代、提高一代、成熟一代、掌握一代”的良性循环局面。

一个国家或地区的经济发展得益于产业创新，而产业创新需要技术尤其是核心技术的支撑。换言之，核心技术是产业创新的关键，而产业创新的迫切要求也呼唤核心技术的诞生。另外，以引进、消化、吸收、改进为主线的产业政策思路和发展模式在特定的时期可以推动经济发展，但难以长久有效，实现产业创新根本方式是坚持自主创新。

在中国对外开放的政策中，我们强调了用市场换技术的战略，但事实上，我们让出了市场却没有换回技术，特别是核心技术。中国的经济发展就是在一个没有掌握核心技术的前提下获得的。随着中国产业技术水平的提高，某些产业可以通过引进消化实现再创新，但是，在另一些涉及国家综合实力和核心竞争力的产业领域，就很难通过这一模式进行创新，比如在航空领域，我国曾几度与波音和空中客车进行合作，以便引进技术，但最终都失败了，大飞机必须自己造，高性能的飞机发动机也必须自己造。在这些敏感产业，核心技术是不可能买来的。发达国家和跨国公司对敏感产业的核心技术出口有许多限制。

第四节　中国特色的国家创新体系

创新型国家建设必须构建中国特色的国家创新体系，国家创新体系建设是一项系统工程，涉及社会的各个领域和各个层面，要把中国建设成为创新型国家，就必须不断地完善国家创新体系。根据实施《国家中长期科学和技术发展规划纲要(2006—2020 年)》，体制机制是关键。必须深化科技体制改革和经济体制改革，进一步消除制约科技进步和创新的体制性、机制性障碍，有效整合全社会科技资源，推动经济与科技的紧密结合，形成技术创新、知识创新、国防科技创新、区域创新、科技中介服务等相互促进、充满活力的国家创新体系。要继续推进科技体制改革，充分发挥政府的主导作用，充分发挥市场在科技资源配置中的基础性作用，充分发挥企业在技术创新中的主体作用，充分发挥国家科研机构的骨干和引领作用，充分发挥大学的基础和生力军作用，在实践中走出中国特色自主创新道路。按照《规划纲要》，我国的国家创新体系由五个部分组成。

一、以企业为主体、产学研结合的技术创新体系

增强自主创新能力，关键是强化企业在技术创新中的主体地位，建立以企业为主体、市场为导向、产学研相结合的技术创新体系。采取更加有力的措施，营造更加良好的环境，使企业真正成为研究开发投入的主体、技术创新主体和创新成果应用的主体。鼓励国有大型企业加快研究开发机构建设和加大研究开发投入，努力形成一批集研究开发、设计、制造于一体，具有国际竞争力的大型骨干企业。重视和发挥民营科技企业在自主创新、发展高新技术产业中的生力军作用，创造公平竞争的环境，支持其做大做强并参与国际竞争。支持有条件的企业承担国家研究开发任务，主持或参与重大科技攻关。加强创新创业服务体系建设，为中小企业特别是科技型中小企业的技术创新提供良好条件。大力推进产学研结合，鼓励和支持企业同科研院所、高等院校联合建立研究开发机构、产业技术联盟等技术创新组织。

建设以企业为主体、产学研结合的技术创新体系，并将其作为全面推进国家创新体系建设的突破口，必须在大力提高企业自主创新能力的同时，建立起科研机构和高等院校积极围绕企业技术创新需求服务、产学研多种形式结合的新机制。只有以企业为主体，才能坚持技术创新的市场导向，有效整合产学研的力量，切实增强国家竞争力。只有产学研结合，才能更有效地配置科技资源，激发科研机构的创新活力，并使企业获得持续创新的能力。

二、科学研究与高等教育有机结合的知识创新体系

促进科研院所之间、科研院所与高等学校之间的结合和资源集成。加强社会公益科研体系建设。发展研究型大学，努力形成一批高水平的、资源共享的基础科学和前沿技术研究基地。以建立开放、流动、竞争、协作的运行机制为中心，促进科研院所之间、科研院所与高等学校之间的结合和资源集成。加强社会公益科研体系建设。

深化科研体制改革，形成开放、流动、竞争、协作的知识创新体系。进一步深化应用开发类科研机构企业化转制改革，鼓励和支持其在行业共性关键技术研究开发与推广应用中发挥骨干作用。继续推进社会公益类科研机构分类改革。稳定支持从事基础研究、前沿高技术研究和社会公益研究的科研机构，建立健全现代科研院所制度。充分发挥高等院校学科综合、人才荟萃、教学科研紧密结合等优势，建设一批高水平的研究型大学。根据国家重大需求，填补研究领域空白，建设一批高水平的国家研究基地。

三、军民结合、寓军于民的国防科学技术创新体系

深化国防科研体制改革，建设军民结合、寓军于民的国防科技创新体系。统筹军民科技计划和军民两用科技发展，建立健全科技资源共享、军民互动合作的协调机制，实现从基础研究、应用开发研究、产品设计制造到技术和产品采购的有机结合。

促进军民科技的紧密结合，加强军民两用技术的开发，形成全国优秀科技力量服务国防

科技创新、国防科技成果迅速向民用转化的良好格局。

四、各具特色和优势的区域创新体系

建设各具特色和优势的区域创新体系，促进中央与地方科技力量的有机结合，促进区域内科技资源的合理配置和高效利用。东部地区要努力提高自主创新能力，支持中西部地区加强科技发展能力建设，推进国家高新技术产业开发区以增强自主创新能力为核心的“二次创业”。

充分结合区域经济和社会发展的特色和优势，统筹规划区域创新体系和创新能力建设。深化地方科技体制改革，促进中央与地方科技力量的有机结合。发挥高等院校、科研院所和国家高新技术产业开发区在区域创新体系中的重要作用，增强科技创新对区域经济社会发展的支撑力度。加强中、西部区域科技发展能力建设。切实加强县(市)等基层科技体系建设。

五、社会化、网络化的科学技术中介服务体系

建设社会化、网络化的科技中介服务体系，加强先进适用技术推广应用。加快农业技术推广体系改革与创新，完善社会化服务机制，鼓励各类农科教机构和社会力量参与多元化的农业技术推广服务，促进各类先进适用技术在农村推广应用，为社会主义新农村建设提供支撑。

针对科技中介服务行业规模小、功能单一、服务能力薄弱等突出问题，大力培育和发展各类科技中介服务机构。充分发挥高等院校、科研院所和各类社团在科技中介服务中的重要作用，引导科技中介服务机构向专业化、规模化和规范化方向发展。

《规划纲要》明确指出，国家创新体系是以政府为主导、充分发挥市场配置资源的基础性作用、各类科技创新主体紧密联系和有效互动的社会系统。

第五节　增强自主创新能力，建设中国特色的创新型国家

党中央、国务院作出的建设创新型国家的决策，是事关社会主义现代化建设全局的重大战略决策。建设创新型国家，核心就是增强自主创新能力作为发展科学技术的战略基点，走出中国特色自主创新道路，推动科学技术的跨越式发展；就是把增强自主创新能力作为调整产业结构、转变增长方式的中心环节，建设资源节约型、环境友好型社会，推动国民经济又快又好发展；就是把增强自主创新能力作为国家战略，贯穿到现代化建设各个方面，激发全民族创新精神，培养高水平创新人才，形成有利于自主创新的体制机制，大力推进理论创新、制度创新、科技创新，不断巩固和发展中国特色社会主义伟大事业。

一、自主创新的内涵及类型

自主创新是指通过拥有自主知识产权的独特的核心技术以及在此基础上实现新产品的价值的过程。自主创新包括原始创新、集成创新和引进消化吸收的再创新。自主创新的成果，一般体现为新的科学发现以及拥有自主知识产权的技术、产品、品牌等。

原始创新是指前所未有的重大科学发现、技术发明、原理性主导技术等创新成果。我们必须高度重视提高原始创新能力，要有更多的科学发现和技术发明，在关键领域掌握更多的自主知识产权，在科学前沿和战略高技术领域占有一席之地。

集成创新是指通过对各种现有技术的有效集成,形成有市场竞争力的产品或者新兴产业。集成创新能力是一个国家创新能力的重要标志,我们必须注重提高国家集成创新能力,使各种相关技术有机融合,形成具有市场竞争力的产品和产业。

引进消化吸收再创新是指在引进国内外先进技术的基础上,学习、分析、借鉴,进行再创新,形成具有自主知识产权的新技术。在引进技术的基础上消化吸收再创新也是创新,要继续把对引进技术的消化吸收再创新,作为增强国家创新能力的重要方面。

在建设创新型国家的过程中,自主创新是一个重要的环节。目前我国已采取了很多相关措施以促进自主创新的发展,但要想走在世界前列,除了应用成果的良好转化之外,基础研究也是不容忽视的。相关的问题是,如何才有良好的基础研究呢?

二、建设创新型国家的根本目标

建设创新型国家的根本目标是提高我国的自主创新能力。当今世界正在发生广泛而深刻的变化,和平、发展、合作仍然是时代潮流。经济全球化深入发展,科技进步日新月异,国际竞争日趋激烈,发达国家在经济科技上占优势的压力长期存在。特别应当估计到,知识创新、技术创新、制度创新、管理创新将成为推动经济社会发展的引领力量,成为有效利用全球资源的核心要素和主要动力,并将成为推动经济社会科学和谐协调持续发展的基石。所以,提高自主创新能力是国家发展战略的核心,是提高综合国力的关键,是科学技术的战略基点,是调整产业结构、转变增长方式的中心环节。

(1) 提高自主创新能力必须走出一条有中国特色自主创新的道路。走中国特色自主创新道路是实现创新型国家的关键。我国科技创新事业的发展,特别是在科技发展的结构布局、战略重点和政策举措等方面,既要顺应世界科技发展的潮流,遵循科技规律,又要紧密结合国情和国家战略需求,选择顺应时代要求、符合我国实际的发展道路,即走出一条具有中国特色的自主创新道路。

(2) 提高自主创新能力必须瞄准国际竞争力的提高。世界科技发展的实践告诉我们:一个国家只有拥有强大的自主创新能力,才能在激烈的国际竞争中把握先机、赢得主动。特别是在关系国民经济命脉和国家安全的关键领域,真正的核心技术、关键技术是买不来的,必须依靠自主创新。要把提高自主创新能力摆在全部科技工作的首位,在若干重要领域掌握一批核心技术,拥有一批自主知识产权,造就一批具有国际竞争力的企业,大幅度提高国家竞争力。

(3) 提高自主创新能力必须服务于经济社会的可持续发展。提高自主创新能力,要紧紧抓住为经济社会发展服务这一中心任务,把握科技发展的战略重点,着力解决制约经济社会发展的重大科技问题。要把发展能源、水资源和环境保护技术放在优先位置,下决心解决制约经济社会发展的重大瓶颈问题;抓住信息科技更新换代和新材料科技迅猛发展的难得机遇,把掌握装备制造业和信息产业核心技术的自主知识产权作为提高我国产业竞争力的突破口;把生物科技作为未来高技术产业迎头赶上的重点,加强生物科技在农业、工业、人口和健康等领域的应用;加快发展空天和海洋科技,和平利用太空和海洋资源;加强基础科学和前沿技术研究,特别是交叉学科的研究,加强我国科技创新的基础和后劲。要在统筹安排、整体推进的基础上,把在国民经济、社会发展和国防案例中重点发展、亟待科技提供支撑的产业和行业作为重点领域，把在重点领域中亟须发展、任务明确、技术基础较好、近期能够突破的技术群作为优先主题，加快突破“瓶颈”制约，掌握关键技术和共性技术，解决重大公益性科技问题，提高国家安全保障能力。

(4) 提高自主创新能力必须加快推进国家创新体系的建设。加快国家创新体系的建设是充分激发全社会的创新活力、加快科技成果向现实生产力转化、建设创新型国家的关键路径。国家创新体系的建设必须充分发挥政府的主导作用，充分发挥市场在科技资源配置中的基础性作用，充分发挥企业在技术创新中的主体作用，充分发挥国家科研机构的骨干和引领作用，充分发挥大学的基础和生力军作用，进一步形成科技创新的整体合力，为建设创新型国家提供良好的制度保障。

三、建设创新型国家的总体战略方针

建设创新型国家的总体战略是自主创新、重点跨越、支撑发展、引领未来。自主创新，就是从增强国家创新能力出发，加强原始创新、集成创新和引进消化吸收再创新。加强自主创新是我国科学技术发展的战略基点；重点跨越，就是坚持有所为、有所不为，选择具有一定基础和优势、关系国计民生和国家安全的关键领域，集中力量、重点突破，实现跨越式发展，重点跨越是加快我国科技发展的有效途径；支撑发展，就是从现实紧迫需求出发，着力突破重大关键技术和共性技术，支撑经济社会持续协调发展。支撑发展是我国科技发展的现实要求；引领未来，就是着眼长远，超前部署前沿技术和基础研究，创造新的市场需求，培育新兴产业，引领未来经济社会发展。引领未来是我国科技发展的长期根本任务。

建设创新型国家的战略方针是以原始创新为基础、以集成创新为主体、以引进消化吸收再创新为途径。这一方针，是我国半个多世纪科技事业发展实践经验的概括总结，是面向未来、实现中华民族伟大复兴的重要抉择，必须贯穿于我国科技事业发展的全过程。

要根据全面建设小康社会的紧迫需求、世界科技发展趋势和我国国力，对我国科技发展作出总体部署，统筹当前和长远，把握科技发展的战略重点，确定若干重点领域，抓住一批重大关键技术，实施若干重大专项，建设一批创新基地，培育大批创新企业，扎实提高持续创新能力，不断为建设创新型国家奠定坚实基础。

四、建设创新型国家的战略对策

建设科学、合理的制度和政策体系是保障；深化科学技术体制改革是关键；培养造就富有创新精神的人才队伍是根本；发展创新文化，培育全社会的创新精神是基础。

政府引导和推动科技发展，关键是要营造良好的政策和制度环境。国务院已经提出了《实施〈国家中长期科学和技术发展规划纲要〉的若干配套政策》。这套政策主要包括：(1)财税和金融：通过税收优惠政策，激励企业加大研究开发投入。(2)产业政策：继续完善促进科技成果转化和高新技术产业化的政策等。(3)高新技术产业开发区政策：高新区要进一步发挥高新技术产业化重要基地的优势，努力成为促进技术进步和增强自主创新能力的重要载体。(4)知识产权保护政策：保护知识产权，不仅是树立我国国际信用、扩大国际合作的需要，更是激励国内自主创新的需要。

深化科技体制改革，进一步优化科技结构布局，充分激发全社会的创新活力，加快科技成果向现实生产力转化，是建设创新型国家的一项重要任务。(1)要进一步完善适应社会主义市场经济发展要求的政府管理科技事业的体制机制，建立、健全有关法律、法规，完善科技开发计划。(2)要完善科技资源配置方式，优化科技资源配置，促进科技资源开放和共享，形成广泛的、多层次的创新合作机制，建立健全绩效优先、鼓励创新、竞争向上、协同发展、创新增值的资源分配机制和评价机制。(3)要建立竞争机制，坚持国家科技计划对全社会开放，支持和鼓励国内有条件的各类机构平等参与承担国家重大计划和项目，为全社会积极创新创造良好条件。(4)要加强科技基础条件平台建设，加强对重要技术标准制定的指导协调。

科技创新，关键在人才。杰出科学家和科学技术人才群体，是国家科技事业发展的决定性因素。培养大批具有创新精神的优秀人才，造就有利于人才辈出的良好环境，充分发挥科技人才的积极性、主动性、创造性，是建设创新型国家的战略举措。要坚持在创新实践中发现人才、在创新活动中培育人才、在创新事业中凝聚人才。要依托国家重大人才培养计划、重大科研和重大工程项目、重点学科和重点科研基地、国际学术交流和合作项目，积极推进创新团队建设，努力培养一批德才兼备、国际一流的科技尖子人才、国际级科学大师和科技领军人物，特别是要抓紧培养造就一批中青年高级专家。

一个国家的文化，同科技创新有着相互促进、相互激励的密切关系。创新文化孕育创新事业，创新事业激励创新文化。中华文化历来包含鼓励创新的丰富内涵，强调推陈出新、革故鼎新。建设创新型国家，必须大力发扬中华文化的优良传统，大力增强全民族的自强自尊精神，大力增强全社会的创造活力。要坚持解放思想、实事求是、与时俱进，通过理论创新不断推进制度创新、文化创新，为科技创新提供科学的理论指导、有力的制度保障和良好的文化氛围。要在全社会培育创新意识，倡导创新精神，大力倡导敢于创新、勇于竞争和宽容失败的精神，努力营造鼓励科技人员创新、支持科技人员实现创新的有利条件。要注重从青少年入手培养创新意识和实践能力，积极改革教育体制和改进教学方法，大力推进素质教育，鼓励青少年参加丰富多彩的科普活动和社会实践。要大力繁荣发展哲学社会科学，促进哲学社会科学与自然科学相互渗透，为建设创新型国家提供更好的理论指导。要在全社会广为传播科学知识、科学方法、科学思想、科学精神，使广大人民群众更好地接受科学技术的武装，进一步形成讲科学、爱科学、学科学、用科学的社会风尚。

阅读文献

[1] 陈劲，等. 创新型国家建设——理论读本与实践发展[M]. 北京：科学出版社，2010.
[2] 王春法，等. 增强自主创新能力 建设创新型国家[M]. 北京：人民出版社，2006.
[3] 马克思. 1844 年经济学哲学手稿[M]. 北京：人民出版社，2000.
[4] 吴国林，等. 产业哲学导论[M]. 北京：人民出版社，2014.

思考题

1. 创新型国家的基本内涵是什么？
2. 国家创新能力综合指数指标体系一般包括哪些内容？
3. 创新型国家有哪些主要的特征？
4. 谈谈创新型国家建设的背景。
5. 按照《规划纲要》，我国的国家创新体系由哪五个部分组成？
6. 自主创新的内涵是什么？
7. 建设创新型国家的总体战略方针有哪些？

附录　常见逻辑符号与推理

现代科学思维离不开逻辑。在逻辑中,经常使用一组符号来表达逻辑结构。逻辑要研究命题之间的推理关系。所谓命题就是有真假判断的一个陈述,用大写字母 A、B、P、Q 等表示。下列表格列出了最常用的符号,它们的名字、读法和有关的数学领域。此外,第三列包含非正式定义,第四列给出简短的例子。

符号	名　　字	解　　说	例　　子
→ 或: ⇒	蕴涵: 如果……那么……	A→B 意味着如果 A 为真,则 B 也为真; 如果 A 为假,则对 B 没有任何影响	$x=2\to x^2=4$ 为真,但 $x^2=4\to x=2$ 不保证成立(因为 x 可以是 -2)
↔ 或: ⇔	实质等价: 当且仅当	A↔B 意味着如果 A 为真; 则 B 为真; 和如果 A 为假,则 B 为假	$x+5=y+2\leftrightarrow x+3=y$
¬	逻辑否定: 非	陈述 ¬A 为真,当且仅当 A 为假 穿过其他算符的斜线同于在它前面放置的"¬"	$\neg(\neg A)=A$ $x\neq y\leftrightarrow(x=\neg y)$
∧	逻辑合取: 与	如果 A 与 B 二者都为真,则陈述 A∧B 为真; 否则为假	$n<4\wedge n>2\leftrightarrow n=3$(当 n 是自然数的时候)
∨	逻辑析取: 或	如果 A 或 B 之一为真陈述或 AB 两者都为真陈述,则 A∨B 为真; 如果二者都为假,则陈述为假	$n\geqslant 4\vee n\leqslant 2\leftrightarrow n\neq 3$(当 n 是自然数的时候)
⊕	异或	陈述 A⊕B 为真,在要么 A 要么 B,但不是二者为真的时候为真	(¬A)⊕A 总是真,A⊕A 总是假
∀ 或 ()	全称量词: 对于所有; 对于任何; 对于每个	$\forall x$: $P(x)$ 意味着所有的 x 都使 $P(x)$ 为真	$\forall n\in\mathbf{N}$: $n^2\geqslant n$
∃	存在量词: 存在着	$\exists x$: $P(x)$ 意味着有至少一个 x 使 $P(x)$ 为真	$\forall n\in\mathbf{N}$: n 是偶数
∃!	唯一量词	∃! x: $P(x)$ 意味着精确地有一个 x 使 $P(x)$ 为真	∃! $n\in\mathbf{N}$: $n+5=2n$
≡	被定义为	$x\equiv y$ 意味着 x 被定义为 y 的另一个名字(但要注意≡也可以意味着其他东西,比如全等)	A XOR B: ≡(A∨B)∧¬(A∧B)
⊢	推论	$x\vdash y$ 意味着 y 推导自 x	A→B⊢¬B→¬A
( )	优先组合	优先进行括号内的运算	$(8/4)/2=2/2=1$,而 $8/(4/2)=8/2=4$

几个逻辑符号的真值表：

P	Q	$\neg P$	$P \wedge Q$	$P \vee Q$	$P \rightarrow Q$
T	T	F	T	T	T
T	F	F	F	T	F
F	T	T	F	T	T
F	F	T	F	F	T

上表中，T 表示“真”，F 表示“假”。

两个常见的推理：

$(P \rightarrow Q) \wedge P \rightarrow Q$

$(P \rightarrow Q) \wedge \neg Q \rightarrow \neg P$

主要参考文献

[1] 马克思恩格斯选集：第 1 卷[M]. 北京：人民出版社，1995.

[2] 马克思恩格斯选集：第 3 卷[M]. 北京：人民出版社，1995.

[3] 马克思. 机器，自然力和科学应用[M]. 北京：人民出版社，1978.

[4] 恩格斯. 自然辩证法[M]. 北京：人民出版社，1971.

[5] 司托克斯. 基础科学与技术创新[M]. 周春彦，译. 北京：科学出版社，1999.

[6] 波利亚. 数学与猜想：第 1 卷[M]. 北京：科学出版社，1984.

[7] 施本格勒. 技术·文化·人[M]. 石家庄：河北人民出版社，1987.

[8] 爱因斯坦. 爱因斯坦文集：第一卷[M]. 北京：商务印书馆，1975.

[9] 爱因斯坦. 物理学的进化[M]. 上海：上海科学技术出版社，1962.

[10] 贝尔纳. 科学的社会功能[M]. 北京：商务印书馆，1982.

[11] 贝弗里奇. 科学研究的艺术[M]. 北京：科学出版社，1979.

[12] 波普尔. 客观知识[M]. 上海：上海译文出版社，1978.

[13] 哈里斯，等. 工程伦理：概念和案例[M]. 北京：北京理工大学出版社，2006.

[14] 辛格，等. 技术史：第Ⅰ卷[M]. 上海：上海科技教育出版社，2004.

[15] 德雷克. 伽利略[M]. 北京：中国社会科学出版社，1987.

[16] 杜澄，李伯聪. 跨学科视野中的工程：第 1 卷[M]. 北京：北京理工大学出版社，2004.

[17] 费尔巴哈. 费尔巴哈哲学著作选集：下卷[M]. 北京：生活·读书·新知三联书店，1962.

[18] 盖尔曼. 夸克与美洲豹——简单性与复杂性的奇遇[M]. 长沙：湖南科学技术出版社，1999.

[19] 克劳斯. 形式逻辑导论[M]. 上海：上海译文出版社，1981.

[20] 海森堡. 严密自然科学基础近年来的变化[M]. 上海：上海译文出版社，1978.

[21] 汉森. 发现的模式[M]. 北京：中国国际广播出版社，1988.

[22] 西蒙. 关于人为事物的科学[M]. 杨砾，译. 北京：解放军出版社，1985.

[23] 黑格尔. 哲学史讲演录：第 2 卷[M]. 北京：商务印书馆，1983.

[24] 洪谦. 逻辑经验主义：上卷[M]. 北京：商务印书馆，1982.

[25] 黄顺基，刘大椿. 科学技术哲学的前沿与进展[M]. 北京：人民出版社，1991.

[26] 波普尔. 猜想与反驳[M]. 上海：上海译文出版社，1986.

[27] 米切姆. 技术哲学概论[M]. 天津：天津科学技术出版社，1999.

[28] 科尔. 科学的制造——在自然界与社会之间[M]. 上海：上海人民出版社，2001.

[29] 科普宁. 马克思主义认识论导论[M]. 北京：求是出版社，1982.

[30] 伯尔纳. 实验医学研究导论[M]. 北京：知识出版社，1985.

[31] 库恩. 科学革命的结构[M]. 北京：北京大学出版社，2003.

[32] 蒯因. 从逻辑和语言的观点看[M]. 上海：上海译文出版社，1987.

[33] 莱布尼茨. 人类理智新论[M]. 北京：商务印书馆，1982.

[34] 劳丹. 科学与价值——科学的目的及其在科学争论中的作用[M]. 殷正坤，译. 福州：福建人民出版社，1989.

[35] 李伯聪. 关于工程师的几个问题——“工程共同体”研究之二[J]. 自然辩证法通讯，2006(2).

[36] 李大光. “中国公众对工程的理解”研究设想[J]. 工程研究，2006，2.

[37] 刘大椿. 自然辩证法概论[M]. 北京：中国人民大学出版社，2004.

[38] 布西亚瑞利. 工程哲学[M]. 沈阳：辽宁人民出版社，2008.

[39] 洛克.人类理解论[M].北京：商务印书馆，1997.
[40] 洛西.科学哲学历史导论[M].武汉：华中工学院出版社，1982.
[41] 苗东升.系统科学精要[M].3 版.北京：中国人民大学出版社，2010.
[42] 皮亚杰.人文科学认识论[M].北京：中央编译出版社，1999.
[43] 普利高津.确定性的终结[M].上海：上海科技教育出版社，1998.
[44] 齐振海.认识论新论[M].上海：上海人民出版社，1988.
[45] 巴萨拉.技术发展简史[M].周光发，译.上海：复旦大学出版社，2001.
[46] 十六～十八世纪西欧各国哲学[M].北京：商务印书馆，1975.
[47] 泰勒.科学管理原理[M].北京：中国社会科学出版社，1984.
[48] 汤川秀树.创造力和直觉[M].上海：复旦大学出版社，1989.
[49] 王春法，等.增强自主创新能力 建设创新型国家[M].北京：人民出版社，2006.

[50] 王连成.工程系统论[M].北京：中国宇航出版社.2002.
[51] 王前.现代技术的哲学反思[M].沈阳：辽宁人民出版社，2003.
[52] 吴国林.量子信息哲学[M].北京：中国社会科学出版社，2011.
[53] 吴国林.产业哲学导论[M].北京：人民出版社，2014.
[54] 吴国林. 量子技术哲学[M]. 广州：华南理工大学出版社，2016.
[55] 吴国林，孙显曜.物理学哲学导论[M].北京：人民出版社，2007.
[56] 肖峰.哲学视域中的技术[M].北京：人民出版社，2007.
[57] 肖峰.信息主义：从社会观到世界观[M].北京：中国社会科学出版社，2010.
[58] 肖平.工程伦理学[M].北京：中国铁道出版社，1999.
[59] 休谟.人类理解研究[M].北京：商务印书馆，1982.
[60] 休谟.人性论[M].北京：商务印书馆，1996.
[61] 许良英，等.爱因斯坦文集：第 1 卷[M].北京：商务印书馆，1977.
[62] 殷瑞钰，等.工程哲学[M].北京：高等教育出版社，2007.
[63] 远德玉.工程哲学与工程的技术哲学[J].自然辩证法通讯，2002(6).
[64] 齐曼.技术创新进化论[M].孙喜杰，等，译.上海：上海科技教育出版社，2002.
[65] 张光鉴.相似论[M].南京：江苏科学技术出版社，1992.
[66] 张华夏，张志林.技术解释研究[M].北京：科学出版社，2005.
[67] 张华夏，等.现代自然哲学与科学哲学[M].广州：中山大学出版社，1996.
[68] 章士嵘.科学发现的逻辑[J].自然科学哲学问题丛刊，1983(1).
[69] 《自然辩证法概论》编写组.自然辩证法概论[M].北京：高等教育出版社，2012.
[70] 赵新军.技术创新理论(TRIZ)及应用[M].北京：化学工业出版社，2004.
[71] 中共中央宣传部舆情信息局.建设创新型国家[M].北京：学习出版社，2007.
[72] 周昌忠.西方科学方法论史[M].上海：上海人民出版社，1986.
[73] HALLA D. A methodology for systems engineering[M]. Princeton，NJ：D. Van Nostand，1962.
[74] HARMS A. et al，Engineering in time[M]. London：Imperial College Press，2004.
[75] HEMPEL G. Aspects of scientific explanation and other essays in the philosophy of science[M]. New York：Free Press，1965.
[76] MICHAM C. Thinking through technology：the path between engineering and philosophy[M]. Chicago：The University of Chicago Press，1994.
[77] MITCHAM C. The importance of philosophy to engineering[J]. Tecnos，1998，17(3).
[78] CAMBELL T. Evolutionary epistemology[C]//SCHILPP P A. The philosophy of Karl Popper. La Salle，IL：Open Court Publishing Co. ，1974.
[79] MARCUS H. Industrialization and capitalism in the work of Max Weber[M]//Negations，essays in critical Theory. Boston：Beacon Press，1968.
[80] STEVENSON L，BYERLY H. The many faces of science[M]. Boulder，CO：Westview Press，2000.

[81] BUNGE M. Philosophy of science and technology[M]//Treatise on basis philosophy: Part II. Boston: D. Reidel Publishing Company, 1985.

[82] MARTION M W, SCHINZINGER R. Ethics in engineering[M]. New York: McGraw-Hill book company, 1989.

[83] DUHEM P. The aim and structure of physical theory[M]. Princeton, NJ: Princeton University Press, 1954.

[84] KROES P. Technological explanations[J]. PHIL & TECH, 1998, 3(3): 18.

[85] WILLIAMS R, EDGE D. The social shaping of technology[J]. Research Policy, 1996.

[86] VEBEL T, et al. Rediscovering the forgotten Vienna Circle [M]. Dordrecht: Kluwer Academic Publishers, 1991.

[87] VINCENTI W G. What engineers know and how they know it: analytical studies from aeronautical history[M]. Baltimore: Johns Hopkins University Press, 1993.

[88] BIJKER W E, et al. The social construction of technological systems[M]. Boston: MIT Press, 1987.

后 记

在《自然辩证法概论》(修订版)出版之际,我们简要回顾一下有关教材与相关学术研究的历程。

2000 年,出版《自然辩证法概论》(华南理工大学出版社),该书作为研究生教材,得到我校和一些兄弟院校采用,反映良好;2001 年该书获得中南高校优秀图书二等奖。2001 年出版教材的辅助研究资料《科技、经济与社会整合的前沿问题》(华南理工大学出版社),这两部书对提高研究生的创新能力、改善教学质量起到了一定的作用。

2003 年,教育部社会科学研究与思想政治工作司颁发了新的《自然辩证法概论》(教学基本要求)。在此基础上,我们根据新要求和新的研究,2006 年出版了《当代自然辩证法导论》(华南理工大学出版社),教材的内容与研究深度都较前面教材有较大的提升。

2010 年,出台了《中共中央宣传部　教育部关于高等学校研究生思想政治理论课课程设置调整的意见》,文件提出研究生思想政治理论课课程设置调整的原则:课程的导向性;课程的层次性;课程的实效性。在此基础上,将"自然辩证法概论"课调整为必须选修课之一,课时为 18 学时,1 学分。其主要功能是:"进行马克思主义自然辩证法理论的教育,帮助硕士研究生掌握辩证唯物主义的自然观、科学观、技术观,了解自然界发展和科学技术发展的一般规律,认识科学技术在社会发展中的作用,培养硕士生的创新精神和创新能力。"2012 年,教育部马克思主义理论研究和建设工程组织《自然辩证法概论》编写组,出版硕士研究生思想政治理论课教学大纲《自然辩证法概论》(高等教育出版社)。

根据 2010 年中共中央宣传部、教育部的要求和 2012 年《自然辩证法概论》的教学大纲,在马克思主义和中国化马克思主义理论成果的指导下,紧密联系当代国内外科学技术的前沿发展和相关的研究成果,突出自然辩证法的学科功能,一是马克思主义理论的教育功能,充分体现中国化马克思主义科学技术观的历史进程;二是积极反映当代自然观、科学技术观(包括方法论)的最新哲学研究成果,以培养硕士研究生正确的世界观和创新精神,促进人与自然的和谐相处。

基于上述原则和教学大纲,我们着手重新撰写教材。一本好的教材,既要与中共中央宣传部、教育部关于高等学校研究生思想政治理论课课程的原则要求一致,又要具有创新性,只有这样,我们的教材才能为实现"中国梦"作出应有的贡献。试想一下,改革开放也正是遵从基本原理的前提下,对原有规则的革新或革命,这才能有突破和创新。自然辩证法是一门思想政治理论课,体现了政治性,这个政治性要体现人类追求先进生产力、先进文化和代表绝大多数人民利益这一前进方向;同时,它还是一门哲学学科的课程,体现了人类认识自然、探索自然、追求美好生活的新期待。简言之,自然辩证法是政治性与科学性(学理性)的统一。

本书吸收了《自然辩证法概论》(华南理工大学出版社,2000 年版)、《当代自然辩证法导论》(华南理工大学出版社,2006 年版)的有关成果,在此对彭纪南教授、谭斌昭教授表示感谢!本书还吸收了党的十八大以来的研究成果。

本书由吴国林任主编，肖峰、陶建文任副主编。写作的具体分工如下：

吴国林教授/博士　前言，绪论，第一章，第二章（除第四节、第五节之一）、第六章第四节，第十五章第三节，后记；

陶建文教授/博士　第三章，第二章第四节、第五节之一，第六章（除第四节）；

周燕副教授/博士　第四章，第七章；

闫坤如教授/博士　第五章，第八章；

肖峰教授/博士　第九章，第十章，第十一章，第十二章；

李君亮副教授/博士，吴国林教授　第十三章，第十四章；

齐磊磊副教授/博士　第十五章（除第三节）。

在各位作者的通力协作下，主编与副主编进行多次商讨和修改，并最终定稿。

2014年正式出版了《自然辩证法概论》，并被一些大学用做教材，反映良好。华南理工大学正在进行“双一流”建设，教材建设是一项基本的工作，教材不仅将成熟的知识纳入体系，更应当将新的研究成果纳入其中，以培养学生的发现能力和创造精神。一本教材要将基本理论谈出来，并给出有关的争论，要将存在的问题展示出来，并讨论如何解决它。本次修订正是在这一精神指导下进行的。

本书修订具体表现在以下方面：一是对有关问题增加了提示、拓展或深化；二是增加了习近平有关科学技术观点；三是增加推荐阅读文献。

华南理工大学在科学技术哲学领域具有优秀的传统。广东省首任自然辩证法研究会理事长、原华南工学院（华南理工大学前身）副院长史丹教授是我国自然辩证法研究开拓者之一。史丹教授是《自然辩证法大百科全书》（中国大百科全书出版社，1994年版）的七个顾问（包括钱学森、钱三强、卢嘉锡等著名科学家）之一。本书也是我们推进我校科学技术哲学学科建设的举措之一。

2015年已正式成立“华南理工大学科学技术哲学研究中心”。2015年正式成立中国自然辩证法研究会物理学哲学专业委员会，吴国林教授为首任主任。2017年4月正式成立校级华南理工大学哲学与科技高等研究所（Institute for Advanced Study in Science, Technology and Philosophy, SCUT），同年5月被广东省社会科学界联合会批准为首家广东省社会科学研究基地，吴国林教授为所长；高研所现设科学技术哲学研究中心（吴国林教授担任主任），信息文明研究中心（肖峰教授担任主任），筹建中国文化研究中心。高研所致力于研究当代中国与当代人类社会具有时代性和现实性的重大问题，借鉴国外优秀哲学社会科学成果，超越优秀传统文化，融通古今，关注科技，关怀人类，面向未来，形成新的学术命题、学术思想、学术标准和学术方法，为当下和未来中国的发展提供重要的人文社会科学的理论资源。

近年来，研究团队在物理学哲学、分析技术哲学、信息哲学等方面取得了非常突出的成绩，在全国科学技术哲学界具有重要学术影响力。华南理工大学科技哲学研究中心在科学技术哲学学科建设方面取得了重大进展，突出表现在：吴国林教授作为首席专家获得了2011年教育部哲学社会科学研究重大课题攻关项目“当代技术哲学的发展趋势研究”，肖峰教授获得2013年国家社科基金重点项目“信息文明的哲学研究”和2015年国家社科重大项目“基于信息技术哲学的当代认识论研究”；团队在《中国社会科学》《哲学研究》等重要学术期刊发表了有影响力的论文，致力于物理学哲学（量子力学哲学、量子信息哲学等）、技术哲学（含量子技术哲学）、现象学科技哲学、分析哲学和工程哲学研究，着力推进分析的技术哲学研究。

本教材是教育部哲学社会科学研究重大课题攻关项目“当代技术哲学的发展趋势研究”、广东教育教学成果奖（高等教育）培育项目“基于发现逻辑的工科类学术研究生自然辩证法课程的改革与实践”（2014—2017 年）和广东省研究生示范课程建设项目“自然辩证法概论”的成果之一。在本书的写作过程中，我们参考和研究了国内外很多学者的论文、著作，吸取了他们的不少研究成果，一并对他们表示衷心的感谢。还要感谢清华大学出版社给予的大力支持。

华南理工大学哲学与科技高等研究所

2017 年 10 月